国之重器出版工程

网络强国建设

5G丛书

U0377389

5G 空口特性与关键技术

An Introduction to 5G
Air Interface and Key Technologies

郭铭 文志成 刘向东 编著

人民邮电出版社

北 京

图书在版编目（CIP）数据

5G空口特性与关键技术 / 郭铭，文志成，刘向东编著. -- 北京 ： 人民邮电出版社，2019.8
（5G丛书）
国之重器出版工程
ISBN 978-7-115-51540-7

Ⅰ．①5… Ⅱ．①郭… ②文… ③刘… Ⅲ．①无线电通信－移动通信－通信技术 Ⅳ．①TN929.5

中国版本图书馆CIP数据核字(2019)第126931号

内 容 提 要

本书介绍第五代移动通信系统（5G）波形、多址、编码和帧结构等技术，并主要基于3GPP R15版本，详细描述5G接入、功控、调度和链路自适应、大规模天线mMIMO、NSA架构及主要信令过程、射频的相关特性等方面的内容。

本书可作为通信技术人员了解5G技术和学习3GPP规范的阅读材料，也可作为高等院校信息通信专业师生教学的参考书。

◆ 编　著　郭　铭　文志成　刘向东
责任编辑　李　强
责任印制　杨林杰

◆ 人民邮电出版社出版发行　　北京市丰台区成寿寺路 11 号
邮编　100164　电子邮件　315@ptpress.com.cn
网址　http://www.ptpress.com.cn
固安县铭成印刷有限公司印刷

◆ 开本：710×1000　1/16
印张：29　　　　　　　　　2019 年 8 月第 1 版
字数：536 千字　　　　　　2019 年 8 月河北第 1 次印刷

定价：159.00 元

读者服务热线：(010)81055493　印装质量热线：(010)81055316
反盗版热线：(010)81055315
广告经营许可证：京东工商广登字 20170147 号

专家委员会委员（按姓氏笔画排列）：

于　全　中国工程院院士

王少萍　"长江学者奖励计划"特聘教授

王建民　清华大学软件学院院长

王哲荣　中国工程院院士

王　越　中国科学院院士、中国工程院院士

尤肖虎　"长江学者奖励计划"特聘教授

邓宗全　中国工程院院士

甘晓华　中国工程院院士

叶培建　中国科学院院士

朱英富　中国工程院院士

朵英贤　中国工程院院士

邬贺铨　中国工程院院士

刘大响　中国工程院院士

刘怡昕　中国工程院院士

刘韵洁　中国工程院院士

孙逢春　中国工程院院士

苏彦庆　"长江学者奖励计划"特聘教授

苏哲子　中国工程院院士

李伯虎　中国工程院院士

李应红　中国科学院院士

李新亚　国家制造强国建设战略咨询委员会委员、
　　　　中国机械工业联合会副会长

杨德森　中国工程院院士

张宏科　北京交通大学下一代互联网互联设备国家
　　　　工程实验室主任

陆建勋　中国工程院院士

陆燕荪　国家制造强国建设战略咨询委员会委员、原
　　　　机械工业部副部长

陈一坚　中国工程院院士

陈懋章　中国工程院院士

金东寒　中国工程院院士

周立伟　中国工程院院士

郑纬民　中国计算机学会原理事长

郑建华　中国科学院院士

屈贤明　国家制造强国建设战略咨询委员会委员、工业和信息化部智能制造专家咨询委员会副主任

项昌乐　"长江学者奖励计划"特聘教授，中国科协书记处书记，北京理工大学党委副书记、副校长

柳百成　中国工程院院士

闻雪友　中国工程院院士

徐德民　中国工程院院士

唐长红　中国工程院院士

黄卫东　"长江学者奖励计划"特聘教授

黄先祥　中国工程院院士

黄　维　中国科学院院士、西北工业大学常务副校长

董景辰　工业和信息化部智能制造专家咨询委员会委员

焦宗夏　"长江学者奖励计划"特聘教授

前　言

　　5G 是面向 2020 年以后移动通信需求而发展的新一代移动通信系统。早在 2013 年年初，工业和信息化部、国家发展改革委和科技部就联合成立了我国 IMT-2020（5G）推进组，并启动了 5G 国家重大专项和"863"计划的 5G 研发项目。IMT-2020（5G）推进组发布的多个 5G 相关的白皮书对 5G 愿景与需求、主要应用场景、关键性能指标、主要挑战和关键技术、测试阶段和计划等方面都提出了明确的要求。

　　国际上，从 2016 年起 3GPP 开始启动 R14 研究项（Study Item），其目标是在 2020 年前实现 5G 的商业化部署。5G 标准的制定分为 Release 15（R15）和 Release 16（R16）两个阶段，R15 的目标是完成 5G 有限功能的规范，3GPP 已经于 2017 年 12 月完成了 R15 标准的非独立组网（NSA）部分，2018 年 6 月完成了独立组网（SA）标准，形成了 5G 标准的第一个正式版本。R16 阶段将完成规范 IMT-2020 所定义的所有功能，预计将于 2019 年年底至 2020 年完成。

　　本书基于 3GPP R15 的 2018 年 6 月的版本，从通信业界工程从业人员的视角来介绍 R15 的 5G 新空口相关的标准和关键技术，力图用有限的篇幅将 5G 的新空口技术的主要方面以深入浅出的方式介绍清楚。与此同时，本书也以一定篇幅简单介绍了 3GPP R15 标准讨论过程中的一些技术观点，有助于读者了解标准形成过程，加深对基本原理和关键技术的认识。

　　本书的主要章节构成如下。

　　第 1 章首先回顾了移动通信从 1G 到 5G 的发展历史，然后简单介绍 5G 的主要特点、应用场景、标准化进程以及频谱的分配状况。

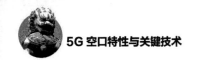

　　第 2 章主要介绍了 5G NR 的关键技术（如波形设计、多址接入、信道编码、灵活可扩展的参数集和帧结构）。侧重点在于介绍相关关键技术的基本概念和标准的形成过程。

　　第 3 章主要介绍了物理资源的一些基本概念，如资源粒子、资源块、公共参考点、频率栅格、带宽部分和天线端口等。

　　第 4 章详细描述了 5G NR 的传输信道/逻辑信道/物理信道间的映射关系，以及 R15 中上/下行各信道和信号的用途、原理、具体设计原则和处理过程。

　　第 5 章主要介绍了 5G NR 中一些较为复杂的关键处理过程。如小区搜索过程、随机接入过程、上行功率控制、上/下行调度和资源配置、链路自适应以及大规模 MIMO 的工作过程。

　　第 6 章主要介绍了 5G 在试验和商用时的网络架构和部署方式，着重描述了非独立组网（NSA）部署的基本原理和关键协议流程，另外，还给出了一些从 LTE 现网向 5G 网络演进的范例。

　　第 7 章简单介绍了 5G 的频谱特性（如频谱范围、带宽配置、信道栅格），以及射频部分发射机和接收机的一些主要规范和基本原理。

　　在本书的写作中得到了中国信息通信研究院的聂秀英教授级高工，上海诺基亚贝尔的李保才、娄彧博士和刘继民博士，爱立信（中国）的李俊龙和贾翠霞等专家的指导帮助，在此特别表示感谢。

　　本书编写时间较紧，加之 R15 标准仍在不停地更新，因此一些技术细节可能存在遗漏和理解偏差，敬请读者谅解并指正。

目 录

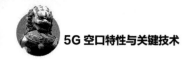

第 1 章

移动通信及 5G 标准化进程概述

本 章简单回顾了移动通信从 1G 到 5G 发展的历史，并简要介绍了
5G 的主要特点、应用场景、标准化进程以及频谱的分配状况。

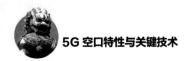

|1.1 从 1G 到 5G——移动通信系统演进|

移动通信是整个通信业领域中发展最快的，它在过去几十年中获得了非常快速的增长。目前，根据 GSMA 的统计，全世界已有超过 50 亿的移动用户和超过 90 亿的移动设备（如图 1-1 所示），在许多国家和地区，手机和各种移动终端已成为人们生活和工作中不可缺少的工具。

图 1-1 全球移动用户数/全球移动设备连接数以及过去 3 年的增长

最早期的无线电语音通信可以追溯到 1914 年，采用的是模拟调制方式，当时的无线电通信多为专用的，主要用途为军队、警察、公共安全、紧急通信等。到 1946 年，美国的 AT&T 公司在 25 个城市实现了公共无线电话系统。当时的无线通信系统只是简单采用了以一台无线通信发射机覆盖整个城市的方法，频谱资源没有得到很好的利用，系统的容量也很低。截止到 1976 年左右，纽约市的整个无线电话只有 12 个信道，可同时支持 543 个用户。

为了解决容量问题，AT&T 贝尔实验室在 20 世纪六十年代发明了蜂窝组网的概念，其核心思想是频谱资源的空间复用，即通过控制每个小区的发射功率，同样的频率资源可以被空间上保持一定距离的不同用户使用。蜂窝网小区通信的基本原理如图 1-2 所示。

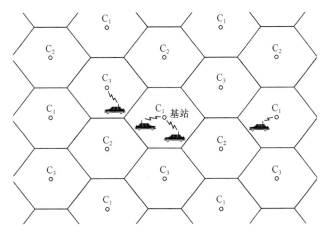

图 1-2　蜂窝网小区通信的基本原理（C 后的数字代表不同的频点）

在接下来的几十年中，蜂窝网无线通信系统获得了快速发展，并大体上以每十年为一个周期进行更新换代，从 1G 发展到现在的 5G。每一代的更新都在技术、容量、应用和用户体验上较上一代有很大的提升。蜂窝系统的演进时间表如图 1-3 所示。

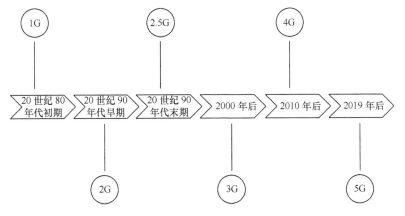

图 1-3　蜂窝系统的演进时间表

1.1.1　1G（1979— ）

第一代无线通信系统（1G）出现在 20 世纪 70 年代末 80 年代初，以美国的 AMPS（Advanced Mobile Phone Service）、北欧的 NMT（Nordic Mobile Telephone）和欧洲的 TACS（Total Access Communication System）为主要代表。1G 系统的第一次商业应用是 1979 年在日本由 NTT 实现的，美国则一直到 1983 年才开始正式部署 AMPS。

在我国，第一代移动系统的代表是自 1987 年起从欧洲引进的 TACS 系统，引进后在我国获得快速发展，最多时拥有多达 600 万的用户量，当年生活中常见的大哥大即出于此（见图 1-4）。

1G 采用的是模拟通信制式，采用频率调制（FM）和频分多址（FDMA）的多路复用技术。如在美国，FCC 共为 AMPS 分配了 50MHz 的频谱（其中，上下行各自占据 25MHz 带宽），AMPS 系统的每一个信道采用的都是 30kHz 的调频对语音信号进行调制。

1G 系统存在很多问题，如：

（1）标准多且不统一。除了 AMPS、NMT、

图 1-4　第一代移动通信的手机

TACS 外，加拿大、德国等国也有各自的系统，这些系统虽然原理接近，但是相互之间难以通用。

（2）安全问题。1G 系统在空中传播的模拟信号是不加密的，任何人都可以通过模拟接收机轻易截获别人的通话。

（3）频谱效率低。政府分配的频谱资源本身就不多，加上模拟制式本身的限制，无线通信在当时成了高消费。

（4）服务质量差。模拟制式方式本身造成信号不稳定，相互间干扰严重，加上没有纠错的功能，严重影响了客户的通话质量。

（5）相互间不可漫游，商务使用和旅行都非常不方便。

正是由于第一代系统的不足，许多国家在第一代系统商用的同时就投入了第二代系统的研究。

1.1.2　2G（1991— ）

第二代移动通信系统（2G）最先于 1991 年在芬兰由 Radionlinja 首次商用。

2G系统以欧洲的GSM（Global System for Mobile Communication）、美国的D-AMPS（Digital AMPS）、日本的PDC（Personal Digital Cellular）以及此后不久出现的IS-95 CDMA系统（又被称为cdmaOne）等为主要代表。2G系统由于采用了先进的数字通信技术，相比1G系统大大提高了系统容量和语音通话质量，同时也降低了设备成本和功耗。

欧洲开发的GSM是2G中最成功的系统。GSM系统结合了TDMA、慢跳频（Slow Frequency Hopping）、GMSK（Gaussian Minimum Shift Keying）调制等新的通信技术来传送语音信号，系统容量达到了第一代模拟系统的 3～5 倍。该系统首先获得欧洲各国的支持和部署，后来在世界各地获得了巨大的成功。直至今日，第二代的 GSM 系统仍然在世界各地许多运营商的网络中提供语音和低速数据服务，图 1-5 所示为一款诺基亚的第二代 GSM 手机。

在美国，2G 则分化为两个系统。第一个系统是基于 IS-54 的 D-AMPS（Digital AMPS），采用的是 TDMA/FDMA 和 FSK 调制技术。该系统将每一个 30kHz 的 AMPS 频道又以 TDMA 的方式分为 3 个子信道，提供了相当于 AMPS 模拟系统 3 倍的容量，D-AMPS 可以兼容美国原有的 AMPS 系统。第二个系统

图 1-5　诺基亚的第二代 GSM 手机

则是由高通公司（Qualcomm）主导推动的 IS-95 CDMA 系统，该系统最早于 1995 年在中国香港由 Hutchinson 实现商用，CDMA 采用了技术上更加先进的直接序列 CDMA 技术（Direct-Sequence CDMA），另一种 CDMA 系统为在军事上应用较多的跳频（Frequency-Hopping CDMA）。CDMA 技术在频率利用率、软切换、抗干扰、过滤背景噪声等方面相对于 TDMA 系统都具有非常大的优势，并且可以提供 10 多倍于 AMPS 的系统容量。但由于 CDMA 在 2G 中的起步较晚，获得的产业链支持相对较少。除此之外，高通的专利收费模式也受到业界争议，因此其在 2G 时代获得的部署范围不如 GSM。 但是 CDMA 作为一种优秀的通信技术在后来的 3G 时代成为主选技术并大放异彩。

2G 系统在最先推出时主要提供语音服务，后来逐步演变增强为也可支持如 E-mail、互联网浏览、SMS 等有限的数据服务。基于 GSM 的 GPRS（General Packet Radio Service）数据业务通过整合时隙为用户提供 14.4～64kbit/s 传输速率服务，EDGE（Enhanced Data Services for GSM Evolution）则采用了更高阶的调制技术提供更高速率的数据服务。

在我国，中国移动和中国联通在 2G 时代部署了 GSM 系统，中国电信则部

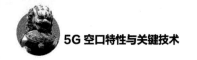

署了 IS-95 CDMA 系统。

2G 系统基本解决了 1G 系统存在的诸多不足，如信号质量、漫游、安全性等问题，同时提供了更高的容量和最基本的数据通信服务。从 1997 年起，随着用户数的高速增长，系统容量的不足以及数据业务的速率较低等问题日益显现，国际上对于 3G 标准的制定也就进入了实质性阶段。

1.1.3　3G（1999—）

第三代移动通信系统（3G）的主要代表是欧洲的 WCDMA、美国的 cdma2000 和中国主导推动的基于时分双工的 TD-SCDMA。这几种标准都是基于 CDMA 技术，但是在技术和实现上又各有不同的特点。3G 的第一次商用是由日本的 NTT 于 2001 年实现的，采用的是 WCDMA 技术。

3G 系统除了支持语音和短信业务外，还可以更广泛地提供诸如移动互联网、视频电话、移动电视等数据业务。

和 2G 所广泛采用的 TDMA 相比，3G 采用的 CDMA 技术具有以下主要特点。

（1）频谱效率高。CDMA 的频谱效率大约是 TDMA 系统的 3 倍。

（2）基站覆盖距离远。在接收端通过采用 RAKE 接收机可以有效地利用无线信道多径效应，CDMA 的链路增益超过 GSM 3～6dB。

（3）同频复用。频率资源可以在不同小区反复使用，大大简化了网络规划。

（4）跨越小区时采用软切换。用户感知好，不易发生切换失败。

WCDMA 和 cdma2000 都采用了频分双工（FDD, Frequency Division Duplex），上下行采用不同的频段进行传送，而 TD-SCDMA 则采用了时分双工（TDD, Time Division Duplex）的方式，上下行采用相同的频段进行传送，TDD 方式在充分利用频谱（尤其是单块的频谱资源）和非对称上下行流量时具有一定优势，但同时也增加了系统的复杂度。

欧洲的 WCDMA 系统和原有的 GSM 有一定的兼容性，由于有 GSM 庞大的用户群以及成熟的产业链做支持，因此在 3G 时代拥有最大的市场。随着智能手机的发展，移动流量需求上升，WCDMA 后续又演进出 3.5GHz 的 HSPA（High Speed Packet Access），而 cdma2000 则演进出 1×EV-DO（Evolution, Data Only）支持高速数据服务。

在我国，中国移动在 3G 时代主要部署了 TD-SCDMA 系统，中国联通和中国电信则分别部署了 WCDMA 和 cdma2000 系统。

3G 系统虽然相对 2G 系统拥有诸多技术优势，但是由于在推广初期预期过高，3G 运营牌照拍卖的费用十分高昂，造成运营商反而没钱投入网络建设和部署。此外，原来预想的市场对于无线数据服务的巨大需求和杀手级的应用也没有出现，用户应用仍然主要局限于 E-mail 之类的文本型应用，这些应用并不需要太大的数据流量，因此 3G 初期建设的网络没有得到充分的利用。3G 系统在推广的初期并没达到预期效果。

这种情况一直持续到 2007 年，美国苹果公司推出第一款 iPhone（见图 1-6），自此引发智能手机的革命，引爆了用户对于无线数据业务的巨大需求，情况才得到改观，3G 网络建设和扩容才得以进入快车道。但是与此同时，一种更新的技术标准也出现了，那就是基于 OFDM 技术的 4G LTE 系统。

图 1-6　2007 年乔布斯发布第一款 iPhone

1.1.4　4G（2009—）

最先出现的第四代移动通信系统（4G）有两个。一个是在美国最先出现的全球互联微波接入（WiMAX, Worldwide Interoperability for Microwave Access），该系统由英特尔公司推动，是从无线局域网 Wi-Fi 演进而来的，采用了和 IEEE 802.11a/g 相同的 OFDM 技术。WiMAX 采用了 2005 年完成的 IEEE 802.16e 以及后续演进的 IEEE 802.16m 标准，后来由于各种原因（如对终端移动性的支持较差、产业链不完整以及来自 LTE 的竞争等）而逐步没落。另一个就是目前广泛部署的 LTE，该系统和 WiMAX 有相似之处，同样采用了 20MHz 的系统带宽（LTE 后续通过载波聚合可以达到 5×20MHz）。

世界上第一个商用的 LTE 网络是 2009 年 5 月由爱立信和 TeliaSoNera 在瑞典的斯德哥尔摩启动部署。4G 系统在提供语音通信的同时也提供高速数据服务。

根据双工（Duplex）方式的不同，LTE 系统又分为 FDD-LTE 和 TD-LTE。其最大的区别在于上下行通道分离的双工方式，FDD 上下行采用频分方式，TDD 则采用时分的方式。除此外，FDD-LTE 和 TD-LTE 采用了基本一致的技术和标准。国际上多数运营商部署了 FDD-LTE 系统，TD-LTE 则主要部署于中国移动以及全球少数的运营商的网络中。

从 3G 到 4G 是一个从低速数据向高速数据传输的演进过程。4G 系统除了提供传统的语音和基本的数据服务外，还提供了移动宽带服务，支持的应用范围涵盖了移动互联网、游戏、HDTV、视频会议、云服务等。

1.1.5　5G（2019—）

LTE 系统虽然技术上非常先进，但是人类社会仍然有不少需求是它无法支持的。此外，LTE 启动也已过去多年了。这些都促使人们从 2012 年左右开始讨论新的一代无线系统——第五代移动通信系统（5G）的愿景。

2015 年 6 月，ITU（国际电信联盟）正式确定了 5G 名称、场景和时间表；WRC15 会议则讨论归纳了可能的频谱资源；3GPP 也于 2015 年年底启动了 5G 的标准化工作，并在 2018 年完成了第一个正式版本的独立组网 5G 标准（3GPP R15）。

5G 是面向 2020 年后移动通信需求而发展的新一代移动通信系统，5G 系统所带来的最大的改变就是要实现人与物、物与物之间的通信，要实现的是万物互联，推动社会发展。图 1-7 为 ITU-R 定义的 5G 关键能力示意。

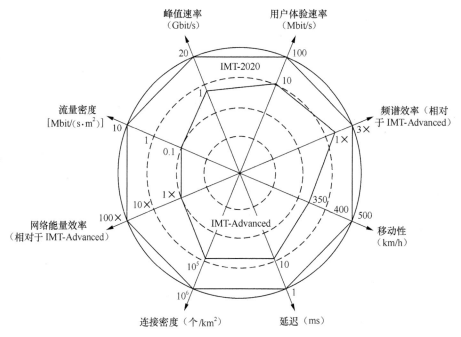

图 1-7　ITU-R 定义的 5G 关键能力示意

5G 系统的应用场景大体上可以分为 3 类（见图 1-8），而这 3 类应用场景又带来新的技术要求。

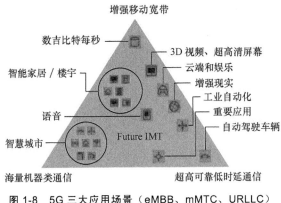

图 1-8　5G 三大应用场景（eMBB、mMTC、URLLC）

（1）增强移动宽带（eMBB，Enhanced Mobile Broadband）场景：eMBB 可以看成是 4G 移动宽带业务的演进。主要目标为随时随地（包括小区边缘和高速移动等恶劣环境）为用户提供 100Mbit/s 以上的用户体验速率；在局部热点区域提供超过 1Gbit/s 的用户体验速率、数十 Gbit/s 的峰值速率以及数十 Tbit/（s·km²）的流量密度。eMBB 不仅可以提供 LTE 现有的语音和数据服务，还可以实现诸如移动高清、VR/AR 等应用，提升用户体验。在技术上，为了实现这个目标就需要引入新的空口和各种新的技术，如大规模天线（Massive MIMO）、超密度组网（UDN）等技术，并且需要增加带宽和频率范围等。

（2）海量机器类通信（mMTC，Massive Machine Type Communication）场景：主要面向智慧城市、环境监测、智慧家庭、森林防火等以传感和数据采集为目标的应用场景。其主要特点是小数据包、低功耗、大量连接数。这一场景不仅要求网络具有支持超过每平方公里百万连接的连接密度，而且还要保证终端设备的低成本和低功耗。在技术上，为此就需要设计针对此类物联网业务特性的新的空中接口，引入新的多址接入和波形设计，并优化信令和业务流程。

（3）超高可靠低时延通信（URLLC，Ultra Reliable Low Latency Communication）场景：这一类业务主要包括车联网、工业物联网、远程医疗等应用场景，这类应用要求 1ms 量级的时延和高达 99.999%的可靠性。在技术上，需要设计新的空口、缩短子帧长度、支持新的调度算法和采用更先进的编解码机制以进一步降低传输时延和提高可靠性。

当然，对以上 3 类应用场景的划分是为了简化需求进行的人为划分。实际中出现的应用场景也有可能会介于上述三大类场景之间，这些也都是 5G 系统需要支持的。

总的来讲，5G 的关键技术主要包括新的空中接口技术和网络架构重构两个

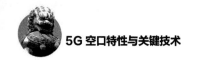

方面。前者是指新的波形设计/多址技术/信道编解码等物理层技术、新的信令控制流程、新的频段和全频谱接入、大规模天线（Massive MIMO）技术等；后者则是指网络将基于网络功能虚拟化（NFV）/软件定义网络（SDN）向软件化、云化转型，用 IT 方式重构，实现网络切片，提供多样化的服务，以支持低时延和大连接的需要。

5G "三超"（超高速、超低时延、超大连接）的关键能力和万物互联的应用场景将开启人类信息社会的新一轮变革，对社会各领域的渗透与影响也将前所未有。

截至 2018 年 12 月，全球有近 200 家运营商启动了 5G 测试、试验以及部署的计划。多数 5G 试验的应用场景与 AR/VR、固定无线接入、高清视频传输和物联网应用有关。很多国家也已明确 5G 频谱拍卖/分配时间或发布了 5G 推进政策和计划。

在我国，早在 2013 年年初，工业和信息化部、国家发展和改革委员会与科技部就联合成立了 IMT-2020（5G）推进组，还启动了 5G 国家重大专项和 "863" 计划的 5G 研发项目。工业和信息化部从 2015 年 9 月起组织启动了 5G 的技术试验，试验包含关键技术验证、技术方案验证和系统验证 3 个阶段，由运营商、设备商及科研机构共同参与。2019 年 6 月 6 日，工业和信息化部向中国移动、中国电信、中国联通、中国广电发放了 5G 商用牌照，这标志着我国已进入 5G 时代。

综前所述，移动通信的每一代演进都超越并解决了上一代系统的一些问题，除了社会经济发展的需求驱动，通信理论、技术、元器件的发展起到了使能者的关键作用。1G 建立了首个可用于通话的模拟制式的蜂窝网通信系统；2G 实现了从模拟向数字通信的革命性转变、提高了通信容量和安全性；3G 实现了向数据传输的迈进；4G 时代提供了移动宽带业务；以后的 5G 时代，移动通信将在大幅提升以人为中心的移动互联网业务使用体验的同时，全面支持以物为中心的物联网业务，实现一个万物互联的理想社会。

展望未来，有一种观点认为，移动通信发展至今已非常成熟，如果 5G 网络能合理地设计部署，我们将不再需要 6G、7G、8G……系统，只需要一些小的改动即可满足未来社会的需要。另一方面，中国、欧洲、美国、日本、韩国等已开始布局 6G 技术研究，但是 6G 相关的技术观点也很多，有的认为使用大于 275GHz 的太赫兹频段实现进一步增强型移动宽带是 6G 的关键，有的认为应该把卫星通信也有效整合起来，以实现人类通信更大的自由度，也有的在研究把人工智能引入移动通信系统。不管怎样，目前，定义的 5G 网络具有很强的灵活性，还没有特别多的应用场景需要改变整个 5G 架构。因此，走好当下的 5G 之路才是最关键的。

|1.2 5G 标准化进程|

国际上，3GPP 是制定 5G 技术标准的主要组织，3GPP 标准的制定以企业为主，通过区域性研究平台合作进行，各国研究机构、运营商、设备制造商、标准组织都积极参与技术研究、开发实践和标准制定。参加者既包括了如华为、中兴、爱立信、诺基亚、高通、英特尔、三星、Interdigital 等系统设备和芯片制造商，也包括了中国移动、中国电信、中国联通、美国 AT&T、日本 Docomo、德国电信、法国电信、沃达丰等全球主要的运营商。

除了 3GPP 以外，全球的无线频谱资源则通过国际电信联盟—无线电通信部门（ITU-R）来统一规范管理。另外，国际组织如 IEEE、区域性的 5G 合作项目和组织如欧洲的 Metis 项目、我国的 IMT-2020（5G 推进组）、韩国的 5G Forum 以及日本的 ARIB2020 等都对 5G 的概念和标准的形成发展起了很大的推进作用。

从 2016 年起，3GPP 启动了 R14 研究项，目标是在 2020 年实现 5G 的商业化部署。为此，3GPP 采取了按阶段定义规范的方式。第一阶段目标是 R15，旨在完成规范 5G 的有限功能。第二阶段是 R16，旨在完成规范 IMT-2020 所定义的所有功能，将于 2019 年年底到 2020 年完成。3GPP 的 5G 标准化详细路线可以参考图 1-9。

基于 R15 和 R16 的实际商业部署大体上会比标准完成延迟一年左右的时间。

3GPP 已经于 2017 年 12 月完成了 R15 标准的非独立组网（NSA，Non-Stand Alone）部分的规范，于 2018 年 6 月完成了独立组网（SA，Standa Alone)部分的规范。R15 形成了 5G 标准的第一个正式版本。

自 2017 年 12 月 RAN#78 会议上发布第一版 R15 标准之后，每次 RAN 全会都会结合 RAN 分会和全会的会议讨论结果，对原有标准中的一些文字或者消息格式等进行一些更新和修改，并形成新的版本。截至 2018 年年底，R15 规范陆续更新并形成了 2018/3、2018/6、2018/9 和 2018/12 版本。本书写作过程中，以 2018/6 的 R15 规范为准，读者可重点参阅相应版本的规范，如 3GPP TS 38.213 V15.2.0（2018-06）等，并结合最新的规范进行学习。需要说明的是，实际上本书也参阅了最新的 2018/12 的部分规范，但总体上还是以 2018/6 版本为主。

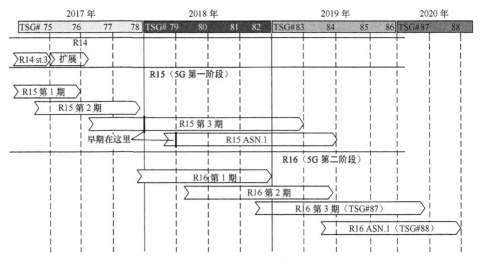

图 1-9　3GPP 5G 标准化路线

|1.3　5G 频谱分配|

1.3.1　5G 不同业务的频谱需求

无线频谱本身是一种非常重要的资源，5G 通信的总体需求和丰富的业务场景产生了多样化的频谱需求。比如需要增加大量新的频率资源、需要支持更多不同的带宽配置以及需要支持更大的带宽。5G 频谱的波段也将涵盖很大的频率范围，甚至延伸到了毫米波（mmWave）的波段。

5G 三大应用场景各有其相适应的不同频段。其中，增强移动宽带业务（eMBB）的要求是大容量、高速率，因此需要更多的频谱资源以及支持更宽的频带。6GHz 以下的低频段资源对增强覆盖至关重要，是 eMBB 场景的主要频段资源所在。6GHz 以上的高频段可提供连续的大带宽频谱，在热点地区可以用来大幅提升系统的容量。因此我们预想，高低频协作将是满足 eMBB 场景需求的基本手段。

海量机器类通信（mMTC）场景下的业务通常是低速率的小分组数据包的方式传输，传输速率上要求不高，但覆盖必须得到充分的保障（如某些智慧城市的传感器有可能会部署在非常隐蔽的地方）。因此需要优先配置低频率资源（尤其是 1GHz 以下）的频段，以确保深度覆盖。

超高可靠低时延通信（URLLC）场景的业务对于时延和可靠性有极高的要求，可能的频段也主要以中低频段为主。

1.3.2　频谱分配现状

在国际上，ITU-R 在 WRC-15 研究周期中，对满足未来 2020 年以前的频谱需求和候选频谱进行了广泛深入的研究。WRC-15 以后，各国和地区都纷纷开始了 5G 频谱的部署和规划工作。中国、美国、日本、韩国和欧盟都出台了相应的频率规划计划。目前，可用于 5G 初期部署的频段的总体情况如下。

（1）低频段：小于 3GHz，特点是具备良好的无线传播特性，可用于 5G 网络的广覆盖。

（2）高频段：大于 6GHz，带宽充裕，但受限于较小覆盖范围，较多可用于 5G 网络某些特定场景如室内外热点、无线家庭宽带和无线自回传等。

（3）中频段：3 ~ 6GHz，兼顾带宽和覆盖的优点，是 5G 最主要的频段，也是全球最可能首先商用的频段。其中的核心频段包括了 3.3 ~ 3.6GHz、4.4 ~ 4.5GHz、4.8 ~ 4.99GHz 等频段资源。

图 1-10 所示为世界主要国家和地区（机构）对 2020 年前 5G 试验和商用的频谱规划。除图中所示的频谱之外，我国目前将 2.6GHz 频段的 160MHz 频谱给中国移动用作 5G 试验和商用，美国也有意将 600MHz 和 2.5GHz 部分频段分别给 TMobile 和 Sprint 用于 5G 试验和商用。

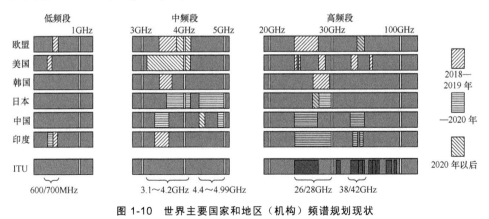

图 1-10　世界主要国家和地区（机构）频谱规划现状

在 IMT 2020（5G 推进组）的框架下，我国早就开始组织开展了 5G 频谱

需求预测、候选频段兼容性分析等一系列研究工作，并最终确立了 5G 频谱将由高频段+中低频段联合构成的策略。其中，中低频段（6GHz 以下）重点解决 5G 无处不在的用户体验；高频段（6GHz 以上）主要用于满足 5G 增强移动宽带等业务需求。

2019 年，国内 5G 试验阶段频谱分配示意如图 1-11 所示。中国移动获得 2.6GHz 频段的 160MHz 频谱以及 4.9GHz 频段的 100MHz 频谱；而中国联通和中国电信则分别获得 3.5GHz 频段的 100MHz 频谱，作为 5G 试验和未来可能的商业部署之用。其中，中国移动 2.6GHz 频谱，虽然比较有利于覆盖，并且可以利用 2.6GHz 现有的 LTE 站点。但是，中国移动也会面临如何带动 2.6GHz 的 5G 生态链的发展以及和 4G LTE 联合组网等难题。

图 1-11　国内 5G 试验阶段频谱分配示意

第 2 章

5G 新空口关键技术

本章主要介绍了 5G 新空口的关键技术（如波形设计、多址接入、信道编码、灵活可扩展的参数集和帧结构）。侧重点在于介绍相关关键技术的基本概念和部分标准的形成过程。

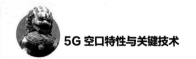
| 2.1 5G 波形设计 |

信号波形设计是移动通信系统的关键技术之一，其目的是把数字信号映射到适合无线信道传输的具体波形上。以往的蜂窝无线系统每一代在波形上都有很大的不同。1G 时代采用的是模拟制式的频率调制（以及 FDMA 的多址接入方式）；2G 时代则采用了以 GSM 和 CDMA 为代表的数字调制的方式(以及 TDMA/FDMA 相结合的多址接入方式);3G 时代采用的是 DS-CDMA 扩谱波形，频谱使用效率有了很大的提高；4G 时代则采用了更加优异的 OFDM 波形；5G 时代采用什么样的信号波形设计也就成为人们关注的一个焦点。

一般认为，在 5G 时代，对于波形设计具有如下要求。

（1）支持不同的用户场景业务，主要是指 eMBB、mMTC 以及 URLLC 3 类不同的场景的业务需求。

（2）适用于十分广泛的频率范围（从低于 1GHz 一直到接近 100GHz）。

（3）灵活性和可扩展性好，可以针对不同场景支持灵活的子载波间隔等空口参数集（Numerology）。

（4）更高的频谱效率，能有效地适配 MU-MIMO 功能。这对于频率资源稀缺的低频段以及需要提供高数据流量服务的场景非常重要。

（5）频域约束性好，更低的带内/带外辐射，以降低相互间的干扰。这对于在同一个载波上提供不同的服务类型以及上行非同步接入都很有好处。

（6）时域约束性好，支持更短的传输时间间隔（TTI）。这对于保障 URLLC 和 eMBB 中的低时延很重要。

（7）支持异步多址接入，以减小调度开销和系统时延。这对于 mMTC 的上行尤其重要。

（8）功耗低，较低的峰均功率比（PAPR，Peak-to-Average-Power-Ratio）以提高发射机的功放效率。这对于终端侧以及当系统工作在毫米波波段尤其重要。

（9）实现复杂性低，由于在 5G 中频率带宽大大增加了，计算的复杂度也相应增大，因此降低收发机实现的复杂度变得非常重要。此外，复杂度的降低也有助于降低处理时延，以满足某些应用中低时延的要求。

（10）协议开销最小化，使信令和控制负荷最小化，以提升效率。

大体来讲，可选择的信号波形可以分两类，即单载波波形和多载波波形。单载波波形的特点是具有较低的峰均比值，适合于覆盖受限和需要延长电池寿命等对功耗要求较高的场景；而多载波波形则具有较高的频谱效率、支持灵活的资源分配以及和 MIMO 较好的适配性。由于 5G 拥有诸多应用场景，这两大类波形都是可以考虑的，并可以适用于不同的场景。如单载波波形可能在 mMTC 以及毫米波应用有一定价值，而多载波波形则适用于 5G 绝大多数场景。但是如果 5G NR 的系统要同时支持这两大类波形对系统设备将会带来一定的挑战。因此，在 3GPP R15 中，经过综合考虑，业界更倾向于在上下行都采用 OFDM 类的多载波波形。而在上行对功率受限的场景则把 DFT-S-OFDM 这种具有单载波特性的波形作为可选项。

在 3GPP 标准化的前期讨论中，除 CP-OFDM 波形外，一些研究机构和公司也提出了一些不同的波形设计方案。这些新波形中不少是以 OFDM 为基础的改进，部分新波形设计是在 OFDM 的基础上加上额外的滤波器，以期获得较好的频谱约束性。通过对传输信道内的部分子载波或子载波集进行单独滤波，使其更适宜于该特定子载波集的信号状况和所需要支持的业务种类，并且可以实现异步系统的设计。因此，具有滤波的多载波波形可以被认为是用于灵活空口设计的一大关键因素，有可能是 5G 系统的关键组件之一。

本章选取比较有代表性的 CP-OFDM、FBMC、UFMC、GFDM 做介绍。

2.1.1　5G 主要候选波形

2.1.1.1　正交频分复用波形

4G LTE 的核心技术是正交频分复用（OFDM，Orthogonal Frequency Division Multiplex）技术。OFDM 是由多载波（MCM）技术发展而来的，最先由贝尔实验室的 R.W. Chang 于 1966 年提出并申请了专利。OFDM 既是一种调制技术，也是一种多址技术。这一技术可以有效对抗无线通信中的多径效应，也可以在较差的信道环境中有效传输大量数据。同时，OFDM 可以采用快速傅里叶变换（FFT）的数字信号处理（DSP）方法简单直接地实现。但是，早期由于受到技术条件的限制，实现傅里叶变换所需设备复杂度大、成本高，使得 OFDM 无法实现大规模应用。在 2G 和 3G 系统的标准化过程中，都曾经有提案建议采用 OFDM，但是由于考虑到计算的复杂性和终端功耗等因素而被否决。

随着数字信号处理芯片技术的发展，OFDM 在数字音频广播系统（DAB）、数字视频广播系统（DVB-T）、无线局域网（WLAN）（802.11a/g/n）、WiMAX（802.16）中都得到了应用，并最终成为 4G 和 5G 时代的首选波形技术。

目前，采用较多的是循环前缀正交频分复用（CP-OFDM）波形，其发送侧和波形的基本原理及其基本特性如图 2-1 所示。

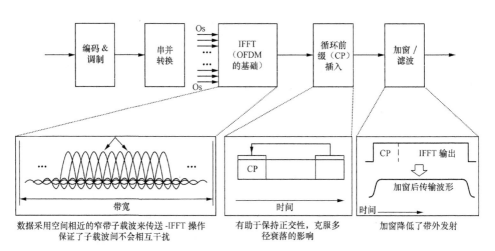

图 2-1　CP-OFDM 发送端波形的基本原理和特性

OFDM 波形发送和接收完整示意如图 2-2 所示。

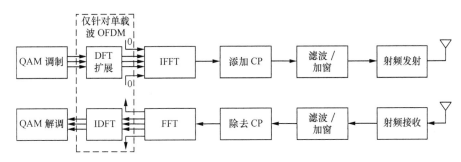

图 2-2　OFDM 波形发送和接收完整示意

CP-OFDM 通过在每一个符号（Symbol）的前部添加循环前置（如图 2-3 所示），有效对抗了最大延迟（Delay Spread）小于循环前缀（CP）长度的无线信道多径效应。

在 LTE 系统中，上行终端侧在 IFFT 前通常先对数据进行一个离散傅里叶变换（DFT）的操作，业界称其为傅里叶变换扩展 OFDM（DFT-S-OFDM，Discrete Fourier Transform Spread OFDM）或 SC-FDMA。这样做可以有效降低发射波形的峰值平均功率比（PAPR）以减轻功放回退的要求，从而降低了终端发射机的功耗。基站侧在下行则不用进行此 DFT 扩展的操作。

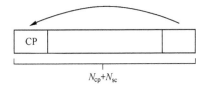

图 2-3　OFDM 通过循环前缀有效
对抗了多径效应

CP-OFDM 作为目前为止无线通信中非常优秀的一种波形，它具有如下主要优点：

（1）频谱效率非常高；

（2）有效抵抗无线信道所面临的最大问题，即多径效应和频率选择性衰落；

（3）可以采用快速傅里叶变换算法处理，易于发射机和接收机的硬件实现，以及在频域进行信道的均衡处理；

（4）利用子载波的正交性消除小区间的干扰；

（5）易于和自适应调制技术及 MIMO 技术进行适配。

由于具有这些优点，CP-OFDM 也成为 5G 的一大重要候选波形。

不过 CP-OFDM 也存在一些缺点，如下述几点。

（1）OFDM 的矩形脉冲成形会带来频域上旁瓣较大并且衰减缓慢的问题。在实际系统中为避免相邻频段所受到的频谱杂散泄漏，通常需要 10% 左右的保护频带。这使得 OFDM 不太适宜于分段频谱场景，因为这些场景需要满足一定的带外（OOB）指标要求。为了克服 OFDM 的这一缺点，可以考虑采用时域加

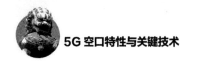

窗技术，即 W-OFDM（Windowed-OFDM）。

（2）CP-OFDM 可能造成较大的相邻信道干扰（ACI，Adjacent Channel Interference）。

（3）发射端较高的 PAPR 加大了功放的能耗，这个问题在 LTE 时代通常以上行侧在 OFDM 波形前以预编码的方式予以解决。

（4）系统整体性能对时间和频率偏移非常敏感，少量的偏移就会对误码率产生较大影响，因此对于频率和时间的同步要求很高。而在物联网通信中许多情况下难以实现高精度的同步要求，与之并不十分匹配。

（5）OFDM 的频谱效率虽高，但是循环前缀的使用仍然部分降低了频谱效率，因此 5G 标准化过程中出现了一些不采用循环前缀的改进提案以进一步提升 OFDM 的效率。

（6）此外，毫米波波段（mmWave）需要非常大的传输带宽，OFDM 在这种场景是否有效也有待于进一步的研究。

随着移动物联网应用逐步成为 5G 的主要驱动力之一，高效地支持带有不同需求的异构服务逐渐变得越来越重要。

总的来说，在 5G 移动宽带 eMBB 场景下，在 4G 系统中广泛采用的 CP-OFDM 仍然是重要的基础波形。但是对于 mMTC/URLLC 等场景，CP-OFDM 是不是最优的选择成为 3GPP 标准化讨论的一个热点。

2.1.1.2 基于滤波器组的多载波波形

基于滤波器组的多载波波形（FBMC，Filter-Bank Multi-Carrier）是一种多载波调制技术，该技术在发送和接收端都对每个子载波进行单独滤波。为了在频域获得更好的约束性，所选择的滤波器在时域可能会很长。由于 FBMC 本身对于多径效应有一定的抵抗能力，因此通常不需要采用循环前缀，避免了循环前缀所带来的信道资源的浪费，可以获得更高的传输效率。FBMC 发射信号的基本原理如图 2-4 所示。

FBMC 技术可以采用正交幅度调制（QAM，Quadrature Amplitude Modulation）或者偏移正交幅度调制（OQAM，Offset Quadrature Amplitude Modulation）两种调制方式。FBMC 在采用 OQAM 时被称为 FBMC/OQAM（OQAM 的采用可以降低相邻子载波的相互干扰）。图 2-5 所示为 FBMC 一种典型的基于 IFFT/ FFT 的实现方式，其中调制方式采用了 OQAM，多相网络（PPN，Polyphase Network）是降低计算复杂度实现子载波滤波的一种方式。待发送的数据流经过串并转换，然后通过 OQAM 调制，再通过 IFFT 变换以及 PPN 多相滤波器组后进行发送，而接收端则通过相应的逆变换恢复原始数据。

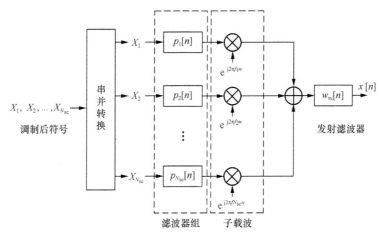

图 2-4　FBMC 发射信号的基本原理

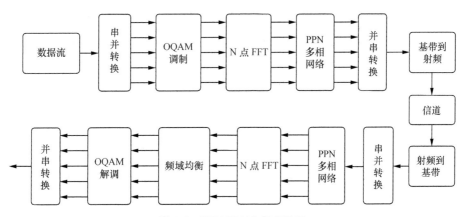

图 2-5　PPN-FBMC 原理示意

在 FBMC 中，各子载波滤波器之间是非正交的，因此其子载波之间存在相互干扰，而 OQAM 的采用可以减小相邻子载波间的干扰。

5G 采用 FBMC 波形有如下好处：

（1）没有扩展循环前缀，传输效率得到了提高；

（2）对系统的同步要求不是很严格，因此适合一些非同步传输的场景；

（3）在频域大大降低了旁瓣功率，减少了带外泄漏，比较适合于碎片化的频谱场景；

（4）在高移动性场景表现良好。

但是，FBMC 也存在一些问题，如：

（1）破坏了子载波间的正交性，这就意味着即使没有任何信道的损害，在接收端也难以完美地复原发送端的 QAM 信号；

（2）FBMC 针对不同的子载波分别进行滤波处理，由于子载波的间隔较窄从而滤波器的长度较长才能满足对于窄带滤波的性能要求，因此其在突发性小文件包或对时延要求较高的应用场景下的效果受到影响；

（3）滤波器的长度较长，增加了实现的复杂度；

（4）难以和 MIMO 技术适配。

总的来讲，FBMC 避免了循环前缀和大保护频带的使用，提高了系统的频谱效率。同时，以适度的实现复杂度为代价，降低了载波间干扰和相邻信道干扰水平，是现今主流的 CP-OFDM 方案的潜在后续技术。其理想目标场景可能是无须精准同步的异步传输、零碎频谱、高速移动用户等。

2.1.1.3　通用滤波多载波技术

基于通用滤波多载波（UFMC，Universal Filtered Multi-Carrier）技术是由欧盟资助的研究项目 5GNOW 提出的多载波调制技术，它和 FBMC 有类似之处，区别在于，在 UFMC 中滤波器处理的对象是一组子载波，通过在发射机中增加一组状态可变的滤波器来改善频谱成型。

UFMC 可以看作是不采用子载波滤波的 CP-OFDM 和采用子载波滤波的 FBMC 之间的一个折中。在 UFMC 中，是对一组子载波（子载波组）进行滤波。整个系统带宽被分成若干个子载波组，对每个子载波组分别进行滤波，滤波后的子载波组根据时频资源的分配来进行传送。当每个组中的子载波个数为 1 时，UFMC 就变成了 FBMC，因此，FBMC 也可以看成是 UFMC 的一种特殊情况。

滤波器的选择可以很灵活，其目标在于降低带外（OOB）发射和带内失真。另外，采用不同滤波器时，UFMC 的实际性能很大程度取决于所考虑的场景和实际的滤波器设计。相比 CP-OFDM，更低的带外发射使得 UFMC 更适于异步多址接入。UFMC 具有 CP-OFDM 的一些优点，如通过对附加滤波的适当选择，使带内失真的数量得以限制。另外，不同子载波组间也可以支持灵活的参数集。

UFMC 的一种发射接收实现方式的原理如图 2-6 所示。图中假定总共有 K 个子载波，被分成 B 个子载波组，每个组中的子载波数可以不同。在接收端采用了 2N 点 FFT 来恢复发送的数据（只采用其中的偶数序列的解调符号）。

UFMC 之所以对于子载波组而非子载波本身进行滤波是由于考虑到频域资源的调度通常是以资源块（RB）为最小单元，而非子载波本身。这样做使得可以对不同的业务类型进行有针对性的处理。

UFMC 不需要添加循环前缀。它在 5G 应用中有如下好处：

（1）对于时间和频率的同步要求不那么严格；

（2）不需要循环前缀，传输效率得以提高；

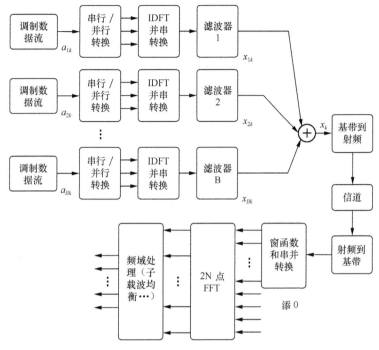

图 2-6　UFMC 发射接收原理示意

（3）由于 UFMC 是对子载波组进行滤波处理，其滤波器的通带较宽，因此滤波器的长度可以设计得相对较短，即其时间约束性较好，因此在小文件包的场景其频谱效率也相对高一些；

（4）比 CP-OFDM 更好地应用于碎片化频谱的场景；

（5）可以在子载波组内动态地调整子载波间隔，从而可以实现调整符号长度以匹配信道的相关时间（Coherence Time）。

UFMC 也存在一些不足：和 CP-OFDM 相比，其发送和接收的实现复杂度都要高一些。

2.1.1.4　广义频分复用技术

广义频分复用（GFDM，Generalized Frequency Division Multiplex）是一种广义多载波调制技术。该技术和 FBMC 有类似之处，同样采用了多载波滤波器组的概念，所不同的是，GFDM 以若干个符号为单位增加了循环前缀。GFDM 实现的基本原理如图 2-7 所示。根据不同的业务类型和应用，GFDM 可以选择不同的滤波器和插入不同类型的 CP。

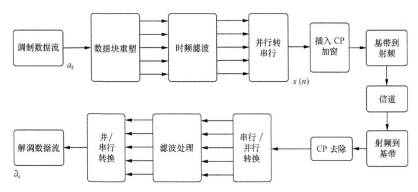

图 2-7 GFDM 实现的基本原理示意

GFDM 波形具有如下特点：

（1）带外泄漏低，使得它非常适合在非连续频带上传输；

（2）由于使用了循环前缀，它在多径效应的顽健性和易于均衡方面保持了 CP-OFDM 的优点；

（3）GFDM 基于独立的块调制，使其可以具有灵活的帧结构，适用于不同的业务类型。但是 GFDM 需要较复杂的接收处理算法来消除码间串扰和载波间干扰，其块处理的时延也较大。

2.1.1.5 其他波形选项

在对 5G 新波形的研究以及 3GPP 的会议讨论中，除了 CP-OFDM、FBMC、UFDM 和 GFDM 外，还出现了 f-OFDM、FMT、FB-OFDM 等其他一些波形提案，它们的基本思路大都是采用通过滤波器进行带通滤波的多载波技术，每个方案都有各自的优缺点。

多载波波形的 PAPR 都较高。因此，PAPR 相对较低的单载波波形也在 5G NR 新波形的考虑范围内。另外，在毫米波波段，单载波波形也有其优点。单载波波形包含如传统的 MSK、GMSK 等调制波形等。目前，一些主要的单载波波形及其特性如表 2-1 所示。

表 2-1　一些主要的单载波波形及其特性

波形	优点	缺点
恒定包络波形 （如在 GSM 和蓝牙中所采用的 GMSK，以及 ZigBee 中使用的 MSK）	• 0dB 的 PAPR； • 允许非同步的复用； • 较好的旁瓣抑制（GMSK）	• 频谱效率较低
SC-QAM （在 EV-DO 和 UMTS 使用）	• 频谱效率低，PAPR 也低； • 允许非同步的复用； • 简单的波形合成	• 频谱分配的灵活性较差； • 对 MIMO 的支持性不好

续表

波形	优点	缺点
SC-FDE	• 等同于带循环前缀的 SC-QAM； • 允许频域均衡处理	• 与 SC-QAM 类似； • 相邻信道泄漏比（ACLR） 　与 DFTS-OFDM 相近
SC-FDM （DFT-S-OFDM，在 LTE 上 行使用）	• 灵活的带宽分配； • 允许频域均衡处理	• 相比 SC-QAM，PAPR 较高， 　ACLR 也较差； • 需要同步复用
Zero-tail SC-FDM	• 灵活的带宽分配； • 不需要循环前缀，但是需要灵 　活的符号间保护； • 相比不采用 WOLA 的 SC-FDM， 　其带外抑制特性较好	• 需要同步复用； • 需要额外的控制信令； • 不采用循环前缀使得与 CP- 　OFDM 的复用缺乏灵活性

　　但是，传统的单载波波形由于频谱效率较低、在频率选择性衰落信道下信号失真严重以及在频域难以支持灵活的资源分配等缺点。相对来讲，在 LTE 上行使用的傅里叶变换扩展 OFDM 波形（DFT-S-OFDM）则兼具单载波和多载波波形的优点而显得更为优越。

2.1.2　波形实现方式总结

　　图 2-8 所示是上一节所介绍的 5G 新多载波波形提案实现方式的综合比较。详细内容可以参见 Qualcomm 公司的白皮书。

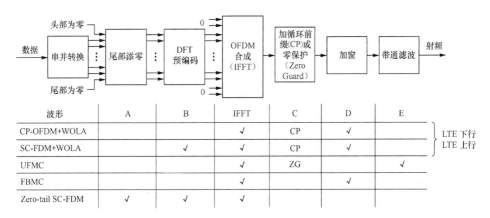

图 2-8　5G 新多载波波形提案实现方式的综合比较

　　注：加权叠接相加（WOLA，Weighted OverLap and Add），是 LTE 系统中常用的一种加窗技术。

图中，串并转换模块与 IFFT 模块之间的尾部添零（Zero-Tail Pad）和 DFT 预编码、IFFT 之后的加窗以及带通滤波模块都是可选的，"√"表示不同波形与相应的功能之间的对应关系。

2.1.3 波形的几项主要指标对比

考查波形特性的指标很多，以下选取较重要的几项：频域约束性、峰均功率比以及误帧率性能做个简单介绍。NTT Docomo 在其提案 R1-163110 Initial link level evaluation of waveforms 中做了详细分析。

2.1.3.1 频域约束性

图 2-9 所示为根据计算机仿真获得的几种 5G 波形提案的发射频谱特性对比。

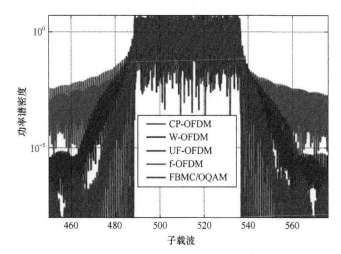

图 2-9 几种 5G 波形提案的发射频谱特性对比

由图 2-9 中可以看出，FBMC/UFMC/f-OFDM/W-OFDM 的带外泄漏比 CP-OFDM 有非常显著的降低。f-OFDM、UF-OFDM 和 W-OFDM 的带外泄漏比降低得不如 FBMC/OQAM 那么明显。UF-OFDM 和 f-OFDM 要优于 W-OFDM。带外泄漏比低会比较有利于异步多址接入和零碎化的频谱等场景。

2.1.3.2 峰均功率比

峰均功率比（PAPR，Peak to Average Power Ratio）是发射机峰值功率和均值功率的比，它由所采用的信号波形决定，对于发射机的能耗影响很大，是发射波形的一项重要指标。峰均功率比越低，对于提高发射机的效率越有好处。这一指标对于上行终端侧具有尤其重要的意义。

图 2-10 所示为几种 5G 新波形提案的发射机峰均功率比的计算机仿真结果。

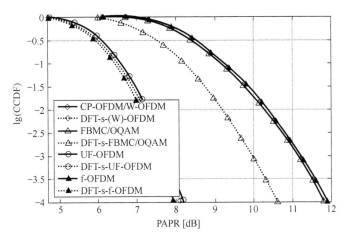

图 2-10 几种 5G 新波形提案的发射机峰均功率比的计算机仿真结果

由仿真结果可以看出，不采用 DFT 预编码时所有波形都具有大致相同的 PAPR 值。引入 DFT 扩展后，各波形的 PAPR 都明显下降。UF-OFDM/f-OFDM 以及 W-OFDM 对 PAPR 的降低程度相差不多。FBMC/OQAM 的 PAPR 降低程度则比较不明显。

根据 3GPP 的分析，R15 空口参数的实际 PAPR 结果如下：

- 下行 OFDM，PAPR=8.4dB（99.9%）；
- 上行 OFDM，PAPR=8.4dB（99.9%），DFT-S-OFDM 的 PAPR 值如表 2-2 所示。

表 2-2 DFT-S-OFDM 在不同调制下的 PAPR 值

调制	P_i/2 BPSK	QPSK	16QAM	64QAM	256QAM
PAPR（dB）	4.5	5.8	6.5	6.6	6.7

可以看出，采用 DFT 扩展可以在一定程度上降低发射波形的 PAPR 值，从而提高 PA 的使用效率。

2.1.3.3 误帧率

图 2-11 所示为几种波形在一些典型的应用场景（2.6GHz 的载波频率，3km/h 的步行运动速度和 620km/h 的高速运动速度）下的误帧率（FER, Frame Error Rate）的计算机仿真结果。

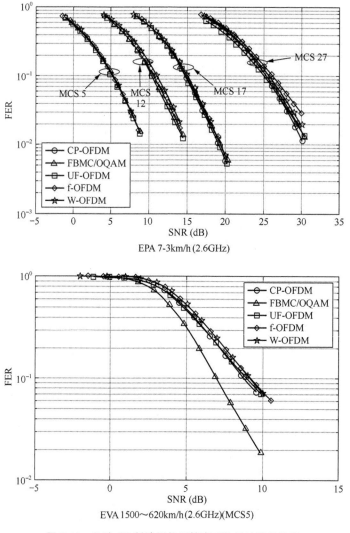

图 2-11 几种 5G 新波形的误帧率对比的计算机仿真

从仿真结果可以看出，在所设定的低速场景下，W-OFDM、UF-OFDM 和 FBMC/ OQAM 的误帧率和传统的 CP-OFDM 非常接近，f-OFDM 则相对略差一些。在高速移动的场景，FBMC/OQAM 的误帧率指标最好。

2.1.4 主要波形提案综合比较总结

mmMAGIC project 对一些主要波形提案进行了比较研究，考虑的主要方面包括频谱效率、发射波形峰均比值、对信道频域选择性和时域选择性的顽健性、和 MIMO 的适配性、时域约束性、频域约束性、实现复杂度等指标。5G 若干主要候选波形的综合比较如表 2-3 所示。

表 2-3　5G 若干主要候选波形的综合比较

波形	CP-OFDM	W-OFDM	UF-OFDM	FBMC-QAM	FBMC-OQAM
频谱效率	高	高	高	高	高
PAPR	高	高	高	高	高
带功放时 PAPR	高	高/中	高/中	高/中	高/中
和 MIMO 的适配性	高	高	待研究	待研究	低
时域约束性	高	高	高	低	低
带外辐射	高	中	中	低	低
实现复杂度	低	低	中	高	高
灵活性	高	高	高	高	高
对信道频域选择性失真的顽健性	高	高	高/中	高	高
对时域选择性失真的顽健性	中	中	待研究	低/中	低/中
对相位噪声的顽健性	中	中	低/中	低/中	低/中

总的来说，针对 FBMC、UF-OFDM、GFDM 等非正交波形，它们的滤波是在子载波的基础上进行的，所以其频率约束性比较好。FBMC 的旁瓣水平较低，因此对同步没有非常严格的要求，但是它的滤波器的冲激响应长度很长，所以 FBMC 不适用于短包类和对时延要求高的业务类型。UFMC 针对一组连续的子载波进行滤波处理，因此其滤波器长度相对较短，可以支持短包类业务。但 UFMC 没有循环前缀，因此对需要松散的时间同步场景不太适合。GFDM 可以使用循环前缀，具有灵活的帧结构可以适配不同的业务类型。

这类波形的缺点主要在于载波不再正交，所以会带来载波间干扰，这在很大程度上会导致性能的降低，这个问题在高阶 QAM 的情况下尤其明显。另一个主要问题在于它们难以与 MIMO 进行适配。除此之外，由于必须处理载波间干扰，接收端的处理也会变得比较复杂。它们的实现复杂度都高于 CP-OFDM。单从频率约束性来看，这类波形确实有一定优势，但是实际上获得的收益也并不是那么大。

考虑到这些因素，3GPP 最终没有在 R15 中针对 eMBB 场景选用此类非正交波形。在下一节中，我们简单回顾一下 3GPP 在 R15 中对波形规范的讨论过程和结果。

2.1.5　3GPP 对波形规范的讨论过程

　　3GPP 在 2016 年 3 月 7 日至 10 日在瑞典哥德堡召开了 TSG RAN #71 会议，会议正式启动了 5G NR 的研究项，以研究使用 100GHz 以下频谱满足 eMBB、mMTC 和 URLLC 3 种业务场景的移动通信的需求。3GPP RAN1 后续又召开了多次会议，讨论无线接入部分（Radio Access）的各种议题。

　　从 RAN1#84 次会议起，针对 5G NR 新波形的讨论正式展开，讨论主要集中在 CP-OFDM、FBMC、UFMC、GFDM、f-OFDM 等波形提案上，该次会议确定了对波形的评估方法。

　　在 RAN1#84bis 会议上（韩国釜山，2016 年 4 月 11—15 日），与会者经过讨论达成了如下的一致意见：

　　（1）新波形将基于 OFDM；

　　（2）新波形必须支持多种灵活的参数集；

　　（3）同时要考虑基于 OFDM 之上的各种变化，如 DFT-S-OFDM 以及各种加窗/滤波的不同实现方式；

　　（4）基于非 OFDM 的波形可应用于某些比较特殊的场景需求（如 mMTC）。

　　在标准讨论过程中，各公司进行了大量仿真和分析工作，并对不同候选波形的各项性能指标和实现的复杂性进行了全面比较。

　　在这之后，3GPP 经过反复讨论和衡量，最终在 RAN1#86 会议（瑞典哥德堡，2016 年 8 月 22—26 日）上就 5G NR 波形基本达成一致意见（可参见 R1-167963:Way Forward on Waveform）。

　　（1）5G NR 在小于 40GHz 的频谱范围，针对 eMBB 和 URLLC 业务，上下行都支持 CP-OFDM（但是其频谱使用效率将高于 LTE）。此外，可以采用其他方法降低 PAPR/CM（如 DFT-S-OFDM）。

　　（2）对于 mMTC 等其他业务，可以考虑采用不同的波形设计。

　　在 RAN1#86b 会议（葡萄牙里斯本，2016 年 10 月 10—14 日）上，参会者根据以往候选波形和仿真结果讨论，进一步达成了关于 40GHz 以下频段 eMBB 业务波形的决议（可参见高通、Vivo、中兴、Oppo、小米、苹果等多家公司的提案 R1-1610485:WF on Waveform for NR Uplink）。

　　（1）5G NR 在小于 40GHz 的频谱范围，针对 eMBB 业务，下行支持 CP-OFDM，上行支持 CP-OFDM 和 DFT-S-OFDM 波形。CP-OFDM 波形可用于单流和多流数据传输，DFT-S-OFDM 仅限于单数据流传输（主要针对链路预算受限的场景）。

（2）网络侧可决定采用哪种波形并通知终端。也就是说，UE 在上行必须同时支持 OFDM 和 DFT-S-OFDM，而 gNB 则可以决定上行是采用 OFDM 还是 DFT-S-OFDM，此点和 LTE 中上行仅支持 DFT-S-OFDM 不同。

至此，3GPP RAN1 对于 5G NR 在 40GHz 以下 eMBB 场景采用的波形定义工作基本完成。针对 40GHz 以上频谱和非 eMBB 场景的空口波形（如 mMTC、URLLC 等），3GPP 后续仍将进一步研究讨论确定。

2.1.6　R15 中的 5G 波形规范

5G NR 在 eMBB 场景下的波形实现基本原理如图 2-12 所示。其中，"预编码"为可选，仅适用于上行。

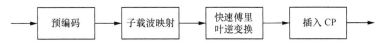

图 2-12　5G NR 在 eMBB 场景下的波形实现基本原理

根据 3GPP 的规定，5G NR 中的 OFDM 波形具有灵活可扩展的特点，在 R15 的定义中，其子载波间隔可表达为 15×2^n kHz（其中，n=0，1，2，3，4），从 15kHz 到 240kHz 不等（适合不同的频率范围）。其基准参数集采用了和 LTE 一样的 15kHz 子载波间隔、符号以及循环前缀的长度。对于 5G NR 所有不同的参数集，每个时隙都采用相同的 OFDM 符号数，这样大大简化了调度等其他方面的设计。

NR 支持的最大带宽则达到 400MHz，远大于 LTE 中 20MHz 的最大带宽。NR 在一个传输带宽内所支持的最大子载波数为 3300 个，如果需要支持更多子载波则需要采用载波聚合（CA，Carrier Aggregation）技术。关于 NR 中所采用的空口参数集，可以参考本章 2.4.1 节的内容。

NR 中通过额外的滤波和加窗等数字信号处理可以使其频谱效率达到 94%～99%，高于 LTE（90%左右）。

可以看出，5G NR 中没有像 1G 向 2G、2G 向 3G 以及 3G 向 4G 演进时那样出现一个革命性的新波形，而是基本沿用并优化了 4G 时代的 OFDM 波形。因此，5G 的特色更多体现在它是无线通信生态系统的融合，而非信号波形设计本身的革命性突破。这其中的部分原因也是通信基础理论发展到现在，许多物理层的知识已被挖掘，要取得革命性的进展越来越困难，通信系统的底层波形设计尤其如此。因此，在 5G 中更多的是通过采用 Massive

MIMO、毫米波、灵活的参数集、高密度组网等技术大大提高总的通信容量和质量。

|2.2　5G 多址接入|

从信息理论的角度看，无线信道是一个多址接入信道，多个不同的收发信机共享信道上的时/频/空间资源来进行数据收发。根据接入方式的不同，多址接入技术通常分为两大类，即正交多址接入（OMA，Orthogonal Multiple Access）和非正交多址接入（NOMA，Non-Orthogonal Multiple Access）。

采用正交多址方式，用户间相互不存在干扰。采用非正交多址方式，每个用户的信号有可能与其他用户的信号相互叠加干扰，但是这种干扰通常在接收时可以采用信号处理的方式去除，以还原某个特定用户的信号。

2.2.1　主要正交多址接入方式回顾

到目前为止，世界上大多数通信系统中采用的是正交多址接入方式，这种多址方式的特点是实现起来比较简单。它主要包含以下几个大类：

（1）频分多址：Frequency Division Multiple Access (FDMA)；

（2）时分多址：Time Division Multiple Access (TDMA)；

（3）正交频分多址：Orthogonal Frequency Division Multiple Access(OFDMA)；

（4）码分多址：Code Division Multiple Access (CDMA)；

（5）空分多址：Space Division Multiple Access (SDMA)；

（6）极化多址：Polarization Division Multiple Access(PDMA)。

其中，TDMA、FDMA 和 CDMA 的基本原理示意如图 2-13 所示。

在频分多址（FDMA）方式下，系统的频率带宽被分隔成多个相互隔离的频道，每个用户占用其中一个频道，即采用不同的载波频率，通过滤波器过滤选取信号并抑制无用干扰，各信道在时间上可同时使用。为了确保各个隔离的子带间相互不干扰，每组子带间需要预留保护带宽。FDMA 是早期使用非常广泛的一种接入方式，实现起来非常简单，被应用于 AMPS 和 TACS 等第一代无线通信系统中。在频分多址中，由于每个移动用户进行通信时占用一个频率信道，频带利用率不是很高。随着移动通信的迅猛发展，很快就显示出其容量不足等问题。

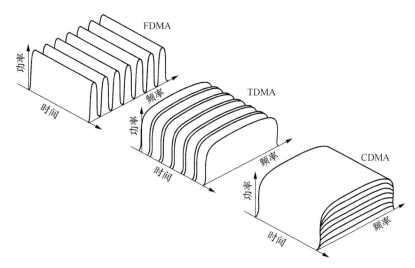

图 2-13 TDMA、FDMA 和 CDMA 的基本原理示意

在时分多址（TDMA）方式下，用户分配到的是不同的时域资源。TDMA 把时间分割成互不重叠的时段（帧），再将帧分割成互不重叠的时隙（信道），依据时隙区分不同的用户信号，从而完成多址接入。这是通信技术中最基本的多址接入技术之一，在 2G（如 GSM 和 D-AMPS）移动通信系统、卫星通信和光纤通信中都被广泛采用。TDMA 较之 FDMA 具有通信信号质量高、保密性好、系统容量大等优点，但它必须有精确定时和同步的特点，以保证移动终端和基站间的正常通信，因此，技术上相对复杂一些。此外，TDMA 用户在某一时刻占用了整个频段进行数据传输，因此受到无线信道的频率选择性衰落（Frequency Selective Fading）的影响较大，接收端需要通过信道均衡技术来恢复原有信号。TDMA 和 FDMA 有时候会组合使用（如在 GSM 系统中），以便消除外部干扰和无线信道深度衰落的影响。

码分多址（CDMA）通常指的是直接序列扩展 DS-CDMA（相对于跳频 FH-CDMA）。该技术的原理是基于扩频技术，将需要传送的具有一定信号带宽的信息数据用一个带宽远大于信号带宽的高速伪随机码进行调制，使原数据信号的带宽被扩展，再经载波调制后发送出去。接收端使用完全相同的伪随机码，与接收的宽带信号做相关处理，把宽带信号转换成原信息数据的窄带信号，以实现信息通信。CDMA 技术有很多的优点，如容量大、抗干扰能力强、网络规划简单等，在 2G（IS-95 cdmaOne）和 3G（WCDMA，cdma2000，TD-SCDMA 等）中获得了广泛应用。

正交频分多址技术（OFDMA）和 FDMA 有相似之处，所不同的是 FDMA 的各个子载波间相互之间没有重叠，而 OFDMA 的各个子载波间是相互重叠的。OFDMA 基于 OFDM 技术，它将整个 OFDM 系统的带宽分成若干子信道，每个子信道包括若干子载波，固定或者动态地分配给一个用户（也可以一个用户占用多个子信道）。它能有效地抵抗多径效应所带来的码间干扰，在频域也可以方便地使用均衡器矫正频率选择性衰落。OFDMA 是 4G 时代最重要的核心技术之一。

空分多址（SDMA）的原理如图 2-14 所示，天线给每个用户分配一个点波束，这样根据用户的空间位置就可以区分每个用户的无线信号。换句话说，处于不同位置的用户可以在同一时间使用同一频率和同一码型而不会相互干扰。实际上，SDMA 通常都

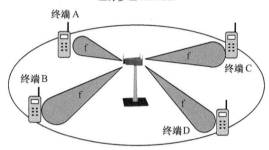

图 2-14　SDMA 的原理示意

不是独立使用的，而是与其他多址方式如 FDMA、TDMA 和 CDMA 等结合使用，也就是说对处于同一波束内的不同用户再采用这些多址方式加以区分。SDMA 实现的核心技术是智能天线的应用，由于无线信道的多变性和复杂性，该技术难度较大，对于系统的数字信号处理能力是个较严峻的挑战。

移动通信从 1G 到 4G 的多址技术都采用了正交设计。到了 5G 时代，目前看来，在移动宽带（eMBB）业务场景下，成熟的 OFDMA 技术仍然是一种重要的基础多址接入技术。但是在 mMTC 和 URLLC 场景下，非正交多址接入技术也是一种可能的选择。

2.2.2　主要非正交多址接入方案选项

5G 中由于存在三大类不同的用户业务场景，其对于多址接入也有着丰富的要求（见表 2-4），这就要求在标准化过程中针对不同的场景对不同的多址接入方案给予考量。

例如，在 LTE 系统中为了提高频谱效率，采用了严格的调度和控制过程，如用户的上行传送在正交的无线资源上进行独立调度。而在 mMTC 中，存在大量设备连接，发送的数据包又比较小，因此调度和控制方面的开销应当尽量降低，以免耗电大并且增加设备复杂度和成本。

表 2-4　5G 各类场景对多址接入方式的要求

5G 应用场景	eMBB	mMTC	URLLC
对 5G 多址方式的要求	• 高网络容量; • 高用户密度; • 均衡合理的用户体验(处于网络中心或边缘或是快速移动的用户都要有良好的体验); • MU-MIMO/CoMP 有较好的适配性(不依赖精确的 CSI 信息等); • 支持混合类型数据流量	• 大连接; • 高效的小包传输	• 超低时延; • 超高可靠性

与此同时,正交多址接入虽然使得不同用户的数据在时间、频率、码域相互正交,但是经过无线信道的损害,在接收侧其相互间的正交性却很难保证。此外,采用正交接入方式时,用户的总数受到了正交资源数的约束。

因此到了 5G 时代,除了 4G 时代采用的 OFDMA,业界还提出了各种非正交的多址接入方案以满足这些不同场景的需求。

非正交多址接入作为一种新的概念,目的是在时间、频率、码域资源上支持超过正交资源数量的用户数。其基本思路是给发射端不同的用户分配非正交的通信资源,通过把超过正交资源数量的用户数据在码域或者功率域(指在发射端对不同用户依据相关的算法分配不同的发射功率)进行传输,从而大大增加了系统中的可连接设备数量(可以达到 2~3 倍于正交多址)和用户/系统的总吞吐量(高达 50%的增益)。

非正交接入带来的负面作用是多用户间的相互干扰。为了解决这个问题,接收机侧通常采用比较复杂的接收处理技术,比较典型的是串行干扰消除(SIC,Successive Interference Cancellation)技术。SIC 接收机的基本原理是按照一定的顺序(通常从信号最强的用户开始按从强到弱的次序)逐个解调每个用户的信号。在每一个用户的信号解调出来后,把它的信号重构出来并在其他用户的接收信号中减去,并对剩下的用户再次进行判决。这样逐次把所有用户的信号解调出来。

图 2-15 所示为 SIC 技术应用于一种功率域非正交多址方案的情形。考虑单小区 2 用户下行的场景,基站以总功率 P 向所有用户发消息。采用非正交多址接入(NOMA)时,对于信道状况不好(如较远)的用户 2,发送信息时分配较大的功率,而信道状况较好的用户 1 则分配较小的功率。两个用户共用相同的时频资源。在接收端,采用 SIC 技术,首先单独检测信号较强的用户 2 的发送信号,然后再进行信号重建,把用户 2 的信号成分从用户 1 的总接收信号中消除掉,从而解调出正确的用户 1 发送信号。在更多用户的场景下也是依此原

理，由强到弱逐个解调用户的发送信号。

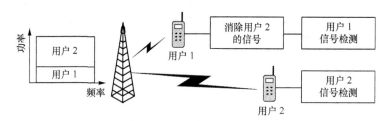

图 2-15　基于 SIC 接收算法的功率域 NOMA 原理示意

在 5G R15 的讨论中，许多公司如高通、华为、中兴和大唐电信都分别提出了自己的多址接入技术，分别为资源扩展多址接入（RSMA, Resource Spread Multiple Access）、稀疏偏码多址接入（SCMA, Sparse Code Multiple Access）、多用户共享接入（MUSA, Multi-User Shared Access）和图样分隔多址接入（PDMA, Pattern Defined Multiple Access）。虽然实现的技术细节有所不同，但是它们都属于非正交的接入技术。

大部分基于 OFDM 波形的非正交接入方案的实现都有一定的共同之处，都是在发射端通过 FEC 编码、码域映射、功率域的分配、OFDM 调制，在接收端通过 OFDM 解调、多用户联合检测、FEC 解码来完成整个端到端的通信，其基本原理可用图 2-16 来表示。详细可参考[3GPP R1-162153:Overview of Non-orthogonal Mutiple Access for 5G]。

图 2-16　非正交多址接入的通用原理

比较典型的非正交接入方式包含（但不限于此）：

（1）多用户共享接入：Multi-user Shared Access (MUSA)；

（2）资源扩展多址接入：Resource Spread Multiple Access (RSMA)；

（3）稀疏编码多址接入：Sparse Code Multiple Access(SCMA)；

（4）图样分割多址接入：Pattern Defined Multiple Access (PDMA)；

（5）非正交多址接入：Non-orthogonal Multiple Access（NOMA）。

虽然非正交多址接入会带来多用户干扰，但是对提高系统的总流量是有益处的。图 2-17 所示为系统在两个用户终端的情形下采用正交和非正交多址接入时的总数据吞吐量对比示意。可以看出，采用非正交的多址接入技术提高了 UE1+UE2 的总流量。在存在很多个终端时，情况也一样，即系统的总数据吞吐量远远大于采用正交接入方式时的吞吐量。

在图 2-18 所示的实例中，用户 1 较用户 2 更靠近基站，因而有较高的信道增益。采用正交多址接入的 OFDMA 时，两个用户被分配了相同的功率，其单位频谱数据传输速率分别为 $R_1=$ 3.33bit/(s·Hz)和$R_2=$0.5bit/(s·Hz)；采用非正交多址接入（NOMA）时，根据不同用户的信道增益可以调整分配

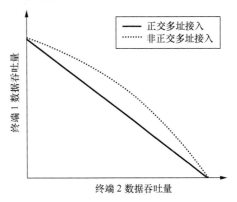

图 2-17　正交和非正交多址接入的总数据吞吐量对比示意

给它的发射功率，如给较远的用户 2 分配更高的功率（在此处，用户 1 和用户 2 分别被分配了总发射功率的 1/5 和 4/5），然后在接收端通过信号处理的方法进行多用户检测，其结果是达到了 $R_1=$4.39bit/s 和 $R_2=$0.74bit/s，（R_1+R_2）总体上可以取得比 OFDMA 更高的数据传输速率。与此同时，边缘用户的数据率也得到了提高。在此情况下，利用无线通信的远近效应（Near Far Effect）来提高频谱效率。

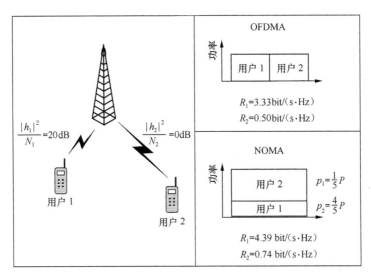

图 2-18　功率域 NOMA 和 OFDMA 的数据传输速率对比

非正交多址相对于正交多址的优点可以见表 2-5[可参见 3GPP R1- 162153]。

表 2-5　5G 应用中非正交多址相对于正交多址的优点

	正交多址	非正交多址
在 5G 使用场景中的对比	• 用户容量受限； • 同时传输的用户数受限； • 在不授权传输场景下不太可靠； • MU-MIMO 和 CoMP 过于依赖 CSI	• 实现多用户容量； • 支持过载传输，可同时传用户数； • 可靠的低时延无授权传输； • 支持开环 MU-Multiplexing 和 CoMP； • 支持灵活的服务复合

但是，非正交多址接入也存在一些缺点，比如接收算法比较复杂，这个问题当采用消息传递算法（MPA，Message Passing Algorithm）时尤其明显。另外，在 SIC 算法中也存在错误传递等问题，即当对某个用户的数据解调错误后，这种错误会影响并传递给后续别的较弱信号用户的解调。

在下面几节中我们简单介绍一下 5G 标准化过程出现的几种重要的非正交接入多址方式。

2.2.2.1　稀疏编码多址接入

在 5G 标准化过程中，稀疏编码多址接入（SCMA，Sparse Code Multiple Access）是由华为主导推动的一种多址接入方式，它可同时用于无线上行和下行通信。SCMA 在发射端采用非正交码进行扩展处理，使得不同用户的数据映射到稀疏的多维码字上，然后采用同一个时/频域资源传输。为了实现高吞吐量的增益，接收端采用近乎最优（Near Optimal）检测的高级接收算法，如采用 MPA 进行处理和用户数据检测。虽然这种接收算法实现起来通常会比较复杂，然而由于采用码字的稀疏特性，因此可以明显减少 MPA 实现的复杂度。

SCMA 的基本原理如图 2-19 所示。在 SCMA 中，比特流直接映射到不同的稀疏的码字上，每个用户仅使用 1 个码字。

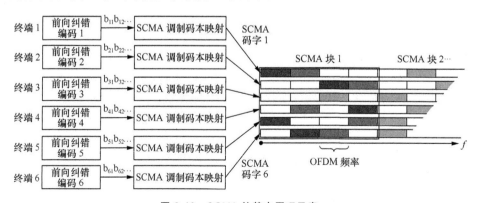

图 2-19　SCMA 的基本原理示意

图 2-20 中，共有 6 个用户，对于每个用户，每 2bit 映射到一个复数码字中。所有用户的码字在 4 个相互正交的资源上复用发送，达到了 150%的过载。

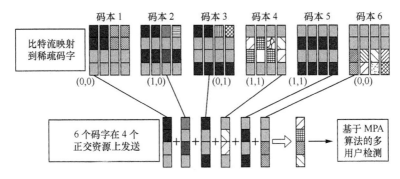

图 2-20　SCMA 比特到码本映射关系示意

图 2-21 所示为 SCMA、LDS、OFDMA、SC-FDMA 在上行链路的误块率（BLER）性能对比，可以看出在给定的仿真条件下，相对于 OFDMA 和 SC-FDMA，SCMA 有超过 2dB 的增益。

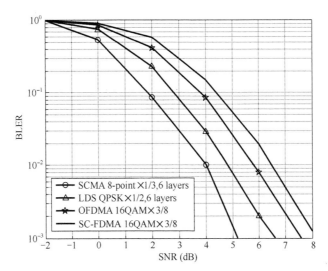

图 2-21　SCMA、LDS、OFDMA、SC-FDMA 在上行链路的误块率（BLER）性能对比

SCMA 在对于时延要求不高的场景下可以大大提高系统的容量。图 2-22 所示为 SCMA 和 LTE 基准方案的连接数性能对比，可以看出，基于竞争的 SCMA 方案的可支持连接设备数大大超过 LTE 基准方案。

当然，SCMA 在实用性上也存在一些缺点。比如，虽然采用 MPA 算法解码是一种快速的迭代解码器，但是相对于别的接收算法（如 SIC）来说，它还

是非常复杂的。

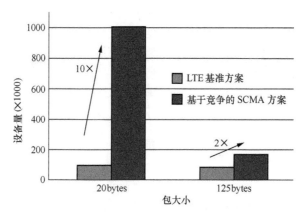

图 2-22　mMTC 场景 SCMA 和 LTE 基准的系统容量对比（每 MHz 连接数）

SCMA 的详情可参见 3GPP 提案 R1-162153 以及文献[46-47]。

2.2.2.2　多用户共享接入（MUSA）

多用户共享接入（MUSA，Multi-User Shared Access）是中兴通信主导推动的一种基于复数域多元码的非正交多址接入技术，适合免调度的多用户共享接入。其基本原理（如图 2-23 所示）是每个用户调制后的数据符号采用特殊设计的序列进行扩展，每个用户的扩展符号采用共享接入技术，采用相同的无线资源进行传送。在基站侧则采用 SIC 技术从叠加信道中对每个用户的数据进行解码。

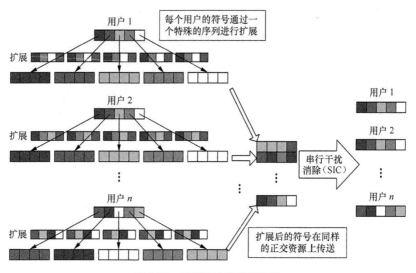

图 2-23　MUSA 实现原理示意

040 An Introduction to 5G Air Interface and Key Technologies

在 MUSA 中，特殊设计的分布序列需要具有相关性低且非二进制的特点，其设计非常重要。另外，还需要考虑 SIC 实现的复杂度。因此，通常选择短的伪随机序列。

从图 2-24 所示的计算机仿真结果可以看出，在给定场景下，对于平均 BLER=1%，MUSA 采用长度为 4、8、16 的附属扩展序列分别可以实现 225%、300%、350% 的用户过载，这意味着 MUSA 相对于正交接入可以支持更多的用户数。

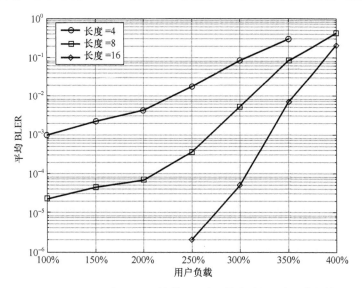

图 2-24　MUSA 在 AWGN 信道不同序列长度时的用户过载性能

MUSA 也可用于下行传输，与用于上行传输时不同，此时作为一种功率域的多址接入技术，用于提高中心用户和边缘用户的容量。详细可参见 3GPP 的提案 R1-162226:Discussion on Multiple Access on New Radio Interface 以及文献[51]。

2.2.2.3　资源扩展多址接入

资源扩展多址接入（RSMA，Resource Spread Multiple Access）是高通公司主导推动的一种多址接入方式。它采用低速率的信道码和相关性较好的扰码结合来区分不同的发射端用户。在 RSMA 模式下，不管用户的数目是多还是少，所有用户都使用相同的频率和时间资源，实现终端到基站的数据传送（如图 2-25 所示）。

RSMA 有两种不同的类型。

（1）单载波 RSMA：单载波波形利于降低耗电以及扩展覆盖，峰均比（PAPR）也很低，支持免调度传输和非同步接入。

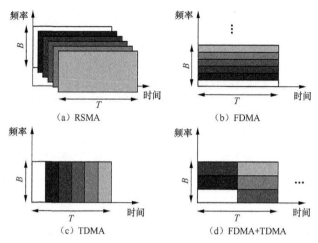

图 2-25　RSMA 原理示意

（2）多载波 RSMA：更利于低时延接入，同样也支持免调度传输。

采用 RSMA 的好处可以从图 2-26 所示的一个处于空闲状态的设备在需要发射数据前和网络侧进行连接的信令流程中看出，通常需要通过 D 这一系列步骤实现接入和上行定时调整等功能。而如果采用非正交的 RSMA，设备无须等待网络设定时频资源，多个设备的发射信号虽然互相重叠且完全不同步，但是在基站侧仍然能够被检测出来。采用不同的扰码甚至不同的交织器来区分不同用户间的信号，并限定基站侧接入时隙的数目，可以满足小包传送的需求，并降低搜索复杂度。

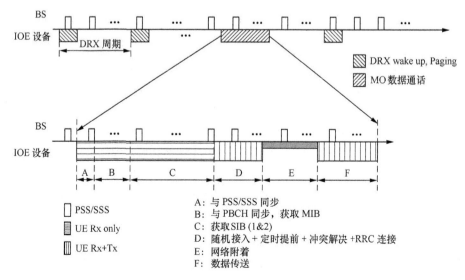

图 2-26　无线连接设置的信令流程

关于 RSMA，高通在 3GPP 提案中进一步给出了对于 5G 系统中的多址接入方式在 5G 哪些应用场景中使用的建议，其具体内容见表 2-6。其中的建议是在 mMTC 和 URLLC 的上行采用 RSMA。

表 2-6　不同场景采用不同多址接入的建议

	上行	下行
eMBB	(SC-)OFDMA+SDMA+TDMA	OFDMA+SDMA+TDMA
mMTC	有效载荷较小时：单载波 RSMA	有效载荷较小时：OFDMA
URLLC	同步 OFDMA/RSMA	OFDMA

高通关于 RSMA 提案的详细内容可以参见 3GPP R1-163510:Candidates of Multiple Access Techniques。

2.2.2.4　图样分割多址接入

图样分割多址接入（PDMA，Pattern Division Multiple Access）是中国电信研究院和大唐电信主导推动的一种多址接入方案。PDMA 依靠独特设计的多用户分集模式来识别功率域、时域、频域、空间域和码域的非正交传输。发送侧用户设定不同的非正交模式，接收侧采用通用的 SIC 技术进行次优的多用户检测，以根据用户的不同模式来对重叠的用户信息进行区分。PDMA 试图在多个维度上联合利用并优化信号的叠加，以便获取更优性能。PDMA 技术框架和端到端信号处理流程分别如图 2-27 和图 2-28 所示。详细原理可以参考文献[43]。

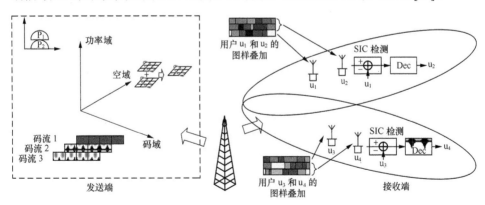

图 2-27　PDMA 技术框架

图 2-29 和图 2-30 所示为 PDMA 性能的计算机仿真，仿真表明在设定的场景下，PDMA 在上下行链路上相比 LTE 的正交接入方式具有更好的 BLER 性能。同时，在系统过负荷的情况下，也可以获得更高的吞吐量。

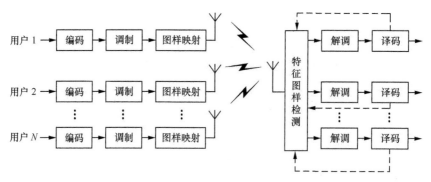

图 2-28　PDMA 端到端信号处理流程

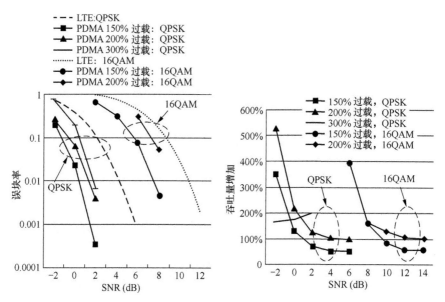

图 2-29　PDMA 上行链路的 BLER 性能（和 LTE 对比）以及过载时的总吞吐量增益

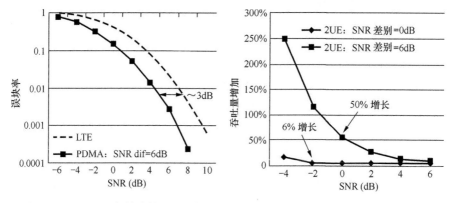

图 2-30　PDMA 下行链路的 BLER 性能（和 LTE 对比）以及过载时的总吞吐量增益

但是 PDMA 也面临很多挑战，如怎么对多个域上的模式进行设计，性能和接收机复杂度的均衡以及某些模式会导致峰均比增高等。关于 PDMA 介绍的详细内容可以参考 3GPP 提案 R1-163383:Candidate Solution for New Multiple Access。

2.2.2.5　其他方案选项

除了前面几节所描述的几种方案，在标准化过程中还出现了其他一些非正交码分多址接入提案，如 Non-orthogonal Coded Multiple Access (NCMA)、低码率扩展（Low Code Rate Spreading）、频域扩展（Frequency Domain Spreading）、Non-orthogonal Multiple Access(NOMA)、Interleave Division Multiple Access (IDMA)等，其基本思路与其他的非正交接入方式有共同之处，在这里不再一一介绍。

下节简单回顾一下 R15 中对于多址接入部分的讨论和最终结果。

2.2.3　3GPP 对多址接入规范的讨论过程

2016 年 4 月 11—15 日在韩国釜山召开了 RAN1#84bis 会议，参会者讨论了波形和多址接入方案。在会上，由中国移动、华为、海思、富士、CATT、中国电信提交了提案 R1-163656: WF on Multiple Access for NR。

其核心要点如下：

（1）除了 OFDMA 外，也应该研究和讨论针对 5G 各种场景的非正交多址方案；

（2）至少对于 mMTC 的上行，应该考虑自动/不需授权/基于竞争的非正交多址接入方案。

在会上，与会者还同意了采用链路仿真和系统仿真对多址接入方案进行评估，其中：

① 链路仿真（LLS，Link Level Simulation）主要用于新方法的可行性，以及不同方案的比较；

② 系统仿真（SLS，System Level Simulation）主要用于不同方案的比较，以及流量/调度/多小区干扰的验证；

③ 评估的场景则包含 TR38.913 中所定义的所有 3 种场景，即 eMBB、mMTC 和 URLLC。

此外，中国移动提交的 R1-162870 提案中对几种新的多址接入提案进行了总结对比（见表 2-7）。

2016 年 5 月 23—27 日在中国南京召开了 RAN1#85 会议，会议对于多址接入的各种方案进行了再次讨论。大量的讨论集中在自动/不需授权/基于竞争的上行非正交多址上。与会各方都同意接收机的复杂性也应该是评估选项的重要指标

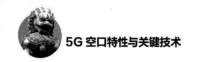

和关注点。会议在 Docomo、Panasonic、LG 的倡议下还达成了一致（可参见 R1-165656）：5G NR 至少在 eMBB 场景下上下行都要支持同步/基于调度的正交多址方案（同步意为用户终端间的时间差异小于 OFDM 的循环前缀）。

表 2-7 几种新的多址接入提案的总结对比摘录

	MUSA	PDMA	RSMA	SCMA
适用场景	上行 mMTC，下行 eMBB	eMBB、mMTC、URLLC	上行 mMTC、上行 URLLC	eMBB、mMTC、URLLC
复用的域	码域/功率域	码域/功率域/空间域	码域/功率域	码域/功率域
接收侧算法	SIC	SIC/MPA	SIC	MPA/SIC

2016 年 8 月 22—26 日在瑞典哥德堡举行了 RAN1#86 会议。与会者基本同意在 mMTC 场景下至少在上行支持自动/不需授权/基于竞争的上行非正交多址。提案 R1-168427 详细总结了在 RAN1 讨论中已经出现的所有 15 种非正交多址方案，其详细的列表如下：

- Sparse Code Multiple Access (SCMA) (如 R1-162153)；
- Multi-User Shared Access (MUSA) (如 R1-162226)；
- Low Code Rate Spreading (LCRS) (如 R1-162385)；
- Frequency Domain Spreading (FDS) (如 R1-162385)；
- Non-Orthogonal Coded Multiple Access (NCMA) (如 R1-162517)；
- Non-Orthogonal Multiple Access (NOMA) (如 R1-163111)；
- Pattern Division Multiple Access (PDMA) (如 R1-163383)；
- Resource Spread Multiple Access (RSMA) (如 R1-163510)；
- Interleave-Grid Multiple Access (IGMA) (如 R1-163992)；
- Low Density Spreading with Signature Vector Extension (LDS-SVE) (如 R1-164329)；
- Low Code Rate and Signature Based Shared Access (LSSA) (如 R1-164869)；
- Non-Orthogonal Coded Access (NOCA) (如 R1-165019)；
- Interleave Division Multiple Access (IDMA) (如 R1-165021)；
- Repetition Division Multiple Access (RDMA) (如 R1-167535)；
- Group Orthogonal Coded Access (GOCA) (如 R1-167535)。

总的来说，非正交多址接入在上行的总流量方面比 OFDMA 要高，其应付过载的能力也要强不少。会议同意在 mMTC 的上行考虑采用非正交多址接入方案。

2016 年 10 月 10—14 日，在葡萄牙里斯本召开了 RAN1#86bis 会议。此次会议是 RAN1 对多址接入第一阶段讨论的最后一次会议，会议同意将针对 mMTC 的讨论推迟到第二阶段再继续进行。

其中，华为、中国移动、中国电信等公司的提案（R1-1610956:WF on Common Features and General Framework of MA Schemes）提出了一个非正交接入多址方案的统一框架（见图 2-31），得到了与会者的支持，提案内容如下。

（1）所有针对上行传输的非正交多址接入具有如下共同特征：

① 发射端采用多址签名（MA Signature）；

② 接收端允许采用多用户检测方法对用户进行分离。

（2）这些不同的多址技术可以采用具有共同特征的实现框图（见图 2-31），通过不同的编码方法、交织器（Interleaver）设计、码本映射（Mapping）方式加以区分。

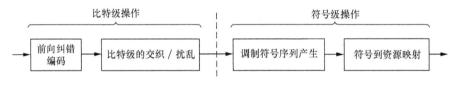

图 2-31　非正交多址接入实现框图

此外，关于采用非正交多址的增益，与会者们基本同意（详细可以参见 R1-1610745:WF on summary of UL non-orthogonal MA progress）。其内容如下：

（1）在采用先进的接收算法的情况下，非正交多址接入由于多址签名碰撞所带来的性能损耗不是太大；

（2）非正交多址在理想信道估值的假设下可以取得非常可观的总流量和过载增益。

2.2.4　R15 中的多址接入规范

3GPP 在 R15 中的讨论总结如下。

（1）在 eMBB 场景下，3GPP 决定上下行都仍然采用成熟的 OFDMA 技术。

（2）各公司同时也达成共识，非正交多址技术（NOMA）通过引入码域或者功率域维度的区分设计，利用先进的接收算法，能够给 5G NR 带来更多选择。因此在一部分业务场景，如针对 mMTC 的上行应用，不需授权的非正交多址比正交多址或许能够更好地满足大连接的需求。

（3）URLLC 场景比较复杂，有待进一步的研究。

这部分的详细内容可以参见 3GPP TS38.211。

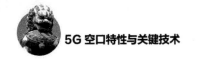

| 2.3　5G 信道编码 |

2.3.1　信道编码概述

信道编码（Channel Coding）是无线通信领域最核心的技术之一。信道编码的完整过程包括添加循环冗余校验码（CRC，Cyclic Redundancy Check）、码块分割（Code Block Segmentation）、纠错编码（Forward Error Correcting Coding）、速率适配（Rate Matching）、码块连接（Code Block Concatenation）、数据交织（Interleave）、数据加扰（Scrambling）等组成部分。其中纠错编码是最关键的部分，也是本章要介绍的主要内容。

纠错编码的目的，是通过尽可能小的冗余开销确保接收端能自动地纠正数据传输中所发生的差错。在同样的误码率下，所需要的开销越小，编码的效率也就越高。

信息论的创始人香农（Claud Shannon，见图 2-32）在 1948 就指出（参见文献[53]）：在带宽和发射功率受限的加性高斯白噪声（AWGN，Additive White Gaussian Noise）信道中，通过设计足够好的信道编解码，只要信息传输速率 R 小于信道容量 C，可以使信息传输的错误概率任意小。反之，如果信息传输速率 R 超过了信道容量 C，则无法使信息传输的错误概率减小到 0。信道容量 C 可以表示为 $C = W\log_2\left(1 + S/N\right)$。

图 2-32　信息论的创始人 Claud Shannon

其中，C（bit/s）是码元速率的极限值；W（Hz）为信道带宽；S（W）是信号功率，N（W）是噪声功率。

香农从理论上证明了信道编码方案的存在，但是并未指明具体的编解码构造方法。自此以后，各种各样的信道编码方案纷纷涌现。对于信道编码技术的研究者而言，达到香农所定义的信道极限是无数研究者追求的目标。

传统的信道编解码大体上包括线性分组码（Linear Block Code），如汉明码、格雷码、BCH 码，Reed-Solomon 码等，卷积码（Convolutional Code）和级联码（Concatenated Code），这些码有各自不同的特点和性能，适用于不同的场景。但是它们所能达到的信道容量与香农理论极限始终都存在一定的差距。

直到 Turbo 码的出现才改变了这种情况。Turbo 码的性能非常优异，可以非常逼近香农理论的极限。在 3G 和 4G 时代的移动通信系统中，Turbo 码扮演了非常重要的角色。

在即将到来的 5G 时代，数据的传输速率将比 4G 有数量级的提高，对于 Turbo 码而言，其基于串行处理的解码器要在这种情况下有效地支持如此高速的数据传输将是挑战。

与此同时，5G 时代出现了更加丰富的业务应用场景和对信道编码的新的要求，例如，mMTC 场景需要传输的文件包较小，而 URLLC 场景对编解码时延和低误码要求很高，Turbo 码在所有这些新的场景中是否还是最优的，这也同样是个问题。这就要求业界重新审视和研究适合 5G 的信道编解码技术。

5G 时代不同的应用场景对于信道编解码有着不同需求，三大应用场景对信道编码的关键需求见表 2-8（可以参见 3GPP R1-162896 Channel Coding Requirement for 5G New Radio）。

表 2-8　5G 三大场景对于新空口信道编码的关键需求

eMBB	mMTC	URLLC
高吞吐量下具有好的误码性能	低吞吐量下具有好的误码率性能	低/中吞吐量下具有非常好的误码性能
能效高	易于实现	编解码时延低
芯片效率高	能效高	极低的误码平台

在 3GPP 的讨论中，新的编解码方案讨论主要集中于 Turbo 码，低密度奇偶校验码（LDPC）以及 Polar 码（又称为极化码）。与传统的线性分组码和卷积码相比，这 3 种码的性能都更加优异，可以非常逼近香农理论的极限，但是它们在适用的场景和编解码器的复杂性上又有各自不同的特点，在以下几节中将对这几种码进行简单介绍。

2.3.2 Turbo、LDPC 和 Polar 码的综合分析对比

2.3.2.1 Turbo 码简介

Turbo 码是由法国工程师 C.Berrou（见图 2-33）和 A.Glavieux 等人在 1993 年首次提出的一种级联码。Turbo 码的性能非常优异，可以非常逼近香农理论极限。

图 2-33 Turbo 码的发明者 Berrou

Turbo 码编码器基本原理如图 2-34 所示。其编码器的结构包括两个并联的相同递归系统卷积码编码器（Recursive Systematic Convolutional Code），二者之间用一个内部交织器（Interleaver）分隔。编码器 1 直接对信源的信息序列分组进行编码，编码器 2 为经过交织器交织后的信息序列分组进行编码。信息位一路直接进入复用器，另一路经两个编码器后得到两个信息冗余序列，再经恰当组合，在信息位后通过信道。

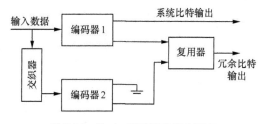

图 2-34 Turbo 码编码器基本原理

Turbo 码解码器基本原理如图 2-35 所示，它包含两个分量码解码器，其中，后验概率（APP，A Posteriori Probability）由每个解码器产生，并被另一个解码器用作先验信息（Priori Information）。译码时在两个分量解码器之间进行迭代译码，通过上述对比特判决的可置信度信息的帮助，把这两组结果彼此参照，可以得出一次近似的结果。然后把这一结果反馈到解码器前端，再进行迭代。经过多次的往复迭代，使得其置信度不断提高。

由于该编解码方案的译码过程利用了解码器的输出来改进解码过程，和涡轮增压（Turbocharger）（见图 2-36）利用排出的气体把空气压入引擎提高内燃机效率的原理很相似，所以又形象地称为 Turbo 码。

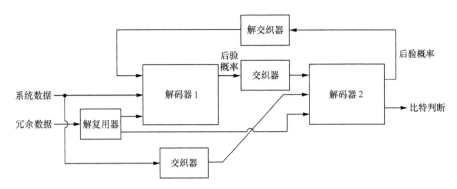

图 2-35　Turbo 码解码器基本原理

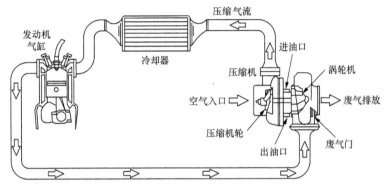

图 2-36　Turbo 发动机原理

　　Turbo 码解码的迭代次数越多，其解码的准确度也越高，但是到达某个值后其增强效果会逐步变得不明显。Turbo 码误码率和迭代次数的关系如图 2-37 所示。

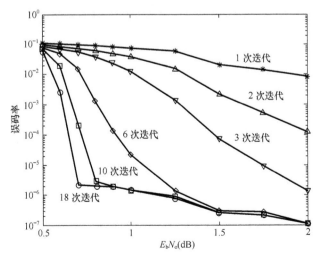

图 2-37　Turbo 码误码率和迭代次数的关系示意

Turbo 码的编码相对简单，它在码长、码率的灵活度和码率兼容自适应重传等方面有一些优势。但是其解码器由于需要迭代解码，相对比较复杂，需要较大的计算能力，并且解码时由于迭代的需要会产生时延。所以对于实时性要求很高的场合，Turbo 码的直接应用会受到一定限制。此外，Turbo 码采用次优的译码算法，有一定的错误平层。

Turbo 码比较适合码长较长的应用，但是码长越长，其解码的复杂度和时延也越大，这就限制了它的实用性。

总的来说，Turbo 码性能优异，编码构造比较简单，但是它的解码复杂度较高。当然，针对 Turbo 的业界研究也在继续，新的 Turbo 码 2.0 就相对早期的 Turbo 码做了改进，提高了它的性能，该码是 3G 和 4G 商用的关键技术之一，它的研究和应用已经十分成熟了。

2.3.2.2　LDPC 码简介

LDPC 码是麻省理工学院的 Robert Gallager（见图 2-38）于 1962 年在他的博士论文中首次提出的一种具有稀疏校验矩阵的线性分组纠错码，其特点是它的奇偶校验矩阵（H 矩阵）具有低密度。由于它的 H 矩阵具有稀疏性，因此产生了较大的最小距离（$d_{\min}$），同时也降低了解码的复杂性。该码的性能同样可以非常逼近香农极限，但是在 20 世纪 60 年代由于受到硬件计算能力的限制，以及后续 Reed-Solomon

图 2-38　LDPC 码的发明者 Robert Gallager

码的提出，LDPC 码基本处于被人们遗忘的状态。直到 1990 年，MacKay、Luby 等人又重新发现了这种编码方法，该码才再次引起了学术界的重视。

较新的研究结果表明，实验中已找到的最好 LDPC 码的性能距香农理论限仅相差 0.0045dB。与此同时，LDPC 码的数学描述非常简单，易于进行理论分析和研究，编解码方法在实现中也非常适宜于并行处理，适合用硬件来实现。因此，LDPC 码已经成为编码界近年来的研究热点。

LDPC 码的构造可以分为随机生成和结构化生成。随机码由计算机搜索得到，优点是具有灵活的结构和良好的性能；但是，长的随机码通常由于生成矩阵没有明显的特征，因而编码复杂度高。结构码由几何、代数和组合设计等方法构造。随机方法构造 LDPC 码的典型代表有 Gallager 和 Mackay，用随机方法构造的 LDPC 码的码字参数灵活，具有良好的性能，但编码复杂度与码长的平方成正比。后续人们又提出了采用几何、图论、实验设计、置换等方法来设计 LDPC 编码，极大地降低了编解码的复杂度（其复杂度与码长呈线性关系）。结构化的体现可以是多种的，其中应用最广泛的是准循环结构（Quasi-Cyclic）。

与 Turbo 码相比较，LDPC 码主要有以下优势。

（1）LDPC 码的解码可以采用基于稀疏矩阵的低复杂度并行迭代解码算法，运算量要低于 Turbo 码解码算法。并且由于结构并行的特点，在硬件实现上比较容易，解码时延也小。因此在高速率和大文件包的情况下，LDPC 码更具有优势。

（2）LDPC 码的码率可以任意构造，有更大的灵活性。

（3）LDPC 码具有更低的错误平层，可以应用于有线通信、深空通信以及磁盘存储业等对误码率要求非常高的场合。

（4）LDPC 码是 20 世纪 60 年代发明的，在知识产权和专利上已不存在过多麻烦。这一点为进入通信领域较晚的公司提供了一个很好的发展机会。

但是，LDPC 码也存在构造复杂、不适合于短码等不足之处。值得指出的是，业界对于 LDPC 码的优化也一直在进行，它的工业实现的成熟度较高。近年来，LDPC 码在短码设计、支持灵活码长和码率等方面也有突破。

目前，LDPC 码已应用于 802.11n、802.16e、DVB-S2 等通信系统中。

在 3GPP R15 的讨论过程中，全球多家公司在统一的比较准则下，详细评估了多种候选编码方案的性能、复杂度、编译码时延和功耗等指标，并最终达成共识，将 LDPC 码确定为 5G eMBB 场景数据信道的编码方案。

2.3.2.3　Polar 码简介

Polar 码是由土耳其比尔根大学的 E. Arikan 教授（正好是 LDPC 码的发明者 Gallager 教授的学生）（见图 2-39）于 2007 年基于信道极化理论提出的一种线性分组码，它是针对二元对称信道（BSC，Binary Symmetric Channel）的严格构造码。理论上，它在较低的解码复杂度下能够达到理想信道容量且无误码平层，而且码长越大，其优势就越明显。Polar 码是目前为止唯一能够达到香农极限的编码方法，自从提出以来，就一直吸引了众多学者的兴趣，是近年来信息论领域研究的一个热点。

Polar 码的工作原理与其他的传统的信道编码方法都不同。它包括了信道组合、信道分解和信道极化 3 部分，其中，信道组合和信道极化在编码时完成，信道分解在解码时完成。

Polar 编码理论的核心是信道极化理论。其原理过程如图 2-40 所示，它的编码是通过以反复迭代的方式对信道进行线性的极化转换来实现的。根据信道极化理论，经过信道组合和信道分离两个步骤，比特信道 $W_N^{(i)}$ 将会出现极化现象。当组合信道的数目 N 趋于无穷大时，一部分比特信道将趋于无噪信道［信道容量 $I(W_N^{(i)})$ 趋于 1］；另一部分则趋于全噪信道[信道容量 $I(W_N^{(i)})$ 趋于 0]。

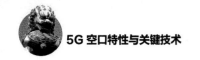

图 2-39　Polar 码的发明者 E. Arikan（右）

图 2-40　Polar 码基本原理示意

　　Polar 码选择 $I(W_N^{(i)})$ 趋近于 1 的完全无噪声比特信道发送信源输出的信息比特，而容量趋近于 0 的全噪声比特信道上发送冻结比特（已知比特，如 0）。通过这种编码构造方式，保证了信息集中在较好的比特信道中传输，从而降低了信息在信道传输过程中出现错误的可能性，保证了信息传输的正确性。Polar 码就是以此种方式实现编码的。

　　当编码长度 N 趋向无穷大时，Polar 码可以逼近理论信道容量，这是目前为止发现的唯一能达到此极限的信道编码。其编解码的复杂度正比于 $N \log N$。

　　Polar 码具有如下几个优点：

　　（1）相比 Turbo 码具有更高的增益，在相同误码率的前提下，实测 Polar 码对信噪比的要求要比 Turbo 码低 0.5 ~ 1.2dB；

　　（2）Polar 码没有误码平层，可靠性比 Turbo 码高，对于未来 5G URLLC 等应用场景（如远程医疗、自动驾驶、工业控制和无人驾驶等）能真正实现高可靠性；

　　（3）Polar 码的编解码复杂度较低，可以通过采用基于 SC（Successive Cancellation）或 SCL（SC List）的解码方案，以较低的解码复杂度为代价，获得接近最大似然解码的性能。

　　Polar 码的主要缺点为：

　　（1）它的最小汉明距离较小，可能在一定程度上影响解码性能。当然，这个问题也可以采取一些方法来规避。

　　（2）SC 译码的时延较长，采用并行解码的方法则可以缓解此问题。

　　总的来说，Polar 码较好地平衡了性能和复杂性，在中短码长的情形下比较有优势。它的码率调整机制颗粒度很精细，即它的信息块长度可以按比特增减。此外，它的复杂度、吞吐量、解码时延也都具有较好的指标。

虽然 Polar 码的性能非常优异，但是到目前为止在业界的应用并不多，因此相对来讲应用没有 Turbo 码和 LDPC 码那样成熟。

得益于 Polar 码的潜力，一些公司投入了大量研发力量对其在 5G 应用方案进行深入研究、评估和优化。3GPP R15 在最后讨论的决议中，将 Polar 码确定为 5G eMBB 场景控制信道的编码方案。在 mMTC 和 URLLC 场景下，Polar 码也是重要的编码候选方案。

2.3.2.4　其他编码方案

5G NR 中用到的信道编码还包括用于信息长度为 1bit 时的重复编码（Repitition Code），用于信息长度为 2bit 时的简单编码（Simplex Code），用于信息长度为 3 ~ 11bit 时的 Reed-Muller 码，与在 LTE 中情况类似，在此不再一一介绍。

2.3.3　5G NR 编码方案选项的综合比较

关于 Turbo、LDPC 和 Polar 3 种码的纠错性能比较，图 2-41 所示为某特定场景下对于不同信息块大小达到 1.0% 误块率所需 SNR 的计算机仿真结果（摘自三星、高通、诺基亚、KT 和英特尔的提案 3GPP R1-1610690）。从结果可以看出，为了获得同样的误块率，Turbo 码需要最高的 SNR，Polar 码和 LDPC 码的性能和信息块的大小有一定关系。

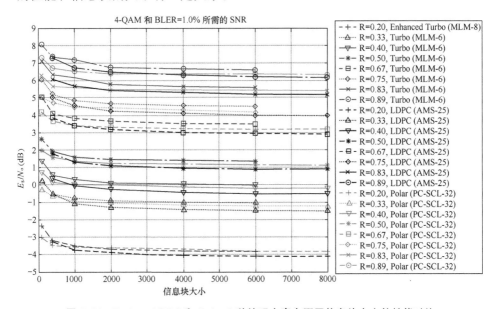

图 2-41　Turbo、LDPC 和 Polar 3 种编码方案在不同信息块大小的性能对比

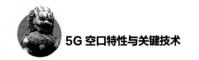

华为对 5G NR 中出现的主要几种编码方案的性能和实现复杂性做了全面的分析比较（可以参见 3GPP R1-164039）。包括编码的性能、硬件实现和功耗效率以及对不同码率和码长的支持度。根据分析，Turbo 码在码块较大时功耗和芯片面积效率会变得较差，而其纠错性能也不如 LDPC 和 Polar 码；LDPC 码在码块较大和码率较高时性能很好，但是在编码率<1/2 时性能稍差；Polar 码则相对均衡，并且具有较强的灵活性，适合不同的场景需要。详情可以参见表 2-9，咬尾卷积码（TBCC，Tail-Biting Convolutional Code）的特点是编码器的结束状态和初始状态相同，从而降低了为了使卷积码的移位寄存器清零所需的额外开销。

表 2-9　Turbo、LDPC、Polar、TBCC 码的对比

	Polar 码	Turbo 码	LDPC 码	TBCC 码
eMBB：码块>8K	采用 Small-list 解码或 SC 解码；功耗和芯片面积效率好	功耗和芯片面积效率差	功耗/芯片面积效率好；编码率>1/2 时性能很好	未考虑
eMBB：1K～8K 码块编码率和码长具有精细的颗粒度	采用 Medium-List 解码；对所有码率性能都很好；支持各种码率和码长	对所有码率性能都很好；支持各种码率和码长	编码率<1/2 时性能差；难以支持颗粒度精细的不同码率和码长	未考虑
URLLC/控制信道/mMTC 上行：较小的码块高可靠性	采用 Large-List 解码；性能非常好；支持低码率	较小码块时性能差；有错误平台；为满足高可靠要求需要依赖 HARQ	较小码块和低码率时性能差；为满足高可靠要求需要依赖 HARQ	采用 VA 解码时性能不如 Polar SCL 解码，LVA 解码时复杂度过高
mMTC 下行：较小的码块低功耗	采用 Small-list 解码或 SC 解码以降低功耗	较小码块时性能差	较小码块时性能差	采用维特比（Viterbi）解码降低功耗；性能不如 SCL 解码

总体而言，LDPC 码在 eMBB 应用场景特别是码块较大时具有一定优势，而 Polar 码在小码块、控制信道以及 URLLC 和 mMTC 场景有一定优势。

2.3.4　3GPP 对信道编解码方案的讨论过程

2016 年 4 月 11—15 日在韩国釜山召开的 RAN1 #84bis 会议是 5G 新技术研究项的起点，会议讨论了 5G NR 对于信道编码的总体需求和评估方法，对于具体的信道编码方案，各公司都阐述了各自的观点。

　　会议中，华为提出采用 Polar 码，认为 Polar 码适用于各种应用场景。爱立信和 LGE 支持 Turbo 码，并认为 Turbo 码性能良好，并且在各种场景下均适用。三星、高通、中兴、英特尔、Sony 和诺基亚则比较倾向于 LDPC 码，但是各家在具体实现方式上有区别。

　　爱立信展示了 Turbo 编码相对于 LDPC 的优势，其他公司则认为爱立信采用较大的码块来对 Turbo 编码进行估算可能导致结果缺乏公平性，最终大家仍然同意将 Turbo 编码作为 5G NR 的候选方案之一。华为对 Polar 码和 Turbo 码进行了比较，认为 Polar 码更加优越，其他公司则对二者的性能差异有疑问，认为华为需要更多时间确认此研究结果。诺基亚认为应该尽快确定模拟仿真的假设条件，并提供了两份提案，针对每种应用场景下的编码需求和编码评估方法进行了说明。

　　该次会议最终同意（可以参见三星、诺基亚、高通、中兴、英特尔和华为等公司的提案 3GPP R1-163662）。

　　（1）LDPC、Polar、Turbo 以及卷积码为 5G NR 的候选方案，并且不排除前述各类编码的组合使用，以及 Outer Erasure Code。

　　（2）明确了仿真假设条件，以便启动编码算法的评估工作。

　　（3）编码算法评估时需要从性能、实施的复杂性、编解码时延、灵活性等多方面对新编码方式进行综合分析评估。

　　2016 年 5 月 23—27 日在中国南京召开的 RAN1#85 次会议上，多数公司对各自在 eMBB 场景的候选编码方式的看法没有太大改变，但是对于其他场景有些新看法。此次会议由于不同公司的观点完全不同，因此最终会议未能达成一致决议。

　　2016 年 8 月 22—26 日，3GPP 在瑞典哥德堡举行 RAN1#86 会议。

　　编解码部分主要讨论的内容包括：

　　（1）eMBB 编码方案的实施复杂度；

　　（2）eMBB 编码方案的性能比较；

　　（3）小文件块编码；

　　（4）控制信道编码机制。

　　高通等公司的提议是 eMBB 数据信道采用 LDPC 码；华为等公司的提议是 Polar 码作为 eMBB/mMTC/URLLC 的候选编码方案。关于控制信道，爱立信和诺基亚等公司提议采用 TBCC 码。最后与会者同意，各公司应该继续对各种编码方案进行分析和比较，并在下次会议上形成关于 eMBB 数据信道编码的最终结论。

　　2016 年 10 月 10—14 日，RAN1#86bis 会议在葡萄牙里斯本召开。这次会议的主题是讨论数据信道的编码方案。由于不同编码方案在长短码的不同场景下的表现各有优劣，经过讨论后同意把长码和短码分开来处理，各自选择一种

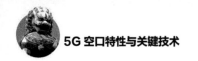

合适的编码，让各家公司更充分表达意见。

由于此次会议将产生 eMBB 数据信道的编码方案的最终定论，因此讨论比较激烈。但是讨论结果也表明，Polar 码对于大数据块情况下性能不如 LDPC 码。

此次会议的最终决议为：

（1）在 eMBB 场景中，信息块大小>X 时，数据信道的编码方式为 LDPC 码；

（2）信息块大小≤X 时，RAN1#87 会议将决定选择 Polar、LDPC 和 Turbo 中的哪一个；

（3）X 的具体值将在 RAN1#87 中确定，大体上 128bit≤X≤1024bit，这里必须考虑编解码的复杂度；

（4）各公司继续研究 URLLC、mMTC 以及控制信道的编码方式。

2016 年 11 月 14—18 日，RAN1#87 会议在美国雷诺举行。这次会议最终决定了 eMBB 数据信道短码和控制信道的编码问题。

会议未对 Turbo 码做过多讨论。讨论的主要问题就是"短码用 LDPC，还是用 Polar 码"。华为等 50 多家公司支持采用 Polar 码（参见提案 R1-1613307）。三星、高通等 30 多家公司则支持采用 LDPC 码（参见提案 R1-1613342）。华为、海思等公司通过硬件资源利用率和功耗的分析论证了在 eMBB 数据信道采用两种编码方案是有效率的（参见提案 R1-1613306）。在控制信道编码上也存在分歧。华为等公司提议控制信道编码也采用 Polar 码（参见提案 R1-1613211），高通、爱立信等公司则提议采用 TBCC 码（参见提案 R1-1613577）。

讨论的最后结果，会议双方做出妥协并取得共识，数据信道基本采纳了高通等公司的提议，即数据信道短码也采用 LDPC 码；控制信道编码则基本采纳了华为等公司的提议，采用 Polar 码。

因此，3GPP 的最终决定为：

（1）eMBB 场景数据信道（PDSCH、PUSCH），采用 LDPC 码为编码方案；

（2）eMBB 场景控制信道（及控制信息）和 PBCH，采用 Polar 码为编码方案。

通过 RAN1 #84bis 到 RAN1 #87 共 5 次会议，eMBB 场景下数据信道和控制信道（及控制信息）的编码方案已经基本上讨论完成。数据信道的候选编码方案包括 LDPC、Polar 以及 Turbo，最终 LDPC 胜出；控制信道的编码方案的讨论主要是在 LTE 原有的 TBCC 码和 Polar 码之间展开的，最终 Polar 码胜出。

2.3.5 R15 中的信道编码

在 5G NR 中，信道编码的操作对象主要是传输信道（TrCH）和控制信息的数据块。3GPP 在 R15 中定义的各个传输信道和控制信息所采用的信道编码详细情况见表 2-10 和表 2-11。

表 2-10　传输信道的信道编码对应表

传输信道	编码方式
UL-SCH	LDPC 码
DL-SCH	
PCH	
BCH	Polar 码

表 2-11　控制信息的信道编码对应表

控制信息	编码方式
DCI	Polar 码
UCI	Block 码
	Polar 码

5G NR 对数据信道采用的是 Quasi-Cyclic LDPC 码，并且为了在 HARQ 协议中使用而采用了速率匹配（Rate-Compatible）的结构。控制信息部分在有效载荷（Payload）大于 11bit 时采用了 Polar 码。当有效载荷小于等于 11bit 时，信道编码采用的是 Reed-Muller 码。

2.3.5.1　传输信道编码

传输信道（TrCH）的整个信道编码过程如图 2-42 所示。

图 2-42　传输信道的整个信道编码过程

其中，添加 CRC 是通过在数据块后增加 CRC 校验码使得接收侧能够检测出接收的数据是否有错。CRC 校验码块的大小取决于传输数据块的大小，对于大于 3824bit 的传输数据块，校验码采用了 24-bit CRC；对于小于等于 3824bit 的传输数据块，采用的则是 16-bit CRC。在接收侧，通过判断所接收数据是否有错误，再通过 HARQ 协议决定是否要求发送侧重发数据。

码块分割是把超过一定大小的传输数据块切割成若干较小的数据块，分开进行后续的纠错编码，分割后的数据块会分别计算并添加额外的 CRC 校验码。

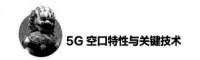
信道编码采用了 Quasi-cyclic LDPC 码。

速率匹配的目的是把经过信道编码的比特数量通过调整，适配到对应的所分配到的 PDSCH 或 PUSCH 资源（所承载的比特数量）上。

速率匹配输出的码块按顺序级联后即可进行调制进而经由发射机发送。

2.3.5.2 控制信息编码

上下行控制信息都采用了 Polar 码。其中，上行控制信息（UCI）的整个信道编码过程如图 2-43 所示。

图 2-43 UCI 的整个信道编码过程

首先，对待传输的控制信息进行码块分割和添加码块 CRC 校验码。信道纠错编码采用了 Polar 码。速率匹配则把经过信道编码的数据从速率上匹配到所分配到的物理信道资源上。码块级联则把数据块按顺序连接起来，然后通过调制发送。

下行控制信息（DCI）的整个信道编码过程如图 2-44 所示。

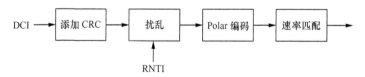

图 2-44 DCI 的信道编码过程

首先，对待传输的控制信息添加 CRC 校验码。随后经过加扰，加扰序列采用的是终端无线网络临时识别号（RNTI，Radio Network Temporary Identity），这样做的目的是使得接收侧（终端）可以通过 CRC 校验码和加扰序列同时得知数据的正确性以及本终端是不是该信息的正确接收方，从而减少了需要通过 PDCCH 发送的比特数。信道纠错编码采用了 Polar 码。速率匹配则把经过信道编码的数据从速率上匹配到所分配到的物理信道资源上，后续数据块即可按顺序进行 QPSK 调制进而由发射机发送。

传输信道和控制信息的详细编码过程可以参见第 4 章的相关部分。

信道编码是一门专门的学问，本章旨在对 5G NR 讨论中出现的几种编码方案取舍和实现做个简单介绍，有兴趣做进一步深入了解的读者可以参见 3GPP TS38.212 和文献[60]。

| 2.4　5G 帧结构 |

2.4.1　5G 参数集（Numerology）

5G 系统中，参数集采用子载波间隔和 CP 开销来定义。

5G 支持多种参数集，对应的不同子载波间隔是由 15kHz 基本子载波间隔扩展而成的。TR38.802 中规定，可扩展子载波间隔为 15～480kHz，但 R15 规范中不采用 480kHz。R15 所支持的子载波间隔请参见 TS38.211（见表 2-12）。

表 2-12　所支持的传输参数集

μ	$\Delta f = 2^{\mu} \cdot 15$（kHz）	循环前缀
0	15	常规
1	30	常规
2	60	常规，扩展
3	120	常规
4	240	常规

LTE 系统中只定义了一种子载波间隔，而 5G 系统需要支持多种不同的业务类型，因此 R15 中定义了多种子载波间隔。5G 系统中的子载波间隔是在 15kHz 的基础上采用 2^{μ} 扩展而来的，5G 系统支持 15kHz、30kHz、60kHz、120kHz 和 240kHz 等多种子载波间隔（见表 2-12）。其中，除了 60kHz 采用扩展 CP 之外，其余均用于正常 CP。另外，480kHz 在 R14 研究阶段进行了定义，但是没有包含在 R15 规范中。和特定 BWP 相关的 μ 以及循环前缀分别采用参数 subcarrierSpacing 和 cyclicPrefix 来表示。

虽然在较高的载波频率下通常不使用较小的子载波间隔，但是参数集可以独立于频段进行选择。不同子载波间隔可用于不同的场景下。如对于室外宏覆盖和微小区，可以采用 30kHz 子载波间隔；而室内站则可以采用 60kHz 子载波间隔；对于毫米波，则可以采用更大的子载波间隔，如 120kHz。

另外，数据信道和同步信道也可以采用不同的子载波间隔。比如：

（1）6GHz 以下频段中，同步信道可以采用 15kHz 和 30kHz，数据信道则可以采用 15kHz、30kHz 或者 60kHz；

5G 空口特性与关键技术

（2）6GHz 以上频段中，同步信道可以采用 120kHz 和 240kHz，数据信道则可以采用 60kHz 或者 120kHz。

2.4.2 5G 子载波间隔讨论背景

2.4.2.1 基本原理

R1-163227 中提到，对于给定的频段，相位噪声和多普勒频移等因素决定了最小子载波间隔（SCS），具体原因为：

（1）采用较小的 SCS，会导致较高的相位噪声，从而影响 EVM，也会对本地振荡器产生较高的要求，还会使多普勒频移较高时的性能降低；

（2）采用较大的 SCS，会使符号长度缩短，从而降低时延；

（3）所需的 CP 开销（时延扩展预期）设定了 SCS 的上限，SCS 过大会导致 CP 开销增加；

（4）OFDM 调制器的 FFT 长度和 SCS 共同决定了信道带宽。

考虑到上述关系，最优化的 SCS 应当足够小但是仍应当足够强壮，以抵抗相位噪声和多普勒频移，并对预期的信道带宽和时延提供支持。

R1-162386：Numerology for new radio interface 中提到，子载波间隔（SCS）是系统设计的重要参数。SCS 较小时，符号周期增加，CP 开销降低，反之亦然。

2.4.2.2 选取原则

R1-163227 中提到，参数集选取时，可以考虑不同频率独立选取，也可以考虑采用 OFDM 参数集家族的方式，即设定一个基准参数集，并对 SCS、符号长度和 CP 等进行相应扩展。采用扩展的方法，不同 OFDM 参数集下的时钟采样率（T_s 的倒数）借助扩展系数 n 相互关联，从而便于实现。

R1-163397：Numerology Requirements 中提到参数集选取的一些原则。

1. 灵活的参数集和 TTI 按比例缩放

（1）子载波间隔乘以 2^k。

① 更短的 TTI 结合优化的导频/控制信息利于低时延 HARQ 传送和处理。

② 支持可扩展的符号长度和参数集的设计，以便实现下行数据的处理，也利于上行导频和 ACK 信道的波形产生。

③ 当扩展成更大带宽时 FFT 的复杂度应保持中等。

④ mmWave 下支持足够多的 UE 进行时分复用。

（2）SCS 扩展比例为 2^k，以获取长时延扩展下的强壮性，其中 k 是非负整数。

（3）TTI 长度缩短为 $1/2^k$，无须牺牲对抗时延扩展的强壮性。

2. 不同载波、不同业务间的参数集复用，以支持不同的时延和效率需求

R1-162227 中提到，为了简化设计并降低成本，5G 和 LTE 应当能够共享本振，在此基础上考虑 5G 的采样率，并建议将 CP-OFDM 作为基准，对不同频段进行相应扩展（$×2^n$），以支持 eMBB/URLLC/mMTC 等多种业务的 KPI 需求。

2.4.2.3　候选方案

RAN1 #84bis 会议上同意 NR 支持多种 SCS，并由基准 SCS 乘以整数 N 扩展而成。包括以下选项：

（1）选项 1：包括 15kHz 的 SCS；

（2）选项 2：包括 17.5kHz 的 SCS；

（3）选项 3：包括 17.06kHz 的 SCS；

（4）选项 4：包括 21.33kHz 的 SCS（选项 3 采用扩展 CP）。

$$f_{sc} = f_0 × 2^m$$
$$f_{sc} = f_0 × M$$

这 4 种 SCS 之间的关系请参见 R1-163864（ZTE&Qualcomm），如表 2-13 所示。

表 2-13　不同子载波间隔的相关参数

	中兴	高通	中兴 1	中兴 2
	ECP	固定 FFT 长度	固定采样率	固定采样率
SCS（kHz）	15	17.5	17.07	21.33
OFDM 符号长度（μs）	66.67	57.14	58.6	46.87
CP 长度（μs）	16.67	5.36	3.9	15.63
每子帧中的符号数	12	16	16	16
子帧长度（ms）	1	1	1	1
采样率（MHz）	30.72	35.84	30.72	30.72
CP 开销	20%	8.60%	6.00%	25%
注	FFT=2048	FFT=2048	FFT=1800	FFT=1440

2.4.2.4　对比分析

1. 基准子载波间隔（SCS）对比

下面列举几个提案中的分析结论，其他更多结论和分析方法请参见会议

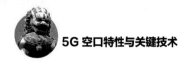

5G 空口特性与关键技术

文稿。

对于上述 4 种 SCS，R1-160431 中分析认为，17.07/21.33kHz 在复用 LTE 硬件方面较为复杂，原因为：

（1）FFT 大小不是 2 的 N 次方，17.06kHz 时为 1800，21.33kHz 时为 1440；

（2）15kHz 的扩展系数更复杂：17.06kHz 时为 853/750，21.33kHz 时为 711/500。

R1-160431 中对 15kHz 和 17.5kHz 进行了对比，如表 2-14 所示。结论是建议考虑 15kHz，不考虑 17.5kHz。

表 2-14　子载波间隔 15kHz 和 17.5kHz 对比

	15kHz 为基准的家族	17.5kHz 为基准的家族
SCS 的扩展性	采用可扩展的子帧长度，使得 SCS 易于向上和向下扩展	同 15kHz
灵活的 CP 长度	ECP 和 NCP	仅 NCP，否则不能保持 2^M
多种 Numerology 的符号边界对齐	每 2^M 个符号的符号边界不总是对齐的。实现中可以很容易地处理小的错位（Misalignment），但仍需要进行符号级处理	每 2^M 个符号的符号边界总是对齐的，易于实现符号级处理和 DL/UL 对齐，和多种参数集间的共存
通用属性	频域子载波个数更多，时域 OFDM 符号数更少；帧结构设计上 15kHz 和 17.5kHz 没有什么区别	频域子载波个数更少，时域 OFDM 符号数更多；帧结构设计上 15kHz 和 17.5kHz 没有什么区别
URLLC	通过缩短 OFDM 符号长度但保持子帧内的符号数来支持 URLLC	通过缩短 OFDM 符号长度，或者减少更短的子帧内的 OFDM 符号数来支持 URLLC
mMTC	对于不同的采样率，更高的采样率提供了更准确的 PSS 定时，但采样率和 FFT 复杂度不是系统复杂度的主要影响因素	
与 NB-IoT 的共存性	与 NB-IoT 15kHz 之间没有干扰；与 NB-IoT 3.75kHz 调度之间的影响微不足道	保护带或调度方面存在性能损失
与 LTE TDD 的共存性	易于与 LTE TDD DL-UL GP 同步	与 LTE TDD DL-UL GP 同步时存在额外的开销

其他提案中有些不同的结论。例如，R1-164271 中建议考虑选项 3，即 17.07kHz。该提案说明，15kHz（选项 1）和 17.07kHz（选项 3）具有类似的性能，但是在特别长的 DS（时延扩展）的低时延子帧下，17.07kHz 的性能优于 15kHz。

2. 扩展系数（2^m 和 M）对比

R1-165439 中采用 3 种相位噪声模型，分析了不同 SCS 下的性能。书中提到，通常频率偏移量指数增加时，相位噪声的功率谱密度（dBc/Hz）会线性下降。也就是说，f 加倍时，SNR 不是指数式而是线性增加。例如，f = 240kHz 和 480kHz，3 种模型所对应的 SNR 差异分别约为 2、2 和 1.8dB；而 f = 60kHz 和 120kHz，SNR 的差异会更小。其最终结论是，从相位补偿的角度讲，$f_0 \times 2^m$ 粒度就够了，而 $f_0 \times M$ 粒度过大。所以，建议考虑 $f_0 \times 2^m$。该 R1- 165525 中则建议考虑 $f_{sc} = f_0 \times M$。其主要原因是，韩国 200MHz 可能被 2 个或者 3 个运营商所使用，如果采用 60MHz，则 NR 采用 FFT 长度为 2048 的 45kHz 的 SCS 就可以了；而 100MHz 下，则可以采用 FFT 长度为 2048 的 75kHz 的 SCS。美国的大多数公司具有 200MHz 信道带宽，可能会采用 100MHz 或者 200MHz 的载波带宽。100MHz 可采用 75kHz 和 2048 FFT 长度，而 200MHz 则可采用 150kHz 和 2048 的 FFT 长度。因此，KT 和 Verizon 在提案中建议考虑 $f_{sc} = f_0 \times M$。

R1-164622 中提到，为了保证不同参数集间的共存性，较大的扩展系数应当能够被小的扩展系数所整除，如 $N_2 = K_1 \cdot N_1$，$N_3 = K_2 \cdot N_2$ 等。这意味着不同参数集间的调度间隔是匹配的，这有利于同一个载波上的参数集的混合使用。虽然这本身并不意味着排除 75kHz，但是 $N = 2^m$ 在保证更大的扩展系数能够被最小的扩展系数所整除时，仍能够对参数集提供最高的灵活性。尤其是为了满足扩展系数间的整除关系，采用 SCS 为 15kHz 和 75kHz 的参数集中，在 15kHz 和 75kHz 间不可能存在其他 SCS。因此，建议考虑扩展系数采用 $N = 2^m$。

2.4.2.5　5G 系统中子载波间隔的最终结论

RAN1 #85 讨论中，对于采用 15kHz 作为基准且扩展系数采用 $N = 2^n$ 的工作建议，多家公司表示支持，但是也有一些运营商和芯片厂家则持有异议。有一些单位建议将 $N = 2^n$ 作为每 1ms 中 OFDM 符号的设计基准，并线下进一步讨论，也有一些单位建议在 15kHz 作为基准且扩展系数采用 $N = 2^n$ 的基础上增加 75kHz，但最终没有达成协议。

在线下讨论的基础上，RAN1#86 会议明确在 $f_c = 15 \times 2^n$ 的基础上讨论是否在扩展的 Numerology 间进行符号对齐。由此可见，对于 SCS，RAN1#86 上已经初步确认采用 $f_c = 15 \times 2^n$ 的选项了。

2.4.3　R15 中 5G 帧结构的分析和说明

本节描述帧结构相关的一些基本概念，如无线帧、子帧、符号以及时隙等特性及相互之间的关系。

2.4.3.1　基本时间单元

表 2-15 所示为 5G 系统中的基本时间单元。

表 2-15　5G 系统中的基本时间单元

	Δf_{max}	480kHz
FFT 长度	N_f	4096
LTE 的 SCS	Δf_{ref}	15kHz
20MHz LTE 的 FFT 长度	$N_{f,ref}$	2048
5G NR 基本时间单元	T_c	0.508626302083333ns
LTE 基本时间单元	T_s	32.55208333333330ns
T_s/T_c	κ	64.00000000000000 T_c 是 T_s 的 $\frac{1}{64}$
帧长度	T_f	10ms
子帧长度	T_{sf}	1ms

5G 基本时间单元 T_c 与 LTE 基本时间单元 T_s 的关系对比如下:

（1）$T_c = 1/(\Delta f_{max} \cdot N_f)$，其中，最大子载波间隔 $\Delta f_{max} = 480 \times 10^3$ Hz，FFT 长度 $N_f = 4096$;

（2）$T_s = 1/(\Delta f_{ref} \cdot N_{f,ref})$，其中，子载波间隔 $\Delta f_{ref} = 15 \times 10^3$ Hz，FFT 长度 $N_{f,ref} = 2048$。

故 $T_c = 1/(480000 \times 4096) = 0.509$ns，$T_s = 1/(15000 \times 2048) = 32.552$ns，$T_s$ 与 T_c 之间满足固定的比值关系，即 $\kappa = T_s/T_c = 64$，也就是说 5G 中基本的时间单元更短，为 LTE 的 1/64。

2.4.3.2　帧和子帧

5G 系统中，帧长度为 10ms，子帧长度固定为 1ms，每个无线帧分为等长的 2 个半帧，每半帧包含 5 个子帧，即 0 ~ 4 和 5 ~ 9，如图 2-45 所示。

无线帧长度定义为: $T_f = (\Delta f_{max} N_f / 100) \cdot T_c = 10$ms

即 $T_f = (\Delta f_{max} \cdot N_f / 100) \cdot T_c = (\Delta f_{max} \cdot N_f / 100) \cdot [1/(\Delta f_{max} \cdot N_f)] = 1/100$s $= 0.01$s $= 10$ms

子帧长度定义为 $T_{sf} = (\Delta f_{max} N_f / 1000) \cdot T_c = 1$ms

即 $T_{sf} = (\Delta f_{max} \cdot N_f / 100) \cdot T_c = (\Delta f_{max} \cdot N_f / 1000) \cdot [1/(\Delta f_{max} \cdot N_f)] = 1/1000$s $= 0.001$s $= 1$ms

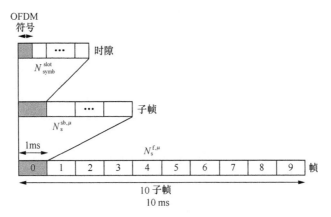

图 2-45　5G 帧结构示意

2.4.3.3　符号及其特性

随着子载波间隔的增加，对应的时域 OFDM 符号长度越来越短。不同子载波间隔下的符号长度见表 2-16。

表 2-16　子载波间隔与符号长度之间的关系

μ	子载波间隔	OFDM 符号长度（μs）	循环前缀（CP）长度（μs）	包含 CP 的 OFDM 长度符号（μs）	每 1ms 子帧中包含的符号数
0	15kHz	66.67	4.69	71.35	14
1	30kHz	33.33	2.34	35.68	28
2	60kHz	16.67	1.17	17.84	56
3	120kHz	8.33	0.57	8.92	112
4	240kHz	4.17	0.29	4.46	224

不同子载波对应的符号长度不同，因此对于不同的子载波，特定时间段如 1ms 子帧或者 0.5ms 半帧范围内所包含的符号数也不同，15kHz 下符号长度（包含 CP）是其他 SCS 下的符号长度的 2^μ 倍，即 15kHz 下包含 CP 时的符号长度相当于 2 个 30kHz 的符号长度之和或者 4 个 60kHz 的符号长度之和。

以 0.5ms 半帧为例，不同子载波间隔下的符号长度之间的关系如图 2-46 所示。图中每种子载波间隔下，除了第一个符号之外，子帧中其余所有符号的长度都是相同的。

每个时隙中的符号数与循环前缀（CP）类型的关系。常规 CP 下，每个时隙中都包含连续的 $N_{\text{symb}}^{\text{slot}}$ 个 OFDM 符号，$N_{\text{symb}}^{\text{slot}}$ 取值为 14。$N_{\text{symb}}^{\text{slot}}$ 与子载波间隔无关。扩展 CP 下，每个时隙中的符号数 $N_{\text{symb}}^{\text{slot}}$ 为 12。

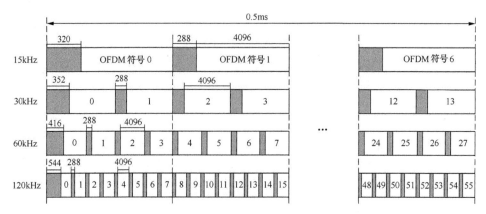

图 2-46 不同子载波间隔下符号长度之间的关系

由此可见，μ 取值为 0，1，2，3 和 4 时的常规 CP 下，每个时隙中都包含 14 个符号。μ 取值为 2 时的扩展 CP 下，每个时隙中包含 12 个符号，如表 2-17 所示。

表 2-17 不同子载波下每个时隙中所包含的符号数

μ	子载波间隔	循环前缀（CP）的类型	每个时隙中所包含的符号数
0	15kHz	常规	14
1	30kHz	常规	14
2	60kHz	常规	14
		扩展	12
3	120kHz	常规	14
4	240kHz	常规	14

2.4.3.4 时隙及其特性

以常规 CP 为例，每个时隙中所包含的符号数是相同的，而符号长度和子载波长度有关。因此，不同子载波下的时隙长度是不同的，15kHz 下时隙长度为 1ms，30kHz 下时隙长度为 500μs，60kHz 下时隙长度为 250μs，120kHz 下时隙长度为 125μs，240kHz 下时隙长度为 62.5μs，如图 2-47 所示。

每个子帧中时隙的编号为 $n_s^{\mu} \in \{0,\cdots,N_{slot}^{subframe,\mu}-1\}$，按照升序排列每个子帧中的升序编号则为 $n_{s,f}^{\mu} \in \{0,\cdots,N_{slot}^{frame,\mu}-1\}$。无线帧和子帧中所包含的时隙数如表 2-18 所示。

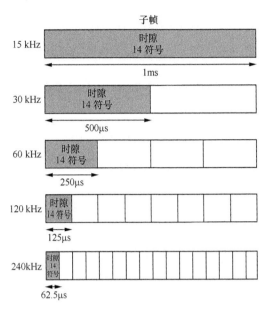

图 2-47　不同子载波间隔下的时隙长度示意

表 2-18　无线帧和子帧中所包含的时隙数

μ	子载波间隔	循环前缀（CP）的类型	每个时隙中所包含的符号数	$N_{slot}^{frame,\mu}$ 中所包含的时隙数	$N_{slot}^{subframe,\mu}$ 中所包含的时隙数	时隙长度
0	15kHz	常规	14	10	1	1ms
1	30kHz	常规	14	20	2	500μs
2	60kHz	常规	14	40	4	250μs
2	60kHz	扩展	12	40	4	250μs
3	120kHz	常规	14	80	8	125μs
4	240kHz	常规	14	160	16	62.5μs

2.4.3.5　微时隙的概念

5G 还定义了一种子时隙或称微时隙，它适用于低时延类业务，用于快速灵活的调度。上述常规时隙中包含 14（常规 CP 下）或者 12 个（扩展 CP 下）OFDM 符号，除此之外，微时隙（Mini-Slot）则仅占用 2、4 或者 7 个 OFDM 符号，它是 5G NR 中的最小调度单元。

5G 中的调度单元可以是一个时隙或者一个微时隙。基于常规时隙的调度称为基于时隙（Slot-Based）的调度，它支持时隙间的聚合功能，如图 2-48 所示。基于微时隙的调度称为基于非时隙（Non-Slot Based）的调度，其符号长度可变，

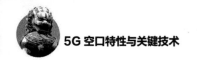

起点可以在任何 OFDM 位置上，如图 2-49 所示。

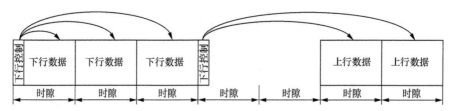

图 2-48　基于时隙（Slot-Based）的调度示意

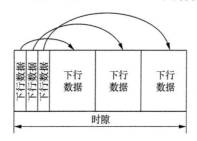

图 2-49　基于非时隙（Non-Slot Based）的调度示意

2.4.4　时隙配置及调度

每个时隙中的符号可以为"下行""灵活"或者"上行"等类型。下行帧中的每个时隙上，UE 认为所有的下行传送是在"下行"或者"灵活"类的符号上进行的。同理，上行帧中的每个时隙上，UE 认为所有的上行传送是在"上行"或者"灵活"类的符号上进行的。

时隙格式中的 OFDM 符号可以分为"下行""灵活配置"或"上行"。下行帧中的每个时隙上，UE 认为所有的下行传送是在"下行"或者"灵活"类的符号上进行的。同理，上行帧中的每个时隙上，UE 认为所有的上行传送是在"上行"或者"灵活"类的符号上进行的。时隙配置及时隙格式确定过程请参见 TS38.213 第 11.1 节。

高层采用 tdd-UL-DL-ConfigurationCommon 和 tdd-UL-DL-Configuration Common2 以及 tdd-UL-DL-ConfigDedicated 等参数设定多个时隙中的每个时隙配置所对应的时隙格式，并对 UE 进行时隙格式相关参数的配置，如仅包含上行或者下行符号的时隙的数目、上行和下行符号的数目、不同类型时隙（仅下行/仅上行/灵活配置）的位置关系等。

高层采用参数 SlotFormatIndicator 对时隙组合进行配置，并采用 DCI 格式 2-0 中的 SFI 索引域对 UE 进行调度，SFI 索引域用以指示每个 DL BWP 或者每个 UL BWP 的多个时隙中的每个时隙的格式，对应 TS38.213-f20 中的表 11.1.1-1 所表述的不同的上下行的配置。其中，下行可采用 "D" 来表示，灵活配置可采用 "F" 来表示，上行可采用 "U" 来表示。摘录 TS38.213-f20 中表 11.1.1-1 的部分内容，如表 2-19 所示。

表 2-19　时隙中符号的灵活配置

格式	时隙中的符号数													
	0	1	2	3	4	5	6	7	8	9	10	11	12	13
0	D	D	D	D	D	D	D	D	D	D	D	D	D	D
1	U	U	U	U	U	U	U	U	U	U	U	U	U	U
2	F	F	F	F	F	F	F	F	F	F	F	F	F	F
3	D	D	D	D	D	D	D	D	D	D	D	D	D	F
4	D	D	D	D	D	D	D	D	D	D	D	D	F	F
5	D	D	D	D	D	D	D	D	D	D	D	F	F	F
......														
52	D	F	F	F	F	F	U	D	F	F	F	F	F	U
53	D	D	F	F	F	F	U	D	D	F	F	F	F	U
54	F	F	F	F	F	F	F	D	D	D	D	D	D	D
55	D	D	F	F	F	U	U	U	D	D	D	D	D	D
56～254	保留													
255	UE 根据 tdd-UL-DL-ConfigurationCommon、tdd-UL-DL-ConfigurationCommon2 或者 tdd-UL-DL-ConfigDedicated 参数以及 DCI 格式来确定时隙格式													

2.4.5　帧结构实际配置举例

5G 系统中，可以采用单独时隙的自包含帧结构，也可以采用多个时隙组合来形成更长周期的帧结构。下面以 30kHz 子载波间隔为例，来说明不同的帧结构类型和组合。

30kHz 子载波间隔下，时隙长度为 0.5ms，每个时隙包含 14 个符号。0.5ms 自包含子帧、2ms 或者 2.5ms 的组合帧等类型分析对比如下。

2.4.5.1　0.5ms 自包含子帧

自包含子帧中，一个时隙内存在 DL 和 UL 数据符号以及 ACK/SRS 符号，可以在同一时隙内实现上行和下行调度，如图 2-50 所示。它具有以下特点：

（1）0.5ms 自包含子帧结构式可以有效降低 eMBB 业务的时延，更好地支持 NR 业务；

NR TDD 0.5ms 自包含													
0	1	2	3	4	5	6	7	8	9	10	11	12	13
Dc	Dd	Ddm	Dd	Dd	Dd	Dd	Dd	Dd	Dd	Dd	Dd	GP	Uc

0	1	2	3	4	5	6	7	8	9	10	11	12	13
Dc	GP	Udm	Ud	Ud	Ud	Ud	Ud	Ud	Ud	Ud	Ud	Ud	Uc

基于时隙的调度/控制间隔

DL	DL控制	DL 数据		头部	UL控制
UL	DL控制	头部	UL 数据		UL控制

图 2-50　0.5ms 帧结构示意

（2）每个时隙中都有 SRS，因此可以有效利用 TDD 信道的互易性，高效支持 mMIMO；

（3）上下行业务灵活性更高。更快速的 TDD 转换，有利于实现更加灵活的容量分配；

（4）头部可以灵活添加，如为非授权和共享频谱进行头部保留。

2.4.5.2　2ms 组合帧结构

采用 4 个 0.5ms 的时隙进行组合，可以形成 2ms 周期的帧结构。

常见的组合包括 DDSU 或者 DSDU 等，其中 D 表示全下行时隙，U 表示全上行时隙，S 则包含保护间隔和上下行转换符号。

DDSU 格式示例如图 2-51 所示。传送周期为 2ms，支持 2～4 个符号的 GP 配置（图中为 4 个符号的 GP）。每 2ms 内，时隙#0 和#1 固定作为 DL，时隙#2 为下行主导时隙，其格式为 DL-GP。时隙#3 固定作为 UL 时隙，PRACH 可以在时隙#3 上传送。

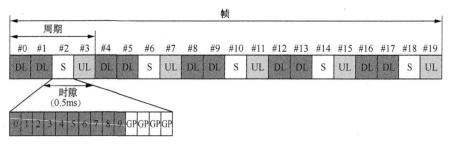

图 2-51　2ms 帧结构示意

2.4.5.3　2.5ms 组合帧结构

将 5 个时隙组合在一起，可以形成 2.5ms 周期的帧结构。在不同覆盖和容量要求下，我们可以考虑采用 2.5ms 单周期或者双周期方式。

2.5ms 单周期：传送周期为 2.5ms，每 2.5ms 内帧格式都相同。

2.5ms 双周期：传送周期为 5ms，每 5ms 内前后 2.5ms 的帧格式略有差异。

这两种方式的帧结构分析如下。

1. 2.5ms 单周期

采用类似 LTE 系统的 DDDSU 格式。其中，D 表示全下行时隙，U 表示全上行时隙，S 则包含保护间隔和上下行转换符号。

如图 2-52 所示，每 2.5ms 内，时隙#0、#1 和#2 固定作为 DL，时隙#3 为下行主导时隙，其格式为 DL-GP-UL。时隙#4 固定作为 UL 时隙，上行接入信道（PRACH）可以在时隙#4 上传送。

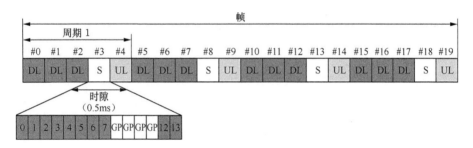

图 2-52　2.5ms 单周期帧结构示意

2. 2.5ms 双周期

2.5ms 双周期是指前后两个 2.5ms 采用不同的配置，如前 2.5ms 采用类似 LTE 系统的 DDDSU 格式，后 2.5ms 采用 DDSUU 格式，如图 2-53 所示。其中，D 表示全下行时隙，U 表示全上行时隙，S 则包含保护间隔和上下行转换符号。

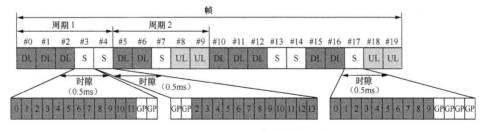

图 2-53　2.5ms 双周期帧结构示意

（1）每 2.5ms+2.5ms 的周期内，对于第一个 2.5ms，时隙#0、#1 和#2 固定

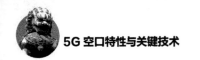

作为 DL，时隙#3 为下行主导时隙，其格式为 DL-GP。时隙#4 固定作为 UL 主导时隙，上行接入信道（PRACH）可以在时隙#4 上传送。

（2）每 2.5ms+2.5ms 的周期内，对于第二个 2.5ms，时隙#5 和#6 固定作为 DL，时隙#7 为下行主导时隙，其格式为 DL-GP。时隙#8 和#9 固定作为 UL 时隙，上行接入信道（PRACH）可以在时隙#8 和#9 上传送。

第 3 章

5G 物理资源

本章介绍了物理资源的一些基本概念,如资源粒子、资源块、公共参考点、频率栅格、宽带部分和天线端口等。

|3.1 频段及带宽特性|

3.1.1 5G 频段定义

5G 系统中，定义了多种频段，FR1 和 FR2 分别对应不同的频段范围，如表 3-1 所示。由此可见，2.6GHz、3.5GHz 和 4.9GHz 都属于 FR1，26GHz 和 39GHz 则属于 FR2。

表 3-1 FR1 和 FR2 的频谱范围

频率范围指示	对应的频率范围
FR1	450～6000MHz
FR2	24 250～52 600MHz

3.1.2 基站信道带宽

基站信道带宽是指基站侧上下行所支持的单个 NR 射频载波。同一频段下，支持不同的 UE 信道带宽。在基站信道带宽范围内，UE 信道带宽可以灵活配置。UE 的 BWP 的信号等于或者小于 RF 载波的载波资源块数时，基站就能够在任何载波资源块上收发 UE 的 1 个或者多个 BWP 的信号。

3.1.3　传输带宽配置

传输带宽是基站带宽范围内去除保护带宽后的可用带宽，它采用 RB 数来表示，与 SCS 和频段相关。FR1 的传输带宽配置 N_{RB} 见表 3-2。FR2 的传输带宽配置 N_{RB} 见表 3-3。

表 3-2　FR1 的传输带宽配置 N_{RB}（TS38.104 表 5.3.2-1）

SCS (kHz)	5 MHz	10 MHz	15 MHz	20 MHz	25 MHz	30 MHz	40 MHz	50 MHz	60 MHz	70 MHz	80 MHz	90 MHz	100 MHz
	N_{RB}	N_{RB}	N_{RB}	N_{RB}	N_{RB}	N_{RB}	N_{RB}	N_{RB}	N_{RB}	N_{RB}	N_{RB}	N_{RB}	N_{RB}
15	25	52	79	106	133	160	216	270	N.A	N.A	N.A	N.A	N.A
30	11	24	38	51	65	78	106	133	162	189	217	245	273
60	N.A	11	18	24	31	38	51	65	79	93	107	121	135

表 3-3　FR2 的传输带宽配置 N_{RB}（TS38.104 表 5.3.2-2）

SCS（kHz）	50MHz	100MHz	200MHz	400MHz
	N_{RB}	N_{RB}	N_{RB}	N_{RB}
60	66	132	264	N.A
120	32	66	132	264

每个基站信道带宽所对应的不同 SCS 下的最小保护带宽见表 3-4 和表 3-5，分别对应 FR1 和 FR2，单位为 kHz。

表 3-4　最小保护带宽（FR1）（TS38.104 表 5.3.3-1）

SCS (kHz)	5 MHz	10 MHz	15 MHz	20 MHz	25 MHz	30 MHz	40 MHz	50 MHz	60 MHz	70 MHz	80 MHz	90 MHz	100 MHz
15	242.5	312.5	382.5	452.5	522.5	592.5	552.5	692.5	N.A	N.A	N.A	N.A	N.A
30	505	665	645	805	785	945	905	1045	825	965	925	885	845
60	N.A	1010	990	1330	1310	1290	1610	1570	1530	1490	1450	1410	1370

表 3-5　最小保护带宽（FR2）（TS38.104 表 5.3.3-2）

SCS（kHz）	50MHz	100MHz	200MHz	400MHz
60	1210	2450	4930	N.A
120	1900	2420	4900	9860

基站信道带宽中 RB 数的配置应当确保满足最小保护带宽的需求，如图 3-1 所示。

同一个符号中多种参数集进行复用时，载波两侧具有最小保护带宽，它是与保护带宽邻近的参数集所对应的基站信道带宽的保护带宽。

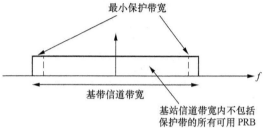

图 3-1　基站 PRB 利用率（TS 38.104 图 5.3.3-1）

对于 FR1，同一个符号中多种参数集进行复用且基站信道带宽>50MHz 时，邻近 15kHz SCS 的保护带与同一基站信道带宽所定义的 30kHz 的保护带一样。

对于 FR2，同一个符号中多种参数集进行复用且基站信道带宽>200MHz 时，邻近 60kHz SCS 的保护带与同一基站信道带宽所定义的 120kHz 的保护带一样。

多个参数集复用时保护带宽的定义如图 3-2 所示。

图 3-2　多个参数集复用时保护带宽的定义（TS38.104 图 5.3.3-2）

信道带宽、保护带和传输带宽配置间的关系如图 3-3 所示。

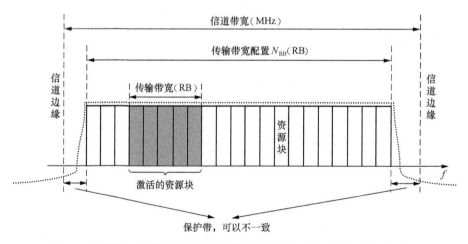

图 3-3　信道带宽、保护带和传输带宽配置间的关系（TS 38.104 图 5.3.3-3）

传输带宽可以采用基站信道带宽和保护带宽来计算。具体计算方法为，基站信道带宽减去两侧的保护带宽后，除以 SCS 得到总的载波数；由于每个 RB 中包含 12 个连续的子载波，因此将总载波数除以 12 就得到以 RB 表示的传输带宽数。

$$N_{RB}=（基站信道带宽 – 每侧的保护带宽 \times 2）/SCS/12$$

FR1 下采用基站信道带宽和传输带宽的计算关系见表 3-6。

表 3-6　FR1 下采用基站信道带宽和传输带宽的计算关系

基站信道带宽（MHz）	每侧的保护带（kHz）	SCS（kHz）	子载波数	传输带宽 N_{RB}（kHz）
5	505	30	133	11
10	665	30	289	24
15	645	30	457	38
20	805	30	613	51
25	785	30	781	65
30	945	30	937	78
40	905	30	1273	106
50	1045	30	1597	133
60	825	30	1945	162
70	965	30	2269	189
80	925	30	2605	217
90	885	30	2941	245
100	845	30	3277	273

3.1.4　绝对频点和信道栅格

对于 0 ~ 100GHz，总的频率信道栅格（Channel Raster）上，定义了一系列 RF 参考频率 F_{REF}，用于在信令中标定 RF 信道、SSB 和其他单元的位置。总体的频率栅格的粒度是 ΔF_{Global}。

总的频率栅格上，RF 参考频率由 NR 绝对无线频率信道号（NR-ARFCN）来确定，NR-ARFCN 的范围为 [0, 3 279 165]，它与 RF 参考频率 F_{REF} 的关系由下列公式来定义。式中，$F_{REF-Offs}$ 和 $N_{Ref-Offs}$ 的取值见表 3-7，其中 N_{REF} 为 NR-ARFCN。

$$F_{REF} = F_{REF-Offs}+\Delta F_{Global}（N_{REF} - N_{REF-Offs}）$$

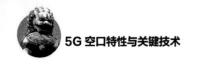

表 3-7 用于总的频率范围（栅格）的 NR-ARFCN 参数
（TS38.104 表 5.4.2.1-1）

频率范围（MHz）	ΔF_{Global}（kHz）	$F_{REF\text{-}Offs}$（MHz）	$N_{REF\text{-}Offs}$	N_{REF} 的范围
0～3000	5	0	0	0～599 999
3000～24 250	15	3000	600 000	600 000～2 016 666
24 250～100 000	60	24 250.08	2 016 667	2 016 667～3 279 165

对于 SUL 频段以及 n1、n2、n3、n5、n7、n8、n20、n28、n66 和 n71 频段，还定义了以下频率偏移。其中，Δ_{shift} 由高层参数 requencyShift7p5khz 来下发，取值为 0kHz 或 7.5kHz。

$$F_{REF\_shift} = F_{REF} + \Delta_{shift}$$

实际上，F_{REF} 可以理解为以 $F_{REF\text{-}Offs}$ 为起点、以 ΔF_{Global} 为间隔的频点信息。

不过，3GHz 以下、3～24.25GHz 以及 24.25～100GHz 下的 $F_{REF\text{-}Offs}$ 是不同的，从而也影响 N_{REF} 的取值范围。比如，0～3GHz 对应的 ΔF_{Global} 为 5kHz，占用 600 000 个频点，即 N_{REF} 的范围为 0～599 999；3～24.25GHz 对应的 ΔF_{Global} 为 15kHz，占用约 1 416 667 个频点，则 N_{REF} 的取值从 600 000 开始，最大值为 2 016 666。

不同频段所对应的信道栅格由 TS38.104 中的表 5.4.2.3-1（对应 FR1）和 5.4.2.3-2（对应 FR2）来定义，见表 3-8。其中，ΔF_{Raster} 和 ΔF_{Global} 之间的关系由步长（Step Size）来决定。如对于 n34 频段（2010～2025 MHz，TDD）来说，$\Delta F_{Global}=5$，$\Delta F_{Raster} = 20 \times \Delta F_{Global}=100$，$\Delta F_{Raster}$ 为 ΔF_{Global} 的 20 倍，对应的步长为 20。

表 3-8 FR1 频段下的 NR-ARFCN（TS38.104 表 5.4.2.3-1）

NR 频段	ΔF_{Raster}（kHz）	上行 N_{REF} 的范围 （首-<步长>-尾）	下行 N_{REF} 的范围 （首-<步长>-尾）
n34	100	402 000 – <20> – 405 000	402 000 – <20> – 405 000
n78	15	620 000 – <1> – 653 333	620 000 – <1> – 653 333
	30	620 000 – <2> – 653 332	620 000 – <2> – 653 332
n79	15	693 334 – <1> – 733 333	693 334 – <1> – 733 333
	30	693 334 – <2> – 733 332	693 334 – <2> – 733 332

$\vdots$

n78 和 n79 对应的频段分别为 3.3～3.8GHz 和 4.4～5.0GHz，对应的 $\Delta F_{\mathrm{Global}}$ 为 15kHz，$\Delta F_{\mathrm{Raster}}$（1，2）取 2 个值，分别表示为 $\Delta F_{\mathrm{Raster}}=\Delta F_{\mathrm{Global}}=15\mathrm{kHz}$，$\Delta F_{\mathrm{Raster}}=2 \times \Delta F_{\mathrm{Global}}=30\mathrm{kHz}$。对于这种具有 2 个 $\Delta F_{\mathrm{Raster}}$ 的频段来说，最大的那个值仅适用于 SCS 等于或者大于 $\Delta F_{\mathrm{Raster}}$ 的信道。

N_{REF} 的首尾范围决定了不同频段的频率范围。以 n78 为例，将表 3-7 中的 N_{REF} 代入公式 $F_{\mathrm{REF}} = F_{\mathrm{REF\text{-}Offs}} + \Delta F_{\mathrm{Global}}(N_{\mathrm{REF}} - N_{\mathrm{REF\text{-}Offs}})$，并采用 3～24.35GHz 对应的参数计算可知，620 000 对应 3.3GHz，653 332 对应 3.8GHz。

为了便于 UE 开机时搜索 SSB 信号，3GPP 还定义了同步栅格（Synchronization Raster）的概念。SSB 同步块的参考频率点 $\mathrm{SS_{REF}}$ 由总体同步信道号（GSCN，Global Synchronization Channel Number）的值决定。GSCN 是 5G 里使用的一个全新的概念，UE 需要盲检测 SSB，如果 UE 通过 ARFCN Raster 来对 SSB 进行搜索就会比较浪费时间，于是就需要 GSCN 来限定范围，提高效率。GSCN 为所有频段做了定义，每个 GSCN 对应一个 SSB 的频域位置 $\mathrm{SS_{REF}}$，GSCN 的参数定义见表 3-9（TS38.104 表 5.4.3.1-1）。

表 3-9　全局频率栅格的 GSCN 参数（TS38.104 表 5.4.3.1-1）

频率范围（MHz）	SS 块频率位置 $\mathrm{SS_{REF}}$	GSCN	GSCN 范围
0～3000	$N \times 1200\mathrm{kHz} + M \times 50\mathrm{kHz}$， $N=1:2499$，$M \in \{1,3,5\}$	$3N+(M-3)/2$	2～7498
3000～24 250	$3000\mathrm{MHz} + N \times 1.44\mathrm{MHz}$ $N=0:14\,756$	$7499 + N$	7499～22 255
24 250～100 000	$24\,250.08\mathrm{MHz} + N \times 17.28\mathrm{MHz}$ $N=0:4383$	$22\,256 + N$	22 256～26 639

注释：频带的 SCS 栅格默认使用 $M=3$

规范针对每个频带使用的同步块的子载波间隔都进行了定义，FR1 和 FR2 分别包含在 TS38.104 中的表 5.4.3.3-1（见表 3-10）和表 5.4.3.3-2（见表 3-11）中。

表 3-10　可用的 SS 栅格入口（FR1）（TS38.104 表 5.4.3.3-1）

NR 频带	SS 块 SCS（kHz）	SS 块模式	GSCN 范围 （第一个–＜步长＞–最后）
n1	15	Case A	5279 – <1> – 5419
n2	15	Case A	4829 – <1> – 4969
n3	15	Case A	4517 – <1> – 4693

续表

NR 频带	SS 块 SCS（kHz）	SS 块模式	GSCN 范围 （第一个–<步长>–最后）
n5	15	Case A	2177 – <1> – 2230
	30	Case B	2183 – <1> – 2224
n7	15	Case A	6554 – <1> – 6718
n8	15	Case A	2318 – <1> – 2395
n12	15	Case A	1828 – <1> – 1858
n20	15	Case A	1982 – <1> – 2047
n25	15	Case A	4829 – <1> – 4981
n28	15	Case A	1901 – <1> – 2002
n34	15	Case A	5030 - <1> - 5056
n38	15	Case A	6431 – <1> – 6544
n39	15	Case A	4706- <1> - 4795
n40	15	Case A	5756 – <1> – 5995
n41	15	Case A	6246 – <9> – 6714
	30	Case C	6252 – <3> – 6714
n51	15	Case A	3572 – <1> – 3574
n66	15	Case A	5279 – <1> – 5494
	30	Case B	5285 – <1> – 5488
n70	15	Case A	4993 – <1> – 5044
n71	15	Case A	1547 – <1> – 1624
n75	15	Case A	3584 – <1> – 3787
n76	15	Case A	3572 – <1> – 3574
n77	30	Case C	7711 – <1> – 8329
n78	30	Case C	7711 – <1> – 8051
n79	30	Case C	8480 – <16> – 8880

表 3-11　可用的 SS 栅格入口（FR2）（TS38.104 表 5.4.3.3-2）

NR 频带	SS 块 SCS（kHz）	SS 块模式	GSCN 范围 （第一个–<步长>–最后）
n257	120	Case D	22 388 – <1> – 22 558
	240	Case E	22 390 – <2> – 22 556

续表

NR 频带	SS 块 SCS（kHz）	SS 块模式	GSCN 范围 （第一个–＜步长＞–最后）
n258	120	Case D	22 257 – ＜1＞ – 22 443
	240	Case E	22 258 – ＜2＞ – 22 442
n260	120	Case D	22 995 – ＜1＞ – 23 166
	240	Case E	22 998 – ＜2＞ – 23 162
n261	120	Case D	22 446 – ＜1＞ – 22 492
	240	Case E	22 446 – ＜2＞ – 22 490

3.1.5　信道栅格到资源粒子的映射

信道栅格中的 RF 参考频率和对应的资源粒子（RE，Resource Element）的关系见表 3-12，它决定了 RF 信道的位置。

映射关系取决于信道中上/下行所分配的 RB 的数目。其中，k、n_{PRB} 和 N_{RB} 由 3GPP TS 38.211 来定义。

表 3-12　信道栅格到 RE 的映射（TS 38.104 表 5.4.2.2-1）

	$N_{RB}\bmod2=0$	$N_{RB}\bmod2=1$
资源粒子（RE）索引 k	0	6
物理资源块（PRB）数目 n_{PRB}	$n_{PRB}=\left\lfloor\dfrac{N_{RB}}{2}\right\rfloor$	$n_{PRB}=\left\lfloor\dfrac{N_{RB}}{2}\right\rfloor$

假设子载波间隔为 30kHz，以 100MHz 和 60MHz 为例，它们所对应的 N_{RB} 分别为 273 和 162，则信道栅格到 RE 的映射计算示例见表 3-13。

表 3-13　信道栅格到 RE 的映射计算举例

	N_{RB}	$N_{RB}\bmod 2$	k	n_{PRB}
100MHz	273	1	6	136
60MHz	162	0	0	81

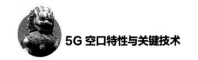

| 3.2　资源块 |

5G 系统中，一个资源块（RB）由频域上连续的 $N_{\text{sc}}^{\text{RB}}=12$ 个子载波组成，物理资源块（PRB）与 RB 的概念是相同的。子载波长度越大，每个 PRB 占用的频域带宽越大，不同子载波间隔下 PRB 长度示意如图 3-4 所示。

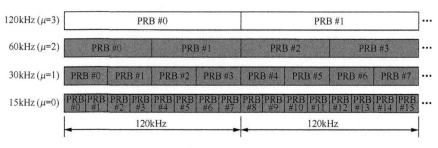

图 3-4　不同子载波间隔下 PRB 长度示意

公共资源块（CRB）表示特定信道带宽中所包含的全部 RB，CRB 大小与子载波间隔相关。

CRB 在频域上从 0 到高依次进行编号，其编号 n_{CRB}^{μ} 可以采用资源粒子 (k,l) 来进行计算。

$$n_{\text{CRB}}^{\mu} = \left\lfloor \frac{k}{N_{\text{sc}}^{\text{RB}}} \right\rfloor$$

其中，k 是基于 Point A 里进行定义的。$k=0$ 对应以 Point A 为中心的子载波。也就是说，CRB0 的子载波 0 的中心就是 "Point A"，CRB 是从 Point A 开始进行编号的。

CRB 编号示意如图 3-5 所示。

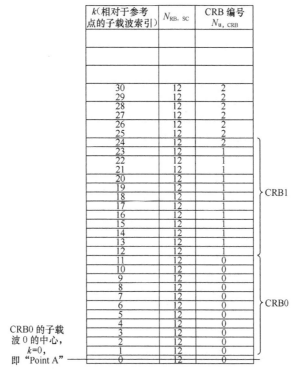

图 3-5　CRB 编号示意

| 3.3　RB 栅格的公共参考点 |

3GPP TS38.211 中对 Point A 进行了定义。需要说明的是，2018/6 版本的 TS38.211-f20 中的定义在 2018/9 版本中没有变化，不过在 2018/12 版本 TS38. 211-f40 中，基于 RAN1#94b 会议的决议进行了修改，有关信息请参看 RAN1#94b 会议报告以及提案 R1-1811817 和 R1-1810834。

Point A 是资源块（RB）栅格的公共参考点。它通过以下方式来确定。

Point A 可以通过 Pcell 中下行的 offsetToPointA 参数来得到。offsetTo PointA 表示 Point A 与最小 PRB 中的最小子载波之间的频率偏移，该 PRB 的 SCS 由高层参数 subCarrierSpacingCommon 来提供，且该 PRB 与 UE 初始小区接入时所采用的 SSB 部分重叠。偏移量以 RB 为单位进行表示。FR1 下 PRB 采用 15kHz 子载波间隔作为参考，FR2 下采用 60kHz 子载波作为参考。

其他情况下，Point A 可以根据参数 absoluteFrequencyPoint A 来得到，该参数是以 ARFCN 表示的 Point A 的频域位置。

NR 使用不同类型的子载波间隔。此外，由于信道和信号类别（如 SSB 或者 PDSCH 等）或 BWP 的不同，同一个信道带宽内也可能使用不同的子载波间隔。在子载波变化的情况下，如何来确定 PRB 的位置是个问题。为此，NR 中采用参考 PRB 作为解决方案。对于 6GHz 以下频段（FR1），使用基于 15kHz 子载波间隔的参考 PRB 系统；对于 6GHz 以上的 mmWave 频段（FR2），则使用基于 60kHz 子载波间隔的参考 PRB 系统，如图 3-6 所示。

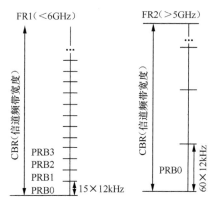

图 3-6　不同频段下的参考 PRB 示意

Point A 就是参考 PRB 中 PRB0 中最小子载波的中心位置。

```
FrequencyInfoDL ::=                SEQUENCE {
    absoluteFrequencySSB           ARFCN-ValueNR
    frequencyBandList              MultiFrequencyBandListNR,
    absoluteFrequencyPoint A       ARFCN-ValueNR,
    scs-SpecificCarrierList        SEQUENCE (SIZE (1..maxSCSs)) OF SCS-SpecificCarrier, ... }
```

absoluteFrequencyPoint A 是指参考 RB（CRB0）的绝对频率，其最小子载波也称为 Point A。它对应于 38.211 中的 L1 参数'offset-ref-low-scs-ref-PRB'。需要注意的是，实际载波的最低边缘不在这里定义，而是在 scs-SpecificCarrier List 中进行设定的。

```
FrequencyInfoDL-SIB ::=            SEQUENCE {
    frequencyBandList              MultiFrequencyBandListNR-SIB,
    offsetToPoint A                INTEGER (0..2199),
    scs-SpecificCarrierList        SEQUENCE (SIZE (1..maxSCSs)) OF SCS-SpecificCarrier   }
```

frequencyInfoDL-SIB 表示 SIB 中下发的下行载波和随后的传输相关的基本参数，它包含了 offsetToPointA。在 2018/6 版本的 TS38.331-f21 和 2018/9 版本的 TS38.331-f30 中，offsetToPointA 定义为 SSB 中最小 PRB 中的最小子载波与 Point A 之间的 PRB 数，但此定义在 2018/12 版本的 TS38.331 中进行了修正。根据 38331_CR0731r1_(Rel-15)_R2-1818875，2018/12 版本的 TS38.331-f40 直接采用了 TS38.211-f40 中的表述，即 offsetToPointA 表示 TS38.211 中所定义的与 Point A 之间的 offset。

|3.4　资源栅格|

5G 上行和下行都支持 OFDMA 多址接入技术，资源可采用频率和时间两个维度来进行表示，系统的无线资源也从时域和频域两个维度分配给用户使用。相应地，对于每一种参数集和载波都定义了一种由 $N_{\mathrm{grid},x}^{\mathrm{size},\mu} N_{\mathrm{sc}}^{\mathrm{RB}}$ 个子载波和 $N_{\mathrm{symb}}^{\mathrm{subframe},\mu}$ 个 OFDM 符号组成的资源栅格。

其中，$N_{\mathrm{grid},x}^{\mathrm{size},\mu}$ 表示资源栅格所对应的载波带宽，可以理解为一个或者多个资源块（RB）。$N_{\mathrm{sc}}^{\mathrm{RB}}$ 为每个 PRB 中所包含的子载波数，取值为 12。

对于 $N_{\mathrm{symb}}^{\mathrm{subframe},\mu}$，常规 CP 下，每个子帧中所包含的 OFDM 符号都是 14 个，但是由于不同子载波间隔下符号长度不同，所以资源栅格中的时域符号数需要根据子载波间隔来确定，请参见表 2-17。

以 SCS 30kHz 为例。对应的 u 为 1，每个子帧中包括 2 个时隙，每个时隙中包括 14 个符号，故对应的资源栅格中符号数为 28 个，载波带宽 $N_{\mathrm{grid},x}^{\mathrm{size},\mu}$ 在 100MHz 条件下取值从 1 到 275。

资源栅格的载波带宽和起始位置都与子载波大小相关。载波带宽 $N_{\mathrm{grid}}^{\mathrm{size},\mu}$ 由高层参数 carrierBandwidth 来提供，起始点是由高层信令所指定的公共资源块 $N_{\mathrm{grid}}^{\mathrm{size},\mu}$（Common Resource Block），由高层参数 offsetToCarrier 来提供。资源栅格如图 3-7 所示。

```
SCS-SpecificCarrier ::=        SEQUENCE {
    offsetToCarrier            INTEGER (0···2199),
    subcarrierSpacing          SubcarrierSpacing,
    carrierBandwidth           INTEGER (1···maxNrofPhysicalResourceBlocks),
    ...
}
```

载波带宽 $N_{\mathrm{grid}}^{\mathrm{size},\mu}$ 表示采用 PRB 的载波带宽，最小取值为 1，最大取值为 275。起始位置 $N_{\mathrm{grid}}^{\mathrm{size},\mu}$ offsetTo Carrier 表示 Point A（公共 RB0 即 CRB0 的最小子载波）与载波所使用的最小子载波之间的频域偏移，单位为 PRB。offsetToCarrier 取值范围为 0 ~ 2199，最大值 2199 是采用 275×8-1 计算得到的。

需要说明的是，子载波的频域位置是指该载波的中心频率。

上行和下行每个方向上各有一组资源栅格。另外，5G 采用多天线技术，每根天线上所对应的天线端口可能会有所不同，对应的参考信号分布存在差异，因此资源栅格也需要针对天线端口来进行定义。由此可见，上行或者下行传输

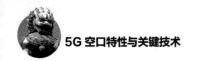

方向上给定的天线端口 p 和子载波间隔配置 μ 下，都存在一种资源栅格。

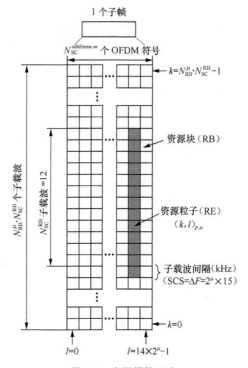

图 3-7　资源栅格示意

5G 采用 4096 的 FFT 大小，包含 3300 个子载波。

下行方向上，高层参数 DCsubcarrierDL 表示每个参数集所对应的发射机 DC 子载波的位置。取值 0～3299 表示 DC 子载波编号，3300 表示 DC 子载波位于资源栅格之外。

上行方向上，高层参数 DcsubcarrierUL 表示每个 BWP 配置对应的发射机 DC 子载波的位置，包括 DC 子载波是否与所指示的子载波之间存在 7.5kHz 的频率偏移。取值 0～3299 表示 DC 子载波编号，3300 表示 DC 子载波位于资源栅格之外，3301 表示上行 DC 子载波的位置不确定。

| 3.5　资源粒子 |

资源粒子是天线端口 p 和子载波间隔配置 μ 对应的资源栅格中的每个粒子（Element），与 LTE 中的概念相类似。RE 是资源栅格中的最小单元，由频域上的一个子载波和时域上的一个符号组成，它由 $(k, l)_{p, \mu}$ 唯一标定。其中，k 是频域上对于特定参考点的子载波的编号，l 表示相对于特定参考点的时域符号的编号。$(k, l)_{p, \mu}$ 表示用于天线端口 p 和子载波间隔 μ 的频域位置为 k 且时域位置为 l 的 RE。

| 3.6　带宽部分（BWP）|

3.6.1　BWP 的定义

小区总带宽的一部分称作 BWP，它是特定载波上对应特定参数集 μ_i 的一组连续的 CRB。带宽自适应是通过对 UE 配置一个或者多个 BWP 并告诉 UE 激活哪个 BWP 来实现的。

为了使具有低带宽能力的 UE 在大系统带宽小区中工作，且适配不同的参数集，规范中考虑了带宽自适应特性。这样，数据量较小时用户能够以低功耗监听控制信道并进行发送，数据量较大时用户能够以大带宽接收或发送。

采用带宽自适应算法，UE 的收发带宽就不需要像小区带宽一样大，而是可以根据需要来进行调整，在话务量低的时候可以省电；带宽位置可以在频域上移动以增加调度灵活性；子载波间隔可以根据命令进行改变以支持不同的业务类型。

下行方向上，每个单元载波上，一个 UE 最多可以配置 4 个 BWP，但是某个时刻只有一个处于激活态。激活态的 BWP 表示小区工作带宽之内 UE 所采用的工作带宽，在 BWP 之外，UE 不会接收 PDSCH、PDCCH 或者 CSI-RS，但是如果用于进行无线资源相关的测量或者发送 SRS，则可以例外。每个 DL BWP 中至少包含一个具有 UE 专用搜索空间的 CORESET，主载波上则至少包含一个具有 CSS 搜索空间的 CORESET 的可配置的 DL BWP。

上行方向上，每个单元载波上，一个 UE 最多可以配置 4 个 BWP，但是某个时刻只有一个处于激活态。如果 UE 采用上行增强（SUL）技术，则 UE 可以在 SUL 上额外最多配置 4 个 BWP 且同时只能激活一个 BWP。UE 不在 BWP 之外传送 PUSCH 或者 PUCCH。对于激活的小区，UE 也不在 BWP 之外传送 SRS。

由此可见，从 UE 的角度来看，相当于采用 BWP 替代了 LTE 中单元载波（CC）的概念，UE 不再能够对载波进行感知，而只能了解 BWP。

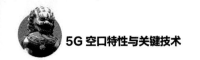

BWP 的作用体现在以下几个方面，如图 3-8 所示。

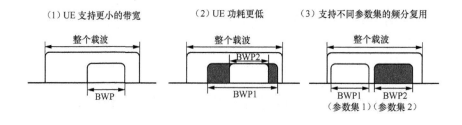

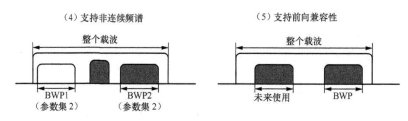

图 3-8　带宽部分（BWP）作用示意

（1）对接收机带宽（如 20MHz）小于整个系统带宽（如 100MHz）的 UE 提供支持。

（2）通过带宽大小不同的 BWP 之间的转换和自适应来降低 UE 的电量消耗。

（3）利用 BWP 转换来变换空口参数集（Numerology），支持不同参数集的频域调度。

（4）支持不连续频谱。

（5）根据话务需求来优化无线资源的利用，并降低系统间的干扰。

（6）支持前向兼容，便于引入新的传输类别，降低传统信令和信道的限制。

3.6.2　BWP 的位置

BWP 的起始位置 $N_{\text{BWP},i}^{\text{start},\mu}$ 及其所包含的资源块的数目 $N_{\text{BWP},i}^{\text{size},\mu}$ 应当分别满足以下公式所表示的条件。其中，$N_{\text{grid},x}^{\text{size},\mu}$ 表示资源栅格所对应的载波带宽，$N_{\text{grid},x}^{\text{start},\mu}$ 表示资源栅格的起点，$N_{\text{grid},x}^{\text{size},\mu}$ 表示资源栅格的长度。根据公式可知，BWP 是起点可以在资源栅格内的任一位置上的一段连续的 RB。

$$N_{\text{grid},x}^{\text{start},\mu} \leqslant N_{\text{BWP},i}^{\text{start},\mu} < N_{\text{grid},x}^{\text{start},\mu} + N_{\text{grid},x}^{\text{size},\mu}$$

$$N_{\text{grid},x}^{\text{start},\mu} < N_{\text{BWP},i}^{\text{size},\mu} + N_{\text{BWP},i}^{\text{start},\mu} \leqslant N_{\text{grid},x}^{\text{start},\mu} + N_{\text{grid},x}^{\text{size},\mu}$$

单个 BWP 的起始点和长度关系如图 3-9 所示。

上行方向上，初始接入过程中，$N_{\text{BWP},i}^{\text{start}}$ 是由高层参数 initialUplinkBWP 设定的以 CRB 编号为基础的初始激活上行 BWP 中的最小资源块。其他情况下，上行 $N_{\text{BWP},i}^{\text{start}}$ 由 BWP-Uplink 来设定不同于初始 BWP 的另外的上行 BWP，其中，BWP-UplinkCommon 用于配置小区相关的上行 BWP 参数，BWP-UplinkDedicated 用于配置 UE 相关的上行 BWP 参数。

下行方向上，initialDownlinkBWP 是 SpCell（MCG 或 SCG 的 PCell）和 SCell 的初始下行 BWP 配置，网络配置 locationAnd Bandwidth 使得初始下行 BWP 在频域中包含此服务小区的 CORESET#0。与上行 BWP 配置相类似，也可以采用 BWP-downlink 来配置另外的下行 BWP，设定小区和 UE 相关的下行 BWP 参数。

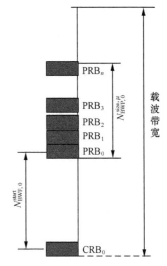

图 3-9　带宽部分（BWP）位置和长度示意

3.6.3　BWP 自适应

为 UE 配置一个或者多个 BWP，分别作用在初始接入及其后续传送等不同的信令和业务过程中。图 3-10 配置了 3 种具有不同带宽和 SCS 的 BWP，它们可以根据具体情况进行自适应和动态转换。

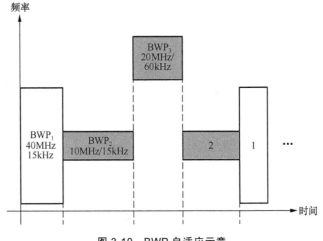

图 3-10　BWP 自适应示意

（1）BWP$_1$ 采用 40MHz 带宽，子载波间隔为 15kHz；

（2）BWP$_2$ 采用 10MHz 带宽，子载波间隔为 15kHz；

（3）BWP$_3$ 采用 20MHz 带宽，子载波间隔为 60kHz。

为了在 Pcell 中启用 BWP 自适应，gNB 需要为 UE 配置 UL 和 DL 的 BWP。在载波聚合中，为了在 SCell 中启用 BWP，gNB 至少需要为 UE 配置 DL 的 BWP（UL 没有 BWP）。对于 PCell，初始 BWP 用作初始接入；对于 Scell，初始 BWP 用作 Scell 激活。

在对称频谱中，DL 和 UL 可以独立变换 BWP。在非对称频谱中，DL 和 UL 需同时变换 BWP。BWP 的变换由 PDCCH 下发的 DCI 或者 MAC 层的非激活时间（BWP-inactivity-timer）来触发。配置了非激活时间的服务小区中，非激活时间超时后，当前激活的 BWP 将被网络配置成一个缺省 BWP。

3.6.4 BWP 的配置参数

对于一组 DL BWP 或 UL BWP 中的每个 DL BWP 或 UL BWP 来说，UE 被配置以下用于服务小区的参数，如[TS 38.211]或[TS 38.214]中所定义。

- 由高层参数 subcarrierSpacing 所提供的子载波间隔。

- 由高层参数 cyclicPrefix 所提供的循环前缀。

- 由高层参数 locationAndBandwidth 所确定的，由 locationAndBandwidth 所提供的公共 RB 即 $N_{\text{BWP}}^{\text{start}} = O_{\text{carrier}} + RB_{\text{start}}$ 以及连续的 RB 数 $N_{\text{BWP}}^{\text{size}} = L_{\text{RB}}$。假定 $N_{\text{BWP}}^{\text{size}} = 275$，$O_{\text{carrier}}$ 由高层参数 offsetToCarrier 来提供。（注：这里结合了 2018/9 和 2018/12 版本的 TS38.213 中的定义。）

- 高层参数 bwp-Id 所设定的 DL BWP 和 UL BWP 的索引。

- 由 bwp-Common 和 bwp-Dedicated 所设定的一组公共 BWP 和专用 BWP 参数。

非成对频谱即 TDD 模式下，DL BWP 索引和 UL BWP 索引相同，对应 bwp-id 的 DL BWP 与 UL BWP 相关联，且 UE 认为 DL BWP 和 UL BWP 的中心频率是相同的。

3.6.5 BWP 的种类

从功能上讲，BWP 主要分为两类，即初始 BWP 和专用 BWP。初始 BWP 主要用于 UE 接收 RMSI、OSI 发起随机接入等。而专用 BWP 主要用于数据业务传输。通常来讲，专用 BWP 的带宽大于初始 BWP。

从作用方式上讲，BWP 具体可分为可用 BWP、缺省 BWP、初始 BWP 和激活 BWP 等类型。

（1）可用 BWP

服务小区中的 UE 进行 BWP 操作时，由高层配置最多 4 个 BWP。

下行方向上，采用 BWP-Downlink 在下行所支持的带宽范围内为 UE 配置接收所使用的 BWP；上行方向上，采用 BWP-Uplink 在上行所支持的带宽范围内为 UE 配置发送所使用的 BWP。

（2）缺省 BWP

在服务小区上，可以从所配置的 BWP 中为 UE 设置一个缺省 BWP，对应的参数为 defaultDownlinkBWP-Id。如果没有配置，则缺省配置就是初始激活的 DL BWP。

（3）初始 BWP

初始 BWP 由 PBCH 下发，包括 CORESET 和用于 RMSI 的 PDSCH。UE 采用从系统信息中接收到的初始 BWP 来进行初始接入，直到在小区中接收到 UE 的配置信息为止。

初始接入时，在小区中接收到 UE 的配置之前，使用在系统信息中所检测到的初始 BWP。

如果配置了 PRACH 资源，则 UE 不能在激活 BWP 之外传送 PRACH，如果没有配置 PRACH 资源，则 UE 使用初始 UL BWP。

（4）激活 BWP

每个时刻 DL 和 UL 都只有一个激活的 BWP。UE 在激活的 BWP 内采用相关的参数集进行收发工作。

3.6.6　BWP 工作过程

通常初始的激活的 DL BWP 由 initialDownlinkBWP 来提供。如果没有为 UE 配置 initialDownlinkBWP，则初始的激活的 DL BWP 由一组连续的 PRB 的位置、数量、子载波间隔（SCS）、循环前缀（CP）等来进行定义，这些 PRB 的起点和终点分别是用于 Type0-PDCCH CSS 的 CORESET 中的 PRB 的最小和最大编号，SCS 和 CP 则是用于 Type0-PDCCH CSS 的 CORESET 中 PDCCH 所使用的 SCS 和 CP。

在主小区或者辅小区中，高层采用参数 initialuplinkBWP 为 UE 提供一个初始的激活的 UL BWP。如果 UE 配置有补充（SUL）载波，则还由高层采用 supplementaryUplink 参数中的 initialUplinkBWP 参数在 SUL 载波上为 UE 提供

一个初始的 UL BWP。

如果 UE 具有专用 BWP 配置，则可以由高层参数 firstActiveDownlinkBWP-Id 来提供用于接收时首先在主小区中某个载波上激活的 DL BWP，并且由高层参数 firstActiveUplinkBWP-Id 提供用于发送时在主小区中某个载波上首先激活的 UL BWP。

对于主小区中的每个 DL BWP，可以为每个公共搜索空间（CSS）和 UE 专用搜索空间（USS）配置控制资源集（CORESET），UE 期望在 PCell 或者 PSCell 的激活 DL BWP 上配置 MCG 的公共搜索空间（CSS）。

如果 PDCCH-ConfigSIB1 或 PDCCH-ConfigCommon 为 UE 提供了 controlResourceSetZero 和 searchSpaceZero 参数，UE 就根据 controlResourceSetZero 为搜索空间集确定 CORESET，并确定相应的 PDCCH 监视时机。如果激活的 DL BWP 不是初始 DL BWP，则只有 CORESET 带宽在激活 DL BWP 内，且激活 DL BWP 与初始 DL BWP 具有相同的 SCS 和 CP 配置时，UE 才为搜索空间集确定 PDCCH 监视时机。

对于 PCell 或者 PUCCH-SCell 中的每个 UL BWP，都为 UE 配置 PUCCH 传送所需的资源集。UE 根据 DL BWP 所配置的子载波间隔和 CP 长度在 DL BWP 中接收 PDCCH 和 PDSCH。UE 根据 UL BWP 所配置的子载波间隔和 CP 长度在 UL BWP 中发送 PUCCH 和 PUSCH。

3.6.7　BWP 激活和转换

虽然上行和下行都可以配置多达 4 个 BWP，但是每个时刻只能有一个处于激活状态，这意味着需要有一些机制来决定和选择哪个 BWP 处于激活态。TS38.321 中 BWP 操作部分提到，可以通过以下几种方式来进行 BWP 的选择和转换。

- 通过 PDCCH 中的 DCI：采用 DCI 格式 0_1 或者 1_1 来激活某个 BWP。
- 通过 bwp-InactivityTimer 来控制 BWP 的激活和去激活。
- 采用 RRC 信令。
- 通过 MAC 实体自身触发随机接入过程。

如果 DCI 格式 1_1 中设置了 BWP 指示域，则其值表示用于进行下行接收的激活的 DL BWP。如果 DCI 格式 0_1 中设置了 BWP 指示域，则其值表示用于进行上行发送的激活的 UL BWP。UE 将对时隙中前 3 个符号所接收到的 PDCCH 中的 DCI 0_1 或者 DCI 1_1 进行检测，以判断 UL/DL 激活的 BWP 是否发生改变。

对于主小区，UE 由高层参数 defaultDownlinkBWP-Id 来配置缺省的 DL BWP，如果没有进行配置，则 UE 认为缺省 DL BWP 就是初始激活的 DL BWP。

如果 Scell 中采用 defaultDownlinkBWP-Id 为 UE 配置了缺省 DL BWP，且 UE 配置了 bwp-InactivityTimer，则 UE 认为 Scell 中的这两个参数和 Pcell 是一样的。在 Pcell 中，如果采用高层参数 bwp-InactivityTimer 对 UE 进行了设置，且定时器在运行中，那么对于对称频谱，UE 在没有检测到用于 PDSCH 接收的 DCI 的情况下，对于 FR1，UE 每 1ms 对定时器增加一个步长；对于 FR2，UE 每 0.5ms 增加一个步长。对于非对称频谱，UE 则需要检测用于 PDSCH 接收的 DCI 格式和用于 PUSCH 传送的 DCI 格式。

UE 在 Scell 中对于 BWP-InactivityTimer 的处理情况与 Pcell 相类似。不过定时器超时后 UE 可以去激活 Scell。

如果在 Scell 中或者 SUL 载波上，采用高层参数 firstActiveDownlinkBWP-Id 和 firstActiveUplinkBWP-Id 为 UE 配置了第一个激活的 DL BWP 或者 UL BWP，则 UE 使用所指示的 DL BWP 和 UL BWP 作为 Scell 或者 SUL 载波上的激活的 BWP。

| 3.7　物理资源块 |

物理资源块（PRB，Physical Resource Block）在 BWP 内进行定义，取值为 0 到 $N_{\mathrm{BWP},i}^{\mathrm{size}}-1$。其中，$i$ 是 BWP 的编号。BWP i 中 PRB 的编号 n_{PRB} 与 CRB 的编号 n_{CRB} 之间的关系计算如下。其中，$N_{\mathrm{BWP},i}^{\mathrm{start}}$ 表示 BWP 的起始 CRB 编号，它是相对于 CRB0 来说的。

$$n_{\mathrm{CRB}} = n_{\mathrm{PRB}} + N_{\mathrm{BWP},i}^{\mathrm{start}}$$

| 3.8　天线端口 |

天线端口可以看成是一个逻辑概念而非物理概念，每个天线端口代表一种特定的信道模型，采用相同天线端口的信号可以看作是采用完全相同的信道来进行传送的。为了确定各个天线端口的特性信道，UE 对每个天线端口都要独

立进行信道估计，因此需要为每个天线端口定义一个适合信道特性的单独的参考信号，特定天线端口所传送的信道特性可以根据端口上设定的参考信号来区分。由此可见，同一个天线端口上，承载一个符号的信道可以由承载另一个符号的信道来推断。

　　TS38.211 规定，对于 PDSCH 相关的 DM-RS，如果 PDSCH 符号和 DM-RS 符号在同一个 PRG 的同一个时隙的相同的资源中发送，则 PDSCH 符号的天线端口的信道特性能够根据 DM-RS 符号的同一个天线端口来推断（详见 TS38. 214 第 5.1.2.3 节）。

　　上行方向上定义的天线端口为：

　　（1）PUSCH 及相关的 DMRS 的天线端口从 0 开始；

　　（2）SRS 的天线端口从 1000 开始；

　　（3）PUCCH 的天线端口从 2000 开始；

　　（4）PRACH 的天线端口从 4000 开始。

　　下行方向上定义的天线端口为：

　　（1）PDSCH 的天线端口从 1000 开始；

　　（2）PDCCH 的天线端口从 2000 开始；

　　（3）信号状态信息参考信号的天线端口从 3000 开始；

　　（4）SS/PBCH 块的天线端口从 4000 开始。

第 4 章

信道与信号的设计与处理

本章主要介绍了 3GPP R15 中 5G NR 所定义的上下行信道与信号的设计思路与处理过程。包括 PDCCH、PDSCH、PBCH、PUCCH、PUSCH、PRACH、DMRS、SSB、PTRS、SRS 及 CSI-RS 等。

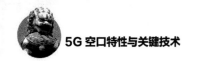

| 4.1 5G 信道与信号概述 |

与前几代蜂窝网络相类似，5G 的信道也分为 3 类，即逻辑信道、传输信道和物理信道，同时与 LTE 一样，5G 也分别定义了相应的上下行信号。

5G 信道和信号的物理层信息和 MAC 层信息在 TS38.211，TS38.212，TS38.213 及 TS38.321 等规范上予以描述。信道和信号的设计中，绝大多数使用了和 LTE 相同的信道和信号的名字。

图 4-1 中虚线连接虽无直接映射关系，但是为相应功能实体提供必要的功能，如连接 PDCCH 的 DL-SCH 和 UL-SCH 的虚线表示 PDCCH 为上下行提供调度信息及其他相关信息，而连接 PUCCH 的 DL-SCH 部分的虚线表示 PUCCH 可为相应下行数据提供各类 HARQ 反馈及 CSI 相关信息等。

5G 定义了如下的物理信道。

（1）物理下行共享信道（PDSCH）：用于数据传输的主要物理信道，同时也用于传输如寻呼、RAR 及部分 SIB 信息。

（2）物理广播信道（PBCH）：用于承载 MIB 信息。

（3）物理下行控制信道（PDCCH）：用于传输下行控制信息 DCI，主要包括上下行调度信息。

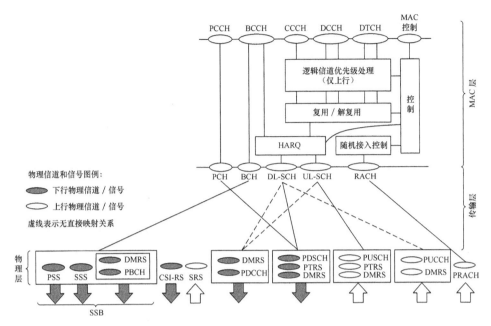

图 4-1 5G 信道/信号映射关系示意

（4）物理上行共享信道（PUSCH）：在上行方向上和 PDSCH 对等的信道，用于上行数据传送和部分上行控制信息（UCI）。每个上行载波上至多只能使用一个 PUSCH。

（5）物理上行控制信道（PUCCH）：用于发送 UCI，包括 HARQ 反馈信息、CSI、CQI、RI、PMI 以及调度请求等。

（6）物理随机接入信道（PRACH）：用于随机接入。

图 4-2 所示为 5G 下行物理信号。

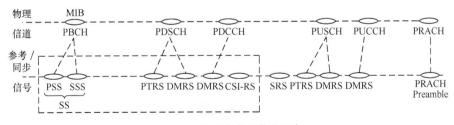

图 4-2 5G 下行物理信号示意

（1）同步信道（SS）：用于下行时频同步，由主同步信号（PSS）和辅同步信号（SSS）组成。

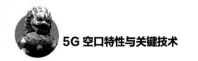

（2）主同步信号（PSS）：用于探测 DC 载波及时间同步。

（3）辅同步信号（SSS）：用于帧同步。

（4）相位频率追踪参考信号（PTRS）：用于补偿相位偏移，和 PDSCH 相关联。

（5）解调参考信号（DMRS）：用于 PDCCH 和 PDSCH 的解调。

（6）信道状态指示参考信号（CSI-RS）：用于信道状态测量以辅助 Rank 和 MCS 选择。

图 4-3 所示为 5G 上行物理信号。

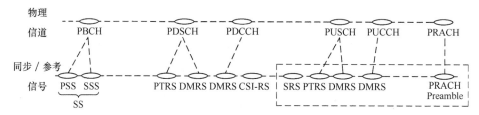

图 4-3   5G 上行物理信号示意

（1）SRS：用于上行信道探测估计。

（2）PUSCH 的 PTRS 和 PDSCH 的 PTRS 意义及作用类似。

（3）PUCCH 和 PUSCH 的 DMRS 和用于 PDCCH 和 PDSCH 的 DMRS 作用类似。

在参考信号方面，LTE 中的 CRS 作为导频信号，主要用于信道估计、路损计算和导频信号测量等方面。当天线端口较少的时候，CRS 的开销较小，但是随着天线端口数的增加，CRS 开销会迅速增长，因此不适合多天线端口设计。例如，使用 8 天线的情况下，CRS 所占用的资源大于 50%。因此，5G 系统中不再使用 CRS 来作导频信号，而是采用其他多种信道来完成相关工作。各个信道的信道解码由相应的 DMRS 来执行，CSI 的计算采用 CSI-RS 来完成，小区 RSRP 计算和路损估计等由 SSB 来完成。另外，5G 在高频段设计中采用 PTRS 进行相位误差跟踪。4G/5G 参考信号汇总如图 4-4 所示。

下行传输信道包括：广播信道、下行链路共享信道、寻呼信道。

1. 广播信道（BCH）

（1）采用固定的、预定义的传输格式；

（2）在小区的整个覆盖区域中广播，或者通过波束形成不同的 BCH 实例进行传送；

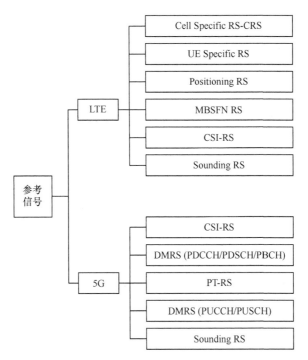

图 4-4　4G/5G 参考信号汇总

2．下行链路共享信道（DL-SCH）

（1）支持 HARQ；

（2）通过改变调制、编码和发射功率来支持动态链路自适应；

（3）可以在整个小区中广播，如 SIB；

（4）可以使用波束成形；

（5）支持动态和半静态资源分配；

（6）支持 UE 不连续接收（DRX）以实现 UE 节电功能。

3．寻呼信道（PCH）

（1）支持 UE 不连续接收（DRX）以实现 UE 节电功能（DRX 周期由网络指示给 UE）；

（2）可以在整个小区覆盖范围内广播，也可以通过波束形成不同的 BCH实例传送；

（3）映射到 PDSCH。

上行链路传输信道包括：上行链路共享信道、随机接入信道。

1．上行链路共享信道（UL-SCH）

（1）可以使用波束成形；

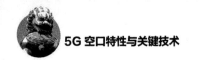
（2）通过改变发射功率和潜在的调制和编码来支持动态链路自适应；

（3）支持 HARQ；

（4）支持动态和半静态资源分配。

2．**随机接入信道（RACH）**

（1）传送有限的控制信息；

（2）控制碰撞风险。

5G 逻辑信道分控制信道和业务信道两组。

1．**控制信道仅用于传输控制面信息**

（1）广播控制信道（BCCH）：用于广播系统控制信息的下行信道。

（2）寻呼控制信道（PCCH）：用于传输寻呼信息，系统信息变化通知及指示，PWS 广播通知。

（3）公共控制信道（CCCH）：在 UE 和网络之间发送控制信息的信道，用于与网络没有 RRC 连接的 UE。

（4）专有控制信道（DCCH）：在 UE 和网络之间发送专有控制信息的点对点双向信道，用于具有 RRC 连接的 UE。

2．**业务信道仅用于传输用户面信息**

专用业务信道（DTCH）：专用于一个 UE 的点对点信道，传输用户信息，可以存在于上行链路和下行链路中。

| 4.2   基础序列 |

在介绍各个信道处理过程之前，需要描述一下信道序列生成过程中经常用到的两类基础序列：伪随机序列（PN Sequence）和低峰均比序列（Low-PAPR Sequence）。

4.2.1   伪随机序列

通常的伪随机序列定义为长度为 31 的 gold 序列，输出的序列为长度 M_{PN} 的 $c(n)$。这里的 $n = 0,1,\cdots,M_{\mathrm{PN}}-1$，具体定义如下：

$$c(n) = [x_1(n+N_C) + x_2(n+N_C)]\bmod 2$$

$$x_1(n+31) = [x_1(n+3) + x_1(n)]\bmod 2$$

$$x_2(n+31) = [x_2(n+3) + x_2(n+2) + x_2(n+1) + x_2(n)]\bmod 2$$

其中，$N_C = 1600$，第一个 m-sequence $x_1(n)$ 通过使用 $x_1(0) = 1, x_1(n) = 0, n = 1, 2, \cdots, 30$ 初始化；第二个 m-sequence $x_2(n)$ 根据公式 $c_{init} = \sum_{i=0}^{30} x_2(i) \cdot 2^i$，依据使用这个序列的应用的不同而取不同的值。

4.2.2　低峰均比序列

低峰均比序列 $r_{u,v}^{(\alpha,\delta)}(n)$ 由基础序列 $\bar{r}_{u,v}(n)$ 的循环移位 α 进行定义，公式如下：

$$r_{u,v}^{(\alpha,\delta)}(n) = e^{j\alpha n}\bar{r}_{u,v}(n), \quad 0 \leqslant n < M_{ZC}$$

其中，$M_{ZC} = mN_{sc}^{RB}/2^\delta$ 是序列的长度，单一的基础序列可根据 α 和 δ 取值的不同而定义多个序列。

基础序列 $\bar{r}_{u,v}(n)$ 可分成多个组，其下标 $u \in \{0, 1, \cdots, 29\}$ 代表组号，v 是相关组内的基础序列号，这样每个组就包含了一个（$v = 0$ 时）长度为 $M_{ZC} = mN_{sc}^{RB}/2^\delta$ 的基础序列（$1/2 \leqslant m/2^\delta \leqslant 5$）以及（$v = 0,1$ 时）每个长度为 $M_{ZC} = mN_{sc}^{RB}/2^\delta$ 的两个基础序列（$6 \leqslant m/2^\delta$），基础序列 $\bar{r}_{u,v}(0), \cdots, \bar{r}_{u,v}(M_{ZC}-1)$ 根据序列长度 M_{ZC} 来进一步定义为：

如果序列长度大于等于 36，对于 $M_{ZC} \geqslant 3N_{sc}^{RB}$ 的情况，$\bar{r}_{u,v}(0), \cdots, \bar{r}_{u,v}(M_{ZC}-1)$ 定义为：

$$\bar{r}_{u,v}(n) = x_q(n \bmod N_{ZC})$$

$$x_q(m) = e^{-j\frac{\pi q m(m+1)}{N_{ZC}}}$$

其中，

$$q = \lfloor \bar{q} + 1/2 \rfloor + v \cdot (-1)^{\lfloor 2\bar{q} \rfloor}$$

$$\bar{q} = N_{ZC} \cdot (u+1)/31$$

长度 N_{ZC} 通过最大的素数给出，以便满足 $N_{ZC} < M_{ZC}$。

如果基础序列长度小于 36，则分成如下两种情况：

（1）当 $M_{ZC} = 30$ 时，基础序列 $\bar{r}_{u,v}(0), \cdots, \bar{r}_{u,v}(M_{ZC}-1)$ 为：

$$\bar{r}_{u,v}(n) = e^{-j\frac{\pi(u+1)(n+1)(n+2)}{31}}, \quad 0 \leqslant n \leqslant M_{ZC}-1$$

（2）当 $M_{ZC} \in \{6,12,18,24\}$ 时，基础序列为：

$$\bar{r}_{u,v}(n) = e^{j\varphi(n)\pi/4}, \quad 0 \leqslant n \leqslant M_{ZC}-1$$

其中，$\varphi(n)$ 的值通过 3GPP TS38.211 表 5.2.2.2-1 ~ 5.2.2.2-4 给出，基本信息请参阅相关规范。

TS38.211 表 5.2.2.2-1：针对 $M_{ZC}=6$ 的 $\varphi(n)$ 定义。

TS38.211 表 5.2.2.2-2：针对 $M_{ZC}=12$ 的 $\varphi(n)$ 定义。

TS38.211 表 5.2.2.2-3：针对 $M_{ZC}=18$ 的 $\varphi(n)$ 定义。

TS38.211 表 5.2.2.2-4：针对 $M_{ZC}=24$ 的 $\varphi(n)$ 定义。

| 4.3　上行信道 |

4.3.1　PRACH 设计与处理

PRACH 是随机接入的物理层信道，主要用于实现 UE 初始接入网络。本章主要描述 PRACH 物理层处理过程。

4.3.1.1　PRACH 特性及作用

在随机接入过程中，用户使用 PRACH 信道发起随机接入过程。PRACH 用于承载 UE 发送给 gNB 的随机接入前导信息，帮助 gNB 调整上行定时，实现初始上行同步。它可能作用于 RRC 空闲模式、RRC 连接模式、切换过程以及无线链路失败恢复等过程中。

在上行同步尚未建立的条件下，可以采用保护时间（GT）来避免传输碰撞。GT 应当能够抵消不同小区半径下环回传播时延的影响。根据光速计算，传播速度为 1km/3.33μs，因此每千米的双向保护时间应该为 6.7μs，如果需要支持100km 的小区半径，则 GT 应当为 670μs。但是过大的 GT 在微小区部署时会带来很大的开销。因此，定义了具有不同 GT 的多种随机接入前导格式，不同前导格式的时域通用结构如图 4-5 所示。

前缀	序列	保护时间

图 4-5　不同前导格式的时域通用结构

其中，序列长度 N_u（对应 LTE 中的 T_{seq} 和 N_{seq} 的组合）表示 PRACH 的检测窗口，该序列长度越大，噪声条件下 PRACH 的解码能力就越强。

随机接入前导采用 Z-C 序列产生，网络为 UE 配置一组可用的前导序列，每个小区有 64 个可用前导，它们由 1 个或者多个根长度为 139 或者 839 的

Z-C 序列循环移位产生。由于同一个 Z-C 序列中的不同循环移位的互相关性为零，因此同一个小区中使用不同前导发起的多个随机接入之间不会存在干扰。

随机接入前导在特定的时频资源上进行传送。无线帧中的 PRACH 资源由高层提供的 PRACH 配置索引来进行指示。

4.3.1.2　5G PRACH 前导格式

5G 系统中，随机接入前导序列长度分为两种，即 839 和 139，对应的前导序列可视为长格式和短格式。5G 中引入了短的前导格式，是由于自包含帧结构中可能要求 HARQ 反馈在一个时隙内进行，因此上下行传送部分的长度应当尽量短，以支持高速低时延数据传送。此外，URLLC 业务在初始接入时也要求低时延。这都要求 PRACH 前导序列足够短，以适应动态 TDD 和自包含帧结构的要求。长序列仅用于 <6GHz，采用的子载波间隔分别为 1.25kHz 和 5kHz，对应的带宽分别为 1.25MHz 和 5MHz。短序列则同时面向 <6GHz 和 >6GHz 的频段。其中，对于 <6GHz 的频段，采用的子载波间隔分别为 15kHz 和 30kHz，对应的带宽分别为 2.5MHz 和 5MHz；对于 >6GHz 的频段，采用的子载波间隔分别为 60kHz 和 120kHz，对应的带宽分别为 10MHz 和 20MHz。

通过使用不同的符号数量、不同的 CP 及 GT，可定义多种 PRACH 前导格式。5G 中共定义了 13 种前导格式，分别适用于不同的小区类型和覆盖范围。其中，除了格式 0 和 LTE 相似之外，其余的格式则使用了全新的设计，因此与 LTE 有所不同。

PRACH 长格式的 GT 和 CP 较长，可支持更大的时延扩展和小区半径，主要用于宏站和高速场景覆盖（限制集）等场景。其缺点是需要占用较多的时域资源，而且不支持随 SCS 伸缩。

PRACH 短格式的 CP 较短，支持的时延扩展和小区半径较小，主要用于街道、热点和室内微站等覆盖受限的场景。优点是支持时域随 SCS 伸缩和占用较少的时域资源，缺点是频域资源占用较多 PRACH。子载波带宽越大，对频偏和 ICI 的抑制就越好，但是占用的频域资源也就越多。

5G 的 PRACH 前导格式汇总见表 4-1。

表 4-1　5G 的 PRACH 前导格式汇总

格式	L_{RA}	Δf_{RA}（kHz）	N_u	N_{CP}^{RA}	应用场景
0	839	1.25	$24\ 576k$	$3168k$	与 LTE 相同
1	839	1.25	$2\times24\ 576k$	$21\ 024k$	超大小区，可达 100km
2	839	1.25	$4\times24\ 576k$	$4688k$	覆盖增强场景

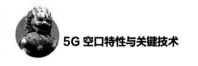

续表

格式	L_{RA}	Δf_{RA}（kHz）	N_u	N_{CP}^{RA}	应用场景
3	839	5	$4 \times 6144k$	$3168k$	高速场景
A1	139	$15 \times 2^{\mu}$	$2 \times 2048k \times 2^{-\mu}$	$288k \times 2^{-\mu}$	覆盖范围小的场景
A2	139	$15 \times 2^{\mu}$	$4 \times 2048k \times 2^{-\mu}$	$576k \times 2^{-\mu}$	正常覆盖场景
A3	139	$15 \times 2^{\mu}$	$6 \times 2048k \times 2^{-\mu}$	$864k \times 2^{-\mu}$	正常覆盖场景
B1	139	$15 \times 2^{\mu}$	$2 \times 2048k \times 2^{-\mu}$	$216k \times 2^{-\mu}$	覆盖范围小的场景
B2	139	$15 \times 2^{\mu}$	$4 \times 2048k \times 2^{-\mu}$	$360k \times 2^{-\mu}$	正常覆盖场景
B3	139	$15 \times 2^{\mu}$	$6 \times 2048k \times 2^{-\mu}$	$504k \times 2^{-\mu}$	正常覆盖场景
B4	139	$15 \times 2^{\mu}$	$12 \times 2048k \times 2^{-\mu}$	$936k \times 2^{-\mu}$	正常覆盖场景
C0	139	$15 \times 2^{\mu}$	$2048k \times 2^{-\mu}$	$1240k \times 2^{-\mu}$	正常覆盖场景
C2	139	$15 \times 2^{\mu}$	$4 \times 2048k \times 2^{-\mu}$	$2048k \times 2^{-\mu}$	正常覆盖场景

表 4-1 中，L_{RA} 表示 PRACH 前导序列长度，取值为 839 和 139，分别对应长序列和短序列。

Δf_{RA} 表示序列对应的子载波间隔。PRACH 使用的子载波间隔与其他物理信道不同。数据符号所采用的最小子载波间隔 15kHz 是 PRACH 子载波间隔的整数倍，这是为了降低频域的正交性的损失且复用 IFFT/FFT 处理过程。具体来讲，L_{RA} =839 对应的长序列采用的子载波间隔为 1.25kHz 和 5kHz，L_{RA} =139 对应的短序列采用的子载波间隔则与 μ 相关，分别为 15kHz、30kHz、60kHz 和 120kHz，表中采用 μ 进行表示。

N_u 为序列长度，表示 PRACH 的检测窗口。k 表示采样值，计算时须考虑换算成时间长度信息，即乘 T_c。

N_{CP}^{RA} 表示 CP 长度。CP 越大，所支持的小区半径也越大。表中适用的覆盖场景就是根据 CP 长度和 GT 长度来确定的。

以格式 0 为例，计算前导序列中各单元的时间长度如图 4-6 所示。

CP 长度（N_{CP}^{RA}）= $3168 \times k$ 个样值 = $3168 \times 64 \times T_c$ = $3168 \times 64 \times 0.509/10^{-6}$ ms = 0.1032ms

序列长度 (N_u) = 24 576$\times k$ 个样值 = 24 576$\times 64$ 个样值 = 24 576$\times 64 \times T_c$= (24 576$\times 64 \times 0.509$)/10^{-6}ms = 0.8006ms

长格式编号为 0~3，各种格式下的子载波间隔、占用带宽、序列长度以及 T_{CP} 和 T_{GP} 等信息见表 4-2。其中，T_{SEQ} 与 N_u 等同，N_{seq} 表示前导序列中 T_{SEQ} 的个数。

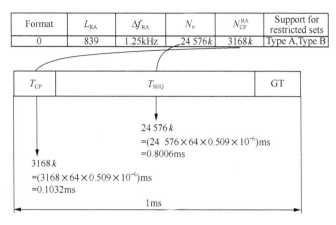

Format	L_{RA}	Δf_{RA}	N_u	N_{CP}^{RA}	Support for restricted sets
0	839	1.25kHz	$24\,576k$	$3168k$	Type A,Type B

$24\,576k$
$=(24\,576\times64\times0.509\times10^{-6})\text{ms}$
$=0.8006\text{ms}$

$3168k$
$=(3168\times64\times0.509\times10^{-6})\text{ms}$
$=0.1032\text{ms}$

图 4-6　前导码格式 0 示意

表 4-2　长前导格式中的相关信息

格式	子载波间隔（kHz）	带宽（MHz）	N_{seq}（Ts）	T_{SEQ}（Ts）	T_{cp}（Ts）	T_{GP}（Ts）	应用场景
0	1.25	1.08	1	24 576	3168	2976	与 LTE 相同
1	1.25	1.08	2	24 576	21 024	21 984	超大小区，可达 100km
2	1.25	1.08	4	24 576	4688	29 264	覆盖增强场景
3	5	4.32	1	24 576	3168	2976	高速场景

格式	N_{CP}^{RA}		N_u		T_{GP}		总长度（ms）	适用场景
0	3168Ts	0.1032ms	24 576 Ts	0.8006ms	2976Ts	0.0969ms	1	与 LTE 相同
1	21 024Ts	0.6489ms	2×24 576 Ts	1.6012ms	21 984Ts	0.7162ms	3	超大小区，可达 100km
2	4688Ts	0.1527ms	4×24 576 Ts	3.2024ms	29 264Ts	0.9533ms	4.3	覆盖增强场景
3	3168Ts	0.1032ms	4×6144 Ts	3.2024ms	2976Ts	0.0969ms	1	高速场景

　　其中，格式 0 和 3 占用 1 个子帧长度，格式 1 占用 3 个子帧长度，格式 3 序列长度较小，专用于高速场景，如图 4-7 所示（此处 PUSCH 采用 15kHz 子载波间隔）。

　　$L_{RA}=139$ 的 PRACH 短格式包括 A1、A2、A3、B1、B2、B3、B4、C0 和 C2 等多种类型，其时域长度均不超过 1 个时隙，在 1 个时隙内可存在一个或者多个序列（具体配置由高层参数 prach-ConfigurationIndex 决定）。

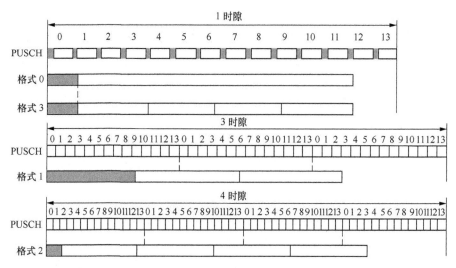

图 4-7　长前导格式示意

短格式中相关信息的长度与子载波间隔相关。以 $\mu=0$ 即 15kHz 子载波间隔为例，其所对应的 PRACH 短前导格式见表 4-3。相对于 15kHz 来说，随着子载波间隔的增加，对应各部分的长度会变短。

表 4-3　子载波间隔 15kHz（$\mu=0$）下短前导格式的基本信息

格式	L_{RA}	Δf_{RA}	N_u（Ts）	N_{CP}^{RA}（Ts）	T_{GP}（Ts）	适用场景
A1	139	15kHz	2×2048	144	0	覆盖范围小
A2	139	15kHz	4×2048	288	0	正常覆盖
A3	139	15kHz	6×2048	432	0	正常覆盖
B1	139	15kHz	2×2048	108	72	覆盖范围小
B2	139	15kHz	4×2048	180	216	正常覆盖
B3	139	15kHz	6×2048	252	360	正常覆盖
B4	139	15kHz	12×2048	468	792	正常覆盖
C0	139	15kHz	1×2048	620	1096	正常覆盖
C2	139	15kHz	4×2048	1024	2912	正常覆盖

采用图 4-8 来对比不同短格式之间的相对位置和关系。

PRACH 短格式还可以进行组合，图 4-9 所示为 A1 和 B1、A2 和 B2 以及 A3 和 B3 的组合示意。

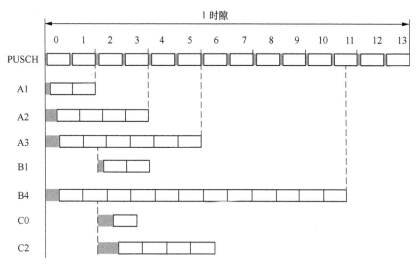

图 4-8 短前导格式对比示意

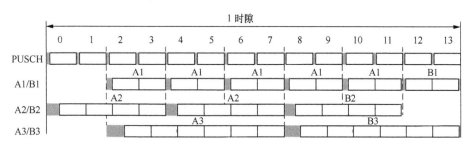

图 4-9 PRACH 短格式组合 A1/B1、A2/B2、A3/B3 示意

4.3.1.3 PRACH 前导格式的覆盖特性

表 4-1 中提到，不同的前导格式适用于不同的覆盖场景，这取决于循环前缀（CP）、保护时间（GT）以及 TDD 模式下特殊子帧中保护周期（GP）的配置。

循环前缀用于小区多径干扰，便于进行频域处理，其长度 T_{CP} 包括双向传播时间和信道时延扩展。在系统设计时，要求 CP 长度大于无线信道的最大时延扩展。多径时延扩展与小区半径和无线信道传播环境相关，只要各径的多径时延与定时误差之和不超过 CP 长度，就能保证接收机积分区间内包含的各子载波在各径下的整数波形，从而消除多径带来的符号间干扰和子载波间的干扰（ICI）。

GT 用于克服接入时隙中上行链路的传播时延以及用户上行链路带来的干扰，其长度决定了能够支持的接入半径。GT 所决定的小区覆盖半径为 GT×c/2，

其中，c 是光速。

CP 和 GT 的长度设置不仅对小区覆盖半径产生影响，也会影响到前导检测的性能。图 4-10 所示为 PRACH 检测窗口示意，前导长度为 1 个子帧。从图中可以看出，对于靠近基站的用户，GT 等于环回时间，CP 则完全等同于环回时间和时延扩展之和，因此其前导检测窗口完全可用；对于小区中间的用户，由于传播时延的影响，部分 CP 和 GT 会产生偏移，因此导致前导检测窗口变小；对于小区边缘的用户，如果传播时延大于 GT，或者环回时间和时延扩展之和大于 CP 值，则会对其他符号产生干扰，从而影响接入性。

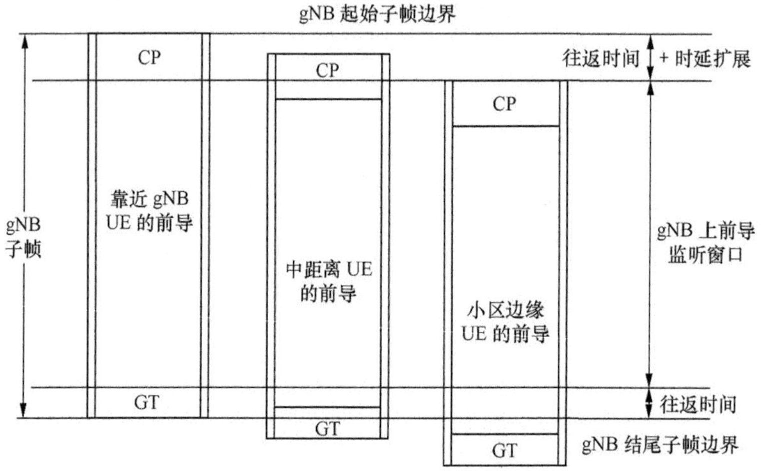

图 4-10 PRACH 检测窗口示意

此外，TD-LTE 系统利用时间上的间隔完成双工转换，但为避免干扰，需预留一定的保护间隔（GP）。GP 的大小与系统覆盖距离有关，GP 越大，覆盖距离也越大。GP 主要由传输时延和设备收发转换时延构成。本节仅讨论 PRACH 前导格式对覆盖的影响，因此 GP 的覆盖特性暂不考虑。

长前导格式中 GP 长度较大，可以简单采用 GT 计算小区的覆盖半径。格式 0 小区覆盖半径约为 14km，格式 1 对应 107km，格式 2 支持到 1420km，格式 3 支持到 140km。

对于短前导格式，由于 GP 长度相对较短，因此需要考虑 CP 长度和时延扩展的影响。在 2017 年 6 月举行的 RAN1 NR Ad-Hoc#2 上，R1-1711875 提案中讨论了不同子载波间隔的短格式所对应的时延扩展的可能取值，采用路径特性（Path Profile）来替代时延扩展，并提供了不同短格式的路径特性及覆盖距离。该提案所采用的小区半径计算公式为：

$$r=\min(T_{CP}\text{-}Path\_Profile, T_{GP})/30.72 \times 300/2 \text{（m）}$$

在 2017 年 8 月举行的 RAN1#90 会议上，对 B1 的 T_{CP} 和 T_{GP} 参数进行了修改，并讨论通过了 C0 和 C2 相关参数，结合 RAN1 NR Ad-Hoc#2 以及 RAN1#90 会议信息，整理 15kHz 子载波间隔下短格式的覆盖特性和最大小区半径信息如表 4-4 所示，详细信息请参见该次会议的提案和报告。

表 4-4　15kHz 子载波间隔下短格式的覆盖特性和最大小区半径

前导格式	序列	T_{CP}	T_{SEQ}	T_{GP}	路径特性（Ts）	路径特性（μs）	最大小区半径（m）	应用举例	应用类型
A	1	2	288	4096	0	96	3.13	938	小扇区
	2	4	576	8192	0	144	4.69	2109	正常扇区
	3	6	864	12 288	0	144	4.69	3516	正常扇区
B	1	2	216	4096	72	96	3.13	469	小扇区
	2	4	360	8192	216	144	4.69	1055	正常扇区
	3	6	504	12 288	360	144	4.69	1758	正常扇区
	4	12	936	24 576	792	144	4.69	3867	正常扇区
C	0	1	1240	2 048	1096	144	4.69	5300（当使用载波间隔 120kHz SCS 时为 660）	正常扇区
	2	4	2048	8192	2916	144	4.69	9200（当使用载波间隔 120kHz SCS 时为 1160）	正常扇区

4.3.1.4　5G 与 LTE 的随机接入过程的区别

长序列支持 Type A 和 Type B 的限制集和非限制集，而短序列只支持非限制集。之所以有限制集出现，是因为如果 SCS 带宽窄，在高速场景中有多普勒频偏，从而破坏 ZC 序列不同循环移位之间的正交性，对 Preamble 解码产生较大影响，所以需要限制根序列的选择范围。LTE 只支持 1 个限制集，而 NR 支持上述的 Type A 和 Type B 两个限制集，主要原因是 NR 使用更高的频带，以及为了支持更高的 UE 移动速度。Type B 比 Type A 支持的移动速度更高。

另外，5G 通过使用不同的符号数量，不同的 CP 及保护时间而定义了多个 PRACH Preamble 格式。有的格式和 LTE 很相似，如 format 0，而其他的格式则是为了适应不同的覆盖场景使用了全新的设计。对比可知，4G 和 5G 除了前导格式 0 相同之外，其他的就完全不同了。

除了上述的 4G 和 5G 在 PRACH 方面的差异之外，在前导发出之前，二者

的区别也很大。由于 5G 默认使用了波束赋形（尤其是在 mmWave 场景中）的
情况下，5G UE 首先要探测并挑选一个波束用于随机接入，而 LTE 则不需要这
个过程，如图 4-11 和图 4-12 所示。

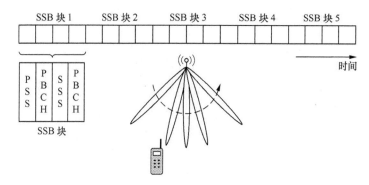

图 4-11　Beam 选择示意图

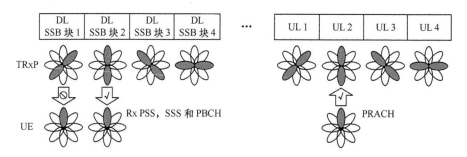

图 4-12　SSB 与 PRACH 的上行资源之间的映射

在随机接入过程中，基于下行波束扫描和 UE 监测结果，UE 将会选择 SSB
信号最强的波束进行接入，如图 4-13 所示。

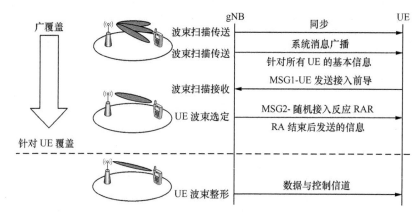

图 4-13　波束扫描与随机接入示意图

4.3.1.5 PRACH 基本特性与处理

随机接入前导采用 Z-C 序列产生。每个小区中的 64 个可用前导由 1 个或者多个根长度为 139 或者 839 的 Z-C 序列循环移位生成，并映射到特定的时域和频域资源上。

NR 前导序列总体处理流程如图 4-14 所示。NR 前导序列使用 ZC 基础序列（详细信息请参阅第 4.2 节内容）产生。

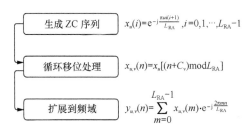

图 4-14 NR 前导序列总体处理流程

序列 $x_{u,v}(n)$ 通过下式产生。

$$x_{u,v}(n) = x_u[(n+C_v)\,\mathrm{mod}\,L_{\mathrm{RA}}]$$

$$x_u(i) = \mathrm{e}^{-\mathrm{j}\frac{\pi u i(i+1)}{L_{\mathrm{RA}}}}, i = 0,1,\cdots,L_{\mathrm{RA}}-1$$

根据以下公式生成频域：

$$y_{u,v}(n) = \sum_{m=0}^{L_{\mathrm{RA}}-1} x_{u,v}(m)\cdot \mathrm{e}^{-\mathrm{j}\frac{2\pi m n}{L_{\mathrm{RA}}}}$$

PRACH 前导序列相关参数信息如图 4-15 所示，具体内容请参见 3GPP 规范 TS38.211 6.3.3.1 节。与 LTE 类似，NR 每个小区也使用 64 个 PRACH 前导，通过（逻辑）根序列循环移位生成。L_{RA}=839 或 139 取决于 TS38.211 中的表 6.3.3.1-1 和 6.3.3.1-2 给定的 PRACH 前导格式。对于长的 PRACH 格式，根序列为 0~837；对于短的 PRACH 格式，根序列为 0~137；序列号 u 即为 TS38.211 中表格 6.3.3.1-3（对应表 4-5）和 6.3.3.1-4（对应表 4-6）所示的逻辑根序列（Logical Root Sequence）。表格中的 i 列就是高层参数 PRACHRoot SequenceIndex 提供的根序列索引值，通过 SIB2 获得，这样可以通过下式获取 ZC 序列。

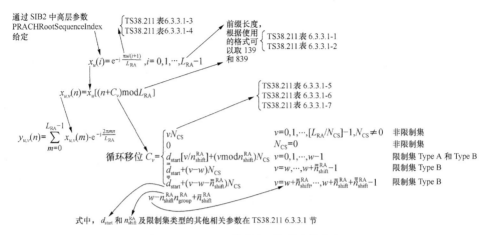

图 4-15　PRACH 前导序列相关参数信息

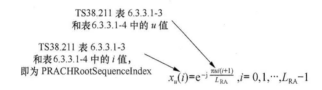

表 4-5　$L_{RA}=839$ 时前导格式中的逻辑索引（i）到序列号 u 的映射
（TS38.211 表 6.3.3.1-3）

i	按照升序的 i 和序列号 u																			
$0 \sim 19$	129	710	140	699	120	719	210	629	168	671	84	755	105	734	93	746	70	769	60	779
									······											
$800 \sim 819$	404	435	406	433	235	604	267	572	302	537	309	530	265	574	233	606	367	472	296	543
$820 \sim 837$	336	503	305	534	373	466	280	559	279	560	419	420	240	599	258	581	229	610	—	—

表 4-6　$L_{RA}=139$ 时前导格式的逻辑索引（i）到序列号 u 的映射
（TS38.211 表 6.3.3.1-4）

i	按照升序的 i 和序列号 u																			
$0 \sim 19$	1	138	2	137	3	136	4	135	5	134	6	133	7	132	8	131	9	130	10	129
									······											
$120 \sim 137$	61	78	62	77	63	76	64	75	65	74	66	73	67	72	68	71	69	70	—	—
$138 \sim 837$	N/A																			

另外，前述公式中 N_{CS} 通过 TS38.211 表 6.3.3.1-5 到表 6.3.3.1-7 得到，高层 RRC 参数 restrictedSetConfig 用来设定限制集类型（非限制集 unrestricted，限制集 restricted type A，限制集 restricted type B）。摘录信息参见表 4-7 ~ 表 4-9。

表 4-7　使用 Δf_{RA}=1.25kHz 的前导格式的 N_{CS}（TS38.211 表 6.3.3.1-5）

zeroCorrelationZoneConfig	N_{CS}		
	非限制集	限制集 Type A	限制集 Type B
0	0	15	15
……			
14	279	237	—
15	419	—	—

表 4-8　使用 Δf_{RA}=5kHz 的前导格式的 N_{CS}（TS38.211 表 6.3.3.1-6）

zeroCorrelationZoneConfig	N_{CS}		
	非限制集	限制集 Type A	限制集 Type B
0	0	36	36
……			
15	419	237	—

表 4-9　使用 Δf_{RA}=15·2^{μ}kHz 的前导格式的 N_{CS}，其中，$\mu \in \{0, 1, 2, 3\}$（TS38.211 表 6.3.3.1-7）

zeroCorrelationZoneConfig	非限制集的 N_{CS} 值
0	0
……	
15	69

UE 高速运动产生多普勒频移，频偏对 ZC 序列产生的影响相当于在原有 ZC 序列的基础上做一个循环移位，如果仍采用低速的 N_{CS}，则频偏可能导致检测时的相关峰值落入前导序列的检测区域，从而造成误检，所以高速集要用受限的 N_{CS}，也就是说 N_{CS} 要更小，不用序列循环移位，幅度要更大。NR 支持长前缀和短前缀两种长度的随机接入前缀。长前缀长度为 839，可以运用在 1.25kHz 和 5kHz 子载波间隔上，支持限制集 A、限制集 B 与非限制集。短前缀长度为 139，可以运用在 15kHz、30kHz、60kHz 和 120kHz 子载波间隔上，它只支持非限制集。

4.3.1.6 物理资源映射

1. PRACH 物理资源映射基本处理

PRACH 前导序列生成后按照下面方法映射到物理资源：

$$a_k^{(p,\mathrm{RA})} = \beta_{\mathrm{PRACH}} y_{u,v}(k)$$

$$k = 0,1,\cdots,L_{\mathrm{RA}}-1$$

其中，β_{PRACH} 是幅度比例因子，$p = 4000$ 是 PRACH 使用的天线端口。PRACH 基带信号按照 TS38.211 5.3 节的方法产生（根据 TS38.211 表 6.3.3.1-1 或者表 6.3.3.1-2，使用 TS38.211 表 6.3.3.2-1 的 $\overline{k}$ 处理）。映射处理方法如下。

在时域上，随机接入前导只能在高层参数 prach-ConfigurationIndex 定义的资源上使用（根据 TS38.211 中的表格 6.3.3.2-2 到 6.3.3.2-4，依据频段范围 FR1/FR2 及频谱类型得到）。

在频域上，随机接入前导只能在高层参数 msg1-FrequencyStart 定义的资源上发送。PRACH 的频域资源为 $n_{\mathrm{RA}} \in \{0,1,\cdots,M-1\}$，$M$ 等于高层参数 msg1-FDM，在初始接入中，初始激活 BWP 内部采用升序编号，从最低频起始。其他的情况中 n_{RA} 在激活上行 BWP 内部采用升序编号，从低频起始。

为了方便表中对时隙进行编号，这里约定使用的子载波间隔如下：

（1）FR1 频段使用 15kHz；

（2）FR2 频段使用 60kHz。

上述涉及的各个表格列在下面供参考（见表 4-10，表 4-11，表 4-12）。

以 TS38.211 表 6.3.3.2-3（见表 4-11）为例（FR2 的表格也有类似的表头结构，除了其中的子帧可以被"60kHz 时隙"代替）对表头各项说明如下（见图 4-16）。

表 4-10　FR1/成对频谱/SUL 的随机接入配置（TS38.211 表 6.3.3.2-2）

PRACH 配置索引	前导格式	$n_{\mathrm{SFN}}\mathrm{mod}\ x = y$		子帧号	起始符号	单一子帧内 PRACH 时隙数	$N_t^{\mathrm{RA,slot}}$，单一 PRACH 时隙内时域 PRACH 时机数量	$N_{\mathrm{dur}}^{\mathrm{RA}}$，PRACH 长度
		x	y					
0	0	16	1	1	0	—	—	0
......								
254	C2	1	0	0，1，2，3，4，5，6，7，8，9	0	2	2	6
255	C2	1	0	1，3，5，7，9	0	2	2	6

表 4-11　FR1/非成对频谱的随机接入配置（TS38.211 表 6.3.3.2-3）

PRACH 配置索引	前导格式	$n_{SFN} \bmod x=y$		子帧号	起始符号	单一子帧内 PRACH 时隙数	$N_t^{RA,slot}$，单一 PRACH 时隙内时域 PRACH 时机数量	N_{dur}^{RA}，PRACH 长度
		x	y					
0	0	16	1	9	0	—	—	0
				······				
254	A3/B3	1	0	1，3，5，7，9	0	1	2	6
255	A3/B3	1	0	0，1，2，3，4，5，6，7，8，9	2	1	2	6

表 4-12　FR2/非成对频谱的随机接入配置（TS38.211 表 6.3.3.2-4）

PRACH 配置索引	前导格式	$n_{SFN} \bmod x=y$		时隙号	起始符号	单一 60kHz 时隙内的 PRACH 时隙数	$N_t^{RA,slot}$，单一 PRACH 时隙内时域 PRACH 时机数量	N_{dur}^{RA}，PRACH 长度
		x	y					
0	A1	16	1	4，9，14，19，24，29，34，39	0	2	6	2
				······				
250	A3/B3	1	0	23，27，31，35，39	2	1	2	6
251	A3/B3	1	0	23，27，31，35，39	2	2	2	6

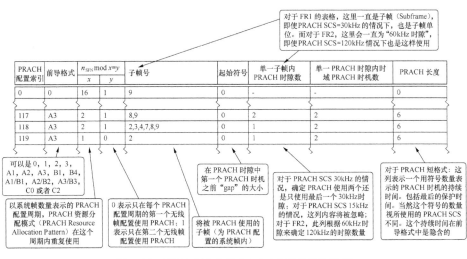

图 4-16　TS38.211 中表 6.3.3.2-3 表头结构说明

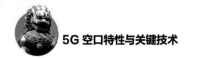

FR1/成对频谱/SUL 的随机接入配置见表 4-13。

表 4-13　FR1/成对频谱/SUL 的随机接入配置（TS38.211 表 6.3.3.2-2）

| PRACH 配置索引 | 前导格式 | n_{SFN}mod $x=y$ | | 子帧号 | 起始符号 | 单一子帧内 PRACH 时隙数 | $N_t^{RA,slot}$，单一 PRACH 时隙内时域 PRACH 时机数量 | N_{dur}^{RA}，PRACH 长度 |
		x	y					
0	0	16	1	1	0	—	—	0
27	0	1	0	0, 1, 2, 3, 4, 5, 6, 7, 8, 9	0	—	—	0

使用 PRACH Configuration Index = 0，这时 x=16，y=1，也就是 PRACH 使用每个奇数帧，系统帧号满足 n_SFN mod 16 = 1。那么 UE 将在 SFN=1，17，33，…帧上发送 PRACH，而查表得到子帧号是 1，也就是 UE 将在满足上述条件的无线帧的子帧 1 上发送 PRACH。

使用 PRACH Configuration Index = 27，这时 x=1，y=1，则 UE 需要在满足 n_SFN mod 1 = 0 的无线帧上发送 PRACH，也就是在任何系统帧上发送 PRACH 了。继续查表得到子帧号为 0，1，2，3，4，5，6，7，8，9，包含了所有的子帧，那么最后的结果就是 UE 可以在任何无线帧的任何子帧上发送 PRACH。

2. PRACH 频域映射

PRACH 短序列频域映射如图 4-17 所示。

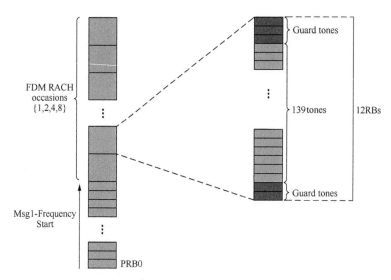

图 4-17　PRACH 短序列频域映射

PRACH 长序列频域映射如图 4-18 所示。

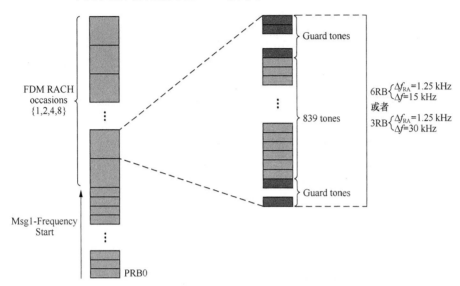

图 4-18　PRACH 长序列频域映射

涉及的高层参数如下：

```
RACH-ConfigGeneric ::=               SEQUENCE {
    prach-ConfigurationIndex         INTEGER (0..255),
    msg1-FDM                         ENUMERATED {one, two, four, eight},
    msg1-FrequencyStart              INTEGER (0..maxNrofPhysicalResourceBlocks-1),
    zeroCorrelationZoneConfig        INTEGER(0..15),
    preambleReceivedTargetPower      INTEGER (-202..-60),
    preambleTransMax                 ENUMERATED {n3, n4, n5, n6, n7, n8, n10, n20,
n50, n100, n200},
    powerRampingStep                 ENUMERATED {dB0, dB2, dB4, dB6},
    ra-ResponseWindow                ENUMERATED {sl1, sl2, sl4, sl8, sl10, sl20, sl40,
sl80},
    ...
}
```

msg1-FDM，在一个 time instance 频分复用的 PRACH 发送时机（PRACH Transmission Occasions）数量，可取值 1，2，4，8。

msg1-FrequencyStart，频域内最低的 PRACH 发送时机和 PRB0 之间的偏置。配置这个参数的目的就是使对应的 RACH 资源全部位于上行 BWP 的带宽之内。

3. SSB 和 PRACH 发送时机的映射关系

3GPP 规范中定义的 SSB 和 PRACH 发送时机映射关系如下。

通过高层参数 ssb-perRACH-OccasionAndCB-PreamblesPerSSB 为 UE 提供与 PRACH 发送时机关联的 N 个 SSB 以及每个 SSB 的 R 个基于竞争的 PRACH 前导数量。如果 $N<1$，则 SSB 映射到 $1/N$ 连续的 PRACH 发送时机。如果 $N \geqslant 1$，则 R 个具有连续索引的基于竞争的前导和 SSBn 关联，其中，$0 \leqslant n \leqslant N-1$，每个 PRACH 发送时机从前导索引 $n \cdot 64/N$ 开始使用。SSB 映射 PRACH 时机顺序如图 4-19 所示。

（1）首先，在 PRACH occasion 内按照升序排列前导索引。

（2）然后，为了频分复用 PRACH 发送时机而按照升序排列频域资源索引。

（3）为在 PRACH 时隙内时分复用 PRACH 发送时机而按升序排列时域资源索引。

（4）按 PRACH 时隙索引的递增顺序排列。

涉及的高层参数如下：

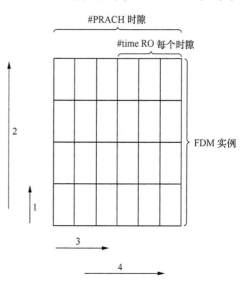

图 4-19　SSB 映射 PRACH 时机顺序

```
RACH-ConfigCommon ::=                              SEQUENCE {
    rach-ConfigGeneric                             RACH-ConfigGeneric,
    totalNumberOfRA-Preambles                      INTEGER (1..63)
    ssb-perRACH-OccasionAndCB-PreamblesPerSSB          CHOICE {
        oneEighth                                  ENUMERATED
{n4,n8,n12,n16,n20,n24,n28,n32,n36,n40,n44,n48,n52,n56,n60,n64},
        oneFourth                                  ENUMERATED
{n4,n8,n12,n16,n20,n24,n28,n32,n36,n40,n44,n48,n52,n56,n60,n64},
        oneHalf                                    ENUMERATED
{n4,n8,n12,n16,n20,n24,n28,n32,n36,n40,n44,n48,n52,n56,n60,n64},
        one                                        ENUMERATED
{n4,n8,n12,n16,n20,n24,n28,n32,n36,n40,n44,n48,n52,n56,n60,n64},
        two                                        ENUMERATED {n4,n8,n12,n16,n20,n24,n28,n32},
        four                                       INTEGER (1..16),
        eight                                      INTEGER (1..8),
        sixteen                                    INTEGER (1..4)
    }
```

ssb-perRACH-OccasionAndCB-PreamblesPerSSB

用于通知每个 PRACH 发送时机的 SSB 数量（对应 L1 parameter 'SSB-per-rach-occasion'）及每个 SSB 的 Contention Based preambles 数量（对应 L1 parameter 'CB-preambles-per-SSB'）。RACH occasion 内的基于竞争的前导总数通过 CB-preambles-per-SSB *max(1,SSB-per-rach-occasion）确定。

另外，从帧 0 开始，用于将 SS/PBCH 块映射到 PRACH 发送时机的关联周期（Assocation Period）是由 TS38.213 表 8.1-1（见表 4-14）提供的 PRACH 配置周期（PRACH Configuration Period）确定的集合中的最小值，这使得 N_{Tx}^{SSB} 个 SS/PBCH 块在关联周期内至少映射一次到 PRACH 发送时机，其中，UE 从高层参数获得 N_{Tx}^{SSB} 的值：SystemInformationBlockType1 及 ServingCellConfig Common 中的参数 ssb-PositionsInBurst。

关联模式周期（Association Pattern Pcriod）由一个或多个关联周期组成，此关联模式周期的设定可以保证 PRACH 发送时机与 SSB 重复的映射模式每 160ms 最多重复一次。在整数个关联周期之后未与 SS/PBCH 块相关联的 PRACH 发送时机将不用于 PRACH 发送。

表 4-14　PRACH 配置周期和 SSB 映射到 PRACH 时机关联周期
（TS38.213 表 8.1-1）

PRACH 配置周期（ms）	关联周期（PRACH 配置周期的数量）
10	{1, 2, 4, 8, 16}
20	{1, 2, 4, 8}
40	{1, 2, 4}
80	{1, 2}
160	{1}

4.3.2　PUCCH 设计与处理

4.3.2.1　PUCCH 的分类及特性

上行控制信道 PUCCH 用于传送从 UE 发送给 gNB 的上行控制信息（UCI，Uplink Control Information）。UCI 包括 HARQ-ACK、SR 和 CSI 等信息。

（1）信道状态信息（CSI，Channel State Information）：包括 CQI、PMI 和 RI。

（2）ACK/NACK，即 HARQ 确认信息。

（3）调度请求信息（SR，Scheduling Request）。

HARQ-ACK 是对下行数据传送的反馈信息，其信息比特对应于 HARQ-ACK 码本；SR 用来为上行数据传送申请资源；信道状态信息（CSI）包括用于进行链路自适应和下行数据调度的信道质量指示（CQI）、预编码矩阵指示

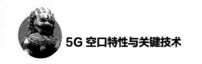

（PMI）和秩指示（RI）等信息。HARQ-ACK 信息、SR 信息和 CSI 信息可以独立或者组合后采用 PUCCH 进行发送。

为了实现广覆盖和低时延，PUCCH 应当支持多种格式，如采用 1 个或者多个符号以降低时延，或者采用一个到多个时隙或者子帧以增强覆盖。此外，为了应对无线环境的快速变化，不同格式间也应该能够实现动态变换。以此为基础，规范中具体规定了两大类 5 小类 PUCCH 格式，两大类分别指长格式和短格式，5 小类则是根据 PUCCH 占用的连续的符号数和 UCI 载荷大小来进行区分的，其定义见表 4-15。

表 4-15　PUCCH 格式

PUCCH 格式		OFDM 符号长度	UCI 载荷	UCI 载荷比特数
0	短格式	1～2	小	≤2
1	长格式	4～14	小	≤2
2	短格式	1～2	大	>2
3	长格式	4～14	大	>2
4	长格式	4～14	中	>2

（1）格式 0：短 PUCCH 格式，占用 1～2 个 OFDM 符号，UCI 携带最多 2bit 的小载荷信息。

（2）格式 1：长 PUCCH 格式，占用 4～14 个 OFDM 符号，UCI 携带最多 2bit 的小载荷信息。

（3）格式 2：短 PUCCH 格式，占用 1～2 个 OFDM 符号，UCI 携带超过 2bit 的大载荷信息。

（4）格式 3：长 PUCCH 格式，占用 4～14 个 OFDM 符号，UCI 携带超过 2bit 的大载荷信息。

（5）格式 4：长 PUCCH 格式，占用 4～14 个 OFDM 符号，UCI 携带超过 2bit 的中等载荷信息。

短格式适合在自包含时隙中配置，可用于超低时延场景，便于提高 CSI、SR 和 HARQ 反馈的速度和效率，从而降低传送时延，其缺点是使用的时域符号较少，只有在使用 2 个符号时才支持时隙内跳频，因此不适用于覆盖受限的场景中。长格式优点是可以支持时隙内和时隙间跳频，并支持较大长度的 UCI 载荷，其缺点是占用了过多的时域资源。需要提到的是，只有格式 3 和 4 可用于 DFT-s-OFDM 场景中。

格式 0 支持最多 6 个各自携带 1bit 载荷的 UE 复用在同一个 PRB 上。格式 1 则需要考虑是否采用跳频，不采用跳频时，支持最多 84 个 UE 复用在同一个

PRB 上，采用跳频时，支持最多 36 个 UE 复用在同一个 PRB 上。格式 2 和 3 中 UCI 载荷较大，因此不支持多个 UE 在同一个 PRB 上进行复用。格式 4 支持最多 4 个 UE 复用在同一个 PRB 上。同一频域和时域资源上的多用户复用需要借助唯一的循环移位（Cyclic Shift）。

小于等于两个 UCI 比特的短 PUCCH 格式 0 上，基于序列选择进行复用。多于两个 UCI 比特的短 PUCCH 格式 2 上，DMRS 与 UCI 则采用频分复用的方式。长 PUCCH 格式 1、3 和 4 上，具有 DMRS 的符号和 UCI 符号采用时分复用方式，以降低 PAPR。长 PUCCH 格式以及长度为 2 个符号的短 PUCCH 格式都支持跳频，且长 PUCCH 格式可以在多个时隙上进行重复。

不同 PUCCH 格式下的复用方式、容量和跳频特性见表 4-16。

表 4-16　不同 PUCCH 格式下的复用方式、容量和跳频特性

PUCCH 格式		OFDM 符号长度	UCI 载荷比特数	UE 复用容量（UE/PRB）	复用方式	跳频
0	短格式	1～2	≤2	≤6（1bit 载荷/UE）	基于序列选择	2 个符号时支持跳频
1	长格式	4～14	≤2	≤84（无跳频时）；≤36（有跳频时）	UCI 和 DMRS 时分复用	支持
2	短格式	1～2	>2	载荷较大，无复用	UCI 和 DMRS 频分复用	2 个符号时支持跳频
3	长格式	4～14	>2	载荷较大，无复用	UCI 和 DMRS 时分复用	支持
4	长格式	4～14	>2	中等载荷，适度复用，≤4	UCI 和 DMRS 时分复用	支持

PUCCH 的时域和频域位置由 PRB 数、起始 PRB、起始符号以及符号数来决定。其中，PRB 数仅作用于 PUCCH 格式 2 和 3，起始 PRB 作用于所有 PUCCH 格式，起始符号和符号数都作用于所有 PUCCH 格式，但是不同格式下的取值范围有所不同。

不同格式的 PUCCH 携带不同类型的信息，对应的底层处理也有所差异，后面各节会详细介绍。

4.3.2.2　PUCCH 的编码与调制方式

PUCCH 大部分情况下都采用 QPSK 调制方式，当 PUCCH 占用 4～14 个 OFDM 符号且只包含 1bit 信息时，采用 BPSK 调制方式。

PUCCH 的信道编码方式较多，当只携带 1bit 信息时，采用重复（Repetition）

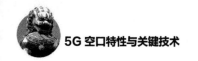

码；当携带 2bit 信息时，采用单纯性代（Simplex）编码；当携带信息为 3～11bit 时，采用里德—米勒（Reed Muller）块编码；当携带信息大于 11bit 时，采用 Polar 码。PUCCH 编码见表 4-17。

表 4-17　PUCCH 编码

UCI 长度（包括 CRC 的比特数）	信道编码
1	重复（Repetition）码
2	单纯性代（Simplex）编码
3～11	里德—米勒（Reed Muller）块编码
>11	Polar 码

4.3.2.3　PUCCH 物理层处理过程

1．序列和循环移位跳变

PUCCH 格式 0、1、3 和 4 使用前述（参见本书 4.2 节）的基础序列 $r_{u,v}^{(\alpha,\delta)}(n)$（此处 $\delta = 0$），其中的序列组号 u 及序列号 v 的确定依赖于组和序列跳变的定义如下。

序列组号通过 $u = (f_{gh} + f_{ss}) \bmod 30$ 获取，组内的序列号 v 通过高层参数 pucch-GroupHopping 通知：

当 pucch-GroupHopping='neither'时，

$$f_{gh} = 0$$
$$f_{ss} = n_{ID} \bmod 30$$
$$v = 0$$

其中，n_{ID} 通过高层参数 hoppingId 给定，这个时候序列组和序列都固定不变。

当 pucch-GroupHopping='enable'时，

$$f_{gh} = \left\{ \sum_{m=0}^{7} 2^m c \left[8(2n_{s,f}^{\mu} + n_{hop}) + m \right] \right\} \bmod 30$$
$$f_{ss} = n_{ID} \bmod 30$$
$$v = 0$$

其中，$c(i)$ 就是前述基础序列中的伪随机序列，它需要在每个无线帧开始时通过 $c_{init} = \lfloor n_{ID}/30 \rfloor$ 初始化，其中的 n_{ID} 通过高层参数 hoppingId 给定，这个情况下序列组跳变而序列不变。

当 pucch-GroupHopping='disable'时，

$$f_{gh} = 0$$

$$f_{ss} = n_{ID} \bmod 30$$

$$v = c\left(2n_{s,f}^{\mu} + n_{hop}\right)$$

其中，$c(i)$ 就是前述基础序列中的伪随机序列，在这里需要在每个无线帧开始的时候通过初始化，其中的 n_{ID} 通过高层参数 hoppingId 给定，这个情况下序列组不变而序列跳变。另外，关于公式中的跳频索引的设定，如果时隙内跳频通过高层参数 intraSlotFrequencyHopping 关闭，则跳频索引 $n_{hop} = 0$；如果 intraSlotFrequency Hopping 打开，则第一跳的跳频索引 $n_{hop} = 0$，而第二跳的跳频索引 $n_{hop} = 1$。

序列组号 u 及其序列号 v 确定完成后，接下来需要确定循环移位跳变产生的循环移位 α，α 是根据时隙和符号通过下面公式而生成的。

$$\alpha_l = \frac{2\pi}{N_{sc}^{RB}}\left\{\left[m_0 + m_{cs} + n_{cs}(n_{s,f}^{\mu}, l+l')\right]\bmod N_{sc}^{RB}\right\}$$

其中，$n_{s,f}^{\mu}$ 是无线帧中的时隙号，l 是发送 PUCCH 的 OFDM 符号编号，而 $l=0$ 对应发送 PUCCH 的第一个符号，l' 是相对于第一个符号的索引，m_0 初始循环移位通过高层参数 initialCyclicShift 来配置，m_{cs} 依赖于 PUCCH 发送的数据并根据 3GPP TS38.213 中 9.2 节中内容而定。

另外，$n_{cs}(n_c, l)$ 通过如下公式确定：

$$n_{cs}(n_{s,f}^{\mu}, l) = \sum_{m=0}^{7} 2^m c\left(14 \cdot 8 n_{s,f}^{\mu} + 8l + m\right)$$

其中，伪随机序列 $c(i)$ 通过 $c_{init} = n_{ID}$ 初始化，n_{ID} 是高层参数 hoppingId。

本节所涉及的高层参数总结描述如下。

首先，hoppingId 是用于组跳变和序列跳变的小区特定的加扰 ID，pucch-GroupHopping 为 PUCCH 格式 0、1、3 和 4 配置组和序列跳变信息。它们包含在用于配置小区级的 PUCCH 参数信息单元组 PUCCH-ConfigCommon 中。

PUCCH-ConfigCommon

```
PUCCH-ConfigCommon ::=        SEQUENCE {
    pucch-ResourceCommon       INTEGER (0…15 )
    pucch-GroupHopping         ENUMERATED { neither, enable, disable },
    hoppingId                  INTEGER (0…1024 )
        …
}
```

还有，initialCyclicShift 初始循环移位，nrofSymbols 为符号数量，startingSymbolIndex 为初始符号索引，可以是时隙内任意位置；包含于 PUCCH-Config 信息单元组中（每 BWP 配置）的格式相关配置部分中，以 PUCCH 格式 0 为例。

```
PUCCH-format0 ::=                    SEQUENCE {
    initialCyclicShift               INTEGER(0..11），
    nrofSymbols                      INTEGER (1..2），
    startingSymbolIndex              INTEGER(0..13）
}
```

另一个重要的参数 intraSlotFrequencyHopping 包含在 PUCCH-Config 的子组 PUCCH-Resource 中，IntraSlotFrequencyHopping 为时隙内跳频开关；SecondHopPRB 是在 PUCCH 跳频中的第二跳的起始 PRB 索引，该参数只适用于时隙内跳频。

```
PUCCH-Resource ::=                   SEQUENCE {
    pucch-ResourceId                 PUCCH-ResourceId,
    startingPRB                      PRB-Id,
    intraSlotFrequencyHopping        ENUMERATED { enabled }
    secondHopPRB                     PRB-Id
        ...
}
```

2. 短格式：PUCCH 格式 0

（1）序列生成

PUCCH 格式 0 使用低峰均比的序列，序列 $x(n)$ 根据如下公式产生：

$$x(l \cdot N_{sc}^{RB} + n) = r_{u,v}^{(\alpha,\delta)}(n)$$

$$n = 0,1,\cdots,N_{sc}^{RB} - 1$$

$$l = \begin{cases} 0 & 单符号PUCCH \\ 0,1 & 双符号PUCCH \end{cases}$$

其中，$r_{u,v}^{(\alpha,\delta)}(n) = e^{j\alpha n}\bar{r}_{u,v}(n)$，$0 \leq n < M_{ZC}$ 如前所述为低峰均比序列，里面的序列组号 u 及序列号 v 的确定依赖于组和序列跳变的定义为：序列组号通过 $u = (f_{gh} + f_{ss}) \bmod 30$ 获取，组内的序列号 v 通过高层参数 pucch-GroupHopping 通知并确定，各类组合情况下的 u 和 v 如下：

当 pucch-GroupHopping='neither'时，

$$f_{gh} = 0$$

$$f_{ss} = n_{ID} \bmod 30$$

$$v = 0$$

其中，n_{ID} 通过高层参数 hoppingId 给定。这个时候序列组和序列都固定不变。

当 pucch-GroupHopping='enable'时，

$$f_{gh} = \left\{ \sum_{m=0}^{7} 2^m c \left[8(2n_{s,f}^{\mu} + n_{hop}) + m \right] \right\} \bmod 30$$

$$f_{ss} = n_{ID} \bmod 30$$

$$v = 0$$

其中，$c(i)$ 就是前述基础序列中的伪随机序列，它需要在每个无线帧开始时通过 $c_{init} = \lfloor n_{ID}/30 \rfloor$ 初始化，其中的 n_{ID} 通过高层参数 hoppingId 给定。这个情况下序列组跳变而序列不变。

当 pucch-GroupHopping='disable' 时，

$$f_{gh} = 0$$

$$f_{ss} = n_{ID} \bmod 30$$

$$v = c\left(2n_{s,f}^{\mu} + n_{hop}\right)$$

而循环移位由公式 $\alpha_l = \dfrac{2\pi}{N_{sc}^{RB}} \left\{ \left[m_0 + m_{cs} + n_{cs}(n_{s,f}^{\mu}, l + l') \right] \bmod N_{sc}^{RB} \right\}$ 确定。

PUCCH 格式 0 直接发射 ZC 序列，在 ZC 序列循环移位中加入信息。HARQ 反馈 ACK/NACK 通过 m_{cs} 序列确定，m_{cs} 根据 TS38.213 中 9.2 节相关内容确定。

请参见 4.2 节中各项参数在不同情况下更为详细的信息描述。

（2）物理资源映射

序列 $x(n)$ 的物理资源映射步骤是从 $x(0)$ 开始根据资源集（Resource Set）配置规则按升序映射到资源粒子 $(k, l)_{p,\mu}$，映射顺序先频域 k，然后在天线端口 $p = 2000$ 映射时域 l。PUCCH 格式 0，1，2，3，4 所有的格式使用的天线端口都是 $p = 2000$。

PUCCH 格式 0 支持 1～2 符号，第 2 个符号是第 1 个符号的重复。PUCCH 格式 0 资源映射示意如图 4-20 所示。

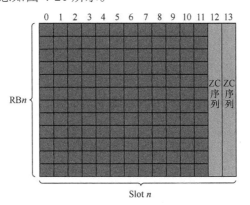

图 4-20 PUCCH 格式 0 资源映射示意

（3）PUCCH 格式 0 相关高层 RRC 参数

```
PUCCH-format0 ::=                    SEQUENCE {
    initialCyclicShift               INTEGER(0...11），
    nrofSymbols                      INTEGER (1...2），
    startingSymbolIndex              INTEGER(0...13）
}
```

其中，initialCyclicShift 为初始循环移位；nrofSymbols 为符号数量；startingSymbolIndex 为初始符号索引，可以是时隙内任意位置。

3. 长格式：PUCCH 格式 1

（1）序列生成

PUCCH 格式 1 采用 π/2-BPSK（1bit）和 QPSK（2bit）进行调制，调制后输出结果为一个复值符号。也就是比特块 $b(0),\cdots,b(M_{bit}-1)$ 通过 π/2-BPSK 调制（$M_{bit}=1$）和 QPSK 调制（$M_{bit}=2$）生成复值符号 $d(0)$。

PUCCH 格式 1 和 PUCCH 格式 0 使用相同的基础序列 $r_{u,v}^{(\alpha,\delta)}(n)$，将复值符号和此基础序列相乘就得到复值符号块 $y(0),\cdots,y(N_{sc}^{RB}-1)$：

$$y(n) = d(0) \cdot r_{u,v}^{(\alpha,\delta)}(n)$$

$$n = 0,1,\cdots,N_{sc}^{RB}-1$$

但与 PUCCH 格式 0 不同的是，PUCCH 格式 1 支持基于时域正交序列的复用，即复值符号块 $y(0),\cdots,y(N_{sc}^{RB}-1)$ 通过和正交序列 $w_i(m)$ 进行逐块扩展得到：

$$z(m'N_{sc}^{RB}N_{SF,0}^{PUCCH,1} + mN_{sc}^{RB} + n) = w_i(m) \cdot y(n)$$

$$n = 0,1,\cdots,N_{sc}^{RB}-1$$

$$m = 0,1,\cdots,N_{SF,m'}^{PUCCH,1}-1$$

$$m' = \begin{cases} 0 & \text{时隙内跳频关闭} \\ 0,1 & \text{时隙内跳频打开} \end{cases}$$

其中，$N_{SF,m'}^{PUCCH,1}$ 通过 TS38.211 表 6.3.2.4.1-1 给出（见表 4-18）。

表 4-18　PUCCH 符号数量及相应的 $N_{SF,m'}^{PUCCH,1}$（TS38.211 表 6.3.2.4.1-1）

PUCCH 长度，$N_{symb}^{PUCCH,1}$	$N_{SF,m'}^{PUCCH,1}$		
	关闭时隙内跳频 m'=0	打开时隙内跳频	
		m'=0	m'=1
4	2	1	1
5	2	1	1
6	3	1	2

续表

PUCCH 长度, $N_{symb}^{PUCCH,1}$	$N_{SF,m'}^{PUCCH,1}$		
	关闭时隙内跳频 $m'=0$	打开时隙内跳频	
		$m'=0$	$m'=1$
7	3	1	2
8	4	2	2
9	4	2	2
10	5	2	3
11	5	2	3
12	6	3	3
13	6	3	3
14	7	3	4

如果网络在 RRC 消息中提供了 intraSlotFrequencyHopping 参数，则表示启用了时隙内跳频（不管跳频距离是否为 0）。如果网络没有提供该 RRC 参数，则表示没有启用时隙内跳频。表 4-18 中 $N_{symb}^{PUCCH,1}$ 代表 nroSymbols，也就是符号个数，范围是 4~14 个；而当 PUCCH 配置 14 个符号，不启用时隙内跳频时，时域正交序列长度最大为 7（timeDomainOCC 0-6），因此一个 PRB 最多支持 12×7=84 个 UE。

正交序列 $w_i(m)$ 通过 TS38.211 表 6.3.2.4.1-2 给出（见表 4-19），其中，下标 i 就是 RRC 参数配置中的 timeDomainOCC（时域 OCC 配置 0-6）。从表中也可以看到正交序列长度和 $N_{SF,m'}^{PUCCH,1}$ 相关，最大是 7。

表 4-19 PUCCH 格式 1 的正交序列 $w_i(m)=e^{j2\pi\varphi(m)/N_{SF}}$（TS38.211 表 6.3.2.4.1-2）

$N_{SF,m'}^{PUCCH,1}$	φ						
	$i=0$	$i=1$	$i=2$	$i=3$	$i=4$	$i=5$	$i=6$
1	[0]	—	—	—	—	—	—
2	[0 0]	[0 1]	—	—	—	—	—
3	[0 0 0]	[0 1 2]	[0 2 1]	—	—	—	—
4	[0 0 0 0]	[0 2 0 2]	[0 0 2 2]	[0 2 2 0]	—	—	—
5	[0 0 0 0 0]	[0 1 2 3 4]	[0 2 4 1 3]	[0 3 1 4 2]	[0 4 3 2 1]	—	—
6	[0 0 0 0 0 0]	[0 1 2 3 4 5]	[0 2 4 0 2 4]	[0 3 0 3 0 3]	[0 4 2 0 4 2]	[0 5 4 3 2 1]	—
7	[0 0 0 0 0 0 0]	[0 1 2 3 4 5 6]	[0 2 4 6 1 3 5]	[0 3 6 2 5 1 4]	[0 4 1 5 2 6 3]	[0 5 3 1 6 4 2]	[0 6 5 4 3 2 1]

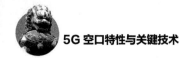

（2）物理资源映射

序列 $z(n)$ 映射到资源粒子$(k, l)_{p,\mu}$中时，需要被分配在用于传输的 RB 中，且符号不能被相关的 DMRS 占用。映射顺序也是按升序先频域 k 映射，然后在天线端口 $p = 2000$ 映射时域 l。

PUCCH 格式 1 物理资源映射示例 1（不启用跳频的情况）如图 4-21 所示。PUCCH 符号数最多 14 个，开始符号索引 0，每个 RB 在占用 14 符号时，最多支持 12×7=84 个 UE，使用 12 个循环移位，最多 7 个正交序列。PUCCH 格式 1 与 DMRS 采用 TDD 方式复用。

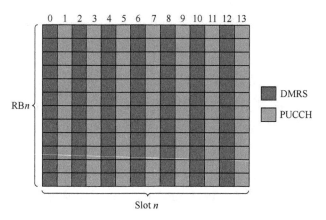

图 4-21　PUCCH 格式 1 物理资源映射示例 1

PUCCH 格式 1 物理资源映射示例 2（启用跳频的情况）如图 4-22 所示。开启时隙内跳频，一个 RB 占用 14 个符号时，最多支持 12×3=36 个 UE，使用 12 个循环移位，最多 3 个正交序列。

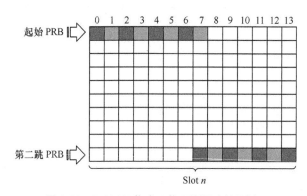

图 4-22　PUCCH 格式 1 物理资源映射示例 2

（3）PUCCH 格式 1 相关高层 RRC 参数

```
PUCCH-format1 ::=                    SEQUENCE {
    initialCyclicShift               INTEGER(0...11），
    nrofSymbols                      INTEGER (4...14），
    startingSymbolIndex              INTEGER(0...10），
    timeDomainOCC                    INTEGER(0...6）
```

其中，initialCyclicShift 为初始循环移位；nrofSymbols 为符号数量；startingSymbolIndex 为初始符号索引，可以是时隙内任意位置；timeDomainOCC 为时域正交序列长度，是 $w_i(m)$ 的下标 i。

4．短格式：PUCCH 格式 2

使用 PUCCH 格式 2 发送 UCI 编码后的比特块，要经过加扰，调制再映射到物理资源。

（1）加扰与调制

编码后的比特块为 $b(0),\cdots,b(M_{bit}-1)$，其中的 M_{bit} 为比特块的长度。在调制前需要通过下列公式进行加扰运算而生成加扰后输出的比特块为 $\widetilde{b}(0),\cdots,\widetilde{b}(M_{bit}-1)$：

$$\widetilde{b}(i) = [b(i) + c(i)]\bmod 2$$

上面加扰公式中的 $c^{(q)}(i)$ 就是前述的伪随机序列 PN（本书 4.2 节）。这个 PN 序列通过如下参数进行初始化：

$$c_{init} = n_{RNTI} \cdot 2^{15} + n_{ID}$$

其中的参数配置为：

① 如果配置了高层参数 dataScramblingIdentityPUSCH，则 $n_{ID} \in \{0,1,\cdots,1023\}$ 就等于 dataScramblingIdentityPUSCH 的值。

② 否则 $n_{ID} = N_{ID}^{cell}$。

然后经过加扰输出的比特块 $\widetilde{b}(0),\cdots,\widetilde{b}(M_{bit}-1)$ 进行 QPSK 调制后，输出复值符号 $d(0),\cdots,d(M_{symb}-1)$，其中 $M_{symb} = M_{bit}/2$。

（2）物理资源映射

经过调制后的复值符号 $d(0),\cdots,d(M_{symb}-1)$ 从 $d(0)$ 开始映射到物理资源粒子 $(k, l)_{p,\mu}$，这些资源粒子必须属于被分配的用于 PUCCH 传输的 RB，且没有被 DMRS 所占用。

映射规则是先频域 k 后时域 l（天线端口 $p = 2000$）按升序映射，而且映射过程中不能使用为其他资源保留的资源粒子。

PUCCH 格式 2 的 DMRS 处理过程：

$$r(m) = \frac{1}{\sqrt{2}}[1 - 2 \cdot c(2m)] + j\frac{1}{\sqrt{2}}[1 - 2 \cdot c(2m+1)]$$

$$m = 0,1\cdots$$

$$a_{k,l}^{(p,\mu)} = \beta_{\text{PUCCH},2} r(m)$$

$$k = 3m+1$$

总体上，PUCCH 格式 2 的处理要先对比特块进行加扰，然后经过 QPSK 调制后生成复值符号块。时频资源映射采用先频域升序后时域升序的方式，占用资源不能与 DMRS 冲突。与 PUCCH 格式 0 不同的是，它不采用 ZC 序列，而是需要加扰和调制处理。此外，PUCCH 格式 2 不支持多 UE 复用。PUCCH 格式 2 与其相应的 DMRS 采用频分复用的方式，如图 4-23 所示。

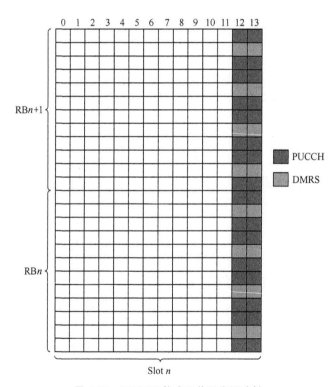

图 4-23　PUCCH 格式 2 物理资源映射

（3）PUCCH 格式 2 相关高层 RRC 参数

```
PUCCH-format2 ::=                          SEQUENCE {
    nrofPRBs                               INTEGER (1...16)，
    nrofSymbols                            INTEGER (1...2)，
    startingSymbolIndex                    INTEGER(0...13)
}
```

其中，nrofPRB 为 PRB 个数，取值范围为 1～16；nrofSymbols 表示符号个数，范围 1～2；startingSymbolIndex 表示起始符号索引。

另外一个重要的参数是 PUSCH-Config 中的 datascramblingIdentityPUSCH，对应初始化数据加扰 c_init 的标识：

PUSCH-Config ::=　　　　　　　　　　　　　　SEQUENCE {
　　dataScramblingIdentityPUSCH　INTEGER (0..1023)　OPTIONAL,　　-- Need M

5. 长格式：PUCCH 格式 3 和 PUCCH 格式 4

（1）加扰与调制

编码后的比特块为 $b(0),\cdots,b(M_{bit}-1)$，其中，M_{bit} 为比特块的长度。在调制前需要通过下列公式进行加扰，从而生成比特块 $\tilde{b}(0),\cdots,\tilde{b}(M_{bit}-1)$。

$$\tilde{b}(i)=[b(i)+c(i)]\bmod 2$$

上面加扰公式中的 $c^{(q)}(i)$ 就是前述的伪随机序列（参见本书 4.2 节）。这个伪随机序列可以通过如下参数进行初始化：

$$c_{init}=n_{RNTI}\cdot 2^{15}+n_{ID}$$

其中的参数配置：

① 如果配置了高层参数 dataScramblingIdentityPUSCH，则 $n_{ID}\in\{0,1,\cdots,1023\}$ 等于 dataScramblingIdentityPUSCH 的值。

② 否则 $n_{ID}=N_{ID}^{cell}$。

然后经过加扰输出的比特块 $\tilde{b}(0),\cdots,\tilde{b}(M_{bit}-1)$ 进行 QPSK 调制后（如果配置了 π/2-BPSK 就使用 π/2-BPSK）输出复值符号 $d(0),\cdots,d(M_{symb}-1)$，其中，使用 QPSK 时 $M_{symb}=M_{bit}/2$，使用 π/2-BPSK 时 $M_{symb}=M_{bit}$。

（2）逐块扩展过程

对于 PUCCH 格式 3 和 4，$M_{sc}^{PUCCH,s}=M_{RB}^{PUCCH,s}\cdot N_{sc}^{RB}$，$M_{RB}^{PUCCH,s}$ 就是 PUCCH 根据 PUCCH 资源集分配规则而占用的带宽（以 RB 数量形式表示，详细参考 TS38.214 9.2.1 节），它需要满足：

$$M_{RB}^{PUCCH,s}=\begin{cases}2^{\alpha_2}\cdot 3^{\alpha_3}\cdot 5^{\alpha_5} & \text{PUCCH格式3}\\ 1 & \text{PUCCH格式4}\end{cases}$$

其中，$\alpha_2,\alpha_3,\alpha_5$ 为非负整数，而 $s\in\{3,4\}$。

PUCCH 格式 3 不使用逐块扩展处理过程，处理过程为：

$$y\left(lM_{sc}^{PUCCH,3}+k\right)=d\left(lM_{sc}^{PUCCH,3}+k\right)$$

$$k=0,1,\cdots,M_{sc}^{PUCCH,3}-1$$

$$l=0,1,\cdots,\left(M_{symb}/M_{sc}^{PUCCH,3}\right)-1$$

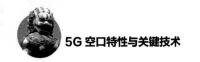

其中，$M_{\text{RB}}^{\text{PUCCH},3} \geq 1$（详细参考 TS38.213 9.2.1 节），$N_{\text{SF}}^{\text{PUCCH},3} = 1$。

PUCCH 格式 4 按照如下公式进行逐块扩展处理：

$$y\left(lM_{\text{sc}}^{\text{PUCCH},4} + k\right) = w_n(k) \cdot d\left(l\frac{M_{\text{sc}}^{\text{PUCCH},4}}{N_{\text{SF}}^{\text{PUCCH},4}} + k \bmod \frac{M_{\text{sc}}^{\text{PUCCH},4}}{N_{\text{SF}}^{\text{PUCCH},4}}\right)$$

$$k = 0,1,\cdots,M_{\text{sc}}^{\text{PUCCH},4} - 1$$

$$l = 0,1,\cdots,\left(N_{\text{SF}}^{\text{PUCCH},4} M_{\text{symb}} \big/ M_{\text{sc}}^{\text{PUCCH},4}\right) - 1$$

这里 $M_{\text{RB}}^{\text{PUCCH},4} = 1$，$N_{\text{SF}}^{\text{PUCCH},4} \in \{2,4\}$，$w_n$ 的值参考 TS38.211 表 6.3.2.6.3-1 和表 6.3.2.6.3-2，n 代表正交序列的索引号（详细参考 TS38.213 9.2.1 节）。

（3）转换预编码

复值符号块 $y(0),\cdots,y(N_{\text{SF}}^{\text{PUCCH},s} M_{\text{symb}} - 1)$ 根据如下公式进行转换预编码处理，从而生成复值符号块 $z(0),\cdots,z(N_{\text{SF}}^{\text{PUCCH},s} M_{\text{symb}} - 1)$：

$$z(l \cdot M_{\text{sc}}^{\text{PUCCH},s} + k) = \frac{1}{\sqrt{M_{\text{sc}}^{\text{PUCCH},s}}} \sum_{m=0}^{M_{\text{sc}}^{\text{PUCCH},s} - 1} y(l \cdot M_{\text{sc}}^{\text{PUCCH},s} + m)\, \text{e}^{-\text{j}\frac{2\pi mk}{M_{\text{sc}}^{\text{PUCCH},s}}}$$

$$k = 0,\cdots,M_{\text{sc}}^{\text{PUCCH},s} - 1$$

$$l = 0,\cdots,\left(N_{\text{SF}}^{\text{PUCCH},s} M_{\text{symb}} \big/ M_{\text{sc}}^{\text{PUCCH},s}\right) - 1$$

（4）物理资源映射

调制符号 $z(0),\cdots,z(N_{\text{SF}}^{\text{PUCCH},s} M_{\text{symb}} - 1)$ 映射到物理资源粒子，这些资源粒子需要满足：

① 处于被分配的用于传输的 RB 中；

② 没有被 DMRS 占用。

映射规则是先频域 k 后时域 l（天线端口 $p = 2000$）按升序映射。而且映射过程中不能使用保留于其他用途的资源粒子。

在打开时隙内跳频的情况下，在第一跳发送 $\lfloor N_{\text{symb}}^{\text{PUCCH},s}/2 \rfloor$ 个 OFDM 符号，第二跳发送 $N_{\text{symb}}^{\text{PUCCH},s} - \lfloor N_{\text{symb}}^{\text{PUCCH},s}/2 \rfloor$ 个符号，这里的 $N_{\text{symb}}^{\text{PUCCH},s}$ 是在每个时隙内发送的 PUCCH 的 OFDM 符号数量（详细处理参考 TS38.213 9.2.1 节）。

简要说一下 PUCCH 格式 3 和 4 的 DMRS 序列使用：

$$r_l(m) = r_{u,v}^{(\alpha,\delta)}(m)$$

$$m = 0,1,\cdots,M_{\text{sc}}^{\text{PUCCH},s} - 1$$

这里基础序列采用低峰均比 $r_{u,v}^{(\alpha,\delta)}(m)$ 序列，循环移位 α 根据符号和时隙不同而变化，PUCCH 格式 3 的 $m_0 = 0$，而 PUCCH 格式 4 的 m_0 见表 4-20（对应 TS38.211 表 6.4.1.3.3.1-1）。

表 4-20　PUCCH 格式 4 的循环移位索引（TS38.211 表 6.4.1.3.3.1-1）

正交序列索引 n	循环移位索引 m_0	
	$N_{SF}^{PUCCH,4} = 2$	$N_{SF}^{PUCCH,4} = 4$
0	0	0
1	6	6
2	—	3
3	—	9

根据上述可知，对于 PUCCH 格式 3，在发送前首先对 M_{bit} 进行加扰，继而使用 QPSK 或者 π/2-BPSK 进行调制，分配 RB 资源时要满足 2/3/5 的幂次（打开转换预编码时），然后以粒度 $M_{sc}^{PUCCH,s} = M_{RB}^{PUCCH,s} \cdot N_{sc}^{RB}$ 分段映射到子载波上。

对于 PUCCH 格式 4，在发送前先对 M_{bit} 进行加扰，继而使用 QPSK 或者 π/2-BPSK 进行调制，只分配使用一个 RB，然后使用 2 个或者 4 个 12 比特的 OCC 码进行扩频。

在 PUCCH 格式 3 跳频关闭的情况下，资源映射示例 1 如图 4-24 所示。

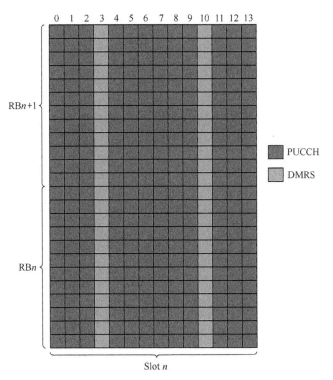

图 4-24　PUCCH 格式 3 物理资源映射示例 1

在 PUCCH 格式 3 跳频打开的情况下，资源映射示例 2 如图 4-25 所示。

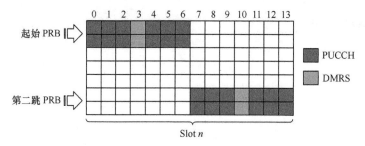

图 4-25　PUCCH 格式 3 物理资源映射示例 2

4.3.2.4　PUCCH 各类格式的信号处理总结梳理

PUCCH 信号生成的过程大致分为如下 3 个步骤，总结梳理如下：

1．基带序列生成

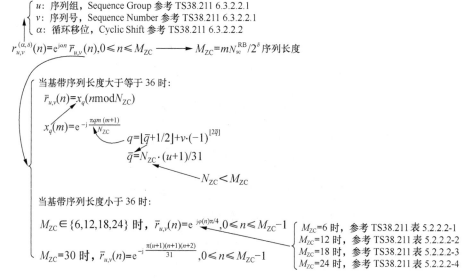

2．组与序列跳变过程梳理

对于序列组 $u=(f_{gh}+f_{ss}) \bmod 30$ 及序列号 v：

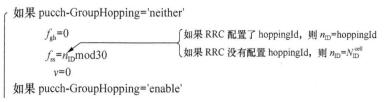

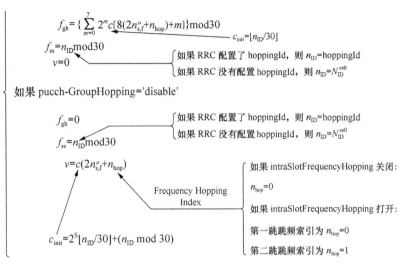

$$f_{gh}=\{\sum_{m=0}^{7}2^{m}c[8(2n_{s,f}^{\mu}+n_{hop})+m]\}\mathrm{mod}30$$

$c_{init}=\lfloor n_{ID}/30\rfloor$

$$f_{ss}=n_{ID}\mathrm{mod}30$$
$$v=0$$

如果 RRC 配置了 hoppingId，则 n_{ID}=hoppingId

如果 RRC 没有配置 hoppingId，则 $n_{ID}=N_{ID}^{cell}$

如果 pucch-GroupHopping='disable'

$$f_{gh}=0$$

如果 RRC 配置了 hoppingId，则 n_{ID}=hoppingId

如果 RRC 没有配置 hoppingId，则 $n_{ID}=N_{ID}^{cell}$

$$f_{ss}=n_{ID}\mathrm{mod}30$$

$$v=c(2n_{s,f}^{\mu}+n_{hop})$$

Frequency Hopping Index

如果 intraSlotFrequencyHopping 关闭：

$n_{hop}=0$

如果 intraSlotFrequencyHopping 打开：

第一跳跳频索引为 $n_{hop}=0$

第二跳跳频索引为 $n_{hop}=1$

$$c_{init}=2^{S}\lfloor n_{ID}/30\rfloor+(n_{ID}\ \mathrm{mod}\ 30)$$

3. 循环移位（Cyclic Shift）处理

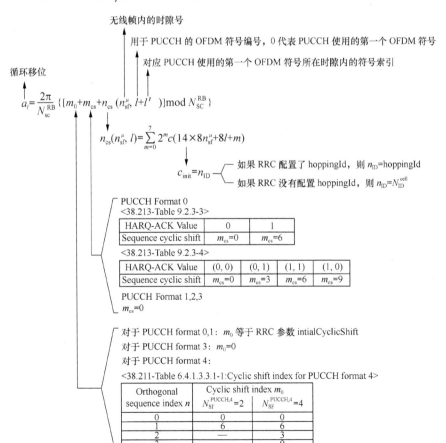

无线帧内的时隙号

用于 PUCCH 的 OFDM 符号编号，0 代表 PUCCH 使用的第一个 OFDM 符号

对应 PUCCH 使用的第一个 OFDM 符号所在时隙内的符号索引

循环移位

$$a_{l}=\frac{2\pi}{N_{sc}^{RB}}\{[m_{0}+m_{cs}+n_{cs}(n_{sf}^{\mu},l+l')]\mathrm{mod}\ N_{SC}^{RB}\}$$

$$n_{cs}(n_{sf}^{\mu},l)=\sum_{m=0}^{7}2^{m}c(14\times8n_{sf}^{\mu}+8l+m)$$

$c_{init}=n_{ID}$

如果 RRC 配置了 hoppingId，则 n_{ID}=hoppingId

如果 RRC 没有配置 hoppingId，则 $n_{ID}=N_{ID}^{cell}$

PUCCH Format 0
<38.213-Table 9.2.3-3>

HARQ-ACK Value	0	1
Sequence cyclic shift	$m_{cs}=0$	$m_{cs}=6$

<38.213-Table 9.2.3-4>

HARQ-ACK Value	(0, 0)	(0, 1)	(1, 1)	(1, 0)
Sequence cyclic shift	$m_{cs}=0$	$m_{cs}=3$	$m_{cs}=6$	$m_{cs}=9$

PUCCH Format 1,2,3
$m_{cs}=0$

对于 PUCCH format 0,1：m_{0} 等于 RRC 参数 intialCyclicShift
对于 PUCCH format 3：$m_{0}=0$
对于 PUCCH format 4：

<38.211-Table 6.4.1.3.3.1-1:Cyclic shift index for PUCCH format 4>

Orthogonal sequence index n	Cyclic shift index m_{0}	
	$N_{SF}^{PUCCH,4}=2$	$N_{SF}^{PUCCH,4}=4$
0	0	0
1	6	6
2	—	3
3	—	9

4.3.2.5　PUCCH 格式应用选择

UE 在 PUCCH 传送 UCI 时选择 PUCCH 格式的约定如下：

1. **在以下情况下选择使用 PUCCH 格式 0**

（1）发送 UCI 占用 1～2 个符号；

（2）HARQ 反馈信息连同 SR（正或者负）信息比特为 1 或者 2。

2. **在以下情况下选择使用 PUCCH 格式 1**

（1）发送 UCI 占用多于 4 或者更多的符号；

（2）HARQ-ACK/SR 比特数为 1 或者 2。

3. **在以下情况下选择使用 PUCCH 格式 2**

（1）发送 UCI 占用 1 个或者 2 个符号；

（2）UCI 比特大于 2。

4. **在以下情况下选择使用 PUCCH 格式 3**

（1）发送 UCI 占用大于 4 个或者更多的符号；

（2）UCI 比特大于 2。

5. **在以下情况下选择使用 PUCCH 格式 4**

（1）发送 UCI 占用大于 4 个或者更多的符号；

（2）UCI 比特大于 2；

（3）PUCCH 资源中包含了一个 OCC（Orthogonal Cover Code）。

4.3.3　PUSCH 设计与处理

4.3.3.1　PUSCH 的作用和处理模型

PUSCH 用于承载上行数据和部分上行控制信息（UCI）。其处理流程如图 4-26 所示。

PUSCH 处理流程包括传输块 CRC 信息添加、LDPC 因子图（Base Graph）选择、码块分段及 CRC 添加、信道编码与速率适配、码块串接、数据和控制复用、加扰、调制、层影射、转换预编码、预编码以及到 VRB 和 PRB 的影射等步骤。这个过程中，PUSCH 数据与高层进行交换信息并形成传输块（TB，TransPort Block），并进而组成码块进行传送和处理。信道编码采用 LDPC，涉及 LDPC 因子图选择过程，还需要采用 CRC 实现前向纠错（FEC），并经过调制、层影射、预编码等 MIMO 处理过程。其中，转换预编码仅用于 DFT-s-OFDM。最终，信息经由 BRB 和 PRB 映射过程后映射到相应的资源和天线端口，采用物理层时频资源传送出去。

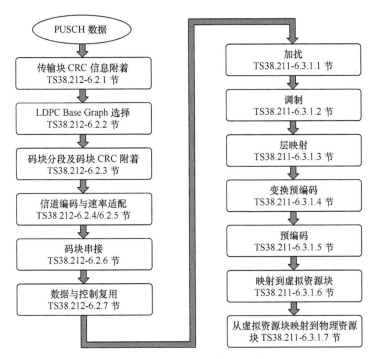

图 4-26　PUSCH 处理流程示意

（1）码块分段及各段 CRC 添加过程中，TBS 大于 3824 时添加 24bit 的 CRC，否则添加 16bit 的 CRC（对比来说，LTE 是加 CRC24 比特后不超过 6144bit）。

（2）数据调制方式如表 4-21 所示，包括 QPSK、16QAM、64QAM 和 256QAM 以及 π/2 BPSK 等。π/2 BPSK 仅在进行转换预编码（Transform Precoding）时才可以使用。

表 4-21　调制阶数表

转换预编码关闭		转换预编码打开	
调制方案	调制阶数	调制方案	调制阶数
		π/2-BPSK	1
QPSK	2	QPSK	2
16QAM	4	16QAM	4
64QAM	6	64QAM	6
256QAM	8	256QAM	8

4.3.3.2　PUSCH 基本特性

1．波形、调制及编码方式

PUSCH 可以采用 2 种波形，即 CP-OFDM 和 DFT-s-OFDM。CP-OFDM 可用于 MIMO，它采用 Gold 序列进行加扰。DFT-s-OFDM 仅用于单层传输，采用 Zadoff-Chu 序列进行加扰。

PUSCH 两种波形采用的调制方式为：CP-OFDM 采用 QPSK、16QAM、64QAM 和 256QAM 等，DFT-s-OFDM 除了支持上述几种调制方式之外，还支持$\pi/2$-BPSK。

PUSCH 编码方式采用 LDPC 长码。

2．MIMO 特性

CP-OFDM 下，SU-MIMO 支持最多 4 层传送，SU-MIMO 码字数为 1。要使用这个最大层数需要 UE 增加物理天线到 4 根。采用转换预编码（TP，Transform Precoding）时，仅支持单层 MIMO 传送。PUSCH 及其关联的 DMRS 使用的天线端口从 0 开始。

3．PUSCH 传输特性

PUSCH 支持码本和非码本传输，基于码本的传输根据 DCI 中的 PMI 信息进行预编码操作。另外，关于 PUSCH 传输方式，又分为 grand-based（使用 DCI 来通知上行调度 UL grant）和 grant-free，而 grant-free 又分为两种。

（1）配置类型 1：通过高层信令 RRC Configuration 通知，不使用 L1 的消息。

（2）配置类型 2：通过高层信令 RRC Configuration 和 L1 消息配合来进行配置和通知激活/去激活操作。

4.3.3.3　PUSCH 详细处理过程

1．传输块 CRC 附着

PUSCH 传输块通过 CRC 进行错误检测。整个传输块都会用来计算 CRC 校验比特。由 $a_0, a_1, a_2, a_3, \cdots, a_{A-1}$ 表示传递到第一层的传输块中的比特，由 $p_0, p_1, p_2, p_3, \cdots, p_{L-1}$ 表示传递到第一层的校验比特，这里 A 是载荷大小，L 是校验比特的数量。a_0 映射到传输块的最高有效位。校验位经计算后附加到 DL-SCH 传输块。经过 CRC 附着后的比特值由 $b_0, b_1, b_2, b_3, \cdots, b_{B-1}$ 表示，其中，$B = A + L$，详细处理过程如下。

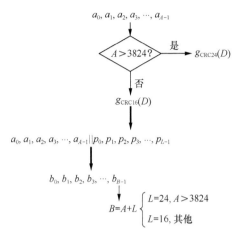

2. LDPC base graph 选择

每个 TB 码块需要通过 LDPC base graph1 或者 LDPC base graph 2 编码，如下所示。

$A \leqslant 292$ ⟶ LDPC base graph 2

$A \leqslant 3824$ 且 $R \leqslant 0.67$ ⟶ LDPC base graph 2

$R \leqslant 0.25$ ⟶ LDPC base graph 2

其他情况 ⟶ LDPC base graph 1

这里，A 是载荷大小。

3. 码块分段及码块 CRC 附着

用于码块分段的输入比特由 $b_0, b_1, b_2, b_3, \cdots, b_{B-1}$ 表示，B 是 TB 中包括 CRC 在内的总体比特数量。经过码块分段的比特由 $c_{r0}, c_{r1}, c_{r2}, c_{r3}, \cdots, c_{r(K_r-1)}$ 表示，其中，K_r 是码块编号 r 的比特数量。

4. 信道编码及速率适配

作为数据信道，PUSCH 采用 LDPC 进行信道编码（详见 TS38.212—5.3.2 节）。然后由 $d_{r0}, d_{r1}, d_{r2}, d_{r3}, \cdots, d_{r(N-1)}$ 表示的每个码块编码后的比特运送到速率适配块，其中 r 是码块编号，N 是码块 r 的编码后比特的大小。通过速率适配后的比特由 $f_{r0}, f_{r1}, f_{r2}, f_{r3}, \cdots, f_{r(E_r-1)}$ 表示，E 是码块 r 的速率适配比特的数量。信道编码示意如图 4-27 所示。

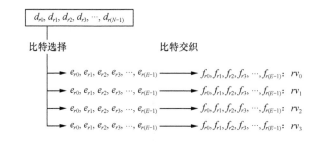

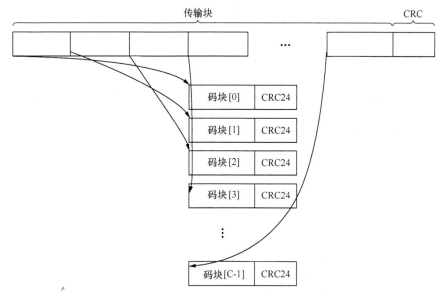

图 4-27　信道编码示意

5. 码块串接

码块串接块的输入比特序列由 f_{rk} 表示，$r = 0, \cdots, C-1$，$k = 0, \cdots, E_r-1$，E_r 是第 r 个码本的速率适配比特的数量。经码块串接后的输出比特由 g_k 表示，$k = 0, \cdots, G-1$ 这里 G 是参与编码比特的总数量。码块串接的方法和逻辑关系如图 4-28 所示。

6. 数据与控制复用

数据与控制复用详细处理步骤参见规范 TS38.212 6.2.7 节的定义。

7. 加扰

对于每个码字 q，比特块 $b^{(q)}(0), \cdots, b^{(q)}(M_{\text{bit}}^{(q)}-1)$ 在调制之前需要加扰处理，其中，$M_{\text{bit}}^{(q)}$ 是在物理信道上传输的码字 q 的比特。经过加扰生成比特块 $\widetilde{b}^{(q)}(0), \cdots, \widetilde{b}^{(q)}(M_{\text{bit}}^{(q)}-1)$。加扰整体处理流程如图 4-29 所示。

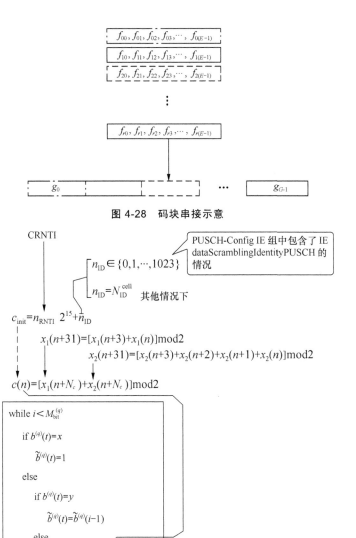

图 4-28　码块串接示意

图 4-29　加扰整体处理流程

8.　调制

对于每个码字 q，加扰比特块 $\tilde{b}^{(q)}(0),\cdots,\tilde{b}^{(q)}(M_{bit}^{q}-1)$ 将按照表 4-22 所描述的方法进行调制。

表 4-22 调制阶数映射

调制方案	调制阶数 Q_m	映射到复值调制符号的公式
$\pi/2$-BPSK	1	$d(i) = \dfrac{e^{j\frac{\pi}{2}(i \bmod 2)}}{\sqrt{2}}\{[1-2b(i)]+j[1-2b(i)]\}$
QPSK	2	$d(i) = \dfrac{1}{\sqrt{2}}\{[1-2b(2i)]+j[1-2b(2i+1)]\}$
16QAM	4	$d(i) = \dfrac{1}{\sqrt{10}}\{[1-2b(4i)][2-(1-2b(4i+2))]+j(1-2b(4i+1))[2-(1-2b(4i+3))]\}$
64QAM	6	$d(i) = \dfrac{1}{\sqrt{42}}\left\{\begin{array}{l}[1-2b(6i)][4-(1-2b(6i+2))[2-(1-2b(6i+4))]]+ \\ j(1-2b(6i+1))[4-(1-2b(6i+3))[2-(1-2b(6i+5))]]\end{array}\right\}$
256QAM	8	$d(i) = \dfrac{1}{\sqrt{170}}\Big\{(1-2b(8i))\big[8-(1-2b(8i+2))\big[4-(1-2b(8i+4))\big[2-(1-2b(8i+6))\big]\big]\big]$ $+j(1-2b(8i+1))\big[8-(1-2b(8i+3))\big[4-(1-2b(8i+5))\big[2-(1-2b(8i+7))\big]\big]\big]\Big\}$

调制方案见 TS38.211 表 6.3.1.2-1（见表 4-23），由此生成复值调制符号块 $d^{(q)}(0),\cdots,d^{(q)}(M_{symb}^{(q)}-1)$。

表 4-23 支持的调制方案（TS38.211 表 6.3.1.2-1）

转换预编码关闭		转换预编码打开	
调制方案	调制阶数 Q_m	调制方案	调制阶数 Q_m
		$\pi/2$-BPSK	1
QPSK	2	QPSK	2
16QAM	4	16QAM	4
64QAM	6	64QAM	6
256QAM	8	256QAM	8

9. 层映射

对于单个码字 $q=0$，要发送的码字的复值调制符号最多能映射到四层。码字 q 的复值调制符号 $d^{(q)}(0),\cdots,d^{(q)}(M_{symb}^{(q)}-1)$ 映射到层 $x(i)=\left[x^{(0)}(i)...x^{(v-1)}(i)\right]^{\mathrm{T}}$ 上，其中，$i=0,1,\cdots,M_{symb}^{layer}-1$，$v$ 是层数，M_{symb}^{layer} 是每层调制符号的数量。

映射方式参见 TS38.211 中表 7.3.1.3-1（见表 4-24），注意到这里最大层数是 4。

表 4-24　空分复用的码字到层映射（TS38.211 表 7.3.1.3-1）

层数	码字数	码字到层的映射 $i=0,1,\cdots,M_{\text{symb}}^{\text{layer}}-1$	
1	1	$x^{(0)}(i)=d^{(0)}(i)$	$M_{\text{symb}}^{\text{layer}}=M_{\text{symb}}^{(0)}$
2	1	$x^{(0)}(i)=d^{(0)}(2i)$ $x^{(1)}(i)=d^{(0)}(2i+1)$	$M_{\text{symb}}^{\text{layer}}=M_{\text{symb}}^{(0)}\big/2$
3	1	$x^{(0)}(i)=d^{(0)}(3i)$ $x^{(1)}(i)=d^{(0)}(3i+1)$ $x^{(2)}(i)=d^{(0)}(3i+2)$	$M_{\text{symb}}^{\text{layer}}=M_{\text{symb}}^{(0)}\big/3$
4	1	$x^{(0)}(i)=d^{(0)}(4i)$ $x^{(1)}(i)=d^{(0)}(4i+1)$ $x^{(2)}(i)=d^{(0)}(4i+2)$ $x^{(3)}(i)=d^{(0)}(4i+3)$	$M_{\text{symb}}^{\text{layer}}=M_{\text{symb}}^{(0)}\big/4$

总结层映射整体处理流程如下：

$$
\begin{array}{c}
\text{码字索引} \\
\downarrow \\
d^{(q)}(0),\cdots,d^{(q)}(M_{\text{symb}}^{(q)}-1)
\end{array}
$$

$$
x(i)=[x^{(0)}(i)\ \ \dots\ \ x^{(\nu-1)}(i)]^{\mathrm{T}}\quad i=0,1,\cdots,M_{\text{symb}}^{\text{layer}}-1
$$

$$
=\begin{bmatrix}
x^{(0)}(0) & x^{(0)}(1) & \cdots & x^{(0)}(M_{\text{symb}}^{\text{layer}}-1) \\
x^{(1)}(0) & x^{(1)}(1) & & x^{(1)}(M_{\text{symb}}^{\text{layer}}-1) \\
\vdots & & \ddots & \vdots \\
x^{(\nu-1)}(0) & x^{(\nu-1)}(1) & \cdots & x^{(\nu-1)}(M_{\text{symb}}^{\text{layer}}-1)
\end{bmatrix}
$$

10. 转换预编码

转换预编码用于创建 DFT-s-OFDM 波形，它是一种 DFT（数字傅里叶变换）方式，用于上行数据进行扩展，以降低波形的 PAPR。可以根据不同覆盖场景来选择是否启用或者关闭转换预编码，为 PUSCH 选择使用 CP-OFDM 或者 DFT-s-OFDM，以便于实现灵活的调度，兼顾不同覆盖情况下的 PUSCH 配置，最大程度上合理发挥系统的能力。

转换预编码的处理依据下式生成复值符号块 $y^{(0)}(0),\cdots,y^{(0)}(M_{\text{symb}}^{\text{layer}}-1)$：

$$y^{(0)}(l \cdot M_{sc}^{PUSCH} + k) = \frac{1}{\sqrt{M_{sc}^{PUSCH}}} \sum_{i=0}^{M_{sc}^{PUSCH}-1} \tilde{x}^{(0)}(l \cdot M_{sc}^{PUSCH} + i) e^{-j\frac{2\pi ik}{M_{sc}^{PUSCH}}}$$

$$k = 0, \cdots, M_{sc}^{PUSCH} - 1$$

$$l = 0, \cdots, M_{symb}^{layer} / M_{sc}^{PUSCH} - 1$$

此处，变量 $M_{sc}^{PUSCH} = M_{RB}^{PUSCH} \cdot N_{sc}^{RB}$，其中，$M_{RB}^{PUSCH}$ 表示 PUSCH 占用的 RB 数量，并且需要满足条件：

$$M_{RB}^{PUSCH} = 2^{\alpha_2} \cdot 3^{\alpha_3} \cdot 5^{\alpha_5}$$

其中，$\alpha_2, \alpha_3, \alpha_5$ 是非负整数。

其他更多详细处理过程请参考 TS38.211 6.3.1.4 节以及 TS38.214 6.1.3 节。

11. **预编码**

预编码用于数字波束赋形过程中，其目的是根据信道特性产生预编码矩阵，并作用于传送信号，以降低接收机消除信道间影响实现的复杂度，同时减少系统开销，最大化提升 MIMO 的系统容量。

在 PUSCH 的处理中，向量块 $[y^{(0)}(i) \cdots y^{(v-1)}(i)]^T$，$i = 0,1,\cdots,M_{symb}^{layer} - 1$ 采用以下方式进行预编码：

$$\begin{bmatrix} z^{(p_0)}(i) \\ \vdots \\ z^{(p_{\rho-1})}(i) \end{bmatrix} = W \begin{bmatrix} y^{(0)}(i) \\ \vdots \\ y^{(v-1)}(i) \end{bmatrix}$$

其中，$i = 0,1,\cdots,M_{symb}^{ap} - 1$，$M_{symb}^{ap} = M_{symb}^{layer}$，$\{p_0,\cdots,p_{\rho-1}\}$ 为天线端口集。

对于基于非码本的传输方式，预编码矩阵 W 等于单位矩阵。

对于基于码本的传输方式，采用单天线端口进行单层传输时，预编码矩阵 $W=1$。否则根据上次传输时 DCI 调度中的 TPMI 索引来确定。天线信息和层数都在 DCI0_1 中通知。

本节涉及的表格如下。

表 6.3.1.5-1：采用 2 天线端口进行 1 层传输时的预编码矩阵 W。

表 6.3.1.5-2：采用 4 天线端口进行 1 层传输且转换预编码启用时的预编码矩阵 W。

表 6.3.1.5-3：采用 4 天线端口进行 1 层传输但不使用转换预编码时的预编码矩阵 W。

表 6.3.1.5-4：采用 2 天线端口进行 2 层传输且不使用转换预编码时的预编

码矩阵 W。

表 6.3.1.5-5：采用 4 天线端口进行 2 层传输且不使用转换预编码时的预编码矩阵 W。

表 6.3.1.5-6：采用 4 天线端口进行 3 层传输且不使用转换预编码时的预编码矩阵 W。

表 6.3.1.5-7：采用 4 天线端口进行 4 层传输且不使用转换预编码时的预编码矩阵 W。

预编码处理过程如下：

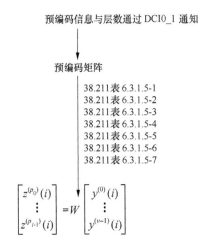

12. 映射到虚拟资源块 VRB

对于用于传输 PUSCH 的每个天线端口，复值符号块 $z^{(p)}(0), \cdots, z^{(p)}(M_{symb}^{ap}-1)$ 应与幅度比例因子 β_{PUSCH} 相乘后按顺序从 $z^{(p)}(0)$ 开始映射到 $\mathrm{RE}(k', l)_{p,\mu}$。

在分配使用的虚拟资源块中，满足以下条件。

它们位于分配给传输使用的虚拟资源块中，并且相应的物理资源块中的资源粒子不用于其他共同调度 UE 的相关 DMRS 及 PTRS。

映射到 PUSCH 使用的资源粒子 $(k', l)_{p,\mu}$ 应首先按照分配的 VRB 的 index k' 的升序来进行排列。其中，$k'=0$ 是分配使用的编号最小的虚拟资源块中的第一个子载波，然后映射时域资源索引 l。映射到虚拟资源块 VRB 如图 4-30 所示。

13. 从虚拟资源块映射到物理资源块

使用非交织映射将虚拟资源块映射到物理资源块。即使用非交织的 VRB 到 PRB 映射，虚拟资源块 VRBn 被映射到物理资源块 PRBn，如图 4-31 所示。

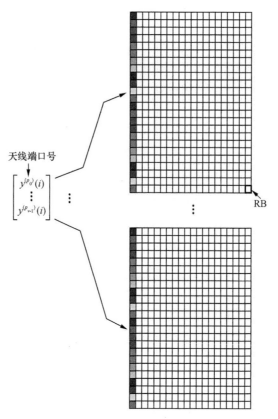

图 4-30 映射到虚拟资源块 VRB

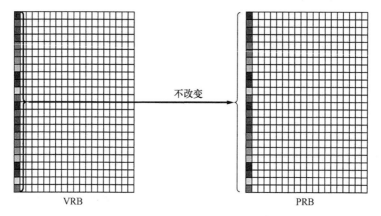

图 4-31 虚拟资源块映射到物理资源块

|4.4　下行信道|

4.4.1　PDCCH 信道设计与处理

4.4.1.1　PDCCH 概述

5G NR 在物理层定义了与 LTE 同名的下行控制信道（PDCCH），其功能也一定程度上与 LTE 相类似。PDCCH 主要用于调度 PDSCH 的下行数据和 PUSCH 的上行数据，并用于发送其他相关的上下行调度信息。PDCCH 上传送的下行控制信息（DCI）中主要包括：

（1）下行调度信息，如下行调制方式、编码格式、资源分配以及与 DL-SCH 相关的 HARQ 信息等；

（2）上行调度（UL Grant）信息，如上行调度方式和编码格式、资源分配以及与 UL-SCH 相关的 HARQ 信息等。

除了调度功能之外，PDCCH 还有如下用途：

（1）激活与去激活 PUSCH 调度；

（2）激活与去激活 PDSCH 半静态调度；

（3）通知时隙格式给一个或者多个 UE；

（4）通知一个或者多个 UE 不再使用的 PRB 和 OFDM 符号资源；

（5）为 PUCCH 和 PUSCH 发送 TPC 命令；

（6）为一个或者多个 UE 发送一个或者多个 TPC 命令；

（7）切换 UE 的激活 BWP；

（8）触发随机接入过程等。

PDCCH 使用 Polar 码，且使用 QPSK 调制。

4.4.1.2　控制信道单元（CCE，Control Channel Element）

PDCCH 由若干 CCE 组成。CCE 可以进行聚合，以提高容量或者可靠性。不同聚合方案及其所对应的 CCE 数量见表 4-25（TS38.211 表 7.3.2.1-1）。

基于 CCE 的聚合功能，不同容量和覆盖环境下，PDCCH 可以灵活采用多种 CCE 聚合方案来实现不同的编码速率，以满足不同场景下控制信道资源的利用率和可靠性方面的需求。例如，无线环境较差时，需要采用聚合度较高的 PDCCH 来支持具有较大有效载荷的 DCI 格式，以提高可靠性。

表 4-25　PDCCH 聚合等级（TS38.211 表 7.3.2.1-1）

聚合等级	每个聚合等级中所包含的 CCE 数量
1	1
2	2
4	4
8	8
16	16

4.4.1.3　资源粒子组（REG）

每个 CCE 包含 6 个 REG，每个 REG 时域上占用一个符号，频域上对应一个 PRB，即占用 12 个子载波，由此可见，每个 CCE 占用 72 个资源粒子。承载 PDCCH 的每个 REG 中，除了传送 DCI 比特之外，还传送自身相关的 DMRS。

4.4.1.4　控制资源集

PDCCH 资源采用控制资源集（CORESET，Control-Resource Set）进行分配，也就是说，CORESET 是 PDCCH 的基本分配单元，它由多个 REG 及相应的 CCE 组成。每个 BWP 中可以为每个 UE 配置 1~3 个 CORESET，UE 在所配置的 CORESET 相关的时频资源中监听并获取 PDCCH 候选资源（Candidates）。

每个 CORESET 频域上包含 $N_{RB}^{CORESET}$ 个 PRB，通过 ControlResourceSet 中的高层参数 frequencyDomainResources 来进行设定。时域上每个 CORESET 包含 $N_{symb}^{CORESET} \in \{1,2,3\}$ 个符号，通过 ControlResourceSet 中的高层参数 duration 给出，其中，$N_{symb}^{CORESET}$ 仅在高层参数 dmrs-TypeA-Position 为 3 的时候才支持。

下面 RRC 消息展示了上述对 CORESET 配置的相关信息：

```
ControlResourceSet ::=                SEQUENCE {
    controlResourceSetId              ControlResourceSetId,
    frequencyDomainResources          BIT STRING (SIZE (45）),
    duration                          INTEGER (1..maxCoReSetDuration），
    cce-REG-MappingType               CHOICE {
        interleaved                   SEQUENCE {
            reg-BundleSize            ENUMERATED {n2, n3, n6},
            interleaverSize           ENUMERATED {n2, n3, n6},
            shiftIndex                INTEGER(0..maxNrofPhysicalResourceBlocks-1）
        },
```

```
        nonInterleaved            NULL
    },
    precoderGranularity           ENUMERATED {sameAsREG-bundle, allContiguousRBs},
    tci-StatesPDCCH-ToAddList     SEQUENCE(SIZE
(1..maxNrofTCI-StatesPDCCH）) OF TCI-StateId
    tci-StatesPDCCH-ToReleaseList  SEQUENCE(SIZE
(1..maxNrofTCI-StatesPDCCH）) OF TCI-StateId
    tci-PresentInDCI              ENUMERATED {enabled}
    ...
}
```

其中重要的信息参数解释如下。

（1）controlResourceSctId：对应 L1 参数 "CORESET-ID"，值 0 代表在 MIB 和及信息单元 ServingCellConfigCommon 中配置的公共 CORESET，值 1 到 maxNro ControlResourceSets-1 用于标识由专有信令配置的 CORESET，在一个服务小区的所有 BWP 中保持唯一。

（2）frequencyDomainResources：用于配置 CORESET 占用的频域资源，每个比特对应一个 6RB 组，从 PRB0 开始包含在配置 CORESET 的 BWP 中，未包含在 BWP 内的频带，比特位设置为 0。

（3）Duration：用符号数表示的连续的频域资源，对应 L1 参数 "CORESET-time-duration"，取值 1 ~ 3。

（4）cce-REG-MappingType：是 CCE 到 REG 映射类型，对应 L1 参数 "CORESET-CCE-REG-mapping-type"。

（5）reg-BundleSize：能够绑定成 REG Bundle 的 REG 数量，对应 L1 参数 "CORESET-REG-bundle-size"。

（6）interleaverSize：交织器的长度，对应 L1 参数 "CORESET-interleaver-size"。

（7）shiftIndex：对应 L1 参数 "CORESET-shift-index"，如果此参数未在 RRC 消息中配置则使用服务小区的 PCI 的值。

（8）precoderGranularity：PDCCH 在频域上预编码粒度，其中，sameAsREG-bundle 表示一个 REG bundle 内采用相同预编码，allContiguousRBs 表示 CORESET 频域上所有 REG 采用相同的预编码。

（9）Pdcch-DMRS-ScramblingID：表示 PDCCH DMRS 加扰的初始 ID 配置，对应 L1 参数 "PDCCH-DMRS-Scrambling-ID"，如果 RRC 中没有配置参数则使用该服务小区的 PCI。

CORESET 内的 REG 按照时域优先的顺序进行排列和编号，CORESET 中第一个符号上最小的 RB 上的 CCE 编号为 0，依次按照升序排列。每个 UE 可以配置多个 CORESET，每个 CORESET 只关联一个 CCE 到 REG 的映射关系。

　　每个 CORESET 中，CCE 与 REG 之间的映射可以采用交织方式或者非交织方式。非交织方式下，CCE 直接映射到 REG，且 REG 按照升序进行排列；交织方式下，采用特定的交织方式来实现，以获取干扰随机化和分集增益。具体采用哪种交织方式由 ControlResourceSet 中的高层参数 cce-REG-MappingType 进行设置，并通过 REG 绑定即一组 REG 来实现。

　　（1）REG 绑定 i 定义为一组 REG，对应编号为 $\{iL, iL+1, \cdots, iL+L-1\}$，其中，$L$ 为 REG 绑定大小，$i = 0, 1, \cdots, N_{\text{REG}}^{\text{CORESET}}/L - 1$，而 $N_{\text{REG}}^{\text{CORESET}} = N_{\text{RB}}^{\text{CORESET}} N_{\text{symb}}^{\text{CORESET}}$ 是 CORESET 中 REG 的数量。

　　（2）CCE j 由 REG 绑定 $\{f(6j/L), f(6j/L+1), \cdots, f(6j/L+6/L-1)\}$ 组成，其中 $f(\cdot)$ 为交织器。

　　非交织方式下的 CCE 与 REG 的映射中，$L = 6$，$f(j) = j$。

　　交织方式下的 CCE 与 REG 的映射中，当 $N_{\text{symb}}^{\text{CORESET}} = 1$ 时，$L \in \{2, 6\}$；当 $N_{\text{symb}}^{\text{CORESET}} \in \{2, 3\}$ 时。$L \in \{N_{\text{symb}}^{\text{CORESET}}, 6\}$，其中，$L$ 通过高层参数 reg-BundleSize 来配置。

　　交织器定义为：

$$f(j) = (rC + c + n_{\text{shift}}) \bmod (N_{\text{REG}}^{\text{CORESET}}/L)$$
$$j = cR + r$$
$$r = 0, 1, \cdots, R-1$$
$$c = 0, 1, \cdots, C-1$$
$$C = N_{\text{REG}}^{\text{CORESET}}/(LR)$$

这里 $R \in \{2, 3, 6\}$ 即交织器长度，通过高层参数 interleaverSize 给出。

　　对于通过 MIB/SIB 配置的 CORESET，$n_{\text{shift}} = N_{\text{ID}}^{\text{cell}}$，其他采用 $n_{\text{shift}} \in \{0, 1, \cdots, 274\}$ 并通过高层参数 shiftIndex 给出。需要注意的是，UE 不处理上述非整数的数值 C。

　　对于交织和非交织映射，UE 假定：

　　（1）如果高层参数 precoderGranularity 等于 sameAsREG-bundle，则在 REG 绑定内使用相同的预编码；

　　（2）如果高层参数 precoderGranularity 等于 allContiguousRBs，则 CORESET 中连续的 RB 集内的所有 REG 都使用相同的预编码。

　　对于由 PBCH 配置的 CORESET，UE 使用交织映射方式，$L = 6$，$R = 2$，且在 REG 绑定内使用相同的预编码。

　　非交织方式下，REG 绑定大小 L 取值只能为 6，则 REG 绑定 0 对应的 REG 计算公式为（0×6, 0×6+1, …, 0×6+6-1），对应 REG 编号为 0 ~ 5，REG 绑定 1 对应的 REG 编号为 6 ~ 11，即 6 个 REG 组成一个 CCE。CORESET 包含 1 个

符号时，REG 绑定即 CCE 中的 REG 标号在频域上从 0 到高依次排列。如果 CORESET 包含多个符号，则 CCE 中的 REG 编号首先在时域上的多个符号间依次排列，然后在频域上从低到高依次排列。非交织方式下 CCE 到 REG 的映射关系举例如图 4-32 所示。

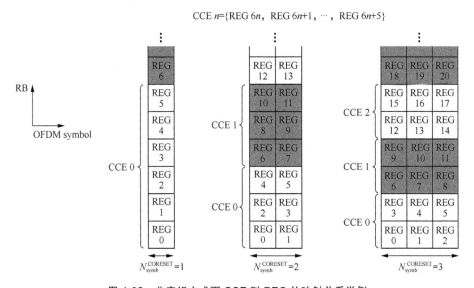

图 4-32　非交织方式下 CCE 到 REG 的映射关系举例

交织模式下，CORESET 包含 1 个符号时，$L \in \{2,6\}$，即 2 个或者 6 个 REG 组成一个 REG 绑定。CORESET 包含多个符号时，$L \in \{N_{symb}^{CORESET}, 6\}$，也就是说，CORESET 包含 2 个符号时，2 个或者 6 个 REG 组成一个 REG 绑定；CORESET 包含 3 个符号时，3 个或者 6 个 REG 组成一个 REG 绑定。

由此可见，REG 绑定取值为 2、3 或者 6，而每个 CCE 由 6 个 REG 组成，因此，一个 CCE 中可以包含 1～3 个 REG 绑定。$L=6$ 时，REG 绑定长度与 CCE 长度相同，一个 CCE 包含一个 REG 绑定，此时可以实现 CCE 之间的交织，但不能实现 CCE 内部的交织；$L=2$ 或者 3 时，REG 绑定长度小于 6，一个 CCE 包含多个 REG 绑定，此时可以同时实现 CCE 之间与 CCE 内部之间的交织。

假设 L 即绑定长度为 2，则 CORESET 中 REG 与 REG 绑定的对应关系如图 4-33 所示，每个 REG 绑定中包含 2 个 REG，所以每个 CCE 包含 3 个 REG 绑定。

CORESET={REG0, REG1, REG2, REG3, ···, REGn-2, REGn-1}

REG bundle 0　REG bundle 1　REG bundle m-1

图 4-33　REG 绑定为 2 时 REG 和 REG 绑定关系示意

假设 L 即绑定长度为 2，假定 REG 绑定的总数为 24，交织器长度为 3，小区特定的偏移量 n_{shift} 为 12，对应的交织器采用竖写横读的方式，交织过程示意如图 4-34 所示。首先 REG 绑定按照竖列顺序依次写入交织器，然后在偏移量 n_{shift} 为 12 的基础上，从 REG 绑定 13 开始横向读出，将 REG 绑定 13、16 和 19 组成 CCE0，接下来读取的 REG 绑定编号依次为 22、2 和 5，并组成 CCE1，最后读取 REG 绑定 4、7 和 10 组成 CCE7。如果 CCE 所占用的 PRB 数目更大，则接下来还可以以此类推，REG 绑定 13、16 和 19 再组成 CCE8、REG 绑定编号 22、2 和 5，并组成 CCE9 等，如图 4-34 所示。

↓ 竖写

CCE 编号	CCE4, 12, 20···				CCE5, 13, 21···				CCE6, 14, 22···			
REG 绑定	0		3		6		9		12		15	
REG 编号	0	1	6	7	12	13	18	19	24	25	30	31

(续)

CCE 编号			CCE4, 12, 20···		CCE6, 14, 22···		
REG 绑定	18		21	
REG 编号	36	37	42	43

CCE 编号	CCE6,14,22···		CCE7, 15, 23···				CCE0, 8, 16···				CCE1,9,17···	
REG 绑定	1		4		7		10		13		16	
REG 编号	2	3	8	9	14	15	20	21	26	27	32	33

REG 绑定	19		22	
REG 编号	38	39	44	45

$+n_{shift}$ → 横读

CCE 编号	CCE1, 9, 17···		CCE2, 10, 18···				CCE3, 11, 19···					
REG 绑定	2		5		8		11		14		17	
REG 编号	4	5	10	11	16	17	22	23	28	29	34	35

REG 绑定	20		23	
REG 编号	40	41	46	47

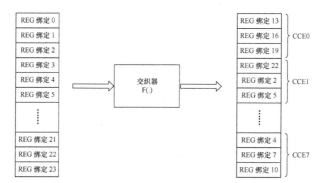

图 4-34　交织方式下交织器工作方式示意

绑定长度 L 为 2 时，可以实现 CCE 内部和 CCE 之间的交织，即首先进行 REG 交织，然后进行 CCE 之间的交织，从而提高抗干扰能力，如图 4-35 所示。

绑定长度 L 为 6 时，仅能够实现 CCE 之间的交织，可以采用上述同样的方法进行分析。由于 L 为 6，所以每个 CCE 中都包含 6 个 REG，再根据交织器长度和偏移量，即可分析相关的交织和映射关系，示例如图 4-36 所示，图中 CCE 的编号因参数的不同取值而变化，故采用 a、b 和 c 予以表示，具体取值需要根据具体参数来确定。

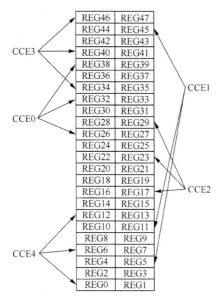

图 4-35　CCE 内部和 CCE 之间交织工作方式示意

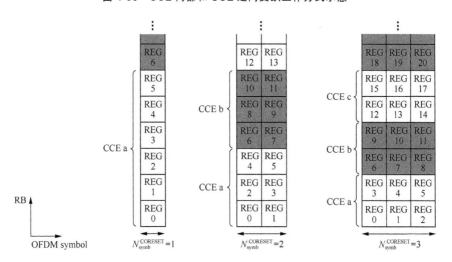

图 4-36　CCE 之间交织工作方式示意

4.4.1.5　PDCCH 物理层处理

1. **加扰**

在调制前对比特块 $b(0),\cdots,b(M_{bit}-1)$ 按照下式进行加扰，从而产生加扰后的比特块 $\tilde{b}(0),\cdots,\tilde{b}(M_{bit}-1)$ ，其中，M_{bit} 是物理信道上发射的比特。

$$\tilde{b}(i) = [b(i)+c(i)] \bmod 2$$

公式里面的加扰序列 $c(i)$ 为伪随机序列（详见本书 4.2 节相关内容），通过下式进行初始化：

$$c_{\text{init}} = \left(n_{\text{RNTI}} \cdot 2^{16} + n_{\text{ID}}\right) \bmod 2^{31}$$

（1）对于 UE 特定的搜索空间（USS，UE-Specific Search Space），$n_{\text{ID}} \in \{0,1,\cdots,$ 65 535}等于高层参数 pdcch-DMRS-ScramblingID 定义的值（适用于配置了这个参数并通知了 UE 的情况）。

（2）否则，$n_{\text{ID}} = N_{\text{ID}}^{\text{cell}}$。

另外，

（1）如果配置了高层参数 pdcch-DMRS-ScramblingID，n_{RNTI} 通过 UE 特定搜索空间（UE-Specific Search Space）的 C-RNTI 给出。

（2）其他情况下，$n_{\text{RNTI}} = 0$。

2. PDCCH 调制

UE 使用 QPSK 将比特块 $\tilde{b}(0),\cdots,\tilde{b}(M_{\text{bit}}-1)$ 进行调制产生复值调制符号块 $d(0),\cdots,d(M_{\text{symb}}-1)$。

3. 映射到物理资源

UE 将复值符号块首先通过乘以扩展因子 β_{PDCCH} 进行扩展，然后映射到用于监听 PDCCH 的资源粒子 $(k', l)_{p,\mu}$（非用于 PDCCH DMRS 的资源粒子），先按升序映射频域 k，然后时域在天线口 $p = 2000$ 映射到 l。

4.4.1.6 PDCCH 搜索空间

在 LTE 系统中，只有搜索空间这个概念，并没有定义使用 CORESET 这个概念。LTE 的 PDCCH 在频域上占据整个频段，时域上占据每个子帧的前 1~4 个 OFDM 符号（起始位置固定为#0 号 OFDM 符号）。系统只需要将 PDCCH 占据的 OFDM 符号数通知给 UE，UE 便能确定 PDCCH 的搜索空间。而在 NR 系统中，由于系统的带宽较大，为了提高资源利用率，减小盲检复杂度，UE 使用的 PDCCH 不再占据整个带宽。此外，为了增加系统灵活性，PDCCH 在时域上的起始位置也可以配置。这也就意味着在 NR 系统中，UE 需要完全了解 PDCCH 在频域上的位置和时域上的位置才能成功解码 PDCCH。目前的设计方法是：NR 系统将 PDCCH 频域上占据的频段&时域上占用的 OFDM 符号数等信息封装在 CORESET 中；将 PDCCH 起始 OFDM 符号编号以及 PDCCH 监听周期等信息封装在搜索空间中。

与 LTE 类似，5G NR 也使用两类搜索空间：

（1）UE 特定搜索空间（USS，UE Specific Search Space）；

（2）公共搜索空间（CSS，Common Search Space）。

UE 特定搜索空间在 RRC 建立之后使用，而公共搜索空间则使用一些预定义的算法来搜索候选 PDCCH。UE 监测的一组 PDCCH 候选集定义为 PDCCH 搜索空间集，它可以是公共搜索空间集或者 UE 特定的搜索空间集。UE 在表 4-26 所示的多个搜索空间集上监测候选 PDCCH。

表 4-26　NR 搜索空间细分表

搜索空间集	搜索空间集类型	用途	RNTI 类型
Type0-PDCCH	公共搜索空间	SIB 调度	SI-RNTI
Type0A-PDCCH	公共搜索空间	SIB 调度	SI-RNTI
Type1-PDCCH	公共搜索空间	RAR/msg4 调度	RA-RNTI 或者 TC-RNTI
Type2-PDCCH	公共搜索空间	寻呼	P-RNTI
Type3-PDCCH	公共搜索空间		INT-RNTI，SFI-RNTI，TPC-PUSCH-RNTI，TPC-PUCCH-RNTI，TPC-SRS-RNTI
	UE 特定搜索	UE 调度	C-RNTI，CS-RNTI

（1）Type0-PDCCH 公共搜索空间集通过 MIB 中的 searchSpaceZero 或者 PDCCH-ConfigCommon（针对由 SI-RNTI 进行加扰的 DCI 配置）中的 search SpaceSIB1 配置。

（2）Type0A-PDCCH 公共搜索空间集通过 PDCCH-ConfigCommon（针对由 SI-RNTI 进行加扰的 DCI 配置）中的 searchSpace-OSI 配置。

（3）Type1-PDCCH 公共搜索空间集通过 PDCCH-ConfigCommon（针对由 RA-RNTI 或者 TC-RNTI 进行加扰的 DCI 配置）中的 PDCCH-ConfigCommon ra-SearchSpace 配置。

（4）Type2-PDCCH 公共搜索空间集通过 PDCCH-ConfigCommon（针对由 P-RNTI 进行 CRC 加扰的 DCI 配置）中的 pagingSearchSpace 配置。

（5）Type3-PDCCH 公共搜索空间集通过 PDCCH-Config（针对由 INT-RNTI 或者 SFI-RNTI，或者 TPC—PUSCH-RNTI，或者 TPC-PUCCH-RNTI，或者 TPC-SRS-RNTI，C-RNTI 或者 CS-RNTI 进行 CRC 加扰的 DCI 配置，要求 SearchSpaceType 为 Common）中的 SearchSpace 配置。

（6）UE 特定搜索空间集通过 PDCCH-Config（针对使用 C-RNTI 或者 CS-RNTI 进行 CRC 加扰的 DCI 配置）中的 SearchSpace 进行配置。

RRC 消息中针对搜索空间配置使用的重要的信息单元组如下，读者可以到 TS38.331 中搜索这些信息单元并获取各个信息单元组中重要的配置参数进一

步学习研究。

（1）SearchSpace 定义了如何搜索以及到哪里去搜索 PDCCH 候选集，每个搜索空间与一个 CORESET 相关联。

（2）SearchSpaceType 定义了公共搜索空间和 UE 特定搜索空间相关参数及相应的监听的 DCI 等配置信息。

（3）PDCCH-ConfigCommon 用于配置 SIB 提供的小区级的 PDCCH 参数，其中，包含了众多的公共搜索空间的配置参数。

（4）PDCCH-Config 用于配置 UE 特定 PDCCH 搜索空间的参数。

（5）MIB 中的信息单元 pdcch-ConfigSIB1，这个信息单元非常重要，对应 TS38.213 4.1 节中的参数 RMSI-PDCCH-Config，那么接下来首先以这个参数开始描述 Type0-PDCCH 公共搜索空间配置。

在小区搜索过程中，UE 读取 MIB 后，如果 MIB 中包含了 pdcch-ConfigSIB1（如图 4-37 所示），则 UE 将首先查看 MIB 内容，然后按照如下步骤确定公共搜索空间。

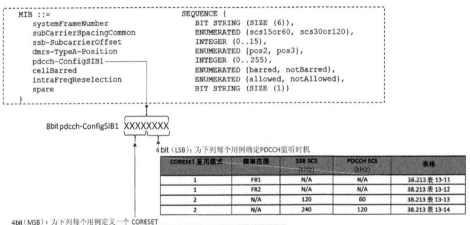

图 4-37　Pdcch-ConfigSIB1 相关信息

（1）步骤 1：首先从 MIB 读取 Pdcch-ConfigSIB1，该信息单元使用 8bit，取值为 0 ~ 255。

（2）步骤 2：从 Pdcch-ConfigSIB1 读取最高有效位（MSB）4 个比特，从而获取用于 Type-0 搜索空间的频域资源（连续的 RB 和连续的符号信息）。

（3）步骤 3：读取最低有效位（LSB）4 个比特，用于确定 PDCCH 监听时机（时域调度信息）。

pdcch-ConfigSIB1=0，SSB SCS 子载波间隔为 30kHz，PDCCH SCS 子载波间隔 30kHz。由此可知，应该通过 TS38.213 中的表 13-4（见表 4-27）来获取 CORESET 配置。

表 4-27　通过 TS38.213 表 3-4 来获取 CORESET 配置示例

4bit（MSB）

SSB SCS（kHz）	PDCCH SCS（kHz）	最小带宽（MHz）	表格
15	15	5	38.213 表 13-1
15	30	5	38.213 表 13-2
30	15	5 或 10	38.213 表 13-3
30	30	5 或 10	38.213 表 13-4
30	15	40	38.213 表 13-5
30	30	40	38.213 表 13-6
120	60	N/A	38.213 表 13-7
120	120	N/A	38.213 表 13-8
240	60	N/A	38.213 表 13-9
240	120	N/A	38.213 表 13-10

由 pdcch-ConfigSIB1=0 推断，4bit MSB 为 0000，就可从 TS38.213 表 13-4（见表 4-28）中得到 CORESET 的相关信息。

表 4-28　TS38.213 表 13-4 部分信息摘录

索引	SSB 和 CORESET 复用模式	CORESET RB 数 $N_{RB}^{CORESET}$	CORESET 符号数 $N_{symb}^{CORESET}$	偏置 Offset（RBs）
0	1	24	2	0
1	1	24	2	1
2	1	24	2	2

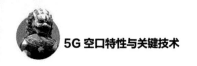
续表

索引	SSB 和 CORESET 复用模式	CORESET RB 数 $N_{RB}^{CORESET}$	CORESET 符号数 $N_{symb}^{CORESET}$	偏置 Offset（RBs）
3	1	24	2	3
4	1	24	2	4
5	1	24	3	0
6	1	24	3	1
7	1	24	3	2
8	1	24	3	3
9	1	24	3	4
10	1	48	1	12
11	1	48	1	14
12	1	48	1	16
13	1	48	2	12
14	1	48	2	14
15	1	48	2	16

从表 4-28 的数据中可以得到 SSB 与 CORESET 复用模式为 1，且根据表 4-29 所示的对应关系得到 SSB SCS 为 30kHz，则频段应该为 FR1。

表 4-29　不同频带下数据和 SSB 子载波间隔

	数（kHz）	SSB（kHz）
<6GHz	15, 30, (60*)	15, 30
>6GHz	60, 120	120, 240

然后，根据表 4-30 就可以知道应该继续查询 TS38.213 表 13-11。

表 4-30　3GPP 规范 38.213 中表 13-11～表 13-14 特性汇总

4bit（LSB）

CORESET 复用模式	频率范围	SSB SCS（kHz）	PDCCH SCS（kHz）	表格
1	FR1	N/A	N/A	38.213 表 13-11
1	FR2	N/A	N/A	38.213 表 13-12
2	N/A	120	60	38.213 表 13-13
2	N/A	240	120	38.213 表 13-14

Pdcch-ConfigSIB1 的 LSB 为 0，则通过 TS38.213 中表 13-11（见表 4-31）可以得到 PDCCH 搜索空间相关配置。

表 4-31 PDCCH 搜索空间相关配置（TS38.213 表 13-11 部分信息）

索引	O	每个时隙的搜索空间集数量	M	首个符号索引
0	0	1	1	0
1	0	2	1/2	如果 i 是偶数则取 0，如果 i 是奇数则为 $N_{symb}^{CORESET}$
2	2	1	1	0
3	2	2	1/2	如果 i 是偶数则取 0，如果 i 是奇数则为 $N_{symb}^{CORESET}$
4	5	1	1	0
5	5	2	1/2	如果 i 是偶数则取 0，如果 i 是奇数则为 $N_{symb}^{CORESET}$
6	7	1	1	0
7	7	2	1/2	如果 i 是偶数则取 0，如果 i 是奇数则为 $N_{symb}^{CORESET}$
8	0	1	2	0
9	5	1	2	0
10	0	1	1	1
11	0	1	1	2
12	2	1	1	1
13	2	1	1	2
14	5	1	1	1
15	5	1	1	2

假设 SSB SCS 和 PDCCH SCS 都是 15kHz，4bit MSB 为 4，4bit LSB 为 0，仍然使用 FR1 频带，通过表 4-32 来查看 CORESET 配置。

根据 4bit 的 MSB 时可得知 CORESET 复用模式 1，RB 数量为 24，符号数量为 3，偏置 offset 为 2。此偏置以 RB 数量为单位，表示用于 PDCCH Type0 的 CORESET 和 SSB 的偏置，则 offset 2 就意味着用于 CORESET 的 RB 起始于 SSB 的第一个 RB 加上 2。

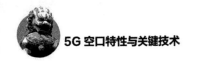

表 4-32　Type0-PDCCH 搜索空间占用的 RB 集和 CORESET 时隙符号（TS38.213 表 13-1）

索引	SSB 和 CORESET 复用模式	CORESET RB 数 $N_{RB}^{CORESET}$	CORESET 符号数 $N_{symb}^{CORESET}$	偏置 Offset（RB 数量）
0	1	24	2	0
1	1	24	2	2
2	1	24	2	4
3	1	24	3	0
4	1	24	3	2
5	1	24	3	4
6	1	48	1	12
7	1	48	1	16
8	1	48	2	12
9	1	48	2	16
10	1	48	3	12
11	1	48	3	16
12	1	96	1	38
13	1	96	2	38
14	1	96	3	38
15	保留			

（SSB/PDCCH 采用子载波间隔 15kHz，采用最小的信道带宽是 5MHz 或者 10MHz）表中索引一列为 PDCCH-ConfigSIB1 的 MSB。

关于 SSB 与 CORESET 复用模式 1 的时域资源，TS38.213 中的表 13-12（见表 4-33）用于模式 1，从表格可以得到 'O' 'M'，每个时隙的搜索空间集数量及首个符号索引的值。UE 在从 $n0$ 开始的两个连续的时隙中监听 PDCCH，时隙 $n0$ 通过下式确定：

$$n_0 = \left(O \cdot 2^{\mu} + \lfloor i \cdot M \rfloor\right) \bmod N_{slot}^{frame,\mu}$$

时隙所在无线帧的位置需要满足该无线帧对应的 SFN（SFN_C）的条件如下：

$$SFN_C \bmod 2 = 0 \text{ 当 } \left\lfloor \left(O \cdot 2^{\mu} + \lfloor i \cdot M \rfloor\right) / N_{slot}^{frame,\mu} \right\rfloor \bmod 2 = 0 \text{ 时，}$$

或者

$$SFN_C \bmod 2 = 1 \text{ 当 } \left\lfloor \left(O \cdot 2^{\mu} + \lfloor i \cdot M \rfloor\right) / N_{slot}^{frame,\mu} \right\rfloor \bmod 2 = 1 \text{ 时。}$$

此处，$\mu \in \{0, 1, 2, 3\}$ 是 CORESET 中使用的 SCS。

　　关于 SSB 与 CORESET 复用模式 2 和 3 的时域资源，UE 可根据 TS38.213 的表 13-13～表 13-15（见表 4-34～表 4-36）提供的参数来确定时隙索引。

表 4-33　用于 Type0-PDCCH 公共搜索空间监听时机参数（TS38.213 表 13-12）

（用于 SSB 和 CORESET 复用模式 1/FR2）

索引	O	每个时隙的搜索空间集数量	M	首个符号索引
0	0	1	1	0
1	0	2	1/2	如果 i 为偶数则取 0，i 为奇数则取 7
2	2.5	1	1	0
3	2.5	2	1/2	如果 i 为偶数则取 0，i 为奇数则取 7
4	5	1	1	0
5	5	2	1/2	如果 i 为偶数则取 0，i 为奇数则取 7
6	0	2	1/2	如果 i 为偶数则取 0，i 为奇数则取 $N_{\text{symb}}^{\text{CORESET}}$
7	2.5	2	1/2	如果 i 为偶数则取 0，i 为奇数则取 $N_{\text{symb}}^{\text{CORESET}}$
8	5	2	1/2	如果 i 为偶数则取 0，i 为奇数则取 $N_{\text{symb}}^{\text{CORESET}}$
9	7.5	1	1	0
10	7.5	2	1/2	如果 i 为偶数则取 0，i 为奇数则取 $N_{\text{symb}}^{\text{CORESET}}$
11	7.5	2	1/2	如果 i 为偶数则取 0，i 为奇数则取 $N_{\text{symb}}^{\text{CORESET}}$
12	0	1	2	0
13	5	1	2	0
14			保留	
15			保留	

表 4-34　用于 Type0-PDCCH 公共搜索空间的 PDCCH 监听时机参数（TS38.213 表 13-13）

（用于 SSB 和 CORESET 复用模式 2 且 {SSB，PDCCH} 子载波间隔采用 {120，60}kHz 情况）

索引	PDCCH 监听时机（SFN 和时隙号）	首个符号索引（$k = 0, 1, \cdots, 15$）
0	$\text{SFN}_C = \text{SFN}_{\text{SSB},i}$ $n_C = n_{\text{SSB},i}$	0, 1, 6, 7 用于 $i = 4k$，$i = 4k+1$，$i = 4k+2$，$i = 4k+3$
1～15		保留

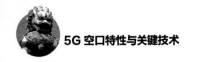

表 4-35　用于 Type0-PDCCH 公共搜索空间的 PDCCH 监听时机参数
（TS38.213 表 13-14）

（用于 SSB 和 CORESET 复用模式 2 且{SSB,PDCCH}子载波间隔采用{240,120}kHz 情况）

索引	PDCCH 监听时机（SFN 和时隙号）	首个符号索引（k=0, 1, …, 7）
0	$SFN_C = SFN_{SSB,i}$ $n_C = n_{SSB,i}$ or $n_C = n_{SSB,i} - 1$	0, 1, 2, 3, 0, 1 in i=8k, i=8k+1, i=8k+2, i=8k+3, i=8k+6, $i=8k+7$ （$n_C = n_{SSB,i}$） 12, 13 in i=8k+4, i=8k+5 （$n_C = n_{SSB,i} - 1$）
1～15	保留	

表 4-36　用于 Type0-PDCCH 公共搜索空间的 PDCCH 监听时机参数
（TS38.213 表 13-15）

（用于 SSB 和 CORESET 复用模式 3 且{SSB,PDCCH}子载波间隔采用{120,120}kHz 情况）

索引	PDCCH 监听时机（SFN 和时隙号）	首个符号索引（k=0, 1, …, 15）
0	$SFN_C = SFN_{SSB,i}$ $n_C = n_{SSB,i}$	4, 8, 2, 6 in i=4k, i=4k+1, i=4k+2, i=4k+3
1～15	保留	

与传统的 LTE 不同的是，NR 中的 PDCCH 搜索空间沿袭了 3GPP R13 之后的类似 NB-IoT 中的 PDCCH 周期性配置的机制，即 UE 可以按照周期配置进行 PDCCH 搜索操作，NR UE 根据 PDCCH 监听周期/PDCCH 监听偏置/时隙内的 PDCCH 监听模式（Pattern）来共同决定 PDCCH 监听时机（Occasion），PDCCH 搜索空间起始时隙需要满足：

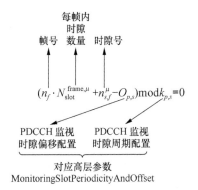

在确定了 PDCCH CORESET 资源、搜索空间类型及时域特性后，接下来 UE 将在搜索空间中按照 RNTI 的类型进行搜索，称为盲检测。UE 首先要确定搜索空间内的 PDCCH 候选集。协议规定（详细内容及规定请参考 TS38.213 10.1

节）PDCCH 候选集根据下式确定（假设使用搜索空间 s 与 CORESET p）。

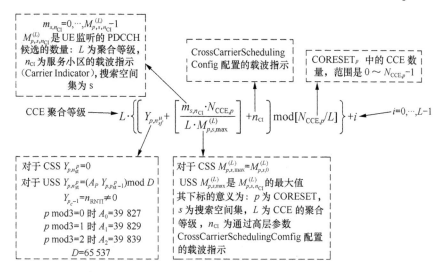

另外，盲检测所使用的 RNTI 的取值范围在 TS38.321 表 7.1-1 中进行了定义，RNTI 相关信息汇总如表 4-37。

表 4-37　RNTI 取值范围（TS38.321 表 7.1-1）

取值	RNTI 类型
0000	N/A
0001～FFEF	RA-RNTI, Temporary C-RNTI, C-RNTI, CS-RNTI, TPC-PUCCH-RNTI, TPC-PUSCH-RNTI, TPC-SRS-RNTI, INT-RNTI, SFI-RNTI, and SP-CSI-RNTI
FFF0～FFFD	保留
FFFE	P-RNTI
FFFF	SI-RNTI

各类 RNTI 的用途说明在 TS38.321 表 7.1-2 中描述，摘录如下（见表 4-38）。

表 4-38　RNTI 用途说明（TS38.321 表 7.1-2）

RNTI 类型	用途	传输信道	逻辑信道
P-RNTI	寻呼及系统消息变更通知	PCH	PCCH
SI-RNTI	系统消息广播	DL-SCH	BCCH
RA-RNTI	随机接入回应（RAR）	DL-SCH	N/A
Temporary C-RNTI	竞争解决（用于无有效 C-RNTI 时）	DL-SCH	CCCH
Temporary C-RNTI	Msg3 传送	UL-SCH	CCCH, DCCH, DTCH

续表

RNTI 类型	用途	传输信道	逻辑信道
C-RNTI	单播传送的动态调度	UL-SCH	DCCH, DTCH
C-RNTI	单播传送的动态调度	DL-SCH	CCCH, DCCH, DTCH
C-RNTI	触发 PDCCH Ordered 随机接入过程	N/A	N/A
CS-RNTI	配置调度单播传送 （激活，去激活及重传）	DL-SCH, UL-SCH	DCCH, DTCH
CS-RNTI	配置调度单播传送（去激活）	N/A	N/A
TPC-PUCCH-RNTI	PUCCH 功率控制	N/A	N/A
TPC-PUSCH-RNTI	PUSCH 功率控制	N/A	N/A
TPC-SRS-RNTI	SRS 触发及功率控制	N/A	N/A
INT-RNTI	在下行上指示抢占（Pre-Emption）	N/A	N/A
SFI-RNTI	在给定的小区上指示时隙格式	N/A	N/A
SP-CSI-RNTI	PUSCH 上发送的半永久 CSI 报告激活	N/A	N/A

UE 根据搜索空间、聚合等级和候选集的相关配置确定 PDCCH 候选集的位置，从而为了提高 UE 盲检效率并尽可能地减少盲检次数，TS38.213 表 10.1-2（见表 4-39）中规定了不同子载波间隔下的最大盲检次数。

表 4-39　服务小区中各类载波间隔配置下的每时隙中监听的最大 PDCCH 候选数量 $M_{\text{PDCCH}}^{\max,slot,\mu}$，$\mu\in\{0, 1, 2, 3\}$（TS38.213 表 10.1-2）

μ	服务小区上每时隙监听 PDCCH 候选的最大数量 $M_{\text{PDCCH}}^{\max,slot,\mu}$
0	44
1	36
2	22
3	20

而在 TS38.213 表 10.1-3（见表 4-40）中定义了不同子载波间隔情况下同一时隙内 UE 进行盲检的非重叠（non-overlapped）CCE 的最大数量。

表 4-40　服务小区中不同载波间隔配置下的每个时隙中的非重叠 CCE 的最大数量 $C_{\text{PDCCH}}^{\max,slot,\mu}$，$\mu\in\{0, 1, 2, 3\}$（TS38.213 表 10.1-3）

μ	服务小区上每时隙监听 PDCCH 候选的最大数量 $C_{\text{PDCCH}}^{\max,slot,\mu}$
0	56
1	56

续表

μ	服务小区上每时隙监听 PDCCH 候选的最大数量 $C_{\text{PDCCH}}^{\text{max,slot},\mu}$
2	48
3	32

在一个时隙内，如果只有一个搜索空间（公共搜索空间或者 UE 特定搜索空间），且此搜索空间对应一个 CORESET，这时时隙内的 PDCCH 盲检测规则与 LTE 类似，最大盲检候选集个数根据上述表格得到。

而如果在一个时隙内存在多个搜索空间（多个公共搜索空间和多个 UE 特定搜索空间），且此时这些搜索空间对应一个 CORESET 或者非重叠 CCE 时，由于受到 UE 最大盲检能力的限制，时隙内的盲检规则就比较复杂。

一个时隙内 UE 盲检公共搜索空间候选集个数如下，其中，i 为时隙内公共搜索空间索引：

$$M_{\text{PDCCH}}^{\text{css}} = \sum_{i=0}^{I_{\text{css}}-1} \sum_{L} M_{P_{\text{css}}(i),S_{\text{css}}(i)}^{(L),\text{monitor}}$$

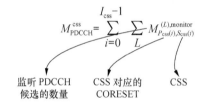

监听 PDCCH　　　　CSS 对应的　　　　　CSS
候选的数量　　　　　CORESET

在一个时隙内，同时存在公共搜索空间和 UE 特定搜索空间时，UE 优先盲检公共搜索空间，完成公共搜索空间盲检后再根据剩余候选集数量及剩余非重叠 CCE 的个数对 UE 特定搜索空间进行盲检。为了使 UE 盲检不超出其最大盲检能力的限制，规范中用于描述其逻辑关系的伪代码如下（其中，$C_{\text{PDCCH}}^{\text{css}}$ 是盲检公共搜索空间所使用的非重叠 CCE 数量）。

Set　$M_{\text{PDCCH}}^{\text{uss}} = M_{\text{PDCCH}}^{\text{max,slot},\mu} - M_{\text{PDCCH}}^{\text{css}}$　　#UE 特定搜索空间数量

Set　$C_{\text{PDCCH}}^{\text{uss}} = C_{\text{PDCCH}}^{\text{max,slot},\mu} - C_{\text{PDCCH}}^{\text{css}}$　　　#UE 特定搜索空间的 CCE 个数

Set $j=0$

while $\sum_{L} M_{P_{\text{uss}}(j),S_{\text{uss}}(j)}^{(L),\text{monitor}} \leq M_{\text{PDCCH}}^{\text{uss}}$ AND　$\mathcal{C}\{V_{\text{CCE}}[S_{\text{uss}}(j)]\} \leq C_{\text{PDCCH}}^{\text{uss}}$

allocate $\sum_{L} M_{P_{\text{uss}}(j),S_{\text{uss}}(j)}^{(L),\text{monitor}}$ monitored PDCCH candidates to UE-specific search space set $S_{\text{uss}}(j)$

$M_{\text{PDCCH}}^{\text{uss}} = M_{\text{PDCCH}}^{\text{uss}} - \sum_{L} M_{P_{\text{uss}}(j),S_{\text{uss}}(j)}^{(L),\text{monitor}}$ ；#第 j 个 UE 特定搜索空间搜索空间盲检候选集数量

$C_{\text{PDCCH}}^{\text{uss}} = C_{\text{PDCCH}}^{\text{uss}} - \mathcal{C}\{V_{\text{CCE}}[S_{\text{uss}}(j)]\}$ ；#第 j 个 UE 特定搜索空间对应的 CCE

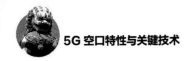

数量

$j = j+1$;

end while

此外，由于篇幅所限，PDCCH 中监听的各类 DCI 的详细域值说明请参考
3GPP 规范 TS38.212 7.3 节。

4.4.2　PDSCH 信道设计与处理

PDSCH 用于下行数据传输的物理信道，它主要用于传送下行分组数据、寻
呼和 SIB 等消息，最多支持 16 个 HARQ 进程，采用 LDPC 信道编码方式，支
持 QPSK、16QAM、64QAM 以及 256QAM 等调制方式，PDSCH 对应的 DMRS
与 PDSCH 频分复用，并使用相同的预编码矩阵进行发送。

最大 2 个码字（Codeword），支持单用户最大 8 层，采用天线端口 1000～
1011 进行传送。另外，PDSCH PTRS 在使用 6 GHz 以上频段时启用。

PDSCH 处理流程如图 4-38 所示。

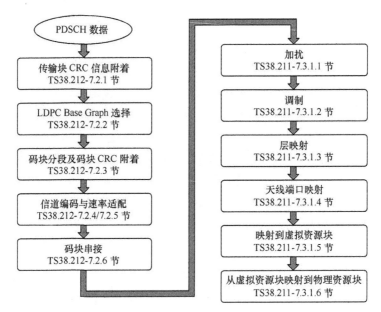

图 4-38　PDSCH 处理流程

1. 传输块 CRC 附着

传输块采用 CRC 进行错误检测。整个传输块都会用来计算 CRC 校验位。
$a_0, a_1, a_2, a_3, \cdots, a_{A-1}$ 表示传递到第一层的传输块中的比特流，$p_0, p_1, p_2, p_3, \cdots, p_{L-1}$

表示传递到第一层的校验比特流。A 是载荷大小，L 是校验比特的数量。a_0 映射到传输块的最高有效位。校验位经计算后附加到 DL-SCH 传输块。经过 CRC 附着后的比特值由 $b_0,b_1,b_2,b_3,\cdots,b_{B-1}$ 表示，其中，$B=A+L$。

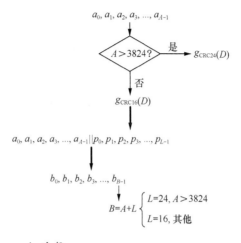

2．LDPC base graph 选择

每个 TB 码块需要通过 LDPC 因子图 1 或者 LDPC 因子图 2 编码，根据载荷大小 A 来选择不同的子图。

$A \leqslant 292$ ⟶ LDPC base graph 2

$A \leqslant 3824$ 且 $R \leqslant 0.67$ ⟶ LDPC base graph 2

$R \leqslant 0.25$ ⟶ LDPC base graph 2

其他情况 ⟶ LDPC base graph 1

3．码块分段及码块 CRC 附着

用于码块分段的输入比特由 $b_0,b_1,b_2,b_3,\cdots,b_{B-1}$ 表示，B 是 TB 中包括 CRC 在内的总体比特数量。经过码块分段的比特由 $c_{r0},c_{r1},c_{r2},c_{r3},\cdots,c_{r(K_r-1)}$ 表示，其中，K_r 是码块编号 r 的比特数量。码块分段及码块 CRC 附着的过程按照 LDPC 方式进行，如果 B 大于最大的码块 K_{cb}，则对输入的比特序列进行分段并附着长度为 24 的 CRC 序列到每一个码块。详细方法参考 TS38.212-5.2.2 节。码块分段及 CRC 附着处理如图 4-39 所示。

4．信道编码及速率适配

作为数据信道，PDSCH 采用 LDPC 进行信道编码。

由 $d_{r0},d_{r1},d_{r2},d_{r3},\cdots,d_{r(N-1)}$ 表示的每个码块编码后的比特流传送到速率适配块处理单元，其中，N_r 是码块 r 的编码后比特流的大小。码块总数量由 C 表示，通过速率适配后的比特流由 $f_{r0},f_{r1},f_{r2},f_{r3},\cdots,f_{r(E_r-1)}$ 表示，E_r 是码块 r 的速

率适配后比特位的数量。

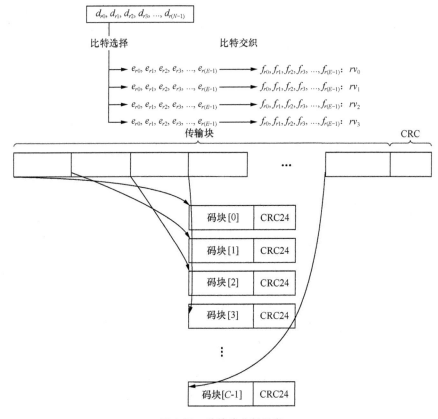

图 4-39　传输块分割示意

5. 码块串接

码块串接块的输入比特序列由 $f_{r0}, f_{r1}, f_{r2}, f_{r3}, \cdots, f_{r(E_r-1)}$ 表示，$r = 0, \cdots, C-1$，$k = 0, \cdots, E_r -1$，E_r 是第 r 个码本的速率适配比特的数量。经码块串接后的输出比特由 g_k 表示，$k = 0, \cdots, G-1$，G 是参与编码比特的总数量。码块串接的详细方法参考 TS38.212 的 5.5 节。码块串接流程如图 4-40 所示。

6. 加扰

使用两个码字时，$q \in \{0, 1\}$；使用单一码字时，$q=0$。对于每个码字 q，比特块 $b^{(q)}(0), \cdots, b^{(q)}(M_{\text{bit}}^{(q)} -1)$ 在调制之前根据下式进行加扰操作,生成加扰比特块 $\tilde{b}^{(q)}(0), \cdots, \tilde{b}^{(q)}(M_{\text{bit}}^{(q)} -1)$。其中，$M_{\text{bit}}^{(q)}$ 是在物理信道上发送的码字中的比特数。

$$\tilde{b}^{(q)}(i) = [b^{(q)}(i) + c^{(q)}(i)] \bmod 2$$

加扰序列 $c^{(q)}(i)$ 是伪随机序列，加扰序列发生器通过下式进行初始化：

$$c_{\text{init}} = n_{\text{RNTI}} \cdot 2^{15} + q \cdot 2^{14} + n_{\text{ID}}$$

　　其中，$n_{\text{ID}} \in \{0,1,\cdots,1023\}$ 是由高层参数 dataScramblingIdentityPDSCH 所提供的值（如果在 PDSCH-config 中配置了这个参数），而 RNTI 使用 C-RNTI 或者 CS-RNTI，并且此时不使用公共搜索空间中的 DCI1_0 进行调度。其他情况下，$n_{\text{ID}} = N_{\text{ID}}^{\text{cell}}$。此外，$n_{\text{RNTI}}$ 取 PDSCH 所使用的 RNTI。

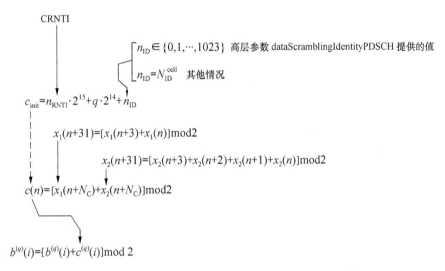

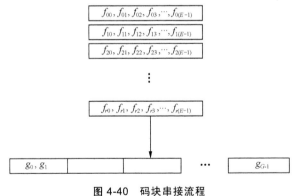

图 4-40　码块串接流程

7．调制

　　对于每个码字 q，UE 使用加扰比特 $\tilde{b}^{(q)}(0),\cdots,\tilde{b}^{(q)}(M_{\text{bit}}^{(q)}-1)$ 经由 TS38.211 表 7.3.1.2-1（见表 4-41）中的调制方案进行调制处理得到复值调制符号块 $d^{(q)}(0),\cdots,d^{(q)}(M_{\text{symb}}^{(q)}-1)$。

表 4-41　调制阶数

$\tilde{b}^{(q)}(0),\cdots,\tilde{b}^{(q)}(M_{\mathrm{bit}}^{(q)}-1)$：二进制序列

调制方案	调制阶数 Q_{m}	
QPSK	2	：2bit→1 符号
16QAM	4	：4bit→1 符号
64QAM	6	：6bit→1 符号
256QAM	8	：8bit→1 符号

$d^{(q)}(0),\cdots,d^{(q)}(M_{\mathrm{symb}}^{(q)}-1)$：复值序列

8. 层映射

SU-MIMO 时，码字数量规则定义为，1 个码字时对应 1～4 层，2 个码字时对应 5～8 层。

UE 根据 TS38.211 中的表 7.3.1.3-1（见表 4-42）将每个码字的复值调制符号映射到一个或者若干层上。每个码字 q 的复值调制符号 $d^{(q)}(0),\cdots,d^{(q)}(M_{\mathrm{symb}}^{(q)}-1)$ 映射到层 $x(i)=[x^{(0)}(i)\cdots x^{(\upsilon-1)}(i)]^{\mathrm{T}}$，其中，$i=0,1,\cdots,M_{\mathrm{symb}}^{\mathrm{layer}}-1$，$\upsilon$ 是层数，$M_{\mathrm{symb}}^{\mathrm{layer}}$ 为每层的调制符号数。

码字索引（Codeword Index）

$$d^{(q)}(0),\cdots,d^{(q)}[M_{\mathrm{symb}}^{(q)}-1]$$

38.211-Table 7.3.1.3-1

层索引（Layer Index）

$$x(i)=[x^{(0)}(i)\quad\cdots\quad x^{(\upsilon-1)}(i)]^{\mathrm{T}}\quad i=0,1,\cdots,M_{\mathrm{symb}}^{\mathrm{layer}}-1$$

$$=\begin{bmatrix} x^{(0)}(0) & x^{(0)}(1) & \cdots & x^{(0)}(M_{\mathrm{symb}}^{\mathrm{layer}}-1) \\ x^{(1)}(0) & x^{(1)}(1) & & x^{(1)}(M_{\mathrm{symb}}^{\mathrm{layer}}-1) \\ \vdots & & \ddots & \vdots \\ x^{(\upsilon-1)}(0) & x^{(\upsilon-1)}(1) & \cdots & x^{(\upsilon-1)}(M_{\mathrm{symb}}^{\mathrm{layer}}-1) \end{bmatrix}$$

表 4-42　空分复用的码字到层映射（TS38.211 表 7.3.1.3-1）

层数	码字数	码字到层的映射（Codeword-to-Layer Mapping）$i=0,1,\cdots,M_{\mathrm{symb}}^{\mathrm{layer}}-1$	
1	1	$x^{(0)}(i)=d^{(0)}(i)$	$M_{\mathrm{symb}}^{\mathrm{layer}}=M_{\mathrm{symb}}^{(0)}$
2	1	$x^{(0)}(i)=d^{(0)}(2i)$ $x^{(1)}(i)=d^{(0)}(2i+1)$	$M_{\mathrm{symb}}^{\mathrm{layer}}=M_{\mathrm{symb}}^{(0)}\big/2$

续表

层数	码字数	码字到层的映射（Codeword-to-Layer Mapping）$i=0,1,\cdots,M_{\mathrm{symb}}^{\mathrm{layer}}-1$	
3	1	$x^{(0)}(i)=d^{(0)}(3i)$ $x^{(1)}(i)=d^{(0)}(3i+1)$ $x^{(2)}(i)=d^{(0)}(3i+2)$	$M_{\mathrm{symb}}^{\mathrm{layer}}=M_{\mathrm{symb}}^{(0)}\big/3$
4	1	$x^{(0)}(i)=d^{(0)}(4i)$ $x^{(1)}(i)=d^{(0)}(4i+1)$ $x^{(2)}(i)=d^{(0)}(4i+2)$ $x^{(3)}(i)=d^{(0)}(4i+3)$	$M_{\mathrm{symb}}^{\mathrm{layer}}=M_{\mathrm{symb}}^{(0)}\big/4$
5	2	$x^{(0)}(i)=d^{(0)}(2i)$ $x^{(1)}(i)=d^{(0)}(2i+1)$ $x^{(2)}(i)=d^{(1)}(3i)$ $x^{(3)}(i)=d^{(1)}(3i+1)$ $x^{(4)}(i)=d^{(1)}(3i+2)$	$M_{\mathrm{symb}}^{\mathrm{layer}}=M_{\mathrm{symb}}^{(0)}\big/2=M_{\mathrm{symb}}^{(1)}\big/3$
6	2	$x^{(0)}(i)=d^{(0)}(3i)$ $x^{(1)}(i)=d^{(0)}(3i+1)$ $x^{(2)}(i)=d^{(0)}(3i+2)$ $x^{(3)}(i)=d^{(1)}(3i)$ $x^{(4)}(i)=d^{(1)}(3i+1)$ $x^{(5)}(i)=d^{(1)}(3i+2)$	$M_{\mathrm{symb}}^{\mathrm{layer}}=M_{\mathrm{symb}}^{(0)}\big/3=M_{\mathrm{symb}}^{(1)}\big/3$
7	2	$x^{(0)}(i)=d^{(0)}(3i)$ $x^{(1)}(i)=d^{(0)}(3i+1)$ $x^{(2)}(i)=d^{(0)}(3i+2)$ $x^{(3)}(i)=d^{(1)}(4i)$ $x^{(4)}(i)=d^{(1)}(4i+1)$ $x^{(5)}(i)=d^{(1)}(4i+2)$ $x^{(6)}(i)=d^{(1)}(4i+3)$	$M_{\mathrm{symb}}^{\mathrm{layer}}=M_{\mathrm{symb}}^{(0)}\big/3=M_{\mathrm{symb}}^{(1)}\big/4$
8	2	$x^{(0)}(i)=d^{(0)}(4i)$ $x^{(1)}(i)=d^{(0)}(4i+1)$ $x^{(2)}(i)=d^{(0)}(4i+2)$ $x^{(3)}(i)=d^{(0)}(4i+3)$ $x^{(4)}(i)=d^{(1)}(4i)$ $x^{(5)}(i)=d^{(1)}(4i+1)$ $x^{(6)}(i)=d^{(1)}(4i+2)$ $x^{(7)}(i)=d^{(1)}(4i+3)$	$M_{\mathrm{symb}}^{\mathrm{layer}}=M_{\mathrm{symb}}^{(0)}\big/4=M_{\mathrm{symb}}^{(1)}\big/4$

下面分别举例说明：

2 层情况下，可以使用 1 个码字，映射关系如表 4-43 所示：

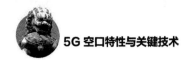
表 4-43　2 层使用 1 个码字时的层映射关系

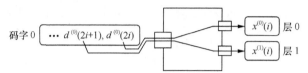

层数	码字数	码字到层的映射 $i=0,1,\cdots,M_{\text{symb}}^{\text{layer}}-1$	
2	1	$x^{(0)}(i)=d^{(0)}(2i)$ $x^{(1)}(i)=d^{(0)}(2i+1)$	$M_{\text{symb}}^{\text{layer}}=M_{\text{symb}}^{(0)}/2$

4 层且使用 1 个码字，映射关系如表 4-44 所示：

表 4-44　4 层使用 1 个码字时的层映射关系

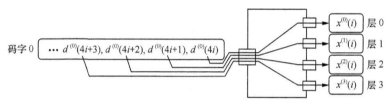

层数	码字数	码字到层的映射 $i=0,1,\cdots,M_{\text{symb}}^{\text{layer}}-1$	
4	1	$x^{(0)}(i)=d^{(0)}(4i)$ $x^{(1)}(i)=d^{(0)}(4i+1)$ $x^{(2)}(i)=d^{(0)}(4i+2)$ $x^{(3)}(i)=d^{(0)}(4i+3)$	$M_{\text{symb}}^{\text{layer}}=M_{\text{symb}}^{(0)}/4$

8 层时，可以使用 2 个码字，映射关系如表 4-45 所示。

表 4-45　8 层且使用 2 个码字时的层映射关系

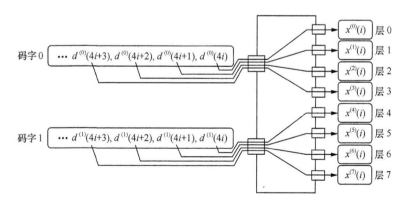

层数	码字数	码字到层的映射 $i = 0,1,\cdots,M_{\text{symb}}^{\text{layer}} - 1$	
8	2	$x^{(0)}(i) = d^{(0)}(4i)$ $x^{(1)}(i) = d^{(0)}(4i+1)$ $x^{(2)}(i) = d^{(0)}(4i+2)$ $x^{(3)}(i) = d^{(0)}(4i+3)$ $x^{(4)}(i) = d^{(1)}(4i)$ $x^{(5)}(i) = d^{(1)}(4i+1)$ $x^{(6)}(i) = d^{(1)}(4i+2)$ $x^{(7)}(i) = d^{(1)}(4i+3)$	$M_{\text{symb}}^{\text{layer}} = M_{\text{symb}}^{(0)}\big/4 = M_{\text{symb}}^{(1)}\big/4$

9．天线端口映射

向量块 $[x^{(0)}(i) \cdots x^{(\upsilon-1)}(i)]^{\text{T}}$，$i = 0,1,\cdots,M_{\text{symb}}^{\text{layer}} - 1$ 根据下列公式映射到天线端口。

$$\begin{bmatrix} y^{(p_0)}(i) \\ \text{M} \\ y^{(p_{\upsilon-1})}(i) \end{bmatrix} = \begin{bmatrix} x^{(0)}(i) \\ \text{M} \\ x^{(\upsilon-1)}(i) \end{bmatrix}$$

（无线端口号　层号（索引））

其中，$i = 0,1,\cdots,M_{\text{symb}}^{\text{ap}} - 1$，$M_{\text{symb}}^{\text{ap}} = M_{\text{symb}}^{\text{layer}}$。$\{p_0,\cdots,p_{\upsilon-1}\}$ 为天线端口集。

10．映射到虚拟资源块（VRB）

对于用于传输物理信道的每个天线端口，UE 应假设复值符号块 $y^{(p)}(0),\cdots,$ $y^{(p)}(M_{\text{symb}}^{\text{ap}}-1)$ 符合 TS 38.214 中规定的下行功率分配，并将之映射到虚拟资源块的资源粒子 $(k',l)_{p,\mu}$，这些虚拟资源块需要符合所有以下标准：

（1）它们位于分配给传输的虚拟资源块中；

（2）根据 TS38.214 第 5.1.4 节的规定，这些虚拟资源块可用于 PDSCH；

（3）相应物理资源块中的相应资源例子应符合如下条件：

① 不能用于传输相关的 DMRS 或用于其他联合调度 UE 的 DMRS；

② 不能用于 NZP CSI-RS，但由 MeasObjectNR 中参数 CSI-RS-Resource-Mobility CSI RS 配置的 NZP CSI-RS 除外；

③ 不能用于 PT-RS；

④ 当没有宣称"不用于 PDSCH"时可使用。

任何全部或者部分与 SSB 重叠的 CRB 应被视为已经被占用而不能用于 PDSCH。

映射到资源粒子 $(k',l)_{p,\mu}$，首先在分配的虚拟资源块上按照索引 k' 升序进行映射（此处 $k'=0$ 代表最低编号的虚拟资源块的第一个子载波，）然后是索引 l，处理过程如图 4-41 所示。

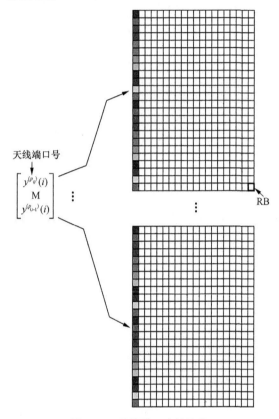

天线端口号

图 4-41　天线端口映射示意

11. 从虚拟资源块（VRB）映射到物理资源块（PRB）

UE 根据所指示的映射方案、非交织或者交织映射方式等因素，将 VRB 映射到 PRB。如果映射方案没有预先指示，则 UE 就使用非交织方案。

对于非交织的 VRB-to-PRB 映射，通常 VRB_n 都映射到 PRB_n。一种例外的情况是，PDSCH 通过公共搜索空间中的 DCI1_0 调度，VRB_n 需要映射到 $PRB_n + N_{\text{start}}^{\text{CORESET}}$，其中，$N_{\text{start}}^{\text{CORESET}}$ 是收到的相应 DCI 指示的 CORESET 中最低编号 PRB。

对于交织的 VRB-to-PRB 映射，映射流程根据 RB 绑定来进行定义。

$\left(N_{\text{BWP},i}^{\text{start}} + N_{\text{BWP},i}^{\text{size}}\right) \bmod L_i$〔在 $\left(N_{\text{BWP},i}^{\text{start}} + N_{\text{BWP},i}^{\text{size}}\right) \bmod L_i > 0$ 的情况下〕和 L_i 个 RB 组成，否则，所有其他的 RB 绑定由 L_i 个 RB 组成。

在间隔 $j \in \{0,1,\cdots,N_{\text{bundle}}-1\}$ 的 VRB 根据如下规则进行映射：

① VRB 绑定 $N_{\text{bundle}}-1$ 映射到 PRB 绑定 $N_{\text{bundle}}-1$；

② VRB 绑定 $j \in \{0,1,\cdots,N_{\text{bundle}}-2\}$ 映射到 PRB 绑定 $f(j)$，这里：

$$f(j) = rC + c$$
$$j = cR + r$$
$$r = 0,1,\cdots,R-1$$
$$c = 0,1,\cdots,C-1$$
$$R = 2$$
$$C = \lfloor N_{\text{bundle}}/R \rfloor$$

③ UE 不使用 L_i=2 和 PRG=4 同时配置的情况；

④ 如果没有配置绑定长度，则 UE 使用 L_i=2。

非交织的情况如图 4-42 所示。

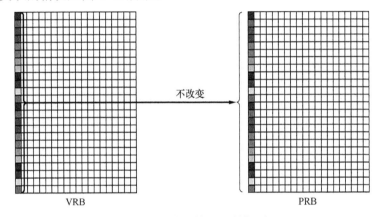

图 4-42　非交织情况下映射示意

交织情况下映射示意如图 4-43 所示。

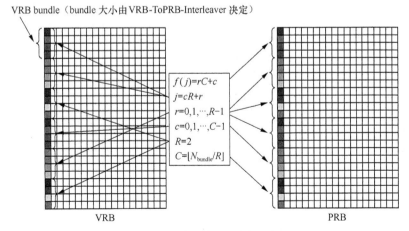

图 4-43　交织情况下映射示意

4.4.3 PBCH 设计处理

PBCH 概述及处理过程

PBCH 处理流程见图 4-44。

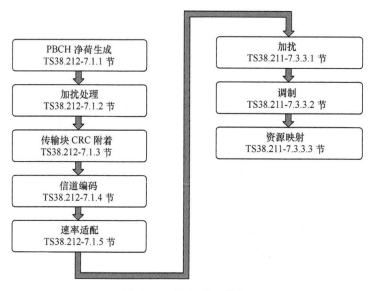

图 4-44 PBCH 处理流程

PBCH 净荷生成的描述如下。

通过传输块传递到物理层的比特为 $\overline{a}_0, \overline{a}_1, \overline{a}_2, \overline{a}_3, \cdots, \overline{a}_{A-1}$，其中，$\overline{A}$ 是上层生成的净荷大小。那么进一步生成附加的定时相关的 PBCH 净荷比特为 $\overline{a}_{\overline{A}}, \overline{a}_{\overline{A}+1}, \overline{a}_{\overline{A}+2}, \overline{a}_{\overline{A}+3}, \cdots, \overline{a}_{\overline{A}+7}$，其中各个比特的意义如下。

- PBCH 主要承载的内容是 MIB，4GMIB 与 5G MIB 的主要内容中只有一个 IE 相同，就是系统帧号 SFN。而 MIB 中的 SFN 长度只有 6 个比特，需要增加另外 4 个比特来得到整个 10 比特的帧号信息。这 4 个增加的比特 $\overline{a}_{\overline{A}}, \overline{a}_{\overline{A}+1}, \overline{a}_{\overline{A}+2}, \overline{a}_{\overline{A}+3}$ 对应系统帧号的低位后 4 个比特信息，即分别为系统帧号的第 4、第 3、第 2 和第 1 个 LSB 比特。

- $\overline{a}_{\overline{A}+4}$ 是半帧比特指示 $\overline{a}_{HRF}$，此比特指示所处的帧是前半帧还是后半帧。

- 当半帧内的 SSB 块数量 $L_{SSB}=64$ 时，$\overline{a}_{\overline{A}+5}, \overline{a}_{\overline{A}+6}, \overline{a}_{\overline{A}+7}$ 分别代表 SSB 块索引

的第 6、第 5、第 4 个比特位，其他的 3 个 LSB 比特通过 PBCH DMRS 获得（具体信息参考 TS38.211 7.4.1.4 节）。另外，如果 L_{SSB} 不等于 64，是 4 或者 8 的情况下，最大需要 3 比特即可。综上，通过 PBCH DMRS 及 MIB 净荷信息可以得到 SSB 块索引，从而得到 SSB 具体时域配置信息。

• L_{SSB} 不等于 64 时，$\overline{a}_{\overline{A}+5}$ 是 k_{SSB} 的 MSB 比特，k_{SSB} 参见本书 SSB 部分，此时，$\overline{a}_{\overline{A}+6}, \overline{a}_{\overline{A}+7}$ 保留。

在 5G 中将原来 4G 的 SIB1 中的几个内容移动到了 MIB 中，并对 MIB 和 SIB1 的内容进行了重新组织构造，并增加了众多的其他内容。表 4-46 所示为 MIB 和 SIB1 的内容对比。

表 4-46　MIB 和 SIB1 的内容对比

主要参数	LTE	NR
承载信道	传输信道-BCH； 物理信道-PBCH	传输信道-BCH； 物理信道-PBCH
周期	40ms 周期，使用 10ms 重传周期	80ms 周期，80ms 内重传
信道编码	尾位卷积编码	Polar 码
调制方案	QPSK	QPSK
占用的资源	频域占用 6 RBs (72 subcarriers)，在频带中间	在 SSB 块的符号 1，2，3 上发送； 在符号 1，2，3 上发送；在符号 1 和 3 上使用 0~239 子载波；在符号 2 上使用 0~47 和 192~239 两段子载波

MIB/SIB 流程如图 4-45 所示。

MIB 中各个主要 IE 的作用：

```
MIB ::= SEQUENCE {
1.   systemFrameNumber              BIT STRING (SIZE (6)),
2.   subCarrierSpacingCommon        ENUMERATED {scs15or60, scs30or120},
3.   ssb-SubcarrierOffset           INTEGER (0···15),
4.   dmrs-TypeA-Position            ENUMERATED {pos2, pos3},
5.   pdcch-ConfigSIB1               INTEGER (0···255),
6.   cellBarred                     ENUMERATED {barred, notBarred},
7.   intraFreqReselection           ENUMERATED {allowed, notAllowed},
     spare                          BIT STRING (SIZE (1))
```

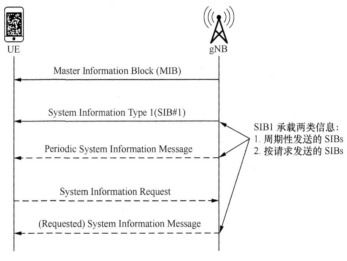

图 4-45　MIB/SIB 流程

各 IE 解释如下。

（1）systemFrameNumber 也就是 SFN，和 LTE 类似。MIB 承载 NR 中的 SFN 的高 6 位。其他的低 4 位比特在信道编码时在 PBCH TB 中传输。

（2）subCarrierSpacingCommon：用于指示 SIB1，接入的 msg2/4 及 SIBs。频率小于 6GHz 时使用 15kHz 和 30kHz；频率大于 6GHz 时使用 60kHz 和 120kHz。

（3）ssb-subcarrierOffset，比 Kssb 低 4 个低位比特。也用于指示小区不提供 SIB1 的情况，因此就使用 MIB 中的 pdcch-ConfigSIB1 来寻找相应资源。

（4）dmrs-TypeA-Position：指示第一个下行 DMRS 符号的位置（TypeA）。

（5）pdcchConfigSIB1：对应于 38.213 中的 RMSI-PDCCH-Config，用于确定 PDCCH/SIB 的带宽、一个公共 CORESET，一个公共搜索空间及必要的 PDCCH 参数。如上所述，如果字段 ssb-SubcarrierOffset 指示了 SIB1 不配置，则 pdcch-ConfigSIB1 将会指示 UE 可能找到 SSB（包含 SIB1 信息）的频域位置。

（6）cellBarred cell 的 barred 状态。

（7）intraFreqReselection，频内小区重选开关。

4.5　参考信号

4.5.1　DMRS 详解

4.5.1.1　DMRS 的作用

解调参考信号（DMRS，Demodulation Reference Rignal）主要用于无线信道估计，它在预定的资源范围内伴随相应的信道进行发送并用于相关信道的解码工作。如果 DMRS 质量较差，则相应的信道就无法进行解码。5G 的信道如 PDCCH、PDSCH、PUCCH、PUSCH、PBCH 都设计使用了相应的 DMRS。

DMRS 作用于特定的 UE，并且仅在需要时才在 DL 或 UL 中传输。例如，为了满足初始解码的要求，网络会提前向用户提供 DMRS 信息。此外，低速情况下，信道变化不大，网络仅需偶尔提供 DMRS 信息即可，但在信道快速变化的高速场景中，就需要更多的 DMRS 来应对信道的波动和变化，甚至需要使用附加的 DMRS 来提高 DMRS 信号的解调能力。

4.5.1.2　DMRS 的起源

5G 系统中的参考信号仍然分为两类，即信道状态信息测量/报告参考信号和解调参考信号。参考信号设计方面需要考虑开销、MIMO 相关的功率、效率以及信道估计性能等。

LTE R8 系统中，信道状态信息测量/反馈以及解调采用同一种参考信号，只有在基于信道互易性的单层传输方式 TM7 下，才区分用户专用参考信号和解调参考信号。DMRS 会增加 PDSCH 传输中所调度的 PRB 的开销。在 FDD 系统中，对于单用户来说，采用基于码本的反馈和传送就能够保证基本的覆盖和峰值吞吐量要求。

R9 版本之后，由于用户数和系统负荷的增加，多用户 MIMO 成了一种提升系统频谱效率的有效手段，因此，TM8 中新增 DMRS 端口 7 和 8 来支持双流波束赋形，灵活实现多用户操作。此后版本的参考信号设计中，测量和解调功能就彻底区分开了。这种方式下，多用户操作中采用更高的空间解析度，则即使所支持的端口数有所增加，参考信号的开销也可以降低。

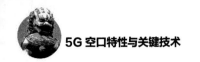

R10 版本中，SU-MIMO 下行最多支持 8 层，因此 TM9 引入了多达 8 个 CSI-RS 和 DMRS 端口。CSI 报告相关的参考信号和解调参考信号在信道估计方面的准确性要求不同，如 CSI 报告中所包含的 PMI、CQI 和 RI 的取值较少，量化范围较大，传送密度小，测量和上报周期长，它们可作用于调度过程中；而解调参考信号则用于 MIMO 接收机进行 SINR 检测和信道估计，其传送密度较高。

4.5.1.3　DMRS 的种类

为了实现 DMRS 模式的灵活配置，可采用前置 DMRS 和附加 DMRS。

前置 DMRS 位于传输时隙中数据信道的前部，以降低时延；附加 DMRS 则位于时隙中间或者后部，用以进行 DMRS 扩展，提供额外的参考信号，来提升不同场景和需求下的信道估计的性能，如高速、高频、多用户、高的信道秩（Rank）、相位噪声追踪、频率估计等，其示意如图 4-46 所示。

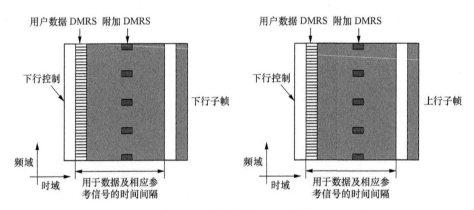

图 4-46　数据信道 DMRS 示例

1. 前置 DMRS

前置 DMRS 映射到 1 个或者 2 个相邻的 OFDM 符号上。

传输层数较少时，前置 DMRS 映射到 1 个 OFDM 符号上就够了。传输层数较大时，DMRS 端口在一个 OFDM 符号上复用可能会导致信道估计性能下降。因此，也可以将 DMRS 扩展到多个 OFDM 符号上，其好处在于，对于特定的复用端口数支持更大的时延扩展，在满足时延扩展要求下采用一个 OFDM 符号复用多个 DMRS 端口，提升低 SINR 下的性能。由此可见，前置 DMRS 所采用的 OFDM 符号数可以根据传输层数来选择，例如，4 端口的前置 DMRS 可以采用 1 个 OFDM 符号，8 端口的 DMRS 可以采用 2 个相邻的 OFDM 符号。

2. 附加 DMRS

某些场景下需要更多的 DMRS，因此除了前置 DMRS 之外，时隙内的其他符号上也可以配置 DMRS，这些与前置 DMRS 共同作用的 DMRS 可以称为附加 DMRS。

例如，高速多普勒条件下，可以采用附加 DMRS 来补偿时隙中剩余符号上的信道波动和变化。此外，某些时隙内至少需要传送 2 次 DMRS 以便进行 DMRS 的频率偏移和相位旋转校正。

高速场景下，当多普勒频移引起的相干时间小于时隙长度时，就需要采用附加 DMRS 来进行数据解调。例如，500km/h 高速情况下，4GHz 频段的相干时间约为 0.1ms，而 30kHz 子载波间隔下的时隙长度约为 0.5ms，如果 DMRS 仅位于时隙的前部，则信道估计会出现错误，使得数据的相干解调产生较高的误比特率。因此，需要采用附加 DMRS 来进行数据解调，提高信道估计的准确性。附加 DMRS 通常位于时隙的中间位置，可以由数据调度相关的 DCI 来进行指示。如图 4-47 所示，高速场景下，第 2 列 DMRS 可以看作附加 DMRS，这种模式可以很方便地支持上行和下行 DMRS 的设计，从右侧图形可以看出其效果更是如此。

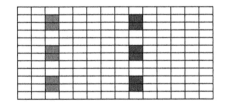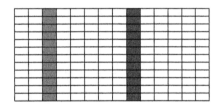

图 4-47 附加 DMRS 示例

多普勒频移更大时，多个符号上的 DMRS 时域密度可能不足以支持，因此还可以采用更多的附加 DMRS。

极高速场景下，通常存在具有极小时延扩展的视距（LOS）路径，因此一些 DMRS 符号的频率密度可以减少，以降低参考信号的开销。这种情况下，附加 DMRS 的频域密度可以考虑低于前置 DMRS。

4.5.1.4　DMRS 配置和复用

时域上，可以采用单个符号或者多个符号来配置 DMRS，具体配置需要考虑信道估计的性能与 DMRS 开销之间的均衡。例如，单符号 DMRS 的好处是开销低，解码时延小。双符号 DMRS 信道估计的可靠性高，在 SINR 低的条件

下可以获得更大的处理增益，消除噪声污染，在 SINR 好的情况下有助于降低高速场景下多普勒扩展的影响，但是其开销也比较大。另外，考虑到开销和性能的均衡，附加 DMRS 的频域密度即使比前置 DMRS 的密度低，也不会影响附加 DMRS 对多普勒频移补偿的性能。

高速情况下，要对多普勒频移进行正确的估算，获取信道变化情况，就需要几个符号的时间。因此，参考信道采用较高的密度对性能有利。500km/h 下，附加 DMRS 的时域密度可以配置高点，而 120km/h 下其密度则可以配置低点。速度更低时，可以不采用附加 DMRS。这也就意味着如果附加 DMRS 是用来补偿多普勒频移的，则时域密度与 UE 速度相关。

频域上，DMRS 也可以采用不同的密度，在不影响性能的情况下，附加 DMRS 的密度也可以比前置 DMRS 密度低，以降低开销的影响。另外，随着信道状况的变化，系统还可以采用 RRC 或者 DCI 来进行 DMRS 密度的自适应配置和调整，提升系统整体性能。DMRS 配置与复用情况如图 4-48 所示。

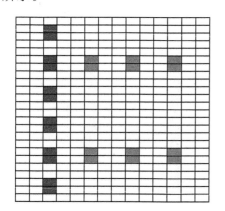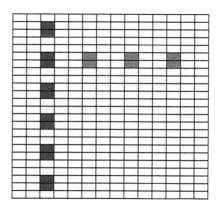

图 4-48　DMRS 配置与复用情况

4.5.1.5　DMRS 与 mMIMO

LTE 中，初期引入 DMRS 来支持非码本的 PDSCH 传送，由于最多只有 4 个 CRS 端口，因此采用 CRS 的控制信道基于发射分集传送时，不易获得性能增益。当采用更多振子的天线阵列时，采用子阵列的半静态权值设定来进行虚拟化，以便在每个 CRS 端口上形成较窄的扇区波束，这会导致阵列增益降低。在 5G 大规模天线系统中，毫米波中的传播损耗较大，信道波动大，因此需要对控制信道进行波束赋形，由此，数据和控制信道都需要考虑基于 DMRS 的传送。

LTE R13 中，采用 8 个正交 DMRS 端口来支持 SU-MIMO，作用于 MU-MIMO 时，可以支持 4 个用户间的正交复用。在 5G 大规模天线系统中，采用更多的 DMRS 正交端口有助于提高用户复用度，增加系统性能。仿真表明，将多用户下的 DMRS 端口从 8 增加到 12 或者 16 时，不管是采用满缓存还是非满缓存传输，小区平均吞吐量和小区边缘吞吐量都可以显著增加。

秩数较高或者多用户传送时，DMRS 应当提供多个天线端口，这些端口可以在 DMRS 内的特定的资源上采用 FDM（包括梳齿）、CDM（包括 OCC 和循环偏移）以及 TDM 来进行 DL DMRS 的端口间的复用。

单符号 DMRS 格式下，采用 4 梳齿复用选项，且循环移位为 3，来支持一个 OFDM 符号上的最多 12 个端口，如图 4-49 所示。

采用 FDM-8、FDM-2&OCC-4、梳齿 2&CDM、CDM8 等方式的 DMRS 下的天线端口复用方式如图 4-50 所示。

图 4-49 一个符号前置模式，使用 4 梳齿用于多达 12 正交端口的举例

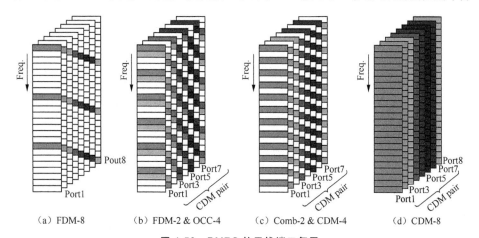

（a）FDM-8　　（b）FDM-2 & OCC-4　　（c）Comb-2 & CDM-4　　（d）CDM-8

图 4-50 DMRS 的天线端口复用

（1）FDM-8：频率资源设定给每个 DMRS 端口。

（2）FDM2-&OCC-4：4 个 DMRS 端口为一组，来共享连续的频率资源，这 4 个 DMRS 端口采用 OCC-4 进行区分。此外，不同的频率资源分配给每个 DMRS 端口组。

（3）梳齿 2&CDM-4：4 个 DMRS 端口为一组，来共享交织的频率资源，这 4 个 DMRS 端口采用时域循环偏移（如 DFT-4）来进行区分。此外，不同的频率资源分配给每个 DMRS 端口组。

（4）CDM-8：所有 DMRS 端口共享频率资源，DMRS 端口采用时域循环偏移（如 DFT-4）来进行区分。

4.5.1.6　DMRS 举例：PDSCH DMRS 处理过程

1．PDSCH DMRS 相关高层参数

PDSCH DMRS 频域位置由天线端口号 p 及配置类别来确定，而时域位置由 PDSCH 映射类别、Dmrs-TypeA-Position、DL-DMRS-max-len 以及 dmrs-Addition Position 等参数来决定。

针对 PDSCH DMRS，RRC 消息中所包含的高层参数有 dmrs-Additional Position、maxLength 和 dmrs-Type 等。PDSCH DMRS 相关参数对比见表 4-47。

表 4-47　PDSCH DMRS 相关参数对比

层 3 参数	对应的层 1 参数	取值范围	含义
dmrs-Type		type1, type2	下行 DMRS 类别，缺省采用 DMRS 类别 1
maxLength	DL-DMRS-max-len	len1, len2	下行前置 DMRS 的最大符号数；"len1"对应值 1，"len2"对应值 2；缺省为"len1"
scramblingID0	n_SCID 0	0～65 535	DL DMRS 加扰初始化参数。缺省时 UE 采用服务小区的 PCI（physCellId）
scramblingID1	n_SCID 1	0～65 535	DL DMRS 加扰初始化参数。缺省时 UE 采用服务小区的 PCI（physCellId）
dmrs-TypeA-Position	DL-DMRS-typeA-pos	pos2, pos3	第一个下行 DMRS 的位置
dmrs-Additional Position		pos0, pos1, pos2, pos3	下行附加 DMRS 的位置，对应 TS38.211 表 7.4.1.1.2-4。4 个值分别代表 1+0、1+1、1+1+1 及 1+1+1+1 下非相邻的 OFDM 符号，缺省为 pos2

PDSCH DMRS 可以根据 dmrs-type 所配置的类别 1 和类别 2 来映射到物理资源上。

前置 DMRS 所占用的符号数由参数 DL-DMRS-max-len 来确定，其取值为 len1 和 len2，分别表示 PDSCH DMRS 采用连续的 1 个符号或者 2 个符号。

不同的前置 DMRS 的符号长度下，配置类别 1 和 2 所支持的天线端口数和端口号有区别，请参见表 4-48。

dmrs-TypeA-Position 表示第一个下行 DMRS 的位置，取值 pos2 和 pos3，分别对应时隙中第 2 个和第 3 个符号。

表 4-48　PDSCH DMRS 的时间索引 *l'* 和天线端口 *p*（TS38.211 表 7.4.1.1.2-5）

单符号/双符号 DMRS	*l'*	天线端口 *p*	
		配置类型 1	配置类型 2
单符号 DMRS	0	1000～1003	1000～1005
双符号 DMRS	0, 1	1000～1007	1000～1011

dmrs-AdditionalPosition 取值范围是 pos0、pos1、pos2 和 pos3，表示除了 TypeA 的 pos2 或者 pos3 符号之外，分别再相应增加 1、2、3 个符号作附加 DMRS 配置。pos0 表示不增加 DMRS 资源，因此附加 DMRS 不存在。

scramblingID0 和 scramblingID1 是为 UE 配置的加扰号。

2. PDSCH DMRS *物理层处理*

（1）序列生成

PDSCH DMRS 序列如下，其中，$c(i)$ 为伪随机序列 PN（处理方法参阅本书 4.2 节内容）。

$$r(n) = \frac{1}{\sqrt{2}}[1 - 2 \cdot c(2n)] + j\frac{1}{\sqrt{2}}[1 - 2 \cdot c(2n+1)]$$

通过下式进行初始化：

$$c_{\text{init}} = [2^{17}\left(N_{\text{symb}}^{\text{slot}} n_{\text{s,f}}^{\mu} + l + 1\right)\left(2N_{\text{ID}}^{n_{\text{SCID}}} + 1\right) + 2N_{\text{ID}}^{n_{\text{SCID}}} + n_{\text{SCID}}] \bmod 2^{31}$$

其中，l 是一个时隙内的符号编号，$n_{\text{s,f}}^{\mu}$ 为无线帧内的时隙编号。

如果 DMRS-DownlinkConfig 中包含高层参数 scramblingID0 和 scrambling ID1，即它们分别对应 N_{ID}^{0} 和 N_{ID}^{1}，则 PDSCH 由使用 C-RNTI 或者 CS-RNTI 进行 CRC 加扰的 DCI 格式 1_1 进行调度。

如果 DMRS-DownlinkConfig 中的高层参数只包含 scramblingID0，即对应 N_{ID}^{0}，则 PDSCH 由使用 C-RNTI 或者 CS-RNTI 进行 CRC 加扰的 DCI 格式 1_0 进行调度。其他情况下，$N_{\text{ID}}^{n_{\text{SCID}}} = N_{\text{ID}}^{\text{cell}}$。

$n_{\text{SCID}} \in \{0, 1\}$ 由 DCI 格式 1_1 中的 DMRS 序列初始化域中的 1 比特来表示，用以描述 $n_{\text{SCID}\,0}$ 和 $n_{\text{SCID}\,1}$ 的设置情况。如果 DCI 中没有设定，则 $n_{\text{SCID}} = 0$。

（2）映射到物理资源

通过高层参数 dmrs-Type 的设定，PDSCH DMRS 可按照配置类型 1 或者配置类型 2 映射到物理资源。而序列 $r(m)$ 通过扩展因子 $\beta_{\text{PDSCH}}^{\text{DMRS}}$ 进行扩展，以满足传输功率要求，并按照下式映射到资源粒子 $(k, l)_{p, \mu}$，这些资源粒子都位于所分配的 PDSCH 的 CRB 范围之内。

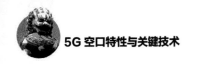

$$a_{k,l}^{(p,\mu)} = \beta_{\text{PDSCH}}^{\text{DMRS}} w_{\text{f}}(k') w_{\text{t}}(l') r(2n+k')$$

$$k' = \begin{cases} 4n + 2k' + \Delta & \text{配置类型1} \\ 6n + k' + \Delta & \text{配置类型2} \end{cases}$$

$$k' = 0,1$$

$$l = \bar{l} + l'$$

$$n = 0,1\cdots$$

其中，$w_{\text{f}}(k')$、$w_{\text{t}}(l')$，Δ和码分复用组 λ 请参见 TS38.211 表 7.4.1.1.2-1 和表 7.4.1.1.2-2，表中规定了 DMRS 配置类别 1 和 2 下所对应的不同参数的取值，如天线端口 p、$w_{\text{f}}(k')$、$w_{\text{t}}(l')$，Δ和码分复用组 λ 等。配置类别 1 和配置类别 2 是由高层参数 dmrs-Type 来决定的。

DMRS 频域子载波位置 k 的参考点根据 PDSCH 承载的内容进行定义。对于承载 SIB1 的 PDSCH，频域上 k 的参考点为 PBCH 所配置的 CORESET 中的最小编号的 CRB 中的子载波 0，而 PDSCH 承载其他内容时，频域上 k 的参考点就是 CRB 的子载波 0。

时域符号的参考点 l 及第一个 DMRS 符号的时域 l_0 位置依赖于 PDSCH 的映射类型。

① 对于 PDSCH 映射类别 A 来说，l 为时隙的起始点的位置；MIB 中的高层参数 dmrs-TypeA-Position 决定第一个 DMRS 符号的时域起始位置，如果该参数等于 3，则 $l_0=3$，表示 DMRS 的第一个符号位置为 3，其他情况下，$l_0=2$。

② 对于 PDSCH 映射类别 B 来说，l 与所调度的 PDSCH 资源的起始点相关，它是调度 PDSCH 资源的起始位置和第一个 DM-RS 符号的时域起始位置，$l_0=0$。

DMRS 符号的时域位置通过 $\bar{l}$ 来进行设定。

① 对于 PDSCH 映射类别 A，DMRS 符号长度为时隙内第一个符号与时隙内所调度的 PDSCH 中的最后一个符号之间的间隔。

② 对于 PDSCH 映射类别 B，DMRS 符号长度是 PDSCH 资源中所占用的符号数量。

根据 TS38.211 表 7.4.1.1.2-3 和表 7.4.1.1.2-4，仅在 dmrs-TypeA-Position=2 时才支持 dmrs-AdditionalPosition=3。对于 PDSCH 映射类别 A，只有在 dmrs-TypeA-Position=2 的情况下，TS38.211 表 7.4.1.1.2-3 和表 7.4.1.1.2-4 中的 3 个符号和 4 个符号才适用。

对于 PDSCH 映射类别 B，如果 PDSCH 占用常规 CP 下的 2、4 或者 7 个符号，或者占用扩展 CP 的 2、4 或者 6 个符号，且 PDSCH 所分配的资源与 CORESET

的预留资源冲突，则 $\bar{l}$ 应该增加，以便错开 CORESET 的时域位置，使得第一个 DMRS 符号正好位于 CORESET 之后。这种情况下，如果 PDSCH 占用 4 个符号，则 UE 就不会在第 3 个之后接收 DMRS；如果 PDSCH 占用 7 个符号（使用常规 CP）或者 6 个符号（扩展 CP），则 UE 就不会在第 4 个符号之后接收第一个 DMRS，且如果配置了一个附加的单符号 DMRS，则当前置 DMRS 位于 PDSCH 的第 1 或者第 2 个符号上时，该附加的 DMRS 将分别在第 5 或者第 6 个符号上进行发送，如果第 1 或者第 2 个符号上不存在前置 DMRS，则 UE 就会认为附加 DMRS 不会发送。如果 PDSCH 占用 2 个或者 4 个符号，则只支持单符号 DMRS。

时域索引 l' 及其所支持的天线端口 p 由 TS38.211 中表 7.4.1.1.2-5 给出。下行 DM-RS 采取单符号配置还是双符号配置可以通过高层参数配置 maxLength 以及相关动态 DCI 调度共同决定。其中，当 DMRS-DownlinkConfig 中的高层参数 maxLength 为 1 时，使用单符号 DMRS；当 DMRS-DownlinkConfig 中的高层参数 maxLength 为 2 时，由相关的 DCI 来确定是使用单符号 DMRS 还是双符号 DMRS。

（3）PDSCH 映射举例

PDSCH DMRS 资源映射方面总结如下：

首先，PDSCH DMRS 支持单符号和双符号的映射示意如图 4-51 所示。

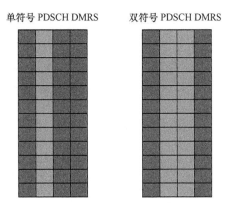

图 4-51　PDSCH DMRS 支持单符号和双符号的映射示意

而在时域映射方面：映射类型分为 Type A 和 Type B，分别总结如下。

Type A：基于时隙的调度，DMRS 起始于时隙内的第 3 或第 4 个符号。使用 4～14 个符号的 PDSCH 长度。

Type B：非基于时隙的调度，DMRS 起始于 PDSCH 的第 0 个符号。

DMRS 映射限于调度给 PDSCH 的带宽和时域上的长度。

前置（Front-loaded）DMRS 举例，dmrs-AdditionalPosition=0，dmrs-TypeA-Position=2 单符号时，DMRS 起始符号位于从 0 开始的第 2 个符号，占用一个符号，如图 4-52 所示。

图 4-52　单符号前置 DMRS 时域示意

dmrs-AdditionalPosition=0，dmrs-TypeA-Position=2 双符号时，DMRS 起始符号位于从 0 开始的第 2 个符号，占用两个连续的符号，如图 4-53 所示。

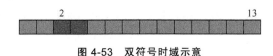

图 4-53　双符号时域示意

使用 Type A, Additional DMRS 情况举例，使用 dmrs-AdditionalPosition=2，dmrs-TypeA-Position=2 单符号时，DMRS 起始符号仍然位于从 0 开始的第 2 个符号，其他附加的 DMRS 符号位置需要遵守 TS38.211 表 7.4.1.1.2-3（见表 4-49）中 dmrs-AdditionalPosition=2 一列数值。

表 4-49　PDSCH 单符号 DMRS 位置 $\overline{l}$ （TS38.211 表 7.4.1.1.2-3）

PDSCH 符号长度	DMRS 位置 $\overline{l}$							
	PDSCH 映射类型 A				PDSCH 映射类型 B			
	dmrs-AdditionalPosition				dmrs-AdditionalPosition			
	0	1	2	3	0	1	2	3
2	—	—	—	—	l_0	l_0		
3	l_0	l_0	l_0	l_0	—	—		
4	l_0	l_0	l_0	l_0	l_0	l_0		
5	l_0	l_0	l_0	l_0	—	—		
6	l_0	l_0	l_0	l_0	l_0	$l_0, 4$		
7	l_0	l_0	l_0	l_0	l_0	$l_0, 4$		
8	l_0	$l_0, 7$	$l_0, 7$	$l_0, 7$	—	—		
9	l_0	$l_0, 7$	$l_0, 7$	$l_0, 7$	—	—		
10	l_0	$l_0, 9$	$l_0, 6, 9$	$l_0, 6, 9$	—	—		
11	l_0	$l_0, 9$	$l_0, 6, 9$	$l_0, 6, 9$	—	—		
12	l_0	$l_0, 9$	$l_0, 6, 9$	$l_0, 5, 8, 11$	—	—		
13	l_0	$l_0, 11$	$l_0, 7, 11$	$l_0, 5, 8, 11$	—	—		
14	l_0	$l_0, 11$	$l_0, 7, 11$	$l_0, 5, 8, 11$	—	—		

如图 4-54 所示，可以看到附加 DMRS 的位置符合表 4-49 规范规定。

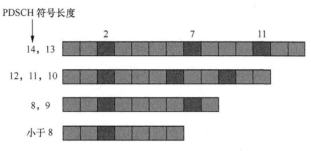

图 4-54 使用 Type A，附加 DMRS 情况下的时域示意

前置 DMRS 举例，dmrs-AdditionalPosition=0，单符号时，可以看到起始符号为 0，占用单一符号，仍然需要遵守表 4-49 中的 Type B 部分，PDSCH 占用符号 2，4，6，7 时的情况如图 4-55 所示。

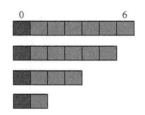

图 4-55 前置单符号 DMRS 时域示意

附加 DMRS 情况举例，使用类型 B，dmrs-AdditionalPosition=1，PDSCH 占用符号 2，4，6，7，仍然需要遵守表 4-49 中的 Type B 部分，如图 4-56 所示。

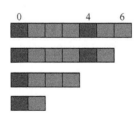

图 4-56 使用 TypeB，附加 DMRS 情况时域示意

另外，在频域映射方面，分为 Type1 和 Type2 PDSCH DMRS。

Type1：基于使用 2CDM 组的 Comb 方式。

Type2：基于使用 3CDM 组的 Comb 方式。

这里的 CDM 组就是承载超过一个 DMRS 端口的资源粒子组。

Type1 示意如图 4-57 所示。

单符号 Type1 情况

双符号 Type1 情况

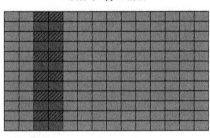

图 4-57　Type1 频域映射示意

Type2 示意如图 4-58 所示。

单符号 Type2 情况

双符号 Type2 情况

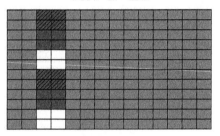

图 4-58　Type2 频域示意

现在我们来看一下 Type1 和 Type2 中 DMRS 接口的复用，见表 4-50 和表 4-51。

表 4-50　PDSCH DMRS 配置类型 1 的相关参数（TS38.211 表 7.4.1.1.2-1）

DMRS 接口	CDM 组	频域 OCC	时域 OCC
1000	0	[+1，+1]	[+1，+1]
1001	0	[+1，−1]	[+1，+1]
1002	1	[+1，+1]	[+1，+1]
1003	1	[+1，−1]	[+1，+1]
1004	0	[+1，+1]	[+1，−1]
1005	0	[+1，−1]	[+1，−1]
1006	1	[+1，+1]	[+1，−1]
1007	1	[+1，−1]	[+1，−1]

表 4-51　PDSCH DMRS 配置类型 2 的相关参数（TS38.211 表 7.4.1.1.2-2）

DMRS 接口	CDM 组	频域 OCC	时域 OCC
1000	0	[+1，+1]	[+1，+1]
1001	0	[+1，−1]	[+1，+1]
1002	1	[+1，+1]	[+1，+1]
1003	1	[+1，−1]	[+1，+1]
1004	2	[+1，+1]	[+1，+1]
1005	2	[+1，−1]	[+1，+1]
1006	0	[+1，+1]	[+1，−1]
1007	0	[+1，−1]	[+1，−1]
1008	1	[+1，+1]	[+1，−1]
1009	1	[+1，−1]	[+1，−1]
1010	2	[+1，+1]	[+1，−1]
1011	2	[+1，−1]	[+1，−1]

PDSCH DMRS 配置类型 1 和类型 2 情况下的统计结果见表 4-52。

表 4-52　PDSCH DMRS 配置类型 1 和 2 情况下的统计结果

	DMRS 使用符号数	CDM 组数	每个 CDM 组频域 OCC 数量	时域 OCC 数量	DMRS 端口数量
Type1	单符号	2	2	1	4
	双符号	2	2	2	8
Type2	单符号	3	2	1	6
	双符号	3	2	2	12

4.5.1.7　5G DMRS 汇总

我们以 PDSCH DMRS 为例阐述了 DMRS 处理的过程，在 5G 上下行信道中共设计使用了 5 类 DMRS，由于篇幅所限，本书就不一一讨论所有的 DMRS 信号了。为了方便读者学习，本书汇总了所有 DMRS 的信息见表 4-53，感兴趣的读者可自行下载相应 3GPP 规范。

表 4-53　DMRS 相关信息汇总

	PUSCH DMRS	PUCCH DMRS	PDSCH DMRS	PDCCH DMRS	PBCH DMRS
序列	关闭转换预编码时采用伪随机序列，打开转换预编码时采用低峰均比序列，也就是扩展的 ZC 序列	格式 1、3/4 采用低峰均比序列；格式 2 采用伪随机序列	伪随机序列	伪随机序列	伪随机序列
映射方法	使用映射中间向量 $\bar{a}_{k,l}^{(\bar{p},\mu)}$： 转换预编码关闭时： $\bar{a}_{k,l}^{(\bar{p},\mu)} = w_f(k')w_t(l')r(2n+k')$ $k = \begin{cases} 4n+2k'+\Delta & \text{配置类型1} \\ 6n+k'+\Delta & \text{配置类型2} \end{cases}$ $k'=0,1$ $l=\bar{l}+l'$ $n=0,1,\cdots$ $j=0,1,\cdots,\nu-1$ 转换预编码打开时： $\bar{a}_{k,l}^{(\bar{p},\mu)} = w_f(k')w_t(l')r(2n+k')$ $k = 4n+2k'+\Delta$ $k'=0,1$ $l=\bar{l}+l'$ $n=0,1,\cdots$ 然后使用下式映射： $\begin{bmatrix} a_{k,l}^{(p_0,\mu)}(m) \\ \vdots \\ a_{k,l}^{(p_{\rho-1},\mu)}(m) \end{bmatrix} = \beta_{\text{PUSCH}}^{\text{DMRS}} W \begin{bmatrix} \bar{a}_{k,l}^{(\bar{p}_0,\mu)}(m) \\ \vdots \\ \bar{a}_{k,l}^{(\bar{p}_{\rho-1},\mu)}(m) \end{bmatrix}$	格式 1： $a_{k,l}^{(\bar{p},\mu)} = \beta_{\text{PUCCH},1} z^{(m)}$ $l=0,2,4\cdots$ 格式 2： $a_{k,l}^{(\bar{p},\mu)} = \beta_{\text{PUCCH},2} r(m)$ $k=3m+1$ 格式 3/4： $a_{k,l}^{(\bar{p},\mu)} = \beta_{\text{PUCCH},s} \cdot r_l(m)$ $m=0,1,\cdots,M_{sc}^{\text{PUCCH},s}-1$	$a_{k,l}^{(p,\mu)} = \beta_{\text{PDSCH}}^{\text{DMRS}} w_f(k')w_t(l')r(2n+k')$ $k = \begin{cases} 4n+2k'+\Delta & \text{配置类型1} \\ 6n+k'+\Delta & \text{配置类型2} \end{cases}$ $k'=0,1$ $l=\bar{l}+l'$ $n=0,1,\cdots$	$a_{k,l}^{(p,\mu)} = \beta_{\text{DMRS}}^{\text{PDCCH}} \cdot r_l(3n+k')$ $k=nN_{sc}^{\text{RB}}+4k'+1$ $k'=0,1,2$ $n=0,1,\cdots$	复值序列 $d_{\text{PBCH}}(0),\cdots,d_{\text{PBCH}}(M_{\text{symb}}-1)$ 与扩展因子 β_{PBCH} 相乘后映射到 PBCH DMRS
规范索引	详细参考 TS38.211 6.4.1.1 节	详细参考 TS38.211 6.4.1.3 节	详细参考 TS38.211 7.4.1.1 节	详细参考 TS38.211 7.4.1.3 节	详细参考 TS38.211 7.4.1.4 节

4.5.2　PTRS 详解

4.5.2.1　PTRS 概述

PTRS 是 5G 新引入的针对 UE 使用的特定参考信号，即相位跟踪参考信号，用于 6GHz 以上的频段，这是因为相噪（Phase Noise）带来的影响在 6GHz 以上频段比在 6GHz 以下频段更为严重。6GHz 以下频段不考虑 PTRS。而 2G、3G、4G 所使用的频段都比较低，因此也没有涉及类似 PTRS 的相关功能。5G 中共享信道部分设计使用了 PTRS。

PTRS 的信息汇总如下。

（1）相位跟踪参考信号（PTRS，Phase Tracking Reference Signal）。

（2）主要功能是跟踪接收机和发射机本地振荡器的相位。

（3）PTRS 能够抑制相位噪声和常见相位误差，特别是在更高的毫米波频率下作用尤其显著。

（4）它同时存在于上行共享信道链路（PUSCH）和下行共享信道链路（PDSCH）信道上。

（5）由于相位噪声的特性，PTRS 频域密度较低，时域密度较高。

（6）PTRS 与一个 DMRS 端口相关联，而且仅限于在调度的带宽和 PUSCH/PDSCH 持续时间等资源内使用。

（7）系统通常根据振荡器的质量、载波频率、子载波间隔以及传输使用的调制和编码方案来配置 PTR。

4.5.2.2　PTRS 的配置

PTRS 的配置与使用需要分 CP-OFDM 和 DFT-s-OFDM 两种情况予以说明。

1. 使用 CP-OFDM 时，在系统上使用 PTRS 的先决条件为：

第一，上行方向上的先决条件是需要在高层参数组 DMRS-UplinkConfig 中包含了配置上行 PTRS 的参数 phaseTrackingRS，如下所示：

```
DMRS-UplinkConfig ::=            SEQUENCE {
    dmrs-Type                    ENUMERATED {type2}
dmrs-AdditionalPosition          ENUMERATED {pos0, pos1, pos3}
phaseTrackingRS                  SetupRelease { PTRS-UplinkConfig }
    ...
    }
```

同理，下行方向上也需要在高层参数组 DMRS-UplinkConfig 中配置下行

PTRS 的参数 phaseTrackingRS，如下所示：

```
DMRS-DownlinkConfig ::=              SEQUENCE {
dmrs-Type                           ENUMERATED {type2}
dmrs-AdditionalPosition             ENUMERATED {pos0, pos1, pos3}
maxLength                           ENUMERATED {len2}
scramblingID0                       INTEGER (0..65535)
scramblingID1                       INTEGER (0..65535)
phaseTrackingRS                     SetupRelease { PTRS-DownlinkConfig}
...
}
```

这两个参数分别确定上下行方向上的 PTRS 发送状态，任何一个缺失，相应方向上的 PTRS 都不会被配置使用。

第二，仅当使用的 RNTI 的类型是 MCS-C-RNTI、C-RNTI、CS-RNTI、SP-CSI-RNTI（仅下行）时才会启用 PTRS。

PTRS 配置需要通过进一步的上下行信令消息分别进行通知，主要涉及两个参数 timeDensity 和 frequencyDensity，分别存在于分属于上下行的两条信息单元中：

```
PTRS-UplinkConfig ::=               SEQUENCE {
transformPrecoderDisabled           SEQUENCE {
frequencyDensity                    SEQUENCE (SIZE (2)) OF INTEGER (1..276)
timeDensity                         SEQUENCE (SIZE (3)) OF INTEGER (0..29)
... }
PTRS-DownlinkConfig ::=             SEQUENCE {
 frequencyDensity                   SEQUENCE (SIZE (2)) OF INTEGER (1..276)
timeDensity                         SEQUENCE (SIZE (3)) OF INTEGER (0..29)
... }
```

这两个参数分别定义了 TS38.214 表 6.2.3.1-1（见表 4-54）和 TS38.214 表 6.2.3.1-2（见表 4-55）中 ptrs-MCSi（i=1,2,3）和 N_{RBi}（i=0,1）的门限，即分别定义了 MCS 等级及 RB 数量的门限，从而分别确定了 PTRS 所采用的时域密度（L_{PT-RS}）和频域密度（K_{PT-RS}）。

表 4-54 作为调度 MCS 功能的 PTRS 时域密度
（TS38.214 表 6.2.3.1-1）

调度 MCS	时域密度（L_{PT-RS}）
I_{MCS} < ptrs-MCS1	PT-RS 不存在
ptrs-MCS1$\leqslant I_{MCS}$ < ptrs-MCS2	4
ptrs-MCS2$\leqslant I_{MCS}$ < ptrs-MCS3	2
ptrs-MCS3$\leqslant I_{MCS}$ < ptrs-MCS4	1

表 4-55 作为调度带宽的功能的 PTRS 频域密度
（TS38.214 表 6.2.3.1-2）

调度带宽	频域密度（K_{PT-RS}）
$N_{RB} < N_{RB0}$	PT-RS 不存在
$N_{RB0} \leqslant N_{RB} < N_{RB1}$	2
$N_{RB1} \leqslant N_{RB}$	4

此外，规范还规定：在上行方向上，如果参数 timeDensity 没有配置则使用 $L_{PT-RS} = 1$；如果参数 frequencyDensity 没有配置则使用 $K_{PT-RS} = 2$；如果两者都没有配置则使用 $L_{PT-RS} = 1$ 和 $K_{PT-RS} = 2$。如果这两个参数在表 4-54 和表 4-55 中频域密度和时域密度分别出现"PT-RS 不存在"的情况，则表示并没有使用 PT-RS，上行方向上更多详细的内容请参考 3GPP 规范 TS38.214 6.3.1 节。

而对于下行方向上也有和上行类似的规定，即如果没有配置参数 timeDensity 则使用 $L_{PT-RS} = 1$；如果没有配置参数 frequencyDensity 则使用 $K_{PT-RS} = 2$；否则如果两者都没有配置且使用 MCS-C-RNTI，C-RNTI or CS-RNTI 时，则使用 $L_{PT-RS} = 1$，$K_{PT-RS} = 2$。如果满足下面条件之一，UE 将认为在下行方向上没有使用 PT-RS。

（1）从 TS38.214 表 5.1.3.1-1 中调度的 MCS 小于 10。

（2）从 TS38.214 表 5.1.3.1-2 中调度的 MCS 小于 5。

（3）调度的 RB 数量小于 3。

（4）使用 RA-RNTI、SI-RNTI 或者 P-RNTI。

更多下行方向上的内容请参考 TS38.214 5.1.6.3 节。

2. 关于使用 DFT-s-OFDM 的情况，采用参数 sampleDensity 来判决是否使用 PTRS：

```
PTRS-UplinkConfig ::=          SEQUENCE {
    ...
    transformPrecoderEnabled        SEQUENCE {
    sampleDensity                   SEQUENCE (SIZE (5)) OF INTEGER (1..276),
    timeDensityTransformPrecoding   ENUMERATED {d2}
    ...
}
```

PT-RS 组模式也将作为相应的 BWP 中调度带宽的功能，如表 4-56 所示，在满足下列条件之一时 PT-RS 被启用：

（1）调度使用的 RB 数量小于 N_{RB0}（$N_{RB0} > 1$）；

（2）使用 TC-RNTI。

此外，如果使用高层参数 timeDensity 配置了 PT-RS 时域密度，则 $L_{\text{PT-RS}} = 2$，否则 $L_{\text{PT-RS}} = 1$。

表 4-56   调度带宽功能的 PT-RS 组模式（TS38.214 表 6.2.3.2-1）

范围	PT-RS 组数量	每个 PT-RS 组的取样数量
$N_{\text{RB0}} \leqslant N_{\text{RB}} < N_{\text{RB1}}$	2	2
$N_{\text{RB1}} \leqslant N_{\text{RB}} < N_{\text{RB2}}$	2	4
$N_{\text{RB2}} \leqslant N_{\text{RB}} < N_{\text{RB3}}$	4	2
$N_{\text{RB3}} \leqslant N_{\text{RB}} < N_{\text{RB4}}$	4	4
$N_{\text{RB4}} \leqslant N_{\text{RB}}$	8	4

4.5.2.3   PTRS 处理举例：PUSCH PTRS 序列产生

1. 转换预编码关闭时的序列产生方法

如果关闭了转换预编码，在层 j 的子载波 k 上通过下列公式对 PTRS 进行预编码：

$$r^{\{\tilde{p}_j\}}(m) = \begin{cases} r(m) & j = j' \text{或} j = j'' \\ 0 & \text{其他} \end{cases}$$

其中，

（1）与 PTRS 关联的天线端口为 $\tilde{p}_{j'}$ 或者 $\{\tilde{p}_{j'}, \tilde{p}_{j''}\}$（详细参见 TS38.214 6.2.3 节）。

（2）$r(m)$ 与 PUSCH DMRS 产生方法相同，具体约定为：

① 关闭 PUSCH 时隙内跳频时在第一个 DMRS 符号位置；

② 打开 PUSCH 时隙内跳频时在第 $h \in \{0,1\}$ 跳的第一个 DMRS 符号位置。

2. 转换预编码打开时的序列产生方法

如果打开了转换预编码，PTRS $r_m(m')$ 将在转换预编码之前映射到 m 位置，m 根据 TS38.211 表 6.4.1.2.2.2-1 的 PTRS 组的编号 $N_{\text{group}}^{\text{PT-RS}}$、每个 PTRS 组 $N_{\text{samp}}^{\text{group}}$ 采样编号和 $M_{\text{sc}}^{\text{PUSCH}}$ 得到，然后 $r_m(m')$ 通过如下公式产生：

$$r_m(m') = w(k') \frac{e^{j\frac{\pi}{2}(m \bmod 2)}}{\sqrt{2}} \left[(1 - 2c(m')) + j(1 - 2c(m')) \right]$$

$$m' = N_{\text{samp}}^{\text{group}} s' + k'$$

$$s' = 0, 1, \cdots, N_{\text{group}}^{\text{PT-RS}} - 1$$

$$k' = 0, 1, N_{samp}^{group} - 1$$

其中，$c(i)$ 为伪随机序列（本书 4.2 节有介绍），通过如下方法进行初始化：

$$c_{init} = [2^{17}(14n_{s,f}^{\mu} + l + 1)(2N_{ID} + 1) + 2N_{ID}] \bmod 2^{31}$$

$w(i)$ 是正交序列，在 TS38.211 表 6.4.1.2.1.2-1（见表 4-57）给出。

l 是分配给 PUSCH 时隙 $n_{s,f}^{\mu}$（包含 PTRS）中的最低的 OFDM 符号编号，N_{ID} 通过高层参数 nPUSCH-Identity 给定。

表 4-57　正交序列 $w(i)$（TS38.211 表 6.4.1.2.1.2-1）

$n_{RNTI} \bmod N_{samp}^{group}$	$N_{samp}^{group} = 2$ $[w(0) \quad w(1)]$	$N_{samp}^{group} = 4$ $[w(0) \quad w(1) \quad w(2) \quad w(3)]$
0	[+1　+1]	[+1　+1　+1　+1]
1	[+1　−1]	[+1　−1　+1　−1]
2	—	[+1　+1　−1　−1]
3	—	[+1　−1　−1　+1]

4.5.2.4　PTRS 处理举例：PUSCH PTRS 映射物理层资源

1. 转换预编码关闭时的预编码和映射物理层资源

UE 只在分配给 PUSCH 的 RB 上发送 PTRS，且只在使用 PTRS 资源时发送。

PUSCH PTRS 按照如下方法映射到资源粒子：

$$\begin{bmatrix} a_{k,l}^{p_0,\mu} \\ \vdots \\ a_{k,l}^{(p_{\rho-1},\mu)} \end{bmatrix} = \beta_{PT-RS} W \begin{bmatrix} r^{(\tilde{p}_0)}(2n+k') \\ \vdots \\ r^{(\tilde{p}_{v-1})}(2n+k') \end{bmatrix}$$

$$k = \begin{cases} 4n + 2k' + \Delta & \text{配置类型1} \\ 6n + k' + \Delta & \text{配置类型2} \end{cases}$$

需要满足如下条件：

（1）l 位于 PUSCH 使用的符号中；

（2）资源粒子 (k, l) 不用于 DMRS；

（3）k' 和 Δ 对应相应的 $\tilde{p}_0, \cdots, \tilde{p}_{v-1}$。

k' 和 Δ 通过 TS38.211 表 6.4.1.1.3-1 和表 6.4.1.1.3-2 给出，配置类型（Configuration

Type）通过高层参数 DMRS-UplinkConfig 给出，预编码矩阵 W 与 PUSCH 使用的预编码矩阵相同（参见 TS38.211 6.3.1.5 节）。$\beta_{PT\text{-}RS}$ 为幅度扩展因子，详细信息请参见 TS38.214 6.2.2 节的规定。

与 PUSCH 起始点关联的时域索引集 l 通过如下方法定义：

（1）设置 $i=0$ 及 $l_{ref}=0$；

（2）如果区间 $\max[l_{ref}+(i-1)L_{PT-RS}+1,l_{ref}],\cdots,l_{ref}+iL_{PT-RS}$ 内有符号与 DMRS 使用的符号重叠，则：

① 设置 $i=1$；

② 设 l_{ref} 为使用单一符号 DMRS 时的 DMRS 符号索引或者使用两个 DMRS 符号时的第二个 DMRS 符号的索引；

③ 当 $l_{ref}+iL_{PT\text{-}RS}$ 位于 PUSCH 资源上时从第二步开始重复。

（3）将 $l_{ref}+iL_{PT\text{-}RS}$ 加入 PTRS 的时域索引集；

（4）i 累加 1；

（5）$l_{ref}+iL_{PT\text{-}RS}$ 位于 PUSCH 资源内时从第二步开始继续重复操作。

这里时域密度 $L_{PT\text{-}RS}\in\{1,2,4\}$ 在 TS38.214 表 6.2.3.1-1 给出。

在 PTRS 映射时，PUSCH 使用的 RB 按照升序从 0 到 $N_{RB}-1$ 编号。在这个 RB 集合中相应的子载波从最低频开始按照升序从 0 到 $N_{sc}^{RB}N_{RB}-1$ 编号。PTRS 映射到的子载波由如下公式给出：

$$k=k_{ref}^{RE}+(iK_{PT\text{-}RS}+k_{ref}^{RB})N_{sc}^{RB}$$

$$k_{ref}^{RB}=\begin{cases}n_{RNTI}\bmod K_{PT\text{-}RS} & N_{RB}\bmod K_{PT\text{-}RS}=0\\n_{RNTI}\bmod(N_{RB}\bmod K_{PT\text{-}RS}) & 其他\end{cases}$$

其中，

（1）$i=0,1,2\cdots$

（2）k_{ref}^{RE} 通过 TS38.211 表 6.4.1.2.2.1-1（见表 4-58）给出与 PTRS 端口关联的 DMRS 端口（详细参考 TS38.214 6.2.3 节）。在 PTRS-UplinkConfig 中如果没有配置高层参数 resourceElementOffset，则使用表格中对应 "00" 那一列的数据。

（3）n_{RNTI} 就是动态调度使用的 DCI 关联的 RNTI，RNTI 类型可以使用 C-RNTI, SP-CSI-RNTI 或 CS-RNTI，当使用配置类型 1 进行调度时采用 CS-RNTI。

（4）N_{RB} 是调度的 RB 数量。

（5）$K_{PT\text{-}RS}\in\{2,4\}$ 为频域密度（Frequency Density），在 TS38.214 表 6.2.3.1-2 中定义。

表 4-58　参数 $k_{\text{ref}}^{\text{RE}}$ 的配置（TS38.211 表 6.4.1.2.2.1-1）

DM-RS 天线端口 $\tilde{p}$	$k_{\text{ref}}^{\text{RE}}$							
	DM-RS 配置 type 1				DM-RS 配置 type 2			
	resourceElementOffset				resourceElementOffset			
	00	01	10	11	00	01	10	11
0	0	2	6	8	0	1	6	7
1	2	4	8	10	1	6	7	0
2	1	3	7	9	2	3	8	9
3	3	5	9	11	3	8	9	2
4	—	—	—	—	4	5	10	11
5	—	—	—	—	5	10	11	4

2. 转换预编码打开时的物理资源映射

序列 $r_m(m')$ 通过与 β' 相乘后映射到 $\tilde{x}^{(0)}(m)$ 中的复值符号 $N_{\text{samp}}^{\text{group}} N_{\text{group}}^{\text{PT-RS}}$ 。

（1）$\tilde{x}^{(0)}(m)$ 是转换预编码之前 OFDM 符号 l 中的复值符号（参考 TS38.211 6.3.1.4 节）。

（2）β' 是 PUSCH 使用的调制方案最外层的星座点幅度与 $\pi/2$-BPSK 最外层的星座点幅度比率（在 TS38.214 6.2.3 节中定义）。

（3）m 根据 PT-RS 组 $N_{\text{group}}^{\text{PT-RS}}$ 、每个 PT-RS 组 $N_{\text{samp}}^{\text{group}}$ 采样数量及 $M_{\text{sc}}^{\text{PUSCH}}$ 从 TS38.211 表 6.4.1.2.2.2-1（见表 4-59）获取。

表 4-59　PT-RS 符号映射（TS38.211 表 6.4.1.2.2.2-1）

PT-RS 组数量 $N_{\text{group}}^{\text{PT-RS}}$	每个 PT-RS 组采样数量 $N_{\text{samp}}^{\text{group}}$	转换预编码之前在 OFDM 符号 l 中的 PT-RS 采样索引 m
2	2	$s\left\lfloor M_{\text{sc}}^{\text{PUSCH}}/4 \right\rfloor + k - 1$ 此处 $s=1,3$ 而 $k=0,1$
2	4	$sM_{\text{sc}}^{\text{PUSCH}} + k$ 这里，$\begin{cases} s=0 \text{ 且 } k=0,1,2,3 \\ s=1 \text{ 且 } k=-4,-3,-2,-1 \end{cases}$
4	2	$\left\lfloor sM_{\text{sc}}^{\text{PUSCH}}/8 \right\rfloor + k - 1$ 这里：$s=1,3,5,7$ 且 $k=0,1$
4	4	$sM_{\text{sc}}^{\text{PUSCH}}/4 + n + k$ 这里，$\begin{cases} s=0 & \text{且 } k=0,1,2,3 & n=0 \\ s=1,2 & \text{且 } k=-2,-1,0,1 & n=\left\lfloor M_{\text{sc}}^{\text{PUSCH}}/8 \right\rfloor \\ s=4 & \text{且 } k=-4,-3,-2,-1 & n=0 \end{cases}$

续表

PT-RS 组数量 $N_{group}^{PT\text{-}RS}$	每个 PT-RS 组采样数量 N_{samp}^{group}	转换预编码之前在 OFDM 符号 l 中的 PT-RS 采样索引 m
8	4	$\left\lfloor sM_{sc}^{PUSCH}/8 \right\rfloor + n + k$ 这里， $\begin{cases} s=0 & \text{且 } k=0,1,2,3 & n=0 \\ s=1,2,3,4,5,6 & \text{且 } k=-2,-1,0,1 & n=\left\lfloor M_{sc}^{PUSCH}/16 \right\rfloor \\ s=4 & \text{且 } k=-4,-3,-2,-1 & n=0 \end{cases}$

以 $M_{sc}^{PUSCH}=36$ 举例说明一下 PTRS 映射方法，如表 4-60 所示。

表 4-60　PTRS 映射方法举例

$M_{sc}^{PUSCH}=36$					
$< N_{group}^{PT\text{-}RS}, N_{samp}^{group} >$	<2,2>	<2,4>	<4,2>	<4,4>	<8,4>
0		PTRS		PTRS	PTRS
1		PTRS		PTRS	PTRS
2		PTRS		PTRS	PTRS
3		PTRS	PTRS	PTRS	PTRS
4		PTRS			PTRS
5					PTRS
6					PTRS
7					PTRS
8	PTRS				
9	PTRS				PTRS
10					PTRS
11				PTRS	PTRS
12		PTRS		PTRS	PTRS
13		PTRS		PTRS	PTRS
14				PTRS	PTRS
15					PTRS
16					PTRS
17					
18					PTRS
19					PTRS
20				PTRS	PTRS
21			PTRS	PTRS	PTRS
22			PTRS	PTRS	PTRS
23				PTRS	PTRS
24					PTRS

续表

$M_{\text{sc}}^{\text{PUSCH}}=36$					
$< N_{\text{group}}^{\text{PT-RS}},\ N_{\text{samp}}^{\text{group}} >$	<2,2>	<2,4>	<4,2>	<4,4>	<8,4>
25					PTRS
26	PTRS				PTRS
27	PTRS				
28					PTRS
29					PTRS
30			PTRS		PTRS
31			PTRS		PTRS
32		PTRS		PTRS	PTRS
33		PTRS		PTRS	PTRS
34		PTRS		PTRS	PTRS
35		PTRS		PTRS	PTRS

PTRS 发送使用的时域索引集 l 和 PUSCH 分配使用的资源起始点相关联，具体定义为：

（1）设定 $i=0$，$l_{\text{ref}}=0$；

（2）如果区间 $\max[l_{\text{ref}}+(i-1)L_{\text{PT-RS}}+1, l_{\text{ref}}], \cdots, l_{\text{ref}}+iL_{\text{PT-RS}}$ 内的任何符号与用于 DMRS 的符号有重叠，则：

① 设置 $i=1$；

② 设置 l_{ref} 为 DMRS 使用单一符号时的 DMRS 符号索引和使用双符号 DMRS 时的第二个符号的索引；

③ 当 $l_{\text{ref}}+iL_{\text{PT-RS}}$ 位于 PUSCH 资源内时从第二步开始重复步骤；

（3）将 $l_{\text{ref}}+iL_{\text{PT-RS}}$ 加入到 PTRS 时域索引集；

（4）i 累加 1；

（5）当 $l_{\text{ref}}+iL_{\text{PT-RS}}$ 位于 PUSCH 资源内时，从第二步开始重复。

$L_{\text{PT-RS}} \in \{1,2\}$ 即时域密度，通过 PTRS-UplinkConfig 中的高层参数 timeDensity 给定。并在 TS38.214 表 6.2.3.1-1 中定义。当高层参数 timeDensity 没有定义的时候，UE 会默认 $L_{\text{PT-RS}} = 1$。

4.5.2.5 PTRS 处理举例：PUSCH PTRS 总结资源映射举例

PTRS 由 RRC 在上下行分别配置并在 PUSCH 和 PDSCH 上启用，而且一旦启用就会和相应的 DMRS 及 PDSCH/PUSCH 相关联。

这里针对 PTRS 的时域和频域映射举例说明。

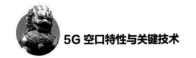

举例 1：所支持的时域密度示例如下，如图 4-59 所示。

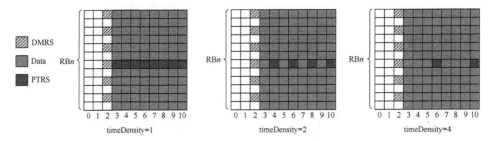

图 4-59　PTRS 时域密度示例

举例 2：根据使用的频域密度和时域密度的组合示例，如图 4-60 所示。

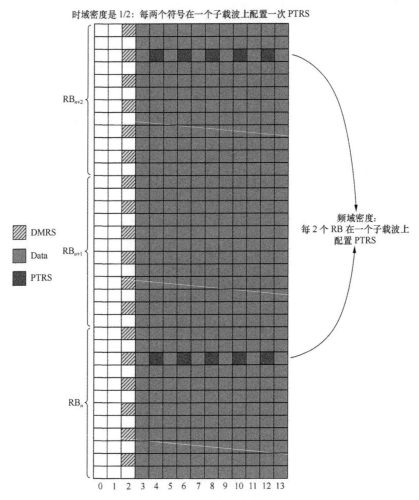

图 4-60　PUSCH PTRS 配置举例

最后需要提到的是，5G 中只有 PUSCH 和 PDSCH 设计使用了 PTRS，PDSCH PTRS 的处理方法与 PUSCH 关闭转换预编码情况下的处理方法相似。感兴趣的读者可以查阅 TS38.211 7.4.1.2 节学习。

4.5.3　SRS 设计与处理

SRS 用于上行信道探测，由 UE 发送，帮助 gNB 获取每个用户的信道状态信息，如上行信号散射、衰落和功率衰减与距离的组合效应等方面。gNB 利用 SRS 进行资源调度、链路自适应、大规模 MIMO 和波束管理。

4.5.3.1　SRS 资源

UE 可以由高层参数 SRS-ResourceSet 配置一个或多个探测参考符号（SRS）资源集 SRS-ResourceSet。每个 SRS 资源集可以为 UE 配置 $K \geqslant 1$ 个 SRS 资源（参数 SRS-Resource），其中，K 的最大值由 TS38.306 中的 SRS-capability 来指示。SRS 资源集的适用性由高层参数 SRS-SetUse 来配置。当高层参数 SRS-SetUse 被设置为"BeamManagement"时，特定情况下，每个 SRS 资源集中只可以发送一个 SRS 资源。不同 SRS 资源集中的 SRS 资源可以同时传送。

由参数 SRS-Resource 所配置的 SRS 资源包括以下时频资源相关的内容和参数。

（1）$N_{\mathrm{ap}}^{\mathrm{SRS}} \in \{1,2,4\}$，即 SRS 所使用的天线端口 $\{p_i\}_{i=0}^{N_{\mathrm{ap}}^{\mathrm{SRS}}-1}$，$p_i \in \{1000,1001\cdots\}$ 通过高层参数 nrofSRS-Ports 给出，取值范围为 port1、port2 和 port4，即 SRS 使用的天线端口数最大为 4。

（2）$N_{\mathrm{symb}}^{\mathrm{SRS}} \in \{1,2,4\}$ 表示 SRS 所使用的连续的 OFDM 符号数。通过 resourceMapping 中的 nrofSymbol 域给出，取值范围为 n1、n2 和 n4，即时域上 SRS 可以占用 1 个、2 个或者最大 4 个连续的符号。

（3）l_0 表示 SRS 的时域起始位置，$l_0 = N_{\mathrm{symb}}^{\mathrm{slot}} - 1 - l_{\mathrm{offset}}$。其中，偏置 $l_{\mathrm{offset}} \in \{0,1,\cdots,5\}$ 且 $l_{\mathrm{offset}} \geqslant N_{\mathrm{symb}}^{\mathrm{SRS}} - 1$。$l_{\mathrm{offset}}$ 从时隙末端反向进行符号计数。l_0 通过 resourceMapping 中的高层参数 startPosition 来提供，取值范围为 0～5，表示 SRS 资源位于时隙中最后 6 个符号内。

（4）k_0 表示 SRS 频域起始位置。

除了上述时频相关的资源之外，由参数 SRS-Resource 所配置的 SRS 资源还包括更多参数，详见 TS38.214，摘录如下。

（1）SRS-ResourceId，表示 SRS 资源配置标识，取值为 1～16。

（2）由高层参数 SRS-resourceType 所指示的 SRS 资源配置的时域行为，对应 TS 38.211 中所定义的周期性、半持久性、非周期性 SRS 传送。

（3）对于周期性或半持久性 SRS 资源，由高层参数 periodicityAndOffset-p 或 periodicityAndOffset-sp 来定义时隙级的周期性和时隙级的偏移量。对于由高层参数 resourceType 配置为"aperiodic"的 SRS-ResourceSet，时隙级偏移由高层参数 slotOffset 来定义。

（4）SRS 资源中的 OFDM 符号的数量，时隙内 SRS 资源的起始 OFDM 符号以及重复因子 R 都由高层参数 resourceMapping 来定义，并在 TS 38.211 中进行描述。

（5）SRS 带宽 B_{SRS} 和 C_{SRS} 以及跳频带宽 b_{hop} 由高层参数 freqHopping 来定义，并在 TS 38.211 中进行描述。

（6）由高层参数 freqDomainPosition 和 freqDomainShift 来定义频域位置和可配置的移位，以便将所分配的 SRS 与 4 个 PRB 的网格相对齐，并在 TS 38.211 中进行描述。

（7）由高层参数 transmissionComb 定义的传输梳值，并在 TS 38.211 中进行描述。

（8）循环移位由高层参数 cyclicShift-n2 或 cyclicShift-n4 来定义，分别对应传输梳值为 2 和 4，并在 TS 38.211 中进行描述。

（9）由高层参数 combOffset-n2 或 combOffset-n4 分别为传输梳值 2 或 4 定义的偏移量，并在 TS 38.211 中进行描述。

（10）SRS 序列号由高层参数 sequenceId 来定义，并在 TS 38.211 中进行描述。

（11）参考 RS 和目标 SRS 之间的空间关系的配置，其中，高层参数 spatialRelationInfo 包含参考 RS 的标识号。参考 RS 可以是 SS/PBCH 块、CSI-RS，也可以是与目标 SRS 相同或不同的分量载波和/或 BWP 上所配置的 SRS。

在频域上，SRS 使用一个英文单词"comb"（梳齿）来形象地表示在每 n 个子载波上发送一次 SRS，n 可以是 2 或者 4，称之为 Comb-2 或 Comb-4。图 4-61 所示为频域采用 Comb-2 且时域使用 1 个符号；图 4-62 所示为频域采用 Comb-4 且时域使用 4 个符号。

频域上采用梳齿结构时，多个 UE 上的 SRS 可以通过特定的频率偏移实现复用。Comb-2 方式下，SRS 每隔两个子载波上进行发送，故两个 UE 的 SRS 可以频分复用。同理，Comb-4 方式下最多 4 个 UE 的 SRS 可以进行频分复用。图 4-63 所示是频域采用 Comb-2 且时域使用 2 个符号频分时多用户 SRS 复用。

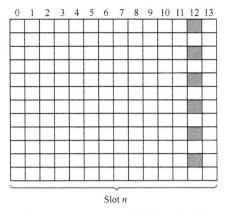

图 4-61 Comb-2，时域使用 1 个符号

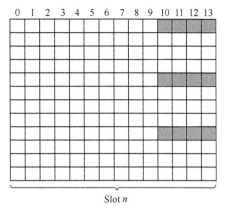

图 4-62 Comb-4，时域使用 4 个符号

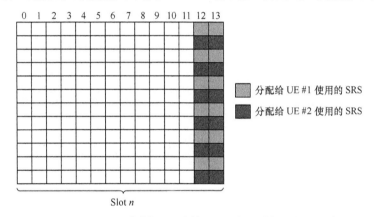

图 4-63 Comb-2，时域使用 2 个符号频分复用时多用户 SRS 复用

4.5.3.2 SRS 序列生成

SRS 序列通过下式生成：

$$r^{(p_i)}(n,l') = r_{u,v}^{(\alpha_i,\delta)}(n)$$

$$0 \leqslant n \leqslant M_{\mathrm{sc},b}^{\mathrm{RS}} - 1$$

$$l' \in \{0,1,\cdots,N_{\mathrm{symb}}^{\mathrm{SRS}} - 1\}$$

其中，$M_{\mathrm{sc},b}^{\mathrm{RS}}$ 是 SRS 序列长度，$r_{u,v}^{(\alpha_i,\delta)}(n)$ 为低峰均比序列（详细内容参见 4.2 节相关内容），使用 $\delta = \log_2(K_{\mathrm{TC}})$。传送梳齿数（Transmission Comb Number）K_{TC} 包含在高层参数 transmissionComb 中。天线端口 p_i 的循环移位 α_i 由下式给出：

$$\alpha_i = 2\pi \frac{n_{\mathrm{SRS}}^{\mathrm{cs},i}}{n_{\mathrm{SRS}}^{\mathrm{cs,max}}}$$

$$n_{\text{SRS}}^{\text{cs},i} = \left(n_{\text{SRS}}^{\text{cs}} + \frac{n_{\text{SRS}}^{\text{cs,max}} \left(p_i - 1000 \right)}{N_{\text{ap}}^{\text{SRS}}} \right) \bmod n_{\text{SRS}}^{\text{cs,max}}$$

其中，$n_{\text{SRS}}^{\text{cs}} \in \{0, 1, \cdots, n_{\text{SRS}}^{\text{cs,max}} - 1\}$ 包含在高层参数 transmissionComb 中。当 $K_{\text{TC}} = 4$ 时，循环移位最大值 $n_{\text{SRS}}^{\text{cs,max}} = 12$；当 $K_{\text{TC}} = 2$ 时，$n_{\text{SRS}}^{\text{cs,max}} = 8$。

序列组号 $u = [f_{\text{gh}}(n_{\text{s,f}}^{\mu}, l') + n_{\text{ID}}^{\text{SRS}}] \bmod 30$，低峰均比序列号 v 依赖于 SRS-Config 中的高层参数 groupOrSequenceHopping，式中的 SRS 序列标识 $n_{\text{ID}}^{\text{SRS}}$ 与 SRS-Config 中高层参数 sequenceId 对应，而 $l' \in \{0, 1, \cdots, N_{\text{symb}}^{\text{SRS}} - 1\}$ 是 SRS 资源的 OFDM 符号数。

（1）如果参数 groupOrSequenceHopping 等于 "neither"，则组跳变和序列跳变都不会被使用，且：

$$f_{\text{gh}}\left(n_{\text{s,f}}^{\mu}, l'\right) = 0$$
$$v = 0$$

（2）如果参数 groupOrSequenceHopping 等于 "groupHopping"，将使用组跳变而不是序列跳变，且：

$$f_{\text{gh}}(n_{\text{s,f}}^{\mu}, l') = \left\{ \sum_{m=0}^{7} c \left[8(n_{\text{s,f}}^{\mu} N_{\text{symb}}^{\text{slot}} + l_0 + l') + m \right] \cdot 2^m \right\} \bmod 30$$
$$v = 0$$

其中，伪随机序列 $c(i)$ 在每个无线帧的起始点使用 $c_{\text{init}} = n_{\text{ID}}^{\text{SRS}}$ 进行初始化。

（3）如果 groupOrSequenceHopping 等于 "sequenceHopping"，将采用序列跳变而不是组跳变，且：

$$f_{\text{gh}}(n_{\text{s,f}}^{\mu}, l') = 0$$
$$v = \begin{cases} c\left(n_{\text{s,f}}^{\mu} N_{\text{symb}}^{\text{slot}} + l_0 + l'\right) & M_{\text{sc},b}^{\text{SRS}} \geqslant 6 N_{\text{sc}}^{\text{RB}} \\ 0 & \text{其他} \end{cases}$$

其中，伪随机序列 $c(i)$ 在每个无线帧的起始点采用 $c_{\text{init}} = n_{\text{ID}}^{\text{SRS}}$ 进行初始化。

4.5.3.3　映射到物理资源

对应每个 OFDM 符号 l 和 SRS 资源上的每个天线端口的序列 $r^{(p_i)}(n, l')$ 需要先乘以幅度扩展因子 β_{SRS}，然后从 $r^{(p_i)}(0, l')$ 开始针对每个天线端口 p_i 在每个时隙上根据下式映射到资源粒子 (k, l)：

$$a_{K_{\text{TC}} \cdot k' + k_0^{(p_i)}, l' + l_0}^{(p_i)} = \begin{cases} \dfrac{1}{\sqrt{N_{\text{ap}}}} \beta_{\text{SRS}} r^{(p_i)}(k', l') & k' = 0, 1, \cdots, M_{\text{sc},b}^{\text{RS}} - 1, l' = 0, 1, \cdots, N_{\text{symb}}^{\text{SRS}} - 1 \\ 0 & \text{其他} \end{cases}$$

上式中 SRS 序列的长度为：

$$M_{sc,b}^{RS} = m_{SRS,b} N_{sc}^{RB} \big/ K_{TC}$$

其中，$m_{SRS,b}$ 根据 $b = B_{SRS}$ 在 TS38.213 表 6.4.1.4.3-1（见表 4-61）中选定的一特定行来表示，而 $B_{SRS} \in \{0,1,2,3\}$ 由 freqHopping 中的参数 b-SRS 给定。而选择表中特定行时需要依据 freqHopping 的参数 c-SRS 给出的索引值 $C_{SRS} \in \{0,1,\cdots,63\}$ 来选定。

频域起始位置 $k_0^{(p_i)}$ 定义为：

$$k_0^{(p_i)} = \overline{k}_0^{(p_i)} + \sum_{b=0}^{B_{SRS}} K_{TC} M_{sc,b}^{SRS} n_b$$

其中

$$\overline{k}_0^{(p_i)} = n_{shift} N_{sc}^{RB} + k_{TC}^{(p_i)}$$

$$k_{TC}^{(p_i)} = \begin{cases} (\overline{k}_{TC} + K_{TC}/2) \bmod K_{TC} & n_{SRS}^{cs} \in \{n_{SRS}^{cs,max}/2, \cdots, n_{SRS}^{cs,max}-1\} \text{且} N_{ap}^{SRS} = 4, p_i \in \{1001,1003\} \\ \overline{k}_{TC} & \text{其他} \end{cases}$$

上式中频域移位值 n_{shift} 用来调整 SRS 资源以和 CRB 的 4 的倍数网格对齐，它包含在 SRS-Config 高层参数中。发送梳齿偏置（Transmission Comb Offset）$\overline{k}_{TC} \in \{0,1,\cdots,K_{TC}-1\}$ 包含于 SRS-Config 的高层参数 transmisisonComb 中，n_b 是频域位置索引。

SRS 跳频使用参数 $b_{hop} \in \{0,1,2,3\}$ 配置，并由 freqHopping 中的参数 b-hop 提供。

如果 $b_{hop} \geqslant B_{SRS}$，跳频关闭，频域位置索引 n_b 保留为常量（除非被重新配置）且针对 SRS 资源中的全部 N_{symb}^{SRS} 符号定义为：

$$n_b = \lfloor 4n_{RRC}/m_{SRS,b} \rfloor \bmod N_b$$

上式中 n_{RRC} 由高层参数 freqDomainPosition 给定，$m_{SRS,b}$ 和 N_b（$b = B_{SRS}$）的值通过 TS38.211 表 6.4.1.4.3-1（见表 4-61）根据对应的 C_{SRS} 选定的行中相关数据确定。

如果 $b_{hop} < B_{SRS}$，跳频打开，频域位置索引 n_b 由下式定义：

$$n_b = \begin{cases} \lfloor 4n_{RRC}/m_{SRS,b} \rfloor \bmod N_b & b \leqslant b_{hop} \\ \{F_b(n_{SRS}) + \lfloor 4n_{RRC}/m_{SRS,b} \rfloor\} \bmod N_b & \text{其他} \end{cases}$$

其中，N_b 在 TS38.211 表 6.4.1.4.3-1（见表 4-61）给出。

$$F_b(n_{SRS}) = \begin{cases} (N_b/2)\left\lfloor \dfrac{n_{SRS}\bmod\prod_{b'=b_{hop}}^{b}N_{b'}}{\prod_{b'=b_{hop}}^{b-1}N_{b'}} \right\rfloor + \left\lfloor \dfrac{n_{SRS}\bmod\prod_{b'=b_{hop}}^{b}N_{b'}}{2\prod_{b'=b_{hop}}^{b-1}N_{b'}} \right\rfloor & N_b\text{是偶数} \\[3ex] \lfloor N_b/2 \rfloor\left\lfloor n_{SRS}/\prod_{b'=b_{hop}}^{b-1}N_{b'} \right\rfloor & N_b\text{是奇数} \end{cases}$$

表 4-61 SRS 带宽配置（TS38.211 表 6.4.1.4.3-1）

C_{SRS}	$B_{SRS}=0$		$B_{SRS}=1$		$B_{SRS}=2$		$B_{SRS}=3$	
	$m_{SRS,0}$	N_0	$m_{SRS,1}$	N_1	$m_{SRS,2}$	N_2	$m_{SRS,3}$	N_3
0	4	1	4	1	4	1	4	1
1	8	1	4	2	4	1	4	1
⋮								
62	272	1	68	4	4	17	4	1
63	272	1	16	17	8	2	4	2

无论 N_b 取任何值，$N_{b_{hop}}=1$。n_{SRS} 用于 SRS 传送的计数。在 SRS 通过高层参数 resourceType 配置为非周期的类型时，在时隙内传送 N_{symb}^{SRS} 个符号的 SRS 资源为 $n_{SRS}=\lfloor l'/R \rfloor$。$R \leqslant N_{sym}^{SRS}$ 为重复因子，由高层参数 resourceMapping 中的 repetitionFactor 给定。

在采用 SRS 资源配置为周期性或者半永久（Semi-Persistent）的情况下，满足 $\left(N_{slot}^{frame,\mu}n_f + n_{s,f}^{\mu} - T_{offset}\right)\bmod T_{SRS}=0$ 的时隙的 SRS 计数器由下式给定：

$$n_{SRS} = \left(\frac{N_{slot}^{frame,\mu}n_f + n_{s,f}^{\mu} - T_{offset}}{T_{SRS}}\right)\cdot\left(\frac{N_{symb}^{SRS}}{R}\right) + \left\lfloor\frac{l'}{R}\right\rfloor$$

以时隙数表示的周期 T_{SRS} 和时隙偏置 T_{offset} 根据高层参数 periodicityAnd Offset-p 或者 periodicityAndOffset-ap 确定。

只在所有配置为半静态（"uplink"或者"flexible"）候选时隙的 SRS 资源上，才允许发送 SRS。

4.5.3.4 SRS 重要高层参数及映射关系

1. 梳齿的配置

当前的梳齿支持 comb-2 和 comb-4，相应的两套配置参数如下：

```
transmissionComb                          CHOICE {
    n2                                    SEQUENCE {
        combOffset-n2                     INTEGER (0..1），
        cyclicShift-n2                    INTEGER (0..7）
    },
    n4                                    SEQUENCE {
        combOffset-n4                     INTEGER (0..3），
        cyclicShift-n4                    INTEGER (0..11）
    }
},
```

transmissionComb 中的参数 n2 和 n4 就是 comb-2 和 comb-4，comboffset 的取值与 comb-2/4 相关，取值范围为 0..combValue-1，相当于梳齿中间的子载波数。cyclicshift 是两种梳齿配置下各自所使用的循环移位。整套参数对应 L1 的参数 "SRS-TransmissionComb"。

2. SRS 时域配置相关参数

SRS 时域配置参数包含在 resourceMapping 中：

```
resourceMapping                       SEQUENCE {
    startPosition                     INTEGER (0..5），
    nrofSymbols                       ENUMERATED {n1, n2, n4},
    repetitionFactor                  ENUMERATED {n1, n2, n4}
}
```

其中，nrofSymbols 表示时隙内的每个 SRS 资源可占用 1，2 或者 4 个符号，分别位于时隙的最后 6 个符号，这里 startPosition 也就是对应 L1 的参数 SRSSymbolStartPosition = 0..5 中，"0" 代表时隙内最后一个符号，"1" 代表时隙内倒数第二个符号，其他以此类推。RepetitionFactor（$r = 1, 2$ 或者 4）表示重复因子。

3. 频域相关配置参数

SRS 频域配置参数也包含在 resourceMapping 中：

```
    freqDomainPosition                    INTEGER (0..67），
    freqDomainShift                       INTEGER (0..268），
    freqHopping                           SEQUENCE {
        c-SRS                             INTEGER (0..63），
        b-SRS                             INTEGER (0..3），
        b-hop                             INTEGER (0..3）
```

其中，freqDomainPosition 和 freqDomainShift 分别用于定义频域位置及可配置的偏移。对应 L1 参数 "SRS-FreqDomainPosition"。这些参数与前述定义频域位置的公式对应关系如下：

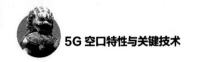
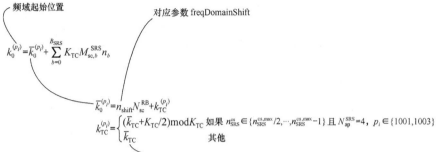

频域起始位置　　　　　　　对应参数 freqDomainShift

$$k_0^{(p_i)} = \bar{k}_0^{(p_i)} + \sum_{b=0}^{B_{SRS}} K_{TC} M_{sc,b}^{SRS} n_b$$

$$\bar{k}_0^{(p_i)} = n_{shift} N_{sc}^{RB} + k_{TC}^{(p_i)}$$

$$k_{TC}^{(p_i)} = \begin{cases} (\bar{k}_{TC} + K_{TC}/2) \bmod K_{TC} & \text{如果 } n_{SRS}^{cs} \in \{n_{SRS}^{cs,max}/2, \cdots, n_{SRS}^{cs,max}-1\} \text{ 且 } N_{ap}^{SRS} = 4, \ p_i \in \{1001, 1003\} \\ \bar{k}_{TC} & \text{其他} \end{cases}$$

$\bar{k}_{TC} \in \{0, 1, \cdots, K_{TC}-1\}$ 是参数 transmissionComb 中的 Comboffset

　　频域配置中的另外一个重要部分是跳频资源配置即 freqHopping 中所涉及的主要参数，各参数相关说明见表 4-62 和表 4-63。

表 4-62　SRS 带宽配置说明-1（TS38.211 表 6.4.1.4.3-1）

C_{SRS}	$B_{SRS}=0$		$B_{SRS}=1$		$B_{SRS}=2$		$B_{SRS}=3$	
	$m_{SRS,0}$	N_0	$m_{SRS,1}$	N_1	$m_{SRS,2}$	N_2	$m_{SRS,3}$	N_3
0	4	1	4	1	4	1	4	1
1	8	1	4	2	4	1	4	1
2	12	1	4	3	4	1	4	1
3	16	1	4	4	4	1	4	1
4	16	1	8	2	4	2	4	1
5	20	1	4	5	4	1	4	1
6	24	1	4	6	4	1	4	1

SRS 序列长度 $M_{sc,b}^{RS} = m_{SRS,b} N_{sc}^{RB}/K_{TC}$

当 $b=B_{SRS}$ 时，根据高层参数 c_{SRS} 选择 $m_{SRS,b}$

freqHopping 中的参数 b_{hop} 表示跳频带宽。

表 4-63　SRS 带宽配置说明-2（TS38.211 表 6.4.1.4.3-1）

C_{SRS}	$B_{SRS}=0$		$B_{SRS}=1$		$B_{SRS}=2$		$B_{SRS}=3$	
	$m_{SRS,0}$	N_0	$m_{SRS,1}$	N_1	$m_{SRS,2}$	N_2	$m_{SRS,3}$	N_3
0	4	1	4	1	4	1	4	1
1	8	1	4	2	4	1	4	1
2	12	1	4	3	4	1	4	1
3	16	1	4	4	4	1	4	1
4	16	1	8	2	4	2	4	1
5	20	1	4	5	4	1	4	1
6	24	1	4	6	4	1	4	1

如果 $b_{hop} \geq B_{SRS}$，则频域位置索引：$n_b = \lfloor 4n_{RRC}/m_{SRS,b}\rfloor \bmod N_b$（此时跳频关闭）

如果 $b_{hop} < B_{SRS}$，则频域位置索引为：（此时跳频打开）

高层参数 freqDomainPosition

$$n_b = \begin{cases} \lfloor 4n_{RRC}/m_{SRS,b}\rfloor \bmod N_b & b \leq b_{hop} \\ \{F_b(n_{SRS}) + \lfloor 4n_{RRC}/m_{SRS,b}\rfloor\} \bmod N_b & \text{其他} \end{cases}$$

$$F_b(n_{SRS}) = \begin{cases} (N_b/2) \left\lfloor \dfrac{n_{SRS} \bmod \prod_{b'=b_{hop}}^{b} N_{b'}}{\prod_{b'=b_{hop}}^{b-1} N_{b'}} \right\rfloor + \left\lfloor \dfrac{n_{SRS} \bmod \prod_{b'=b_{hop}}^{b} N_{b'}}{2\prod_{b'=b_{hop}}^{b-1} N_{b'}} \right\rfloor & N_b \text{ 为偶数时} \\ \lfloor N_b/2 \rfloor \lfloor n_{SRS}/\prod_{b'=b_{hop}}^{b-1} N_{b'} \rfloor & N_b \text{ 为奇数时} \end{cases}$$

$$n_{SRS} = \left(\frac{N_{slot}^{frame,\mu} n_f + n_{s,f}^{\mu} - T_{offset}}{T_{SRS}} \right) \cdot \left(\frac{N_{symb}^{SRS}}{R} \right) + \left\lfloor \frac{l'}{R} \right\rfloor$$

4.　周期和半永久（Semi-Persistent）SRS 资源配置参数

高层参数 SRS-PeriodictiyAndOffset 定义了 SRS 的发送周期和 offset 偏置，SRS 发送周期支持 slot1、slot2、slot4、slot5、slot8、slot10…slot2560，如下所示。

```
SRS-PeriodicityAndOffset ::=          CHOICE {
    sl1                                   NULL,
    sl2                                   INTEGER(0..1），
    sl4                                   INTEGER(0..3），
    sl5                                   INTEGER(0..4），
    sl8                                   INTEGER(0..7），
    sl10                                  INTEGER(0..9），
    sl116                                 INTEGER(0..15），
    sl20                                  INTEGER(0..19），
    sl32                                  INTEGER(0..31），
    sl40                                  INTEGER(0..39），
    sl64                                  INTEGER(0..63），
    sl80                                  INTEGER(0..79），
    sl160                                 INTEGER(0..159），
    sl320                                 INTEGER(0..319），
    sl640                                 INTEGER(0..639），
    sl1280                                INTEGER(0..1279），
    sl2560                                INTEGER(0..2559）
}
```

4.5.3.5　SRS 基本探测过程

UE 由 SRS 资源中的高层参数 resourceMapping 来配置 SRS 资源，该 SRS 资源位于时隙中最后 6 个符号内。

当 PUSCH 和 SRS 在相同的时隙中进行发送时，在 PUSCH 和相应的 DM-RS 传送完成之后，可以配置 UE 来发送 SRS。

对于配置有一个或多个 SRS 资源配置的 UE，当 SRS-Resource 中的高层参数 resourceType 设置为 "periodic" 时，则有如下定义。

（1）如果高层参数 spatialRelationInfo 中包含参考 "ssb-Index" 标识号，则 UE 发送目标 SRS 资源时，将使用与接收参考 SSB 相同的空间域传输过滤器。

（2）如果高层参数 spatialRelationInfo 包含参考 "csi-RS-Index" 标识号，则 UE 发送目标 SRS 资源时，将使用与接收周期性 CSI-RS 或者参考半持续性 CSI-RS 相同的空间域传输过滤器。

（3）如果高层参数 spatialRelationInfo 包含参考 "srs" 标识号，则 UE 发送目标 SRS 资源时，将使用与参考周期性 SRS 相同的空间域传输过滤器。

对于配置有一个或多个 SRS 资源配置的 UE，SRS-Resource 中的高层参数

resourceType 设置为"半持续"。

（1）当 UE 接收到针对 SRS 资源的激活命令（见 TS 38.321）时，且当携带选择命令的 PDSCH 所对应的 HARQ-ACK 在时隙 n 中发送时，TS 38.321 中规定的相应动作以及针对所配置的 SRS 资源集进行 SRS 发送将从时隙 $n+3N_{\text{slot}}^{\text{subframe},\mu}+1$ 处开始。激活命令中还包含由相对参考信号标识的对应每个激活的 SRS 资源集的一组参考列表所提供的空间关系的假设。列表中的每个标识号指的是与 SRS 资源集中的 SRS 资源相同或不同的分量载波和/或 BWP 上所配置的参考 SS/PBCH 块、NZP CSI-RS 资源或者 SRS 资源。

（2）如果激活资源集中的 SRS 资源配置有高层参数 spatialRelationInfo，则 UE 会采用激活命令中的参考信号的标识号，而不再考虑 spatialRelationInfo 中配置的标识号。

（3）当对处于激活态的 SRS 资源集发送去激活命令（见 TS 38.321）时，如果携带选择命令的 PDSCH 所对应的 HARQ-ACK 在时隙 n 中发送，则 TS 38.321 中的相应动作以及对应去激活的 SRS 资源集的 SRS 发送终止将从时隙 $n+3N_{\text{slot}}^{\text{subframe},\mu}+1$ 处开始。

（4）如果 UE 配置有包含参考"ssb-Index"的 ID 的更高层参数 spatialRelationInfo，则 UE 将使用用于接收参考 SSB 块的相同空间域传输过滤器来发送目标 SRS 资源。如果较高层参数 spatialRelationInfo 包含参考"csi-RS-Index"的 ID，则 UE 必须发送目标 SRS 资源，该目标 SRS 资源具有用于接收参考周期 CSI-RS 的相同空间域发送过滤器或参考半持久 CSI-RS，如果较高层参数 spatialRelationInfo 包含参考"srs"的 ID，则 UE 必须利用用于传输参考周期性 SRS 的相同空间域传输过滤器来发送目标 SRS 资源，或者参考半持久性 SRS。

（5）如果高层参数 spatialRelationInfo 中包含参考"ssb-Index"的标识号，则 UE 发送目标 SRS 资源时，将使用与接收参考 SS/PBCH 块相同的空间域传输过滤器。

（6）如果高层参数 spatialRelationInfo 包含参考"csi-RS-Index"的标识号，则 UE 发送目标 SRS 资源时，将使用与接收周期性 CSI-RS 或者参考半持续性 CSI-RS 相同的空间域传输过滤器。

（7）如果高层参数 spatialRelationInfo 包含参考"srs"的标识号，则 UE 发送目标 SRS 资源时，将使用与参考周期性 SRS 或者与参考半持续性 SRS 相同的空间域传输过滤器。

如果 UE 具有激活的半持久性 SRS 资源配置且尚未收到去激活命令，则在激活 SRS 资源配置时所激活的上行 BWP 中，半永久性 SRS 配置处于激活态，否则被认为是暂停的。

对于配置有一个或多个 SRS 资源配置的 UE，当 SRS-Resource 中的高层参数 resourceType 设置为 "aperiodic" 时，需要操作以下内容。

（1）UE 接收 SRS 资源集的配置。

（2）UE 接收下行 DCI、组公共 DCI 或基于上行 DCI 的命令，其中，DCI 的码点可以触发一个或多个 SRS 资源集。触发非周期性 SRS 传输的 PDCCH 的最后一个符号与 SRS 资源的第一个符号之间的最小时间间隔是 N2 + 42。

（3）如果高层参数 spatialRelationInfo 中包含参考 "ssb-Index" 的标识号，则 UE 发送目标 SRS 资源时，将使用与接收参考 SS/PBCH 块相同的空间域传输过滤器。

（4）如果高层参数 spatialRelationInfo 包含参考 "csi-RS-Index" 的标识号，则 UE 发送目标 SRS 资源时，将使用与接收周期性 CSI-RS、参考半持续性 CSI-RS 或者最新的参考非周期 CSI-RS 相同的空间域传输过滤器。

（5）如果高层参数 spatialRelationInfo 包含参考 "srs" 的标识号，则 UE 发送目标 SRS 资源时，将使用与参考周期性 SRS、参考半持续性 SRS 或者参考非周期性 SRS 相同的空间域传输过滤器。

DCI 格式 0_1 与 1_1 中的 2 比特 SRS Request 字段表示在 TS38.212 的表 7.3.1.1.2-24 中所给出的被触发的 SRS 资源集。DCI 格式 2_3 中的 2 比特 SRS Request 字段表示在 TS 38.213 中给出的被触发的 SRS 资源集。

对于 PUCCH 格式 0 和 2，当半持续和周期性 SRS 与仅携带 CSI 报告的 PUCCH 采用相同符号时，或者与仅携带 L1-RSRP 报告的 PUCCH 采用相同符号时，再或者如果配置了非周期性 SRS 且 PUCCH 包含波束失败请求，则 UE 应不发送 SRS。

当半持续性 SRS、周期性 SRS 或者非周期性 SRS 被触发后与携带 HARQ-ACK 和/或 SR 的 PUCCH 在同一个符号中发送时，UE 应不发送 SRS。

由于与 PUCCH 重叠而未发送 SRS 的情况下，仅丢弃与 PUCCH 符号重叠的 SRS 符号。当非周期性 SRS 被触发后，如果其与承载半持久性或周期性 CSI 报告或者 L1-RSRP 报告的 PUCCH 所使用的符号相重叠时，PUCCH 不发送。

另外，不会为 UE 在同一符号中配置非周期性 SRS、PUCCH 格式 0 或 2、非周期性 CSI 报告。

4.5.4　SSB 设计与处理

4.5.4.1　SSB 概述

SSB 作为 5G 设计中使用的最重要的导频信号之一，其作用关系 5G 无线接

入系统的很多方面，如小区搜索和同步、底层测量、波束测量、波束选择及波束恢复、下行功率基准等。

5G 中，主同步信号（PSS）、辅同步信号（SSS）与 PBCH 共同构成一个 SSB（SS/PBCH Block）。每个 SSB 中，PSS 和 SSS 在时域分别占用一个符号，频域占用 127 个子载波；PBCH 在时域占用 3 个符号，频域上占用 240 个子载波，但是其中的一个符号上的中间部分子载波为 SSS 所占用。

整体来看，时域上，SS/PBCH 块由 4 个 OFDM 符号组成，其编号在 SS/PBCH 块内从 0 到 3 顺序递增。频域上，SS/PBCH 块由 20 个 PRB 组成，亦即占用 240 个连续的子载波，子载波编号从 0 到 239 顺序递增。

SSB 时域和频域结构如图 4-64 所示。

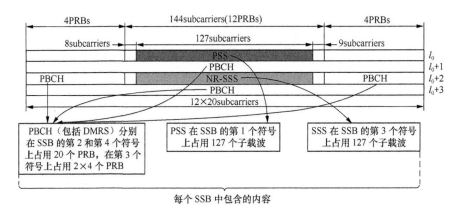

图 4-64　SSB 时域和频域结构示意

一个载波频带内可以发送多个 SSB，这些 SSB 的 PCI 不必唯一，如不同的 SSB 可以使用不同的 PCI。然而当 SSB 和 RMSI 相关的时候，SSB 就对应具有唯一 NCGI 标识的单个小区，这样的 SSB 被称之为 CD-SSB（小区定义的 SSB）。PCell 的 CD-SSB 通常位于同步栅格上。UE 认为 SSB 所使用的子载波间隔与频带相关，除非网络为 UE 配置另外不同的子载波间隔。SSB 块中，PSS、SSS 和 PBCH 使用相同的循环前缀（CP）和子载波间隔，且使用天线端口 $p=4000$ 来发送 PSS、SSS 和 PBCH。

5G 的 SSB 涉及一个新的概念，即同步栅格。当使用 NSA 模式，特别是 EN-DC 时，UE 不需要在 5G 系统上进行 SSB 的盲检测，这是因为 EN-DC 对于 5G 的过程类似切换的过程。启动 SgNB Addition 过程后，eNB 会通过 LTE RRC Connection Reconfiguration 将 5G 的频率、子载波间隔等参数发给 UE。而在 SA 网络中就不同了，UE 需要进行盲检测 SSB，如果 UE 通过 ARFCN

Raster 来对 SSB 进行搜索就会比较浪费时间,于是就需要 GSCN 来限定范围,提高效率。

4.5.4.2 SSB 映射及相应处理过程

1. SSB 的时频结构和组成

在时域上,每个 SSB 占用 4 个 OFDM 符号,这些符号在 SSB 内按升序从 0 到 3 进行编号;在频域上,每个 SSB 块由 240 个连续的子载波即 20 个 PRB 组成,这些子载波在 SSB 块内部按升序从 0 到 239 进行编号。

PSS、SSS、PBCH 及其相关联的 DMRS 按照 TS38.211 表 7.4.3.1-1(见表 4-64)映射到 OFDM 符号上。表中 k 和 l 分别代表 SSB 块内的频域符号和时域子载波的符号。"Set to 0"表示资源粒子的复值符号将被设成 0 值。

表 4-64 SSB 内的 PSS、SSS、PBCH 及 PBCH DMRS 的资源配置
(TS38.211 表 7.4.3.1-1)

信道/信号	相对于 SSB 块时域起点的符号 l	相对 SSB 块频域起始点的子载波编号 k
PSS	0	56, 57, $\cdots$, 182
SSS	2	56, 57, $\cdots$, 182
Set to 0	0	0, 1, $\cdots$, 55, 183, 184, $\cdots$, 239
	2	48, 49, $\cdots$, 55, 183, 184, $\cdots$, 191
PBCH	1, 3	0, 1, $\cdots$, 239
	2	0, 1, $\cdots$, 47, 192, 193, $\cdots$, 239
DM-RS for PBCH	1, 3	$0+v, 4+v, 8+v, \cdots, 236+v$
	2	$0+v, 4+v, 8+v, \cdots, 44+v$ $192+v, 196+v, \cdots, 236+v$

PBCH 所对应的 DMRS 的位置与小区号有关,v 的计算公式为 $v = N_{\text{ID}}^{\text{cell}} \bmod 4$。公共信道调制阶数都比较低,SSB 块用 QPSK 以提高小区覆盖能力。

SSB 的频域位置由 k_{SSB} 和 SSB 所在 CRB 共同决定。k_{SSB} 是 CRB $N_{\text{CRB}}^{\text{SSB}}$ 的子载波 0 到 SSB 块子载波 0 之间的偏置,k_{SSB} 长度为 4bit,取值为 0~15,它通过高层参数 ssb-SubcarrierOffset 配置,SSB 频域位置如图 4-65 所示。

类别 A 的 SSB 块用于低频,其对应的 $\mu \in \{0, 1\}$ 且 $k_{\text{SSB}} \in \{0, 1, 2, \cdots, 23\}$,$N_{\text{CRB}}^{\text{SSB}}$ 采用子载波间隔 15kHz 表示。类别 B 的 SSB 块用于高频,$\mu \in \{3, 4\}$ 且 $k_{\text{SSB}} \in \{0, 1, 2, \cdots, 11\}$,$k_{\text{SSB}}$ 根据高层参数 subCarrierSpacingCommon 指示的载波间隔来确定,$N_{\text{CRB}}^{\text{SSB}}$ 采用 60kHz 子载波间隔来表示。对于 SSB Type A 来说,k_{SSB} 的比特长度还可以通过 PBCH 载荷中的 $a_{\overline{A}+5}$ 来进行扩展。如果参数 ssb-

SubcarrierOffset 没有配置，则 k_{SSB} 由 SSB 块和 Point A 之间的频率差异得到。

2. 在 SSB 块内映射 PSS

组成 PSS 的符号序列 $d_{PSS}(0),\cdots,d_{PSS}(126)$ 通过 β_{PSS} 扩展后，按升序先频域 k 后时域 l，按照表 4-64 中提供的数据映射到资源粒子 $(k,l)_{p,\mu}$。

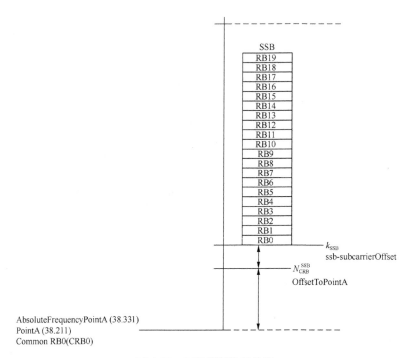

图 4-65 SSB 频域位置示意

3. 在 SSB 块内映射 SSS

组成 SSS 的符号序列 $d_{SSS}(0),\cdots,d_{SSS}(126)$ 通过 β_{SSS} 扩展后，按升序先频域 k 后时域 l，按照表 4-64 中提供的数据映射到资源粒子 $(k,l)_{p,\mu}$。

4. 在 SSB 块内映射 PBCH 及其 DMRS

组成 PBCH 的复值符号序列 $d_{PBCH}(0),\cdots,d_{PBCH}(M_{symb}-1)$ 通过 β_{PBCH} 扩展后，按升序先频域 k 后时域 l，按照表 4-64 中提供的数据从 $d_{PBCH}(0)$ 开始映射到资源粒子 $(k,l)_{p,\mu}$。这里，资源粒子不能用于 PBCH DMRS。

组成 PBCH DMRS 的复值符号序列 $r(0),\cdots,r(143)$ 通过 β_{PBCH}^{DM-RS} 扩展后，按升序先频域 k 后时域 l，按照表 4-64 中提供的数据映射到资源粒子 $(k,l)_{p,\mu}$。

5．半帧内多个 SSB 的时域位置

在一个载波频带内可以发送多个 SSB，如图 4-66 所示。每半帧即 5ms 中，一个或者多个 SSB 可组成 SS 突发（Burst），而一个或者多个 SS 突发则可组成 SS 突发集（Burst Set）。SS 突发集按照一定的周期进行传送。其周期由参数 ssb-periodicityServingCell 进行配置，取值范围为{ms5, ms10, ms20, ms40, ms80, ms160, spare1, spare2}。UE 假定服务小区中所有的 SS/PBCH 块的发送周期都是相同的。如果没有为 UE 配置接收 SSB 的周期，则 UE 假设 SS/PBCH 块的接收周期为 1 个半帧。

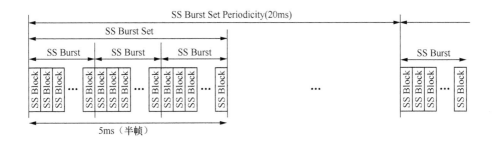

图 4-66　SS 突发集示意

SS 突发集的长度为 5ms，SSB 的数目以及各个 SSB 的起始符号受子载波间隔和频段的限制。根据不同的子载波间隔，3GPP 规定，SS 突发集中多个 SSB 的符号位置可以分为如下 5 种情况，见表 4-65，表中{}里所包含的值指的是发送第一个 SSB 的符号位置，n 表示 5ms 内 SSB 的数目。SS 突发集内的最大的 SSB 块数 L 如下：

（1）频率≤3GHz，$L=4$；

（2）3GHz<频率≤6GHz，$L=8$；

（3）6GHz<频率≤52.6GHz，$L=64$。

3GPP R15 规范定义 SSB 的时域分为如下 5 种情况，见表 4-65，表中{}的值指的是 SSB 的第一个符号的位置，其分配是针对 5ms 窗口标准。

表 4-65　5 种不同情况的 SSB 时域位置表

子载波间隔	符号	$f \leqslant 3\text{GHz}$	$3\text{GHz}<f \leqslant 6\text{GHz}$	$6\text{GHz}<f$
Case A：15kHz	$\{2,8\} + 14n$	$n = 0,1$	$n = 0,1,2,3$	
Case B：30kHz	$\{4,8,16,20\}+28n$	$n = 0$	$n = 0,1$	

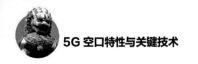

子载波间隔	符号	$f \leqslant 3\text{GHz}$	$3\text{GHz}<f \leqslant 6\text{GHz}$	$6\text{GHz}<f$
Case C：30kHz	$\{2,8\} + 14n$	$n = 0,1$	$n = 0,1,2,3$	
Case D：120kHz	$\{4,8,16,20\} + 28n$			$n=0, 1, 2, 3, 5, 6, 7, 8, 10, 11, 12, 13, 15, 16, 17, 18$
Case E：240kHz	$\{8, 12, 16, 20, 32, 36, 40, 44\} + 56n$			$n=0, 1, 2, 3, 5, 6, 7, 8$

（1）Case A：子载波间隔为 15kHz。

SSB 所在的首个符号的索引是$\{2，8\} + 14n$。载波频率 $f \leqslant 3\text{GHz}$ 时，$n=0$，1；载波频率 $3\text{GHz} < f \leqslant 6\text{GHz}$ 时，$n=0$，1，2，3。

（2）Case B：子载波间隔为 30kHz。

SSB 所在的首个符号的索引是$\{4，8，16，20\} + 28n$。载波频率 $f \leqslant 3\text{GHz}$ 时，$n=0$；载波频率 $3\text{GHz} < f \leqslant 6\text{GHz}$ 时，$n=0$，1。

（3）Case C：子载波间隔为 30kHz。

SSB 所在的首个符号的索引是$\{2，8\} + 14n$。载波频率 $f \leqslant 3\text{GHz}$ 时，$n=0$，1；载波频率 $3\text{GHz} < f \leqslant 6\text{GHz}$ 时，$n=0$，1，2，3。

（4）Case D：子载波间隔为 120kHz。

SSB 所在的首个符号的索引是$\{4，8，16，20\} + 28n$。载波频率 $f > 6\text{GHz}$ 时，$n=0$，1，2，3，5，6，7，8，10，11，12，13，15，16，17，18。

（5）Case E：子载波间隔为 240kHz。

SSB 所在的首个符号的索引是$\{8，12，16，20，32，36，40，44\} + 56n$。载波频率 $f > 6\text{GHz}$ 时，$n=0$，1，2，3，5，6，7，8。

应用举例如下：

Case A：

子载波间隔	符号	$f \leqslant 3\text{GHz}$	$3\text{GHz}<f \leqslant 6\text{GHz}$
Case A：15kHz	$\{2,8\} + 14n$	$n = 0,1$	$n = 0,1,2,3$

先计算表中 $f \leqslant 3\text{GHz}$ 的 $n=0$，1 的情况，symbol index$=\{2,8\}+14n$，则：

$n=0$ 时，symbol index$=\{2,8\}+14n=\{2,8\}$，

$n=1$ 时，symbol index$=\{2,8\}+14n=\{16,22\}$，而 $L=4$ 且 symbol index set 就是 $\{2，8，16，22\}$，如图 4-67 所示。

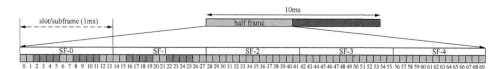

图 4-67　Case A 示意

Case B：

子载波间隔	符号	$f \leqslant 3GHz$	$3GHz < f \leqslant 6GHz$
Case B：30kHz	$\{4,8,16,20\}+28n$	$n-0$	$n=0,1$

$n=0,1$，symbol index $= \{4,8,16,20\}+28n$

$n=0$ 时，symbol index $= \{4+28 \times 0, 8+28 \times 0, 16+28 \times 0, 20+28 \times 0\} = \{4,8,16,20\}$

$n=1$ 时，symbol index $= \{4+28 \times 1, 8+28 \times 1, 16+28 \times 1, 20+28 \times 1\} = \{32,36,44,48\}$

而这时 $L=8$，则 symbol index set 就是 $\{4,8,16,20,32,36,44,48\}$。

Case B 示意如图 4-68 所示。

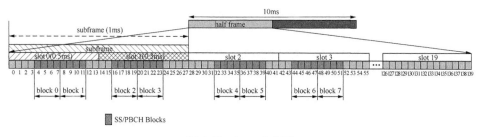

图 4-68　Case B 示意

不同子载波间隔下的 SSB 时域位置综合列表见表 4-66。

表 4-66　不同子载波间隔下的 SSB 时域位置综合列表

子载波间隔	符号	$f \leqslant 3GHz$	$3GHz < f \leqslant 6GHz$	$6GHz < f$
Case A：15kHz	$\{2,8\}+14n$	$n=0,1$	$n=0,1,2,3$	
		$s=2,8,16,22$ ($L_{max}=4$)	$s=2,8,16,22,30,36,44,50$ ($L_{max}=8$)	
Case B：30kHz	$\{4,8,16,20\}+28n$	$n=0$	$n=0,1$	
		$s=4,8,16,20$ ($L_{max}=4$)	$s=4,8,16,20,32,36,44,48$ ($L_{max}=8$)	
Case C：30kHz	$\{2,8\}+14n$	$n=0,1$	$n=0,1,2,3$	
		$s=2,8,16,22$ ($L_{max}=4$)	$s=2,8,16,22,30,36,44,50$ ($L_{max}=8$)	

子载波间隔	符号	$f \leqslant 3\text{GHz}$	$3\text{GHz} < f \leqslant 6\text{GHz}$	$6\text{GHz} < f$
Case D: 120kHz	$\{4,8,16,20\}$ $+28n$			$n=0, 1, 2, 3, 5, 6, 7, 8, 10,$ $11, 12, 13, 15, 16, 17, 18$
				$s = 4,8,16,20,32,36,44,48,$ $60,64,72,76,88,92,100,104,$ $144,148,156,160,172,176,$ $184,188,200,204,212,216,$ $228,232,240,244,284,288,$ $296,300,312,316,324,328,$ $340,344,352,356,368,372,$ $380,384,424,428,436,440,$ $452,456,464,468,480,484,$ $492,496,508,512,520,524$ $(L_{\max} = 64)$
Case E: 240kHz	$\{8, 12, 16, 20,$ $32, 36, 40, 44\}$ $+56n$			$n=0, 1, 2, 3, 5, 6, 7, 8$
				$s = 8,12,16,20,32,36,40,44,$ $64,68,72,76,88,92,96,100,$ $120,124,128,132,144,148,$ $152,156,176,180,184,188,$ $200,204,208,212,288,292,$ $296,300,312,316,320,324,$ $344,348,352,356,368,372,$ $376,380,400,404,408,412,$ $424,428,432,436,456,460,$ $464,468,480,484,488,492$ $(L_{\max} = 64)$

5ms 半帧内 SSB 时域位置如图 4-69 所示。

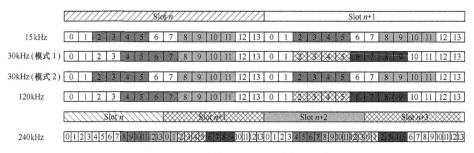

图 4-69　5ms 半帧内 SSB 时域位置示意

6. SSB 及波束扫描

5ms 中的多个 SSB 的编号从 0 开始，并以步长 1 累加。编号在下一个 SSB Set 被重置为 0。编号后的多个 SSB 可以发送给 UE 使用，编号通过 SSB 内的两个不同部分发送给 UE，一部分是通过 PBCH DMRS 承载（i_SSB 参数）；另一部分是通过 PBCH 有效载荷进行承载。

　　SSB 进行波束扫描，所提供的波束的数量取决于 SSB 突发集中的 L_{max} 参数定义的 SSB 的个数。对于 6GHz 以下的频段，L_{max} 取值为 4 或者 8，6GHz 以上的毫米波频段的 L_{max} 采用 64。也就是说，6GHz 以下的频段，使用最多 4 个或者 8 个不同的波束在一个维度上（仅水平或者仅垂直维度）进行波束扫描。而在 6GHz 以上的毫米波频段，则会使用 64 个不同波束在两个维度上进行波束扫描（水平和垂直维度）。SSB 的波束扫描示意如图 4-70 所示。

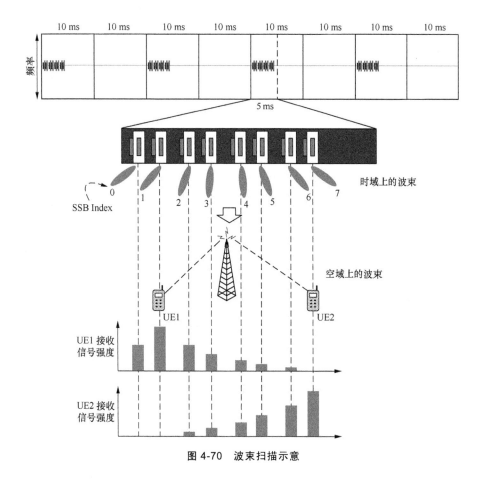

图 4-70　波束扫描示意

　　UE 用于测量并标识最强波束的机制如下。

　　（1）多个 SSB 使用某个特定的间隔发射。

　　（2）每个 SSB 通过唯一的 SSB Index 标识。

　　（3）每个 SSB 通过特定的波束在某个方向上发射。

（4）多个 UE 位于 gNB 小区的多个方位上。

（5）UE 测量在某个区间内探测到的每个 SSB（一个 SSB Set 的区间）。

（6）根据测量结果，UE 确定最强信号波束信号的 SSB Index，不同方位的 UE 测量到的最强波束不同，确定的 SSB Index 也不同。

4.5.5 CSI-RS 设计与处理

4.5.5.1 CSI-RS 概述

CSI-RS 是指信道状态信息参考信号，它仅作用于下行方向上，用于移动过程中和波束管理过程中的 RSRP 测量，也可以用于频率和时间追踪、CSI 计算和基于上行互易性的预编码工作等方面。

早期的 LTE R8 版本中，只定义了小区专用参考信号 CRS（Cell-Specific Reference Signals），而没定义 CSI-RS。LTE 中，CRS 在每个 1ms 的 LTE 子帧上和整个带宽上发送，它可以看作是一直存在的，且可被驻留在 LTE 小区内的 UE 所测量。而从 LTE 的 R10 协议版本开始，新增了 CSI-RS，CRS 开始由 CSI-RS 伴随并补充使用。与 CRS 不同的是，CSI-RS 不再进行持续性发送，而是在网络明确配置的情况下才能使用。引入 CSI-RS 的初衷是支持大于 4 层的空分复用，因为 CRS 的开销太大，如果再设计应用 4 层以上的 MIMO，就会造成资源的巨大浪费。然而 CSI-RS 引入和应用后，其高效、灵活的特点逐步显现。于是在 LTE 的后续协议版本中，CSI-RS 的应用得到加强，其概念甚至扩展应用到诸如干扰估计和多点传输等方面。

5G NR 的设计原则之一就是尽可能地避免所谓"永远存在"（Always On）的信号。也正是基于这个原因，5G 中不再继续使用 CRS，CSI-RS 的应用在 5G 中则进一步被扩展，如提供波束管理等。5G 中仅有的"Always On"设计是 SSB，SSB 使用较大的周期在有限的带宽上发送，用于信号测量、路经损耗计算及信道质量估计等工作。由此可见，5G 中定义了两类导频，一类是 SSB；另一类是 CSI-RS。两者分工不同，SSB 主要用于移动性测量，而 CSI-RS 则主要用于下行信道状态信息（CSI）的测量和上报，如 CQI、RI 和 PMI 等。

此外，CSI-RS 也可配置用于移动性测量，从表 4-67 所示的 5G 规范中所定义的测量指标就可以看到，RSRP、RSRQ、SINR 和 RSSI 是基于 CSI-RS 或者 SSB 来进行测量的。

表 4-67　5G NR 中的系统测量指标

测量指标	测量各物理信号所对应的指标
RSRP	同步参考信号接收功率 SS-RSRP
	CSI 参考信号接收功率 CSI-RSRP
	SRS 参考信号接收功率 SRS-RSRQ
RSRQ	同步参考信号接收质量 CSI-RSRQ
	CSI 参考信号接收质量 CSI-RSRQ
SINR	同步参考信号的信号与干扰和噪声比 SS-SINR
	CSI 参考信号的信号与干扰和噪声比 CSI-SINR
RSSI	接收信号强度指示

4.5.5.2　CSI-RS 的种类

CSI-RS 可分为 NZP CSI-RS 和 ZP CSI-RS。

1. ZP CSI-RS

在为 UE 调度的 PDSCH 所占用的 RE 中包含了所配置的 CSI-RS 的时候，PDSCH 的速率适配（Rate Matching）和资源映射过程中就要避开这些 RE，另外，为 UE 调度的 PDSCH 所占用的 RE 中也可能包含了配置给其他 UE 的 CSI-RS 资源，同样 PDSCH 也要避免使用这些 RE，以免产生冲突。这些 RE 被称之为 ZP CSI-RS，表示 PDSCH 不能映射使用的 RE 资源。需要强调的是，在 ZP CSI-RS 使用的资源粒子上，UE 不能认为没有任何发送（零功率），因为用于 ZP CSI-R 的 RE 资源也有可能正在被配置给其他设备的 NZP CSI-RS 所使用。

2. NZP CSI-RS

NZP CSI-RS 所使用的资源是和 ZP-CSI-RS 具有相同结构的资源粒子集合。但是不同的是 NZP-CSI-RS 用于指示该 CSI-RS 确实在发射。

3. 参数对比

ZP CSI-RS 和 NZP CSI-RS 主要高层参数的定义，NZP CSI-RS 通过 NZP-CSI-RS-Resource 配置。如下所示：

```
NZP-CSI-RS-Resource ::=          SEQUENCE {
    nzp-CSI-RS-ResourceId            NZP-CSI-RS-ResourceId,
    resourceMapping                  CSI-RS-ResourceMapping,
    powerControlOffset               INTEGER(-8..15)，
    powerControlOffsetSS             ENUMERATED {db-3, db0, db3, db6}
    scramblingID                     ScramblingId,
```

```
        periodicityAndOffset          CSI-ResourcePeriodicityAndOffset        OPTIONAL,
        qcl-InfoPeriodicCSI-RS        TCI-StateId
        ...
    }
```

其中，periodicityAndOffset 即 Periodicity and slot offset，sl1 代表 1 slot 的周期，sl2 代表 2 个 slots 的周期，以此类推。相应的 offset 也是使用 slot 数量来表示，对应于 L1 参数 "CSI-RS-timeConfig"。powerControlOffset 表示 NZP 资源粒子和 PDSCH 资源粒子之间的功率偏移 power offset，以 dB 为单位，对应于 L1 参数 Pc。

powerControlOffsetSS 表示 NZP CSI-RS 资源粒子和 SS 资源粒子之间的功率偏移 Power offset，以 dB 为单位，对应于 L1 的参数 "Pc_SS"。

qcl-InfoPeriodicCSI-RS 针对周期性 CSI-RS，此参数为 TCI-States 中的一个 TCI-State 提供参考，从而提供 QCL source 和 QCL type。

resourceMapping 表示 CSI-RS resource 的时隙中符号位置及 PRB 中子载波 subcarrier 占用情况。

对于 ZP CSI-RS，则是通过 ZP-CSI-RS-Resource 进行配置：

```
ZP-CSI-RS-Resource ::=              SEQUENCE {
    zp-CSI-RS-ResourceId               ZP-CSI-RS-ResourceId,
    resourceMapping                    CSI-RS-ResourceMapping,
    periodicityAndOffset               CSI-ResourcePeriodicityAndOffset
    OPTIONAL, --Cond PeriodicOrSemiPersistent
    ...
}
ZP-CSI-RS-ResourceId ::=            INTEGER (0..maxNrofZP-CSI-RS-Resources-1 )
```

periodicityAndOffset 即针对周期性（Periodic）/半永久（Semi-Perisitent）ZP CSI-RS 的周期和时隙偏置（Periodicity 和 Slot Offset），对应 L1 参数 "ZP-CSI-RS-timeConfig"。

resourceMapping 表示单一时隙内 ZP-CSI-RS 资源占用的符号及子载波的情况。

zp-CSI-RS-ResourceId 为 ZP CSI-RS resource 配置的标识号，对应 L1 参数 "ZP-CSI-RS-ResourceConfigId"。

4.5.5.3 CSI–RS 资源和资源集

UE 根据所接收到的 CSI-RS 信号进行信道估计，并上报信道状态信息（CSI）给 gNB。每个 UE 可以配置使用一个或者多个 CSI-RS 资源集，每个 CSI-RS 资源集包含一个或者多个 CSI-RS 资源。CSI-RS 资源可以为单个用户专用，也可以由多个用户来共享。

1. CSI-RS 资源配置

高层可以为 UE 设定 $M \geqslant 1$ 个 CSI-ResourceConfig 资源配置，每个 CSI 资源配置中包含 $S \geqslant 1$ 个 CSI 资源集。当 UE 配置的多个 CSI-ResourceConfigs 资源配置中包含相同的 NZP CSI-RS 资源编号或者相同的 CSI-IM 资源编号时，这些 CSI-ResourceConfigs 资源设定都具有相同的时域特性。

2. CSI-RS 资源集

CSI-RS 资源集包含在资源配置中，用作为配置测量和测量上报的参数的一部分。CSI-RS 所使用的资源集可以配置为周期性、半永久性及非周期性。如果 CSI-RS 资源集相关参数中的资源配置类别设置为非周期，则最多包含 $S=16$ 个资源集（对应参数 maxNrofNZP-CSI-RS-ResourceSetsPerConfig），如果设置为周期性或者半持续性，则只包含 $S=1$ 个资源集，其周期性和时隙偏移由相关的 DL BWP 的参数集来决定。

所有处于同一个半永久资源集中的 CSI-RS 可以通过 MAC CE 的命令来联合执行激活和去激活。类似地，在同一个非周期资源集内的 CSI-RS 可以联合 DCI 来触发。另外，为 UE 配置的 CSI-IM 资源集中，每个 CSI-IM 资源集中都包含一定数量的 CSI-IM，其中，半永久 CSI-IM 资源集中的 CSI-IM 可以通过 MAC CE 联合执行激活和去激活，非周期性 CSI-IM 资源集中的 CSI-IM 则可以通过 DCI 触发来执行激活和去激活。

此外，NZP-CSI-RS-ResourceSet 参数也可以包含指向一套 SSB 的指针，这意味着波束管理和移动性可以由 CSI-RS 或者 SSB 来承担。

3. CSI-RS 资源

每个 CSI 资源集里都包括 8 个由 NZP CSI-RS 或者 CSI-IM 组成的 CSI-RS 资源以及 SS/PBCH 块资源。每个 CSI-RS 资源可以配置多达 32 个端口。CSI-RS 资源可以在时隙中任何符号处开始，它所占用的符号数为 1、2 或 4 个，主要取决于所配置的端口数。

每个 ZP CSI-RS 资源相关的配置参数都由高层信令来设定，如端口数、CDM 类别、频段、资源影射、周期相关的资源类别、周期性和时隙偏移等。每个 CSI 资源设定都位于参数 bwp-id 所设定的 DL BWP 内，且与同一个 CSI 报告设定相关联的 CSI 资源设定都具有相同的 DL BWP。

4.5.5.4 CSI-RS 时/频资源配置和特性

从理论上来讲，CSI-RS 资源可以配置在 PRB 内的任何位置，但是在实际实现中却存在很多制约因素，其原因是需要避免和其他下行信道和信号相冲突，特别是不能和以下资源相冲突：

① 任何配置给设备使用的 CORESET 资源；

② PDSCH 的 DMRS 资源；

③ 发送中的 SS 块资源。

1. CSI-RS 的频域配置及特性

每个 CSI-RS 专为给定的下行 BWP 配置，并限定使用在该 BWP 之内，使用该 BWP 的子载波间隔等参数集。CSI-RS 可以配置为覆盖整个 BWP 的带宽或者只是 BWP 带宽的一部分。占用一部分 BWP 带宽时，CSI-RS 所占用的带宽及频域起始位置由 CSI-RS 配置来进行提供。

在所配置的 CSI-RS 带宽内，CSI-RS 可以在每个 RB 中发送，相当于 CSI-RS 密度等于 1。CSI-RS 也可以配置为每 2 个 RB 发送一次，相当于 CSI-RS 密度为 1/2。CSI-RS 密度为 1/2 时，CSI-RS 配置中需要包含用于发送 CSI-RS 的 RB 集合的信息，如在奇数 RB 或者偶数 RB 上进行发送。

单端口 CSI-RS 下，也可以配置 CSI-RS 密度为 3，即 CSI-RS 将占用同一个 RB 内的 3 个子载波。这类 CSI-RS 结构可用作追踪参考信号（TRS，TRACKING REFERENCE SIGNAL）的一部分。由于振荡器精度问题，UE 需要跟踪并弥补时频的变动误差以接收下行的数据。TRS 就是为了辅助 UE 完成这个任务而设计的。TRS 并不是一个 CSI-RS，它是包含了多个周期性 NZP-CSI-RS 的资源集。在 LTE 中使用 CRS 完成 TRS 的功能，而 TRS 则使用了较少的开销：只使用单天线端口且每个 TRS 周期内只使用两个时隙。

2. CSI-RS 的时域配置及特性

CSI-RS 可以采用周期性、半持续性和非周期性 3 种传送方式。需要说明的是，这里所谓的周期性是 CSI-RS 资源集的特性，而不是 CSI-RS 本身的特性。因此，诸如激活/去激活，触发持久性及非周期 CSI-RS 的情况并不是为某个特定的 CSI-RS 而做的事情，而是为同一资源集内的 CSI-RS 集的操作。

为了降低 CSI 开销，CSI-RS 资源在时域上除了支持周期性发送之外，还支持半持续性或者非周期性发送。周期性 CSI-RS 由高层进行半静态或者预配置，半持续性和非周期性 CSI-RS 的激活和去激活过程由多个参数动态进行控制。不同 CSI-RS 的时域特性对比见表 4-68。

表 4-68　不同 CSI-RS 的时域特性对比

	周期性 CSI-RS	非周期性 CSI-RS	半持续 CSI-RS
正交端口	最大 32	最大 32	最大 32
时域行为	一次配置后周期性发送	符合触发条件后单次发送	一旦激活后就周期性发送，去激活后停止发送

续表

	周期性 CSI-RS	非周期性 CSI-RS	半持续 CSI-RS
激活/去激活	RRC 信令	物理层信令	MAC CE
特性	没有物理层开销	低延迟	混合周期性和非周期性 CSI-RS

周期性 CSI-RS 方式下，在每 N 个时隙上发送一次 CSI-RS，N 的范围最小可以为 4，最大可以为 640。即最少每 4 个时隙上发送一次 CSI-RS，最大每 640 个时隙上发送一次 CSI-RS。除了周期性这个参数之外，CSI-RS 发送时域资源还可以使用一个特定的时隙偏移（Slot Offset）来辅助进行定义。图 4-71 所示 3 种 CSI-RS 具有相同的发送周期，但是具有不同的时隙偏移，在不同的符号上进行发送。

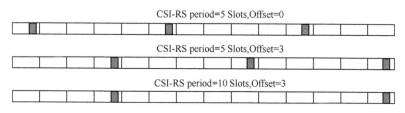

图 4-71　CSI-RS 周期及时隙偏移

半持续性 CSI-RS 可以像周期性 CSI-RS 的机制一样配置周期和时隙偏移，但不同的是，半持续性 CSI-RS 可以通过相应的 MAC CE 控制单元进行激活和去激活。一旦 CSI-RS 被激活，就会按照所配置的周期和时隙偏移开始发送，直到被显性地去激活为止。同样，一旦 CSI-RS 被去激活，就不会有 CSI-RS 发送，直到相应的 MAC CE 显性地激活它之后才会重新发送 CSI-RS。

非周期 CSI-RS 不会配置周期等参数，而是通过相应的 DCI 显性地触发（Triggered）CSI-RS。

4.5.5.5　CSI–RS 复用特性

5G 系统中，CSI-RS 支持多达 32 个不同的天线端口，每个 CSI-RS 都是基于单个用户单独进行配置的，但这并不意味着正在发送的 CSI-RS 只被单个用户使用，因为那样的设计效率就太低了。实际上，CSI-RS 可以被多个设备所共享和使用。图 4-72 所示的最简单的 CSI-RS 配置中，一个时隙上单一 PRB 的单一 RE 承载的单端口 CSI-RS。

多端口（Multi-Port）CSI-RS 可以看作是 CSI-RS 资源在单天线端口的基础上采用正交的方式进行发送，多个具有正交性的 CSI-RS 共享该多端口 CSI-RS 的 RE 集合。此处，共享可以基于以下组合来实现。

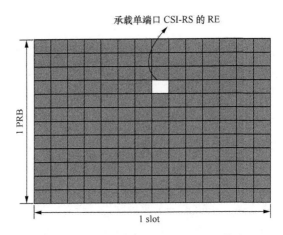

图 4-72　单 slot 单 PRB 的单一资源粒子承载的单端口 CSI-RS

（1）码域共享（CDM，Code-Domain Sharing）：不同天线端口上的 CSI-RS 在相同的 RE 集合上进行发送，并使用不同的正交方式（Orthogonal Patterns）调制的 CSI-RS 来区分。

（2）频域共享（FDM，Frequency-Domain Sharing）：不同天线端口上的 CSI-RS 使用同一个 OFDM 符号上的不同的子载波进行传送。

（3）时域共享（TDM，Time-Domain Sharing）：不同天线端口上的 CSI-RS 在时隙内使用不同的符号传送。

如图 4-73 所示，不同天线端口 CSI-RS 之间的 CDM 模式可以是如下几种情况。

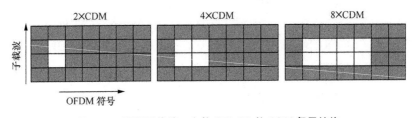

图 4-73　不同天线端口上的 CSI-RS 的 CDM 复用结构

（1）在频域上，通过两个相邻的子载波（2×CDM）的 CDM 模式，可以实现在两个不同天线端口上的 CSI-RS 之间的码域共享。

（2）在频域和时域上，通过两个相邻的子载波及两个相邻的 OFDM 符号（4×CDM）的 CDM 模式，可以实现在 4 个不同天线端口上的 CSI-RS 的码域共享。

（3）在频域和时域上通过两个相邻子载波及 4 个相邻的 OFDM 符号（8×CDM）的 CDM 模式，可以实现 8 个不同天线端口上的 CSI-RS 的码域共享。

图 4-73 所示的不同的 CDM 方案中，采用时域与频域、时域或者频域的多种组合，实现了多端口 CSI-RS 的不同配置。一般来说，每个 N 端口的 CSI-RS 共占用处于单一 PRB/slot 之内的 N 个 RE。图 4-74 所示描述了通过频域上 CDM 共享的两个相邻的 RE 组成的一个两端口 CSI-RS，这个两端口 CSI-RS 的结构和图 4-73 中 2×CDM 方案是一致的。图 4-74 右侧列出了每个端口的正交模式。

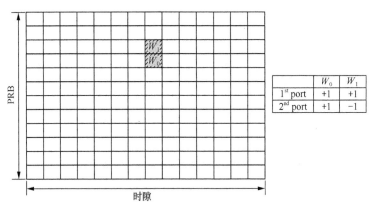

图 4-74　基于 2×CDM 的两端口 CSI-RS 示例

对于多于两天线端口的 CSI-RS，其实现方案就比较灵活了。可以根据所要求的端口数，通过 CDM、TDM、FDM 的不同组合方案来产生多种 CSI-RS 结构，如对于 8 端口 CSI-RS 的 3 种不同的结构。

（1）在两个 RE 上采用 2×CDM 和 4×FDM 的组合。该 CSI-RS 资源总共使用了单一符号上的 8 个子载波，如图 4-75 所示。

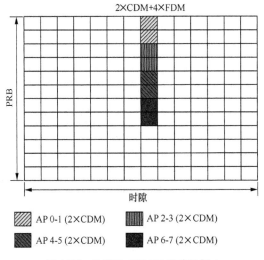

图 4-75　八端口 CSI-RS 结构示例 1

（2）在两个资源粒子上采用 2×CDM 以及 FDM 和 TDM 的组合。该 CSI-RS 资源由两个 OFDM 符号上的 4 个子载波组成，如图 4-76 所示。

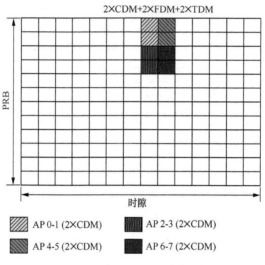

图 4-76　八端口 CSI-RS 结构示例 2

（3）在 4 个资源粒子上采用 4×CDM 和 2×FDM 的组合。该 CSI-RS 资源由两个 OFDM 符号上的 4 个子载波组成，如图 4-77 所示。

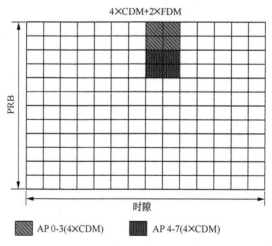

图 4-77　八端口 CSI-RS 结构示例 3

图 4-78 展示了一个 32 端口 CSI-RS 的结构，整个结构由 8×CDM 与 4×FDM 组合而成。

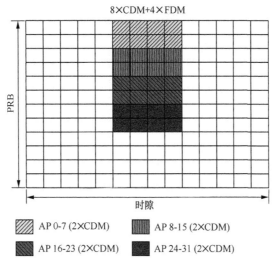

图 4-78 32 端口 CSI-RS 结构示例

在多端口 CSI-RS 的情况下，每个天线端口对应的 CSI-RS 和天线端口号的关联顺序，首先是码域 CDM，然后是频域 FDM，最后是时域 TDM。

4.5.5.6 CSI–IM 干扰测量使用的资源与 ZP CSI–RS

通过对接收到的 CSI-RS 进行测量还可以对干扰水平进行估计，这类 CSI-RS 称为 CSI-IM（Interference Measurement）资源。存在两种不同的 CSI-IM 的结构，每种结构下都使用 4 个资源粒子（RE），但是具有不同的时/频结构。和 CSI-RS 相类似，CSI-IM 资源在 RB/slot 内的位置配置是非常灵活的，它通过 CSI-IM 的高层配置来完成，如图 4-79 所示。

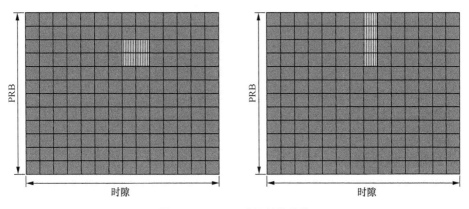

图 4-79 CSI-IM 资源结构种类

CSI-IM 资源的时域属性与 CSI-RS 的时域属性相同。CSI-IM 也分为周期性、半持续性（通过 MAC CE 激活和去激活）及非周期性（通过 DCI 通知触发）3 种。在典型的应用场景中，CSI-IM 占用的是小区中空闲的资源粒子（RE），而同时邻区的对应这些 CSI-IM 资源位置上的资源粒子（RE）则可能正在承载正常的业务，这样通过测量 CSI-IM 资源的接收功率，就能够获取并估计来自外部邻区的干扰能量水平。这类 CSI-IM 所使用的是空闲的资源粒子（RE），所以采用的是 ZP-CSI-RS 资源。

1. 基于 CSI-RS 的下行测量及上报

通常情况下，基于移动性的测量和上报通常由 SSB 来实现，而 CSI-RS 则主要专注底层测量及报告。实际上，3GPP 也规定 CSI-RS 可作为移动性测量及上报机制的备选。本节主要聚焦底层部分描述。

基于 CSI-RS 的 CSI 报告中，上报的内容可以是信道质量指示（CQI，Channel-Quality Indicator）、信道的秩的指示（RI，Rank Indicator）和预编码矩阵指示（PMI，Precoder-Matrix Indicator）中的不同组合，它们联合构成一个信道状态信息（CSI，Channel-State Information）进行上报。

通常 RSRP 是高层 RRM 配置的上报内容，在 NR 中也用于物理层的 RSRP 上报，如可以作为波束管理中使用的功能的一部分，因此，CSI-RS 报告配置中也可以指示上报参考信号接收功率（RSRP，Reference-Signal Received Powe），这里的报告是指 L1-RSRP，但也反映出该报告不会如同高层那样使用过滤机制，从而避免产生延迟。

另外，在报告配置（Report Configuration）中，对于所使用的测量资源，需要指定需要测量的下行资源集，这些测量资源要同至少一个 NZP-CSI-RS-ResourceSet 相关联并用于信道特性测量。NZP-CSI-RS-ResourceSet 可能包含一套 CSI-RS 集合或者一套 SSB，所上报的用于波束管理的 L1-RSRP 可以基于对 SSB 或者对 CSI-RS 的测量结果。这个测量资源配置中所关联的是一个测量资源集，因此，测量及对应的上报也就承载在一套 CSI-RS 或者 SSB 资源上。

某些情况下，配置的资源集只包括单一的参考信号，如针对链路自适应（LA，Link Adaption）和多天线预编码（Multi-Antenna Precoding）的常规上报场景下，UE 通常配置使用单独的多端口 CSI-RS 进行测量并上报 CQI、RI 和 PMI 的组合。另外，在波束管理所使用的测量资源集中，通常包含多个 CSI-RS 或者多个 SSB，这时每个 CSI-RS 或者 SSB 都和特定的波束相关联，UE 对资源集内的信号集进行测量，并将结果上报网络，作为波束管理功能的输入参考。有时 UE 只是执行测量但不上报给网络，如使用下行波束赋形的情况下，UE 使用不同的接收机波束测量下行信号，这时 UE 并不将测量结果上报网络，而是在内部用于选择合适的接收机波束。

报告的类型定义了 UE 何时及如何上报，也分为周期性、半持续性及非周期性上报方式。

周期性上报是采用配置的周期上报测量结果，且周期性上报只限于在 PUCCH 上报告，因此相应的报告资源配置除了包含周期性相关的参数，还包含可用于上报测量结果的 PUCCH 资源。

对于半持续性上报，同样为 UE 配置周期性上报的参数，但是要通过 MAC CE 激活和去激活进行控制。半永久类的上报除了像周期性上报一样采用周期性分配的 PUCCH 资源之外，还可以使用半持续分配的 PUSCH 资源进行上报，后者主要用于较大报告载荷的情况下。

非周期性上报则是由 DCI 进行显式触发，典型应用是在用于上行调度的 DCI 格式 0_1 中的 CSI-Request 域。非周期性上报只在 PUSCH 上执行，因此需要上行调度资源（UL Grant）。在非周期性上报中，所使用的报告配置中实际上包含多个用于信道测量的资源集，每个资源集配置有自己的参考信号如 CSI-RS 或者 SSB，每个资源集和 DCI 中的 CSI-Request 域相关联。通过 CSI-Request 域，网络就可以基于不同的测量资源触发相同类型的报告。

周期性、半永久性和非周期性上报不应和周期性、半永久性及非周期性 CSI-RS 混合使用。如非周期性和半永久性上报在周期性 CSI-RS 应用得很好，但是周期性上报却只能应用于周期性 CSI-RS 的测量，而不能用于非周期性及半永久性 CSI-RS 的测量。表 4-69 总结了报告类型和测量资源类型的结果。

表 4-69 报告类型和测量资源类型的结果

上报类型	CSI-RS 测量资源类型		
	周期性	半永久性	非周期性
周期性	可以使用	不能使用	不能使用
半永久性	可以使用	可以使用	不能使用
非周期性	可以使用	可以使用	可以使用

2. CSI-RS 序列生成

CSI-RS 序列定义为：

$$r(m) = \frac{1}{\sqrt{2}}[1 - 2 \cdot c(2m)] + j\frac{1}{\sqrt{2}}[1 - 2 \cdot c(2m+1)]$$

$c(i)$ 为伪随机序列（详见本书 4.2 节），通过下式在每个符号的起始点进行

初始化：

$$c_{\text{init}} = [2^{10}(N_{\text{symb}}^{\text{slot}} n_{s,f}^{\mu} + l + 1)(2n_{\text{ID}} + 1) + n_{\text{ID}}] \bmod 2^{31}$$

$n_{s,f}^{\mu}$ 是无线帧内的时隙编号，l 是时隙内的符号编号，n_{ID} 为高层参数 scramblingID。

3. 映射到物理资源

CSI-RS 序列 $r(m)$ 根据下式映射到资源粒子 $(k,l)_{p,\mu}$：

$$a_{k,l}^{(p,\mu)} = \beta_{\text{CSIRS}} w_f(k') \cdot w_t(l') \cdot r_{l,n_{s,f}}(m')$$

$$m' = \lfloor n\alpha \rfloor + k' + \left\lfloor \frac{\bar{k}\rho}{N_{\text{sc}}^{\text{RB}}} \right\rfloor$$

$$k = nN_{\text{sc}}^{\text{RB}} + \bar{k} + k'$$

$$l = \bar{l} + l'$$

$$\alpha = \begin{cases} \rho & X = 1 \\ 2\rho & X > 1 \end{cases}$$

$$n = 0, 1 \cdots$$

满足下列条件与约定：

资源粒子 $(k,l)_{p,\mu}$ 位于配置给 UE 使用的 CSI-RS 占用的 RB 内。

其他的参数约定如下：

$k=0$ 的参考点是 CRB0 的子载波 0。

ρ 的值通过 CSI-RS-ResourceMapping 中的高层参数 density 获得，端口 X 的数量由高层参数 nrofPorts 通知。

UE 不会在相同的资源粒子上接收 CSI-RS 和 DMRS。

对于 β_{CSIRS}，在配置使用 non-zero-power CSI-RS 时，$\beta_{\text{CSIRS}} > 0$，这时需要选择 β_{CSIRS} 以满足在 NZP-CSI-RS-Resource 中的高层参数 powerControlOffsetSS 所提供的功率偏置。

变量 k'、l'、$w_f(k')$ 和 $w_t(l')$ 通过 TS38.211 表 7.4.1.5.3-1～表 7.4.1.5.3-5 提供，其中，表 7.4.1.5.3-1 中每行的 $(\bar{k},\bar{l})$ 对应一个大小为 1 的 CDM 组或者大小为 2、4、8 的 CDM 组。CDM type 通过 CSI-RS-ResourceMapping 中的高层参数 cdmType 决定。k' 和 l' 对 CDM 组内的资源粒子进行索引。

时域位置 $l_0 \in \{2, 3, \cdots, 12\}$ 和 $l_2 \in \{2, 3, \cdots, 12\}$ 分别由 CSI-RS-ResourceMapping 中的高层参数 firstOFDMSymbolInTimeDomain 和 firstOFDMSymbolInTimeDomain2 提供并针对时隙的起点进行定义。

频域位置通过 CSI-RS-ResourceMapping 中的高层参数 frequencyDomainAllocation 以 bitmap 的形式提供。主要通过 bitmap 和 TS38.211 表 7.4.1.5.3-1

中 k_i 的值给定：

（1）$\left[b_3 \cdots b_0\right]$，$k_i = f(i)$ 表 7.4.1.5.3-1 中第一行；

（2）$\left[b_{11} \cdots b_0\right]$，$k_i = f(i)$ 表 7.4.1.5.3-1 中第二行；

（3）$\left[b_2 \cdots b_0\right]$，$k_i = 4f(i)$ 表 7.4.1.5.3-1 中第四行；

（4）其他情况下，$\left[b_5 \cdots b_0\right]$，$k_i = 2f(i)$。

这里 $f(i)$ 是设置为 1 的 bitmap 中第 i 个比特的编号，当 $\rho \leqslant 1$ 时，它在为 UE 配置的 CSI-RS 的 RBs 的每 $1/\rho$ 处重复。CSI-RS 使用的 RB 起点位置及 RB 的数量通过相应 BWP 的 CSI-RS-ResourceMapping 中高层参数 freqBand 和 density 给定。使用的 BWP 则通过 CSI-ResourceConfig 中的高层参数 bwp-Id 给出。

发送 CSI-RS 使用的天线端口 p 根据下式编号确定：

$$p = 3000 + s + jL;$$
$$j = 0,1,\cdots,N/L-1;$$
$$s = 0,1,\cdots,L-1;$$

其中，s 是通过 TS38.211 表 7.4.1.5.3-2 ～ 表 7.4.1.5.3-5 提供的序列索引号，$L \in \{1,2,4,8\}$ 是 CDM 组大小，N 是 CSI-RS 端口的数量。在 TS38.211 表 7.4.1.5.3-1 中给出的 CDM 组索引 j 对应表中给定行的时频位置 $(\bar{k},\bar{l})$，CDM 组编号首先在频域上按升序分配，然后在时域上按升序分配。对于通过高层参数 resourceType 配置成周期性和半持久性的 CSI-RS，会在满足如下条件的时隙中发送：

$$\left(N_{\text{slot}}^{\text{frame},\mu} n_{\text{f}} + n_{\text{s,f}}^{\mu} - T_{\text{offset}}\right) \bmod T_{\text{CSI-RS}} = 0$$

其中，周期 $T_{\text{CSI-RS}}$（以时隙数形式表示）和时隙偏置 T_{offset} 通过高层参数 CSI-ResourcePeriodicityAndOffset 获得。只有当相应配置给 CSI-RS 资源的时隙上的所有符号都被归类为 "downlink" 时，CSI-RS 才会在候选时隙上发送。

本节所涉及 3GPP 规范中的表格如下：

TS38.211 表 7.4.1.5.3-1：时隙内 CSI-RS 位置；

TS38.211 表 7.4.1.5.3-2：cdm-Type 为 'no CDM' 的序列 $w_{\text{f}}(k')$ 和 $w_{\text{t}}(l')$；

TS38.211 表 7.4.1.5.3-3：cdm-Type 为 ' FD-CDM2' 的序列 $w_{\text{f}}(k')$ 和 $w_{\text{t}}(l')$；

TS38.211 表 7.4.1.5.3-4：cdm-Type 为 ' CDM4' 的序列 $w_{\text{f}}(k')$ 和 $w_{\text{t}}(l')$；

TS38.211 表 7.4.1.5.3-5：cdm-Type 为 ' CDM8' 的序列 $w_{\text{f}}(k')$ 和 $w_{\text{t}}(l')$。

第 5 章
5G 新空口关键过程

　　本章主要介绍了 5G NR 中一些较为复杂的关键处理过程，如小区搜索过程、随机接入过程、上行功率控制、上下行调度和资源分配、链路自适应以及大规模 MIMO 的工作过程等。

| 5.1 小区搜索 |

5G 终端在能够通过通信网络传送数据前首先得通过 gNB 接入网络，为此就必须先进行小区搜索（Cell Search）。确切地说，小区搜索是终端取得小区下行方向的频率和时间同步并进而检测小区识别号（Cell ID）的过程。终端需要进行小区搜索的最常见情况是用户新开机和小区切换的需要。

小区搜索主要达到的主要目的有 3 个：

① 完成下行同步，包括频率、符号和帧同步；

② 获得当前小区的识别符；

③ 接收并解码广播信道 BCH 上的系统信息，与小区建立正常联系。

5G 中的小区搜索和 LTE 很相似，但是其发送同步信号的频率更低（5G 中同步信号的发送周期是 20ms，LTE 中的发送周期为 5ms）。此外，在 5G 中还考虑了波束赋形。

UE 在获取系统信息后，就可以通过随机接入过程进入通信网，随机接入部分在 5.2 节中介绍。

5.1.1　小区搜索概述

UE 不仅需要在新开机最初访问系统时进行小区搜索，为了支持终端的移动性要求，终端需要不断地搜索并估计相邻小区的接收信号质量，并且通过评估相邻小区与当前小区信号接收质量的关系，决定是否应该进行小区切换（相对于处在 RRC_CONNECTED 状态中的终端）或者小区重选（相对于处在 RRC_IDLE 状态中的终端）。

在小区搜索的过程中，UE 首先需要取得和当前小区的时间和频率的同步，并通过同步过程检测小区的物理层小区识别号。

5G UE 的小区搜索过程包括以下基本步骤：

① 主信道同步，通过主同步信号（PSS，Primary Synchronization Signal）获取小区的组内 ID；

② 辅信道同步，通过辅同步信号（SSS，Secondary Synchronization Signal）获取小区的组内 ID；

③ 接收并解调物理广播信道（PBCH）以获取部分重要的系统信息。

5.1.2　同步信号的构成和搜索过程

本节简单介绍同步信号块（SSB）的构成和搜索过程。由于本书 4.5.4 节中对 SSB 做了较详细的介绍，本节对这部分内容仅做简单回顾和介绍。

5.1.2.1　同步信号块

UE 完成小区搜索过程主要依赖 gNB 不断向下行发送的同步信号。在 5G NR 的设计中，主同步信号（PSS）、辅同步信号（SSS）、物理广播信道（PBCH）构成一个所谓的同步块（SSB，Synchronization Signal Block），5G 中的 SSB 和 LTE 中的 PSS/SSS/PBCH 有相似的构造和用途，它的具体时域/频域构成如图 5-1 所示。

一个 SSB 块在时域占据 4 个符号（0～3），在频域中则占据 240 个相邻的子载波，子载波在 SSB 块中编号从 0 增加到 239。

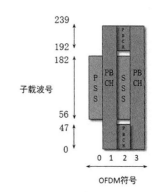

图 5-1　占据 4 个符号位的 SSB/PBCH 同步信号块的时域/频域构造

每个 SSB 包含一个 PSS 和一个 SSS，每个 PSS 和 SSS 占据一个 OFDM 符号长度和 127 个子载波的宽度（PSS 两侧其余全为空闲载波，SSS 两侧各有 8/9 个空闲载波），物理层广播信道（PBCH）占据 3 个 OFDM 符号长度和 240 个子载波宽度（PBCH 同时也占据了 SSS 两侧各 48 个子载波）。PBCH 采用了 Polar 码作为信道纠错编码和 QPSK 的调制方式，并自带解调参考信号（DMRS）。gNB 周期性地在下行方向发送 SSB 块（通常以波束扫描的方式）。

在低频段，gNB 可以通过较宽的波束来发送 SSB。在高频段（如毫米波），由于路径损耗较大，gNB 通常需要用较窄的波束来发送 SSB，以获得理想的覆盖范围。

UE 在刚开机时并不知道所在小区的空口参数集，因此为了便于 UE 搜索（避免用不同的参数集作穷尽搜索），通常会对某个频段仅定义一个 SSB 所采用的参数集。除非系统另行设置，一般情况下，UE 会根据工作频段事先确定 SSB 块所采用的子载波间隔以进行小区搜索和同步过程。

5.1.2.2　SSB 的频域/时域特性

5G 中 SSB 在载波中的频域位置与 LTE 有所不同。在 LTE 中，PSS/SSS/PBCH 始终处在载波的正中心，这样 UE 需要在各个载波栅格进行搜索。在 5G 中，SSB 的位置被进一步限定在稀疏的同步栅格（Synchronization Raster）上，这样 UE 所需搜索的频率点就大大减少了。当然，这样带来的一个问题是 SSB 可能并不处于载波的中心位置，UE 只有在解调了 PBCH 和其他系统信息之后才能明确 SSB 在载波中的频域位置。

从时域看，SSB 在一个半帧内可以多次发送（如发送 N 次），这 N 个 SSB 块就构成一个 SSB 块集（SS Burst Set）。SSB 块集的发送周期可以由网路设置调整，其周期范围为 5～160ms，默认值为 20ms（是终端在初始接入时假定的 SSB 发送周期）。

根据 3GPP R15 的规定，SSB 在半帧中所处的具体时间位置可以由系统的子载波间隔来确定。对于拥有 SSB 块的半帧，根据子载波间距，可以按 4.5.4 节中所述方式确定候选 SSB 块的编号和第一个符号索引。

和 LTE 不同的是，5G gNB 可以通过空间波束扫描的方式发送 SSB 块，即一次 SSB 发送对应一个波束，并利用一个 SSB 块集完成一次完整的波束扫描。根据 3GPP R15 的规定，每个 SSB 块集所包含的最大 SSB 块数量和工作频率相关。具体对应关系可以参见表 5-1。

之所以这样规定最大扫描波束数，是因为低频段的覆盖较好，因此用较少

的宽面波束即刻实现小区的全覆盖。在高频段，则需要数目较多的窄波束才能
覆盖整个小区。

表 5-1　SSB 最大扫描波束数 N 和频率范围的对应关系

频率范围	SSB 最大扫描波束数 N
<3GHz	4
3～6GHz	8
>6GHz	64

对于 UE 来讲，它可以测量并选择信号最强的波束而忽略其他（N–1）个
波束，因此它所观察接收到的 SSB 周期也即是 SSB 块集的发送周期（如 20ms）。
在后续的随机接入过程中，UE 可以选择和接收到的最强 SSB 所对应的资源和
波束发送随机接入前置码。

5.1.2.3　PSS/SSS 和小区标识号

SSB 携带了物理层小区标识号（PCID，Physical Cell ID）的信息。和 LTE
类似，NR 采用 PCID 在网络规划中用于区分不同的小区。3GPP 在 R15 中总共
定义了 1008（0，…，1007）个不同的 PCID，是 LTE 的两倍。PCID 又进一步
分为 336（0，…，335）个小区标识组（Cell ID Groups），每组中有 3（0，1，
2）个小区标识。这 1008 个 PCID 可由如下公式确定：

$$N_{ID}^{cell} = 3N_{ID}^{(1)} + N_{ID}^{(2)}$$

其中，$N_{ID}^{(1)} \in \{0,1,\cdots,335\}$ 为小区识别组号，可以由 SSS 确定；$N_{ID}^{(2)} \in \{0,1,2\}$
为组内标识，可以由 PSS 确定。

5.1.2.4　主同步信号

PSS 是 UE 刚开机时所要检测的第一个网络信号，由于此时 UE 对于基站
的准确时间和频率有很大的不确定性，因此 PSS 的设计必须考虑这个因素。PSS
由长度为 127 的伪随机序列构成，采用频域 BPSK M 序列，其序列 $d_{PSS}(n)$ 的产
生可以参考 4.5.4 节的内容。

PSS 包含有 $N_{ID}^{(2)}$ 的信息，它映射到 12 个 PRB 中间的连续 127 个子载波，
总共占据了 144 个子载波，两侧分别有 8/9 个 SC 做保护带，以零功率发射（见
图 5-2）。

在接收侧，UE 会通过伪随机序列检测搜索 PSS 信号，在捕获 PSS 后除了
获得 PCID 的一部分信息 $N_{ID}^{(2)}$，还与基站侧取得了大致的时间和频率同步。

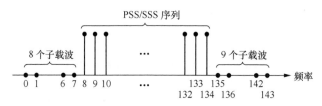

图 5-2　PSS/SSS 频域示意

5.1.2.5　辅同步信号

UE 在搜索到 PSS 后就同时得知了 SSS 的位置，SSS 携带了 PCID 的另一部分 $N_{ID}^{(1)}$，SSS 的构成是长度为 127 的频域 BPSK M 序列。其序列 $d_{SSS}(n)$ 产生的具体数学表达式可以参考 4.5.4 节中的描述。

SSS 在频域和 PSS 类似，也是长度为 127 的 M 序列。它被映射到 12 个 PRB 中间的连续 127 个子载波，共占据了 144 个子载波，两侧分别有 8/9 个 SC 做保护袋，以零功率发射。

在接受侧，UE 通过相关检测搜索 SSS 信号，在搜索到 SSS 后，就可以获得 PCID 的另一部分 $N_{ID}^{(1)}$。UE 进而根据从 PSS 和 SSS 中获得的 $N_{ID}^{(2)}$ 和 $N_{ID}^{(1)}$，由表达式 $N_{ID}^{cell} = 3N_{ID}^{(2)} + N_{ID}^{(2)}$ 计算出当前小区的 PCID。

5.1.3　后续处理

终端通过检测 PSS 和 SSS 获得了下行的频率同步和帧同步，并且计算得到 PCID。

如果 UE 当前是新开机正在进行小区初始化，接下来 UE 会通过对下行的广播信道 PBCH 进行解码以获取 MIB（Master Information Block），MIB 高层有效载荷的具体内容如下。

```
MIB ::=                           SEQUENCE {
    systemFrameNumber                 BIT STRING (SIZE (6)),
    subCarrierSpacingCommon           ENUMERATED {scs15or60, scs30or120},
    ssb-SubcarrierOffset          INTEGER (0..15），
    dmrs-TypeA-Position               ENUMERATED {pos2, pos3},
    pdcch-ConfigSIB1              INTEGER (0..255），
    cellBarred                        ENUMERATED {barred, notBarred},
    intraFreqReselection          ENUMERATED {allowed, notAllowed},
    spare                             BIT STRING (SIZE (1))
}
```

但是只有 MIB 信息还不足以让 UE 接下来在驻留小区发起初始接入。UE 还必须获取更多的系统信息，即通过 PDSCH 信道发送的 SIB1。而 PDSCH 信道则需要通过 PDCCH 信道中的 DCI 来调度。因此，UE 通过 PBCH 解调后会再继续接收相应的 PDCCH 信道，并根据调度，在指定的时频域位置解码 PDSCH 信道，获得剩余最小系统信息（RMSI，也即 SIB1），SIB1 包含了 UE 在小区发起接入所需要的基本信息以及其他系统信息（如 SIB2）的调度信息，UE 在获取 SIB1 信息后便能够在驻留小区内发起接入和正常访问。

如果 UE 当前是在进行相邻小区的识别（以支持移动性要求），接下来它将通过下行 SSB 块进行信号强度（SS-RSRP）和信号质量（SS-RSRQ）检测，这些信息可以被用于决定 UE 是否进行小区切换（如果 UE 是处在 RRC_CONNECTED 状态）或者小区重选（如果 UE 是处在 RRC_IDLE 状态）。

|5.2　随机接入|

5.2.1　随机接入过程概述

在小区搜索过程完成后，UE 和小区就取得了下行同步，并获得了发起随机接入所需要的系统信息。但是此时 UE 在网络侧并没有完成初始的注册，另外，由于无线信道传输延迟（Delay Spread）的关系，上行链路的精确时间也不确定。这时候，UE 就必须通过随机接入过程与网络侧取得上行同步。在完成随机接入过程后，UE 才能进行正常的上下行数据传输。

在 5.1 节中介绍过，下行同步是 UE 通过搜索下行同步信号完成的。为此，gNB 依照一定的时间间隔不断地发射 SSB。如果在上行也采用这个方式的话效率就太低了，除了浪费 UE 的能量，也会对周围其他的 UE 造成不必要的干扰，所以上行同步过程只在需要的时候发生。

5G NR 的随机接入过程可以由一系列事件触发，如：

（1）RRC 空闲模式下的初始接入；

（2）RRC 连接重建过程；

（3）小区切换；

（4）RRC 连接状态下，下行数据到达但上行未同步；

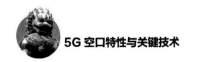

（5）RRC 连接状态下，需要发送上行数据但上行数据未同步；

（6）UE 需要从 RRC_INACTIVE 状态过渡到别的状态；

（7）需要进行波束管理，如波束失败恢复过程；

（8）需要获得其他系统信息（SI）。

其中，触发事件 1～5 的情况和 LTE 类似；触发事件 6～8 是 5G 和 LTE 中所不同的。

随机接入过程具有两种不同的形式：① 基于竞争的（Contention Based）随机接入；② 基于非竞争的（Non-contention Based）随机接入。

基于竞争的随机接入是在 UE 没有取得上行同步或者丧失上行同步，并且 UE 相互之间没有协调时的随机接入。主要目的是 UE 需要与网络侧请求资源分配，适用于初始接入等触发事件。基于非竞争的随机接入是在 UE 相互之间有一定协调时的随机接入。

UE 在发起随机接入过程之前，应该已经通过小区搜索过程从 gNB 获知随机接入信道 PRACH 的配置信息，如 PRACH 前置码格式配置、PRACH 时域资源、PRACH 频域资源、随机接入前导码（Preamble）的格式、用于决定根索引序列（Root Sequence）的参数以及序列的循环移位（Cyclic Shift）参数 N_{cs} 等信息。

5G NR 的随机接入过程和 LTE 十分相似，但是一个重要的不同之处是在 UE 侧发送随机接入前导码之前，NR 默认工作在波束扫描（Beamforming）模式。因此 UE 需要先通过 SSB 探测并选择最优的波束来启动随机接入，即 SSB 的时间索引关联发起随机接入的时频机会（详细可以参见 4.5.4 节的内容）。

5.2.2 基于竞争的随机接入过程

5.2.2.1 概述

基于竞争的随机接入过程一般可分为 4 个步骤：

（1）UE 发送的随机接入码（Random Access Preamble），也即 MSG1；

（2）gNB 向 UE 发送随机接入响应（Random Access Response），也即 MSG2；

（3）UE 发送 MSG3；

（4）gNB 发送冲突解决信息（Contention Resolution Message），结束随机接入的流程。

其中，步骤③和④的目的在于解决由于不同的 UE 使用同样的前导码同时发起随机接入所带来的冲突。

基于竞争的随机接入过程如图 5-3 所示。

5.2.2.2　步骤 1：UE 发起随机接入尝试

UE 根据通过小区搜索过程从 gNB 获得的系统信息，从当前小区的随机接入前导码序列中选择一个前导码，并在 PRACH 信道上发送给 gNB。要注意的是，此时多个 UE 有可能会通过同一信道同时发送其随机接入前导码。

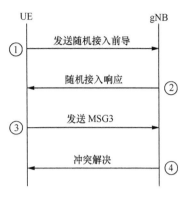

图 5-3　基于竞争的随机接入过程

在网络侧，gNB 会在上行监听 PRACH 信道，并对接收到的信号进行检测以区分来自不同 UE 的信号。gNB 还会根据接收到的信号计算各个 UE 为了达到精确的时间同步所需要的上行时间校准值（Timing Correction），以便通知 UE 做上行的时间调整。

由于此时 UE 到 gNB 的上行尚未取得同步，终端和网络侧都不知道彼此的距离和传输延迟，这就要求 UE 在上行发送的随机接入前导码在时域采用特殊的结构来克服时间窗的错位。这里，对随机接入前导码的基本要求是选用冲突概率低、互相关性小的同步序列作为上行同步信号。和 LTE 系统一样，5G 的 PRACH 信道继续采用了基于 Zadoff-Chu 序列的设计。

由于本书 4.3.1 节中对前导码的格式做了较详细的介绍，本节对这部分内容仅做简单的回顾和介绍。

1. Zadoff-Chu 序列和随机接入前导码格式

Zadoff-Chu 序列是根据 Solomon A. Zadoff 和 D. C. Chu 命名的复数序列，其主要特点为有良好的相关特性（零自相关和低互相关性），并具有恒幅低峰均比的特点。一个未被循环移位的 Zadoff-Chu 序列又称为根序列（Root Sequence）。

在 4G LTE 中，Zadoff-Chu 序列被用来替换早先在 UMTS 中采用的 Walsh-Hadamard 码。其 PSS 信号、SRS 信号以及 PUCCH 信道中都采用了 Zadoff-Chu 序列。

图 5-4 所示为 Zadoff-Chu 序列的自相关函数和 PN 伪随机序列的对比，从图中可以清楚看出其优异的自相关特性，这种特性对于接收侧做精确检测非常有利。

Zadoff-Chu 序列间的自相关和互相关特性允许 gNB 通过相关检测过程同时检测来自多个 UE 的信号。此外，gNB 还可以据此准确地计算出每个 UE 上行传输的时间校准值。

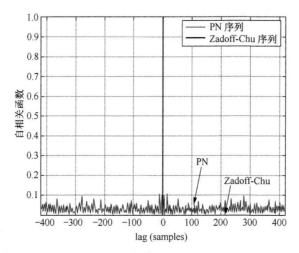

图 5-4　Zadoff-Chu 序列的自相关函数和 PN 伪随机序列对比

5G NR 支持两种长度的 Zadoff-Chu 序列，并且可以根据根序列，通过循环移位生成多个序列，这两个序列长度分别为 $L_{RA}=839$ 和 $L_{RA}=139$。一个随机接入前导码序列可以由根和循环移位唯一确定。

根据 3GPP 的规定，每个 PRACH 时频资源对应有 64 个不同的随机接入前导码序列。不同的随机接入前导码序列可以由不同的根产生，也可以由同一个根序列的不同的循环移位获得，这样产生的随机接入前导码序列相互之间都相互正交，以利于 gNB 做检测。

但是通过后面一种方式（同一个根序列的不同循环移位）所获得的随机接入前导码序列由于上行链路延迟的不确定性有可能在 gNB 侧相对于不同的 UE产生混淆，这就要求产生某个随机接入前导码序列的循环移位值与产生下一个随机接入前导码序列的循环移位值之间有一定的距离。

因此，通常一个小区只限定有限的若干循环移位值可用，这个值取决于小区的大小。小区半径越大，延迟的不确定性也越大，可使用的循环移位值也就越少。3GPP 定义了一个参数 zeroCorrelationZoneConfig，这个参数包含在 SIB1中，UE 通过小区搜索过程可以获得。它所对应的参数 N_{cs} 决定了小区中可用循环移位的间距（也就对应小区的大小）。

因此，每一个根序列最多可以产生 $n = \left\lfloor \dfrac{L_{RA}}{N_{cs}} \right\rfloor$ 个随机接入前导码序列。如果n 不到 64 也即意味着同一个根序列不足以产生 64 个随机接入前导码序列，此时可以通过另一个根序列来产生另一组随机接入前导码序列,直至找满 64 个随机接入前导码序列。

　　UE 在发起随机接入时,上述步骤所产生的长度为 L_{RA} 的随机接入前导码序列会首先经过 DFT 预编码。然后,所产生的长度为 L_{RA} 的序列被重复 N 次,构成长度为 $L_{RA} \times N$ 的序列,最后再在前面加上循环前缀(CP),才构成最终的随机接入前导码,通过上行链路发送。随机接入前导码的产生如图 5-5 所示。

图 5-5　随机接入前导码的产生

　　在发起随机接入时,UE 从当前小区可选择的随机接入前导码序列中选取一个作为 MSG1,根据所获得的随机接入配置信息发起随机接入,在上行 PRACH 信道发送随机接入前导码。

2. RA–RNTI 值

　　与 LTE 相似,UE 在发送 MSG1 时也会根据所发送随机接入前导码的时频位置去计算一个 RA-RNTI(Random Access Radio Network Identifier)的值,这个值是在接下来监听对应的 PDCCH 信道时解扰用(gNB 在接下来发送的 RAR 中会利用 RA-RNTI 对 DCI 做加扰处理,UE 侧根据解扰来决定 RA-RNTI 是否与上行发送的随机接入前导码时频位置匹配)。

　　在 5G NR 中,RA-RNTI 的具体计算方法如下:

　　RA-RNTI= 1 + s_id + 14×t_id + 14×80×f_id + 14×80×8×ul_carrier_id

　　其中,s_id 是 PRACH 第一个 OFDM 符号的序列号(0≤s_id<14);t_id 是发送随机接入前导码的 PRACH 所在的第一个子帧号(0≤t_id<80);f_id 是在该子帧发送随机接入前导码的 PRACH 在频域上的索引(0≤f_id<8);ul_carrier_id 是传送 MSG1 的上行载波标识(0 代表 NUL 载波,1 代表 SUL 载波)。

3. 随机接入前导码的发送

　　与 LTE 不同的是,在 NR 中,PRACH 的时频资源和下行 SSB 的时域位置(是对应的波束)有关联关系。UE 在发起随机接入时,首先得根据先前接收的 SSB 时间点确定所对应的波束,并在对应的时间段在上行发送随机接入前导码。

　　UE 侧在发送随机接入前导码时还必须确定发射功率。由于此时是 UE 第

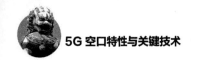

一次发射上行信号，它只能根据先前接收的下行 SSB 的信号强度来推算从 UE 到 BS 的路径损耗，进而确定所应采用的发射功率。由于信号强度估算本身存在误差，加上上下行信道损耗间的差异（尤其是在 FDD 模式下，上下行通道由于无线信道的频率选择性衰落而可能呈现较大差异，使得通过下行估算的上行信道损耗不准确），因此这种初始发射功率会有较大的不确定性。

UE 在发送 MSG1 后，会启动随机接入响应时间窗口（ra-ResponseWindow），等待 gNB 发送随机接入响应（RAR, Random Access Response）。如果在 ra-Response Window 内没有等到 gNB 发送的 RAR，UE 就假定上次发射没有被 gNB 正确接收到，需要重新发送 MSG1。

重发时，UE 需要确定是否重新选择波束。在满足 RSRP 门限的 SSB 中，UE 可以更换 SSB 波束，也可以沿用上一次的波束。如果所有的 SSB 都不满足 RSRP 门限，UE 将会选择任意的波束。如果 UE 决定继续沿用上次的波束重发 MSG1，它会进行功率攀升（功率攀升的值为 PREAMBLE_POWER_RAMPING_STEP）再次发送随机接入前导码。如果 UE 采用更换波束的方式重新发送 MSG1 时，则不需要进行功率攀升。

在没有收到 RAR 的情况下，UE 会不断发送 MSG1，直至穷尽最大发射次数或者发射功率达到 UE 的最大发射功率。如果此时仍然没有收到 RAR，那么这次接入尝试也就宣告失败了。

具体随机接入前导码的发射功率控制可由以下方法获得。首先计算

PREAMBLE_RECEIVED_TARGET_POWER=preambleReceivedTargetPower+DELTA_PREAMBLE+(PREAMBLE_POWER_RAMPING_COUNTER–1)×PREAMBLE_POWER_RAMPING_STEP。

其中，preambleInitialReceivedTargetPower 是 gNB 期待接收的随机接入前导码的初始功率；DELTA_PREAMBLE 与随机接入前导码格式相关；powerRampingStep 是每次接入失败后，下次接入时需要提升的发射功率，即功率攀升。

PRACH 的实际发射功率 $P_{\text{PRACH},b,f,c}(i)$ 的计算公式为

$$P_{\text{PRACH},b,f,c}(i) = \min\left\{ P_{\text{CMAX},f,c}(i), P_{\text{PRACH,target},f,c} + PL_{b,f,c} \right\} \text{ (dBm)}$$

其中，f 是发射频率，b 是有效上行 UL BWP（Bandwidth Part），c 是小区号；$P_{\text{CMAX},f,c}(i)$ 是在[TS38.101-1]和[TS38.101-2]中所定义的 UE 配置的最大发射功率；$P_{\text{PRACH,target},f,c}$ 也即前面所计算的 PRACH 随机接入前导码的目标接收功率 PREAMBLE_RECEIVED_TARGET_POWER [11, TS 38.321]；$PL_{b,f,c}$ 是路径损耗估值。

5.2.2.3 步骤 2：gNB 响应

在网络侧，gNB 会不断对 PRACH 信道接收信号进行检测，由于下行 SSB 的时间位置和扫描波束存在的对应关系，gNB 在接收检测到随机接入前导码后也就可以确定 UE 所接收到的最佳波束是哪个。

gNB 在检测到 UE 的上行随机接入尝试并决定准许某 UE 接入后，就会通过 PDCCH/PDSCH 上发送相应的随机接入响应（RAR，Random Access Response）。如果采用了波束扫描，此时应使用先前 UE 接收到 SSB 所对应的波束。

PDCCH 的 DCI（Downlink Control Information）信息采用 RA-RNTI 进行扰码处理，这样 UE 接收时只需通过解扰就可以确定是否是目标 UE，从而减少了所需传输的数据。PDSCH 中的 RAR 则包含了上行传输的时间校准值（Timing Advance Command），用于上行同步校准，临时身份码（TC-RNTI，冲突解决后该值可能变成 C-RNTI）以及允许 UE 接下来在 MSG3 的上行发送授权（UL Grant）。RAR 也可以包含一个回退指示（BI），用来指示 UE 后退一段时间再进行一次随机接入尝试。MAC RAR 的结构如图 5-6 所示。

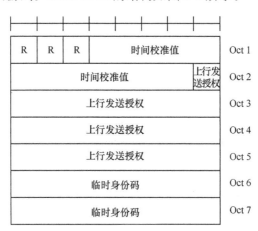

图 5-6 MAC RAR 的结构示意

在 UE 一侧，一旦发送了随机接入前导码，它将启动 ra-Response Window，同时监听 PDCCH 信道，以检测与 RA-RANTI 对应的 DCI。在 DCI 检测成功后，UE 会进一步解调相对应的 PDSCH 的 DL-SCH 所携带的 RAR 数据块以获得需要的信息。在检测到正确的 RAPID（Random Access Preamble Identity）之后，即认为已取得上行发送授权。

如果 UE 在随机响应窗口内一直没有接收到 RAR，UE 就会进入 MSG1 重发过程（如步骤 1 所描述）。

由于每个小区都有多个随机接入前导码签名（Signature），如果不同的 UE 采用不同的随机接入前导码签名发起随机接入，即使它们使用了同一个 PRACH 资源，下行的 RAR 仍然可以清楚地表明其对应的是哪一个 UE。但是如果多个 UE 恰好同时选择同一个 PRACH 资源和同样的随机接入前导码签名，不同 UE 也就无法区分 RAR 所对应的 UE 是否唯一，就会出现冲突。因此，UE 在接收到 RAR 后根据接收到的时间校准值调整上行信号发送时间点后，会进入步骤 3 和 4 来进一步解决这个冲突，以判明被准许接入的 UE 是否真的是自己。

在某些情况下（如 UE 做小区切换和恢复下行数据传输等），此前 UE 发起接入使用的是该 UE 专用的随机接入前导码（通常由 gNB 指定），则不会出现多个 UE 冲突的情况，这种情况称为基于非竞争的接入。如果是这种情况，UE 在接收到对应的 RAR 后随机接入过程也就结束了。

5.2.2.4　步骤 3：UE 发送 MSG3

经过步骤 2 之后，UE 已经取得了上行同步，并且可以在预定的 PUSCH 上传输消息。为了解决竞争冲突，检测到匹配信号的 UE 随后通过 PUSCH 向 gNB 发送包含 UE 唯一标识（UE ID）的消息 MSG3，如果 UE 此时已连接到某个小区，UE 将使用小区的无线网络标识符（C-RNTI）作为 ID，该标识符在特定的小区里是唯一的 UE ID；否则，也可以使用来自核心网络的标识符（S-TMSI 或一个随机数）。该标志将用于步骤 4 中的冲突解决以区分发生冲突的 UE。

步骤 3 支持 H-ARQ 协议以提高传输可靠性。

5.2.2.5　步骤 4：gNB 发送冲突解决信息

冲突解决（Contention Resolution）是随机接入过程的最后步骤。在此步骤中，gNB 在 PDCCH/PDSSCH 上发送冲突解决消息 MSG4，此消息包含了发起随机接入尝试的 UE 中的获胜 UE 的身份标识，以宣告发起随机接入的冲突 UE 中的获胜者。如果该 UE 已经拥有 C-RNTI，则 gNB 将在 PDCCH 上携带该 UE 的 C-RNTI。否则，则在 PDCCH 上携带其 TC-RNTI。

在 UE 侧，发送了 MSG3 后会启动一个时间窗口（ra-ContentionResolution Timer），然后会在时间窗口内监听物理下行控制信道（PDCCH）。UE 首先检测携带该 UE ID 的 PDCCH 信道，在匹配成功后，再去解调相应的 PDSCH 信道，一旦发现 MSG4 所包含的获胜 UE 标识与在步骤 3 中传送的 UE 标识匹配就最后确认了随机接入尝试的成功，从而完成了整个随机接入过程。

如果 UE 此时还没有一个 C-RNTI，则会将临时标识 TC-RNTI 升级为 C-RNTI。

步骤 4 支持 H-ARQ 协议以提高传输可靠性。

当以上 4 个步骤都成功完成后，gNB 和 UE 即建立了联系，可启动正常的上下行数据传送。

5.2.3　基于非竞争的随机接入过程

如前所述，对于某些随机接入场景，gNB 可以根据需要给 UE 分配指定的随机接入前导码签名，以此种方式发起的随机接入不存在 UE 间的相互冲突，因此其随机接入过程可以简化。

该过程以步骤 2 UE 接收到 RAR 确定了随机接入过程的成功作为结束，无须再经过步骤 3 和 4 确认。基于非竞争的随机接入过程如图 5-7 所示。

本节内容详细可以参见 3GPP TS38.211，TS38.300 和 TS38.321。

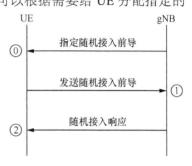

图 5-7　基于非竞争的随机接入过程

| 5.3　上行功率控制 |

5.3.1　上行功率控制概述

上行功率控制决定着不同种类上行物理信道或者信号的发射功率。主要目的是用最小的功率满足业务需求，以避免提升上行底噪，从而提升容量、业务质量和覆盖。通过控制 UE 发射功率达到控制上行干扰水平的目的。5G 上行功率控制分为闭环和开环两类，开环功率控制如图 5-8 所示。

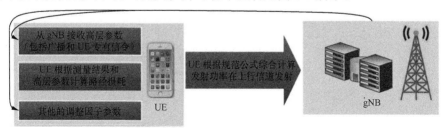

图 5-8　开环功率控制

开环功率控制顾名思义就是 UE 在不考虑 gNB 的功控指令的情况下独立决定上行发射功率，但是在决定上行功率的过程中并不是完全不依赖 gNB，UE 仍然要根据从 gNB 接收的高层参数、调度的上行资源及相关的计算处理结果来估计使用的上行发射功率。

闭环功率控制如图 5-9 所示。

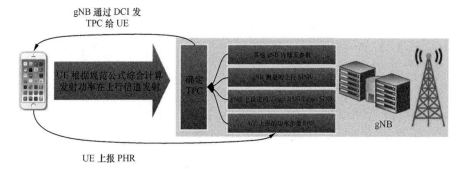

图 5-9 闭环功率控制

闭环功率控制简单地说就是，UE 在 gNB 的功率控制命令 TPC 的指挥下执行上行发射功率的调整，当然 UE 也会上报功率余量用于告知 gNB 当前 UE 发射功率和最大标称功率之间的差异，从而在 gNB 内部决定 TPC 的时候施加影响。闭环功控的 TPC 的确定实际上也是 gNB 调度中的重要部分。UE 的上报信息加上 gNB 内部相关的功率控制参数共同影响着 TPC 的确定，从而形成一个闭合作用的环路，这就是闭环功率控制名称的由来。

5G 上行信道和信号 PUSCH/PUCCH/SRS/PRACH 都使用各自的功率控制机制，而且和 LTE 使用的控制机制类似，也包括开环和闭环两个部分的功率控制。

下面分别介绍 5G 各个信道/信号功率控制的机制。

5.3.2　PUSCH 功率控制

PUSCH 作为上行数据传送的主力，占据绝大部分上行时频资源，其发送功率的确定对整个上行影响巨大。UE 发送 PUSCH 的环境和参数设定为：服务小区 c 中载波 f 的激活上行 BWP b，使用的参数集配置索引 j，PUSCH 功率控制调整状态索引 l，则 UE 在 PUSCH 发射场合 i 的发射功率 $P_{\mathrm{PUSCH},b,f,c}(i,j,q_d,l)$ 可以定义为：

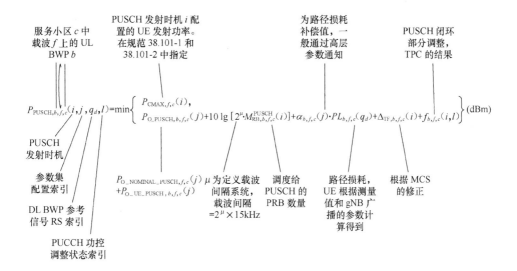

公式中的各项参数及使用场景详细介绍如下。

$P_{\text{CMAX},f,c}(i)$ 是为服务小区 c 的载波 f 上 PUSCH 发送时机 i 配置的 UE 发射功率，在如下规范章节中详细定义：

TS38.101-1 6.2.4 节 Configured transmitted power for FR1 standalone；

TS38.101-2 6.2.4 节 Configured transmitted power for FR2 standalone。

$P_{\text{O\_PUSCH},b,f,c}(j)$ 由两个部分之和组成：$P_{\text{O\_NOMINAL\_PUSCH},f,c}(j)$ 和 $P_{\text{O\_UE\_PUSCH},b,f,c}(j)$，其中，$j \in \{0,1,\cdots,J-1\}$，分成如下几种情况。

（1）对于没有为 UE 提供高层参数 P0-PUSCH-AlphaSet 或者是发送 MSG3 的 PUSCH 的情况，$j=0$，则 $P_{\text{O\_UE\_PUSCH},f,c}(0)=0$，而 $P_{\text{O\_NOMINAL\_PUSCH},f,c}(0)=P_{\text{O\_PRE}}+\Delta_{\text{PREAMBLE\_MSG3}}$，公式中的两项分别由高层参数 preambleReceivedTargetPower（对应 $P_{\text{O\_PRE}}$）和 msg3-DeltaPreamble（对应 $\Delta_{\text{PREAMBLE\_MSG3}}$）提供。

（2）在由高层参数 ConfiguredGrantConfig（$j=1$）配置 PUSCH 时，$P_{\text{O\_NOMINAL\_PUSCH},f,c}(1)$ 由高层参数 p0-NominalWithoutGrant 提供，这时 $P_{\text{O\_UE\_PUSCH},b,f,c}(1)$ 由高层参数 p0 提供，p0 从 ConfiguredGrantConfig 中的参数 p0-PUSCH-Alpha 获得，主要用来提供一个索引来标识 P0-PUSCH-AlphaSetId。

（3）在 $j \in \{2,\cdots,J-1\}=S_J$ 时，对于所有 $j \in S_J$ 的 $P_{\text{O\_NOMINAL\_PUSCH},f,c}(j)$ 值由高层参数 p0-NominalWithGrant 提供。$P_{\text{O\_UE\_PUSCH},b,f,c}(j)$ 值则由高层参数 P0-PUSCH-AlphaSet 中的 p0 给定，P0-PUSCH-AlphaSet 由高层参数 p0-PUSCH-AlphaSetId 标识。

$\alpha_{b,f,c}(j)$ 的确定，也分为如下几种情况。

（1）当 $j=0$ 时，如果网络提供了高层参数 MSG3-Alpha，则 $\alpha_{b,f,c}(0)$ 就采用这个高层参数的值，否则 $\alpha_{b,f,c}(0)=1$。

（2）当 $j=1$ 时，$\alpha_{b,f,c}(1)$ 通过 ConfiguredGrantConfig 中的高层参数 α 来提供，ConfiguredGrantConfig 为一套高层参数 P0-PUSCH-AlphaSet 提供索引值。

（3）当 $j\in S_J$ 时，$\alpha_{b,f,c}(j)$ 值通过 P0-PUSCH-AlphaSet 中一套高层参数 α 提供。

$M_{RB,b,f,c}^{PUSCH}(i)$ 是用 RB 数量表示的分配给 PUSCH 的资源，也就是为 PUSCH 调度分配的 RB 数量。

$PL_{b,f,c}(q_d)$ 为下行路损，单位为 dB，UE 使用 DL BWP 的参考信号 RS 索引 q_d 计算得到。

（1）如果 UE 没有得到高层参数 PUSCH-PathlossReferenceRS，那么在 UE 获得专有配置之前需要依据 SSB 的测量结果计算得到 $PL_{b,f,c}(q_d)$，SSB 索引及其相关参数通过接收 MIB 广播得到。

（2）在为 UE 配置了高层参数 maxNrofPUSCH-PathlossReferenceRSs 所示的多个 RS 资源以及 PUSCH-PathlossReferenceRS 所提供的 RS 配置（通过 RS 资源索引来表示）时，UE 会通过 PUSCH-PathlossReferenceRS 中的高层参数 pusch-PathlossReferenceRS-Id 在一套 RS 资源索引中确定使用某个 RS 资源，这个 RS 资源可以是 SSB 或者 CSI-RS。

（3）在 PUSCH 传送内容为 MSG3 的情况下，UE 使用与 PRACH 相同的 RS 资源索引。

（4）UE 收到高层参数 SRI-PUSCH-PowerControl 以及 PUSCH-Pathloss ReferenceRS-Id（多于一个）时，UE 从 SRI-PUSCH-PowerControl 获取到 DCI0_1 中 SRI 域与一套 PUSCH-PathlossReferenceRS-Id 值之间的映射，并进而通过映射到 SRI 域的 pusch-pathlossreference-index 值确定使用的 RS 资源 q_d。

（5）当 PUSCH 发送的消息是针对 DCI0_0 的反馈时，且 UE 通过高层参数 PUCCH-Spatialrelationinfo 获取到一套空分配置，则 UE 使用与 PUCCH 相同的 RS 资源索引来传送 PUSCH。

（6）在 PUSCH 通过 DCI0_0 调度且并没有获得为 PUCCH 分配的空分资源，或者使用并不包含 SRI 域的 DCI0_1，或者网络没有提供高层参数 SRI-Pathloss ReferenceIndex-Mapping 给 UE 时候，UE 通过高层参数 pusch-pathlossreference-index（等于 0）确定 RS 资源。

（7）对于通过高层参数 ConfiguredGrantConfig 配置的 PUSCH，如果高层参数 rrc-ConfiguredUplinkGrant 包含在 ConfiguredGrantConfig 中，则 RS 资源

索引 q_d 通过包含在 rrc-ConfiguredUplinkGrant 中的高层参数 pathlossReference Index 提供。

（8）对于为 PUSCH 配置的 ConfiguredGrantConfig 没有包含高层参数 pathlossReferenceIndex 的情况，UE 会通过 PUSCH-PathlossReferenceRS-Id 的值确定 RS 资源 q_d，PUSCH-PathlossReferenceRS-Id 为调度 PUSCH 的 DCI 中 SRI 域值。而如果 PUSCH 使用的 DCI 不包含 SRI 域，则 UE 通过高层参数 PUSCH-PathlossReferenceRS-Id（此时为 0）确定 RS 资源 q_d。

路径损耗 $PL_{b,f,c}(q_d)$ 的计算公式如下：

$PL_{b,f,c}(q_d)$ = referenceSignalPower–higher layer filtered RSRP，

这里 referenceSignalPower 和 higher layer filter 通过服务小区 RRC 消息提供（SIB2）。

当 $j=0$ 时，referenceSignalPower 通过高层参数 ss-PBCH-BlockPower 提供，而当 $j>0$ 时，referenceSignalPower 通过高层参数 ss-PBCH-BlockPower 提供或者当周期性 CSI-RS 打开时就会通过高层参数 powerControlOffsetSS 提供 CSI-RS 功率和 SSB 功率的偏移，从而也就提供了 RS 功率。

下面开始说明 $\Delta_{\text{TF},b,f,c}(i)$ 的使用：

当 $K_S=1.25$ 时，$\Delta_{\text{TF},b,f,c}(i)=10\lg\left[\left(2^{\text{BPRE}\cdot K_S}-1\right)\cdot\beta_{\text{offset}}^{\text{PUSCH}}\right]$，当 $K_S=0$ 时，$\Delta_{\text{TF},b,f,c}(i)=0$，这时 K_S 通过高层参数 deltaMCSK_S 提供；如果 PUSCH 发送多于一层，则 $\Delta_{\text{TF},b,f,c}(i)=0$，上面的 BPRE 和 $\beta_{\text{offset}}^{\text{PUSCH}}$ 通过如下方法计算。

$\text{BPRE}=\sum_{r=0}^{C-1}K_r/N_{\text{RE}}$ 应用于 PUSCH 发送 UL-SCH 数据时。$\text{BPRE}=O_{\text{CSI}}/N_{\text{RE}}$ 应用于 PUSCH 中发送 CSI（不发送 UL-SCH 数据）时的情况。其中，使用的参数解释如下。

（1）C 是码块的数量，K_r 代表码块 r，O_{CSI} 是包含了 CRC 比特的 CSI 部分，N_{RE} 是资源粒子的数量，定义为：$N_{\text{RE}}=M_{\text{RB},b,f,c}^{\text{PUSCH}}(i)\cdot\sum_{j=0}^{N_{\text{symb},b,f,c}^{\text{PUSCH}}(i)-1}N_{\text{sc,data}}^{\text{RB}}(i,j)$，其中，$N_{\text{symb},b,f,c}^{\text{PUSCH}}(i)$ 是用于 PUSCH 发送时机 i 的符号数量，$N_{\text{sc,data}}^{\text{RB}}(i,j)$ 是 PUSCH 符号 j 中除去 DMRS 子载波的数量 $0\leqslant j<N_{\text{symb},b,f,c}^{\text{PUSCH}}(i)$。

（2）$\beta_{\text{offset}}^{\text{PUSCH}}=1$ 应用于 PUSCH 发送 UL-SCH 数据的情况下，$\beta_{\text{offset}}^{\text{PUSCH}}=\beta_{\text{offset}}^{\text{CSI},1}$ 应用于 PUSCH 中发送 CSI（不发送 UL-SCH 数据）情况。

对于 PUSCH 闭环功控部分，TPC 通过表 5-2（TS38.213 表 7.1.1-1）决定并通过 DCI 通知 UE。

表 5-2　使用 TPC-PUSCH-RNTI 加扰的 DCI 中 TPC 命令域与 $\delta_{\mathrm{PUSCH},b,f,c}$ 或 $\delta_{\mathrm{SRS},b,f,c}$ 累加值和绝对值的映射关系（TS38.213 表 7.1.1-1）

TPC 命令域	$\delta_{\mathrm{PUSCH},b,f,c}$ 或 $\delta_{\mathrm{SRS},b,f,c}$ 累加值（dB）	$\delta_{\mathrm{PUSCH},b,f,c}$ 或 $\delta_{\mathrm{SRS},b,f,c}$ 绝对值（dB）
0	−1	−4
1	0	−1
2	1	1
3	3	4

关于 PUSCH 功率控制的更详细的信息请参考 TS38.213 7.1 节。

5.3.3　PUCCH 功率控制

UE 在主小区 c 的载波 f 上的激活上行 BWP b 上应用 PUCCH 功率控制调整规则通过索引 l 表示，则 UE 的 PUCCH 发送时机 i 上的 PUCCH 发射功率为 $P_{\mathrm{PUCCH},b,f,c}(i,q_u,q_d,l)$，具体表示为：

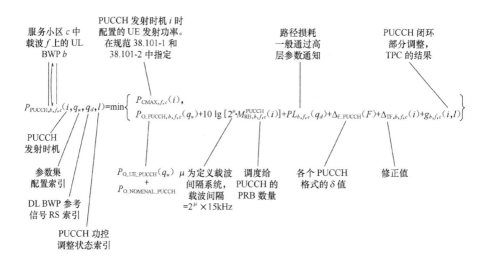

下面分别介绍上式中各个变量的意义和处理：

$P_{\mathrm{CMAX},f,c}(i)$ 是为服务小区 c 的载波 f 上 PUCCH 发送时机 i 配置的 UE 发射功率，在如下规范章节中详细定义：

TS38.101-1 6.2.4 节 Configured transmitted power for FR1 standalone；

TS38.101-2 6.2.4 节 Configured transmitted power for FR2 standalone。

$P_{\mathrm{O\_PUCCH},b,f,c}(q_u)$ 为 $P_{\mathrm{O\_NOMINAL\_PUCCH}}$ 和 $P_{\mathrm{O\_UE\_PUCCH}}(q_u)$ 之和，$P_{\mathrm{O\_NOMINAL\_PUCCH}}$ 通

258　An Introduction to 5G Air Interface and Key Technologies

过高层参数 p0-nominal 提供；$P_{O\_UE\_PUCCH}(q_u)$ 通过 P0-PUCCH 中的高层参数 p0-PUCCH-Value 提供。其中 $0 \leqslant q_u < Q_u$，Q_u 是一套 $P_{O\_UE\_PUCCH}$ 长度的值，通过高层参数 maxNrofPUCCH-P0-PerSet 提供，而 $P_{O\_UE\_PUCCH}$ 的值通过 p0-Set 提供。具体处理场景如下：

（1）如果 UE 获得了高层参数 PUCCH-SpatialRelationInfo，则 UE 通过高层参数 p0-PUCCH-Id 确定 p0-PUCCH-Value 的值。

（2）如果 UE 没有获取到高层参数 PUCCH-SpatialRelationInfo，则 UE 通过 p0-Set 中的 p0-PUCCH-Id index 0 获取到 P0-PUCCH，从而获取 p0-PUCCH-Value 的值。

$M_{RB,b,f,c}^{PUCCH}(i)$ 是用 RB 数量表示的分配的 PUCCH 资源的带宽。

$PL_{b,f,c}(q_d)$ 是 UE 用索引为 q_d 的 RS 针对 DL BWP 估得得到的下行路损（以 dB 为单位），如果 UE 没有获得高层参数 pathlossReferenceRSs，在 UE 在得到专有高层参数之前，会通过 SSB 作为 RS 计算 $PL_{b,f,c}(q_d)$，SSB 的相关配置通过 MIB 获得。如果 UE 得到了 RS 资源索引，则 UE 便可通过这些 RS 资源索引 q_d 计算 $PL_{b,f,c}(q_d)$，这里 $0 \leqslant q_d < Q_d$，Q_d 是通过高层参数 maxNrofPUCCH-PathlossReferenceRSs 提供的一套 RS 资源的大小，这套 RS 资源由高层参数 pathlossReferenceRSs 提供，而 UE 通过 PUCCH-PathlossReferenceRS 中的 pucch-PathlossReferenceRS-Id 来选择 RS 资源，可以选择 SSB 或者 CSI-RS 其中之一。

参数 $\Delta_{F\_PUCCH}(F)$ 通过高层参数 deltaF-PUCCH-f0（PUCCH format 0），deltaF-PUCCH-f1（PUCCH format 1），deltaF-PUCCH-f2（PUCCH format 2），deltaF-PUCCH-f3（PUCCH format 3）以及 deltaF-PUCCH-f4（PUCCH format 4）来提供。为针对 PUCCH 不同格式配置的 δ 值，步长采用 1dB。

参数 $\Delta_{TF,b,f,c}(i)$ 是 PUCCH 发射功率调整的一部分，具体处理方式如下。

（1）对于使用 PUCCH 格式 0 或者 PUCCH 格式 1 的 PUCCH 使用下式计算改参数：

$$\Delta_{TF,b,f,c}(i) = 10\lg\left[\frac{N_{ref}^{PUCCH}}{N_{symb}^{PUCCH}}\right]，其中：$$

① N_{symb}^{PUCCH} 是 PUCCH 格式 0 或者 PUCCH 格式 1 的符号的数量，它由高层参数 nrofSymbols（PUCCH 格式 0 或者 PUCCH 格式 1 中）提供。

② $N_{ref}^{PUCCH} = 2$，在 PUCCH 格式 0 时采用。

③ $N_{ref}^{PUCCH} = N_{symb}^{slot}$，在 PUCCH 格式 1 时采用。

（2）对于使用 PUCCH 格式 2 或者 PUCCH 格式 3 或者 PUCCH 格式 4 的 PUCCH，且当 UCI 的比特数量小于等于 11 时：$\Delta_{TF,b,f,c}(i) = 10\lg[K_1 \cdot (n_{HARQ\text{-}ACK} + O_{SR} + O_{CSI})/N_{RE}]$，

其中各项参数如下：

① $K_1 = 6$。

② $n_{\text{HARQ-ACK}}$ 是 UE 决定使用的 HARQ 反馈信息的比特数（包括 Type1 HARQ-ACK codebook 和 Type2 HARQ-ACK Codebook），如果 UE 没有获取到高层参数 pdsch-HARQ-ACK-Codebook 且 UE 在 PUCCH 中发送 HARQ 反馈信息时，$n_{\text{HARQ-ACK}} = 1$；否则 $n_{\text{HARQ-ACK}} = 0$。

③ O_{SR} 是若干 SR 信息比特。

④ O_{CSI} 是若干 CSI 信息比特。

⑤ N_{RE} 是若干资源粒子，由 $N_{\text{RE}} = M_{\text{RB},b,f,c}^{\text{PUCCH}}(i) \cdot N_{\text{sc,ctrl}}^{\text{RB}} \cdot N_{\text{symb-UCI},b,f,c}^{\text{PUCCH}}(i)$ 确定，其中，$N_{\text{sc,ctrl}}^{\text{RB}}$ 是每个 RB 上排除 DMRS 使用的子载波数量，而 $N_{\text{symb-UCI},b,f,c}^{\text{PUCCH}}(i)$ 是排除了 DMRS 使用的符号数量。

（3）对于使用 PUCCH 格式 2、PUCCH 格式 3 或者 PUCCH 格式 4 的 PUCCH 且 UCI 比特大于 11 时，$\Delta_{\text{TF},b,f,c}(i) = 10 \lg[(2^{K_2 \cdot \text{BPRE}} - 1)]$。

① $K_2 = 2.4$。

② $\text{BPRE} = (O_{\text{ACK}} + O_{\text{SR}} + O_{\text{CSI}} + O_{\text{CRC}}) / N_{\text{RE}}$。

③ O_{ACK} 是 UE 根据 Type1 HARQ-ACK 码本和 Type2 HARQ-ACK 码本而确定的 HARQ 反馈信息比特。如果 UE 没有获取到高层参数 pdsch-HARQ-ACK-Codebook 且当 UE 使用 PUCCH 发送 HARQ 反馈信息时，$O_{\text{ACK}} = 1$，否则 $O_{\text{ACK}} = 0$。

④ O_{SR} 是 UE 确定的 SR 信息比特。

⑤ O_{CSI} 是 UE 确定的 CSI 信息比特。

⑥ N_{RE} 是 UE 根据公式确定的资源粒子数量：$N_{\text{RE}} = M_{\text{RB},b,f,c}^{\text{PUCCH}}(i) \cdot N_{\text{sc,ctrl}}^{\text{RB}} \cdot N_{\text{symb-UCI},b,f,c}^{\text{PUCCH}}(i)$，这里 $N_{\text{sc,ctrl}}^{\text{RB}}$ 是除了用于 DMRS 的每个 RB 上的子载波数量；$N_{\text{symb-UCI},b,f,c}^{\text{PUCCH}}(i)$ 是除去用于 DMRS 的符号数。

关于 PUCCH 功控的闭环部分，TPC 通过表 5-3（TS38.213 表 7.2.1-1）决定并通过 DCI 通知 UE。

表 5-3 TPC-PUCCH-RNTI 加扰的 DCI 中 TPC Command 字段域到累积值 $\delta_{\text{PUSCH},b,f,c}$ 的映射（TS38.213 表 7.2.1-1）

TPC 命令域	累积值 $\delta_{\text{PUSCH},b,f,c}$ (dB)
0	−1
1	0
2	1
3	3

关于 PUCCH 功率控制的更详细的信息请参考 TS38.213 7.2 节。

5.3.4　SRS 功率控制

对 SRS 来说，发射功率 $P_{\mathrm{SRS},b,f,c}(i,q_s,l)$ 的线性值 $\hat{P}_{\mathrm{SRS},b,f,c}(i,q_s,l)$ 在 SRS 配置的天线端口上均分，其下标的意义是发送功率发生在服务小区 c 载波 f 的激活 UL BWP b 上。

使用 SRS 功率控制规则（使用索引 l），UE 确定在 SRS 发射时机 i 上的 SRS 发射功率 $P_{\mathrm{SRS},b,f,c}(i,q_s,l)$ 如下：

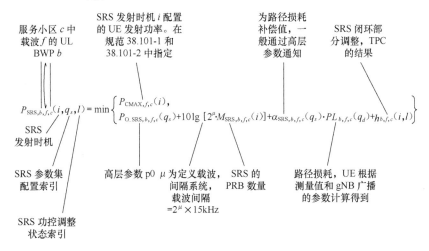

公式中各个变量的处理如下。

（1）$P_{\mathrm{CMAX},f,c}(i)$ 是为服务小区 c 的载波 f 上 SRS 发送时机 i 配置的 UE 发射功率，在如下规范章节中详细定义：

TS38.101-1 6.2.4 节 Configured transmitted power for FR1 standalone；

TS38.101-2 6.2.4 节 Configured transmitted power for FR2 standalone。

（2）$P_{\mathrm{O\_SRS},b,f,c}(q_s)$ 由高层参数 p0 提供，SRS 资源集 SRS resource set q_s 通过高层参数 SRS-ResourceSet 和 SRS-ResourceSetId 提供。

（3）$M_{\mathrm{SRS},b,f,c}(i)$ 是分配给 SRS 传送时机 i 的使用 RB 数量表示的 SRS 占用带宽。

（4）$\alpha_{\mathrm{SRS},b,f,c}(q_s)$ 通过高层参数 α 和 SRS 资源集 SRS resource set q_s 提供。

（5）$PL_{b,f,c}(q_d)$ 是下行路损（dB），是 UE 根据一个 DL BWP 的参考信号 RS（索引 q_d）和 SRS 资源集 SRS resource set q_s 计算出来的。这个 RS 索引

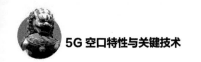

q_d 通过和 SRS 资源集 q_s 关联的高层参数 pathlossReferenceRS 提供，可以分成两种情况，一种是提供 SSB 块索引的高层参数 ssb-Index；另一种是提供 CSI-RS 资源索引的高层参数 csi-RS-Index。需要注意的是，在 UE 没有获得高层参数 pathlossReferenceRSs 时且在 UE 获得专有高层参数之前，UE 使用 SSB 块索引所获得的 RS 资源来计算 $PL_{b,f,c}(q_d)$，SSB 块相关参数从 MIB 广播获得。

对于 SRS 闭环功控部分，TPC 通过 TS38.213 表 7.1.1-1 决定并通过 DCI 通知 UE。

关于 SRS 功率控制的更详细的信息请参考 TS38.213 7.3 节。

5.3.5　PRACH 功率控制相关过程

使用如下公式定义 PRACH 发射功率：

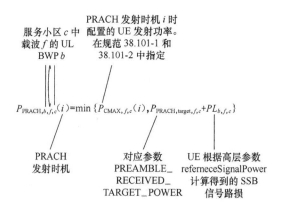

公式中各个变量的意义及处理如下：

$P_{CMAX,f,c}(i)$ 是服务小区 c 的载波 f 上配置的 UE 发射功率（发送时机 i），它定义在如下规范中：

TS38.101-1 6.2.4 节 Configured transmitted power for FR1 standalone；

TS38.101-2 6.2.4 节 Configured transmitted power for FR2 standalone。

$P_{PRACH,target,f,c}$ 是 PRACH 前导目标接收功率，也就是接收到的高层参数 PREAMBLE_RECEIVED_TARGET_POWER 定义的值；$PL_{b,f,c}$ 是 UE 根据高层参数 referenceSignalPower 计算的 SSB 的路损。

如果发起的 PRACH 不是为 PDCCH order 过程的回应，或者对于 PDCCH order 的回应触发了基于竞争的随机接入过程，则 referenceSignalPower 通过高层参数 ss-PBCH-BlockPower 提供。

如果发起的 PRACH 是对于 PDCCH order 的回应且触发了基于非竞争的随机接入过程，而且所依赖的 DL RS 是 quasi-collocated 的 PDCCH DMRS，则 referenceSignalPower 通过高层参数 ss-PBCH-BlockPower 提供，或者当为 UE 配置了周期性 CSI-RS 接收资源时，referenceSignalPower 就可以通过高层参数 ss-PBCH-BlockPower 和 powerControlOffsetSS 获得，这里 powerControlOffsetSS 提供了一个 CSI-RS 到 SSB 的偏置，如果 powerControlOffsetSS 没有发送给 UE，则 UE 会假定这个偏置为 0。

如果在 PRACH 重发前，UE 改变了空域发送滤波，则会通知高层终止功率爬升计数器。

关于 PRACH 功率控制的更详细的信息请参考 TS38.213 7.4 节。

5.3.6 功率余量

功率余量报告过程用于向服务 gNB 提供关于 UE 配置发射功率与每个激活的服务小区的 UL-SCH 传输或 SRS 传输的功率之间的差异的信息。功率余量类型 1 用于 PUSCH，功率余量类型 3 用于 SRS。

关于报告值与实际功率余量区间的映射，下面是 LTE 和 5G 功率余量映射情况的对比 LTE 功率余量报告范围是−23 ~ +40dB. 参见 TS36.133 表 9.1.8.4-1（见表 5-4）。

表 5-4 功率余量报告的映射范围（TS36.133 表 9.1.8.4-1）

报告的值	测量值（dB）
POWER_HEADROOM_0	$-23 \leqslant PH < -22$
POWER_HEADROOM_1	$-22 \leqslant PH < -21$
POWER_HEADROOM_2	$-21 \leqslant PH < -20$
POWER_HEADROOM_3	$-20 \leqslant PH < -19$
POWER_HEADROOM_4	$-19 \leqslant PH < -18$
POWER_HEADROOM_5	$-18 \leqslant PH < -17$
⋮	
POWER_HEADROOM_57	$34 \leqslant PH < 35$
POWER_HEADROOM_58	$35 \leqslant PH < 36$
POWER_HEADROOM_59	$36 \leqslant PH < 37$
POWER_HEADROOM_60	$37 \leqslant PH < 38$
POWER_HEADROOM_61	$38 \leqslant PH < 39$

续表

报告的值	测量值（dB）
POWER_HEADROOM_62	39≤PH<40
POWER_HEADROOM_63	PH≥40

5G 功率余量报告范围是 −32 ~ +42dB，参见表 5-5（TS38.133 表 10.1.17.1-1）：

表 5-5　功率余量报告的映射范围（TS38.133 表 10.1.17.1-1）

报告值	测量值（dB）
POWER_HEADROOM_0	PH<−32
POWER_HEADROOM_1	−32≤PH<−31
POWER_HEADROOM_2	−31≤PH<−30
POWER_HEADROOM_3	−30≤PH<−29
⋮	
POWER_HEADROOM_53	25≤PH<26
POWER_HEADROOM_54	26≤PH<27
POWER_HEADROOM_55	27≤PH<28
POWER_HEADROOM_56	28≤PH<30
POWER_HEADROOM_57	30≤PH<32
POWER_HEADROOM_58	32≤PH<34
POWER_HEADROOM_59	34≤PH<36
POWER_HEADROOM_60	36≤PH<38
POWER_HEADROOM_61	38≤PH<40
POWER_HEADROOM_62	40≤PH<42
POWER_HEADROOM_63	PH≥42

5G RRC 通过配置以下参数来配置控制功率余量报告：

① phr-PeriodicTimer；

② phr-ProhibitTimer；

③ phr-Tx-PowerFactorChange；

④ phr-Type2SpCell；

⑤ phr-Type2OtherCell；

⑥ phr-ModeOtherCG；

⑦ multiplePHR。

以下任何事件将触发功率余量报告（PHR）：

① phr-ProhibitTimer 到期或已过期且路径损耗已超过 phr-Tx-PowerFactor Change dB；

② phr-PeriodicTimer 到期；

③ 在通过上层配置或重新配置功率余量报告功能时（禁用该功能除外）；

④ 激活配置了上行链路的任何 MAC 实体的 SCell；

⑤ 添加 PSCell（新添加或更改 PSCell）；

⑥ 当 MAC 实体具有用于新传输的 UL 资源时，phr-ProhibitTimer 到期或已到期，且满足下列条件：具备用于传输的上行资源或者在该小区上有 PUCCH 传输。由于功率管理导致的功率回退已经改变了，且多于 phr-Tx-PowerFactor Change dB。

5.3.6.1　功率余量类型 1 报告

如果 UE 基于实际 PUSCH 确定的功率余量报告，则 UE 根据下式计算类型 1 的功率余量报告：

$$PH_{\text{type1},b,f,c}(i,j,q_d,l) = P_{\text{CMAX},f,c}(i) - \left\{ P_{\text{O\_PUSCH},b,f,c}(j) + 10\lg[2^\mu \cdot M_{\text{RB},b,f,c}^{\text{PUSCH}}(i)] + \alpha_{b,f,c} \right.$$
$$\left. (j) \cdot PL_{b,f,c}(q_d) + \Delta_{\text{TF},b,f,c}(i) + f_{b,f,c}(i,l) \right\} \quad (\text{dB})$$

如果 UE 基于参考 PUSCH 确定功率余量报告，UE 根据下式计算类型 1 的功率余量报告：

$$PH_{\text{type1},b,f,c}(i,j,q_d,l) = \widetilde{P}_{\text{CMAX},f,c}(i) - \left\{ P_{\text{O\_PUSCH},b,f,c}(j) + \alpha_{b,f,c}(j) \cdot PL_{b,f,c}(q_d) + \right.$$
$$\left. f_{b,f,c}(i,l) \right\} \quad (\text{dB})$$

此处需要提到的是，$\widetilde{P}_{\text{CMAX},f,c}(i)$ 通过假定 MPR=0dB，A-MPR=0dB，P-MPR=0dB，T_c=0dB，MPR，A-MPR，P-MPR 和 T_c 在 TS38.101-1 和 TS38.101-2 定义。其他参数在各上行信道/信号的功控章节中有描述。

5.3.6.2　功率余量类型 3 报告

如果 UE 基于实际 SRS 计算类型 3 的功率余量报告，则使用如下公式：

$$PH_{\text{type3},b,f,c}(i,q_s) = P_{\text{CMAX},f,c}(i) - \left\{ P_{\text{O\_SRS},b,f,c}(q_s) + 10\lg[2^\mu \cdot M_{\text{SRS},b,f,c}(i)] + \alpha_{\text{SRS},b,f,c} \right.$$
$$\left. (q_s) \cdot PL_{b,f,c}(q_d) + h_{b,f,c}(i) \right\} \quad [\text{dB}]$$

这里 $P_{\text{CMAX},f,c}(i)$，$P_{\text{O\_SRS},b,f,c}(q_s)$，$M_{\text{SRS},b,f,c}(i)$，$\alpha_{\text{SRS},b,f,c}(q_s)$，$PL_{b,f,c}(q_d)$ 和 $h_{b,f,c}(i)$ 在前面 SRS 功控一节中有描述。

如果 UE 基于参考的 SRS 计算类型 3 的功率余量报告，则通过如下公式计算：

$$PH_{\text{type3},b,f,c}(i,q_s) = \tilde{P}_{\text{CMAX},f,c}(i) - \left\{ P_{\text{O\_SRS},b,f,c}(q_s) + \alpha_{\text{SRS},b,f,c}(q_s) \cdot PL_{b,f,c}(q_d) + h_{f,c}(i) \right\} (\text{dB})$$

其中，q_s 是 SRS 的资源，对应 SRS-ResourceSetId = 0，另外 $P_{\text{O\_SRS},b,f,c}(q_s)$，$\alpha_{\text{SRS},f,c}(q_s)$，$PL_{b,f,c}(q_d)$ 和 $h_{b,f,c}(i)$ 在 SRS 功控一节中通过 SRS-ResourceSetId = 0 获取相应值。$\tilde{P}_{\text{CMAX},f,c}(i)$ 是在假定 MPR=0dB，A-MPR=0dB，P-MPR=0dB 及 T_C= 0dB 时计算。MPR，A-MPR，P-MPR 和 T_C 通过 3GPP 规范 TS 38.101-1 和 TS38.101-2 定义。其他参数在各上行信道/信号功控章节中有描述。

类型 2 的功率余量相关信息在 2018 年 6 月版的 R15 规范中并没有定义。

5.3.7 功率降低优先级

对于单 cell 上的辅助上行链路（SUL）或者载波聚合的情况，UE 在 PUSCH，PUCCH，SRS 或者 PRACH 中任一达到 $\hat{P}_{\text{CMAX}}(i)$ [这里 $\hat{P}_{\text{CMAX}}(i)$ 是 $P_{\text{CMAX}}(i)$ 的线性值]，则 UE 会按照如下的优先级顺序（降序）来分配功率资源以便 UE 在每个符号的发射功率小于等于 $\hat{P}_{\text{CMAX}}(i)$：PUSCH/PUCCH/PRACH/SRS。

UE 发射的总功率定义为 PUSCH、PUCCH、PRACH 和 SRS 的线性值总和。

（1）PCell 上 PRACH。

（2）PUCCH 上发送 HARQ 反馈信息和 SR 信息，以及 PUCCH 单独发送 HARQ 反馈信息和 SR 信息，PUSCH 上发送 HARQ 反馈信息。

（3）PUCCH 发送 CSI 信息，或者 PUSCH 发送 CSI 信息。

（4）PUSCH 中不包括 HARQ 反馈或者 CSI 信息。

（5）对于 SRS，非周期 SRS 比半静态和/或者周期性 SRS，或者 PRACH 的优先级更高（在非 PCell 上）。

在优先级相同或者载波聚合的情况下，UE 为 MCG 或 SCG 的 PCell 的功率分配优先于 SCell，并且为在 MCG 上的 PCell 分配的功率优先于 PSCell。在优先级相同或使用两个 SUL 连接时，UE 会为承载 PUCCH 的载波优先分配功率。

5.3.8 双连接 EN-DC 模式下的功率控制

如果 UE 在使用双连接模式 EN-DC，也就是使用 E-UTRA 作为 MCG，NR 作为 SCG，则 UE 通过高层参数 p-MaxEUTRA 配置 UE 在 MCG 上的最大发射功率 P_{LTE}，同时使用高层参数 P_{NR} 来配置 UE 在 SCG 的最大发射功率。

假设配置给 UE 的发射功率 $\hat{P}_{LTE} + \hat{P}_{NR} > \hat{P}_{Total}^{EN-DC}$，这里，$\hat{P}_{LTE}$ 是 P_{LTE} 的线性值；$\hat{P}_{NR}$ 是 P_{NR} 的线性值；$\hat{P}_{Total}^{EN-DC}$ 是 EN-DC 模式下为 UE 配置的最大发射功率（$\hat{P}_{Total}^{EN-DC}$ 在 3GPP TS38.101-3 中有明确的 FR1 的定义），则 UE 按照下列规则确定在 SCG 的发射功率。

（1）如果 UE 为 EUTRA 配置了参考的 TDD 配置（通过高层参数 tdm-PatternConfig-r15）且在 UE 并没有给网络指示具备在 EUTRA 和 NR 之间动态功率分享的能力，当相应的 MCG 上的子帧在参考 TDD 配置中是上行子帧时，UE 就不会在 SCG 的时隙上发送数据。

（2）而如果 UE 已经指示网络具备在 EUTRA 和 NR 之间动态功率分享的能力。而且在下列情况下：

① 没有为 UE 在 MCG 上配置 shortened TTI 和处理时间；

② 如果 UE 在 MCG 子帧 i_1 和 SCG 时隙 i_2 在时间上重叠；

③ 如果在 SCG 的时隙 i_2 任何部分 $\hat{P}_{MCG}(i_1) + \hat{P}_{SCG}(i_2) > \hat{P}_{Total}^{EN-DC}$。

UE 将减少 SCG 的时隙 i_2 上任何部分的发射功率。以便在时隙 i_2 的任何部分满足 $\hat{P}_{MCG}(i_1) + \hat{P}_{SCG}(i_2) \leq \hat{P}_{Total}^{EN-DC}$，其中的参数 $\hat{P}_{MCG}(i_1)$ 和 $\hat{P}_{SCG}(i_2)$ 分别是 MCG 子帧 i_1 和 SCG 时隙 i_2 的 UE 总发射功率。

（3）如果 UE 没有指示给网络支持 EUTRA 和 NR 之间的动态功率共享能力，则 UE 会期待获得针对 EUTRA 的参考 TDD 配置（通过高层参数 tdm-PatternConfig-r15）。

5.4　上下行调度与资源分配

5.4.1　调度特性

5.4.1.1　基本的调度操作

为了有效利用无线资源，gNB 中的 MAC 采用动态资源调度为上/下行分配物理层资源。TS38.300 中对调度操作、调度决策和测量的信令进行了简单描述。

1. 调度操作

（1）基于 UE 缓存状态、每个 UE 的 QoS 需求以及相关的无线承载，为 UE 分配资源。

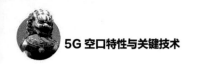

（2）根据 gNB 侧或者 UE 上报的测量信息，基于无线状况来分配资源。

（3）调度器以时隙为单位（如一个微时隙、一个或者多个时隙）来分配无线资源。

（4）资源分配包括无线资源（资源块）。

2．调度决策的信令

UE 从调度（资源分配）信道上接收并识别资源。

3．支持调度操作的测量信息

（1）上行缓存状态报告（UE 逻辑信道队列中缓存的数据）用于对 QoS 相关（QoS-aware）的分组调度算法提供支持。

（2）功率余量报告（UE 标称最大发射功率与预估的上行发射功率之间的差值）用于对功率相关（Power Aware）的分组调度提供支持。

5.4.1.2　下行调度

下行方向上，gNB 可通过 PDCCH 采用 C-RNTI 为 UE 动态分配资源。UE 在下行接收状态下（由 DRX 进行控制），经常性地监测 PDCCH 以便发现可能的资源分配，如图 5-10 所示。配置 CA 时，所有小区都采用相同的 C-RNTI。

gNB 中，进行 URLLC 业务的 UE 可以抢占其他 UE 所使用的 PDSCH，gNB 也可以在 PDCCH 上使用 INT-RNTI 来监测中断传送指示。如果接收到中断传送指示，即使该指示所包含的 RE 已经分配给 UE，UE 也假定这些 RE 中没有携带给 UE 的有用信息。

采用半持续调度（SPS），gNB 可以为 UE 的初始 HARQ 传送分配下行资源。

首先采用 RRC 消息来配置下行资源的周期性，并使用 CS-RNTI 标识符来对配置性调度进行资源分配。CS-RNTI 所对应的 PDCCH 可以激活所配置的下行资源，并隐含性地指示下行资源可以根据 RRC 所定义的周期性来进行复用；所配置的下行资源也可以由 CS-RNTI 所对应的 PDCCH 予以去激活。当所配置的下行设定被激活后，如果 UE 不能在 PDCCH 上发现其 C-RNTI，则使用这个所配置的下行设定来进行下行传送。一旦 UE 在 PDCCH 上发现了其 C-RNTI，则采用 PDCCH 中 DCI 的相关设定，而不再采用之前 CS-RNTI 所配置的下行设定，如图 5-11 所示。此外，必要时重传也需要采用 PDCCH 来明确进行调度。

当对载波聚合进行配置时，每个服务小区最多可以由信令来传送一种下行设定。当对 BWP 自适应进行配置时，每个 BWP 最多可以由信令来传送一种下行设定。每个服务小区中，同时只能激活一种配置的下行设定，多种配置的下行设定只能同时在不同的服务小区中被激活。多个服务小区间的下行设定配置的激活和非激活是独立的。

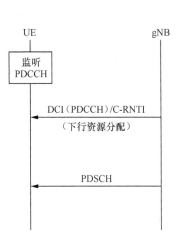

图 5-10　下行动态调度

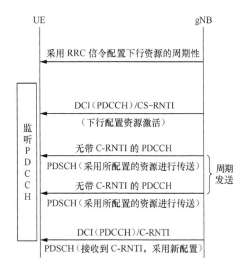

图 5-11　下行半持续性（SPS）调度

5.4.1.3　上行调度

上行方向上，当有上行数据需要传送时，UE 在 PUCCH 信道或者 PUSCH 的 UCI 上发送"调度请求"（SR，Scheduling Request）消息，向 gNB 请求上行调度授权。网络在 PDCCH 信道上采用 DCI 格式 0_0 或者 0_1 下发调度授权，并采用 C-RNTI 动态进行资源分配。当 UE 处于下行 DRX 所控制的激活态时，UE 通过监测 PDCCH 来发现上行传送的资源许可（Grants），并采用 PUSCH 发起上行传送过程，如图 5-12 所示。

需要注意的是，只有特定的 PUCCH 格式才可以承载 SR，SR 传送所选用的 PUCCH 格式根据具体情况来确定，详见 TS38.213。配置载波聚合时，所有服务小区都采用同一个 C-RNTI。

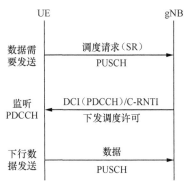

图 5-12　上行动态调度

此外，采用所配置的资源许可，gNB 可以为 UE 的初始 HARQ 传送分配上行资源。规范中定义了 2 种可配置的上行许可：

（1）类别 1：RRC 直接提供所配置的上行许可（包括周期性）；

（2）类别 2：RRC 定义了所配置的上行许可的周期性，而对应 CS-RNTI

的 PDCCH 既可以对所配置的上行许可采用信令进行激活，也可以对它进行去激活。例如，对应 CS-RNTI 的 PDCCH 隐含性地指示上行许可能够根据 RRC 所定义的周期性来进行复用，直到被去激活为止。

当配置的上行许可被激活时，如果 UE 不能在 PDCCH 上发现其 C-RNTI/CS-RNTI，则使用所配置的上行许可来进行上行传送。一旦 UE 在 PDCCH 上发现了其 C-RNTI/CS-RNTI，就采用 PDCCH 中最新的设定，而不再采用之前所配置的上行许可。此外，重传都由 PDCCH 明确分配。

类别 1 和类别 2 方式下，资源许可预配置方式下的上行调度过程如图 5-13 所示。

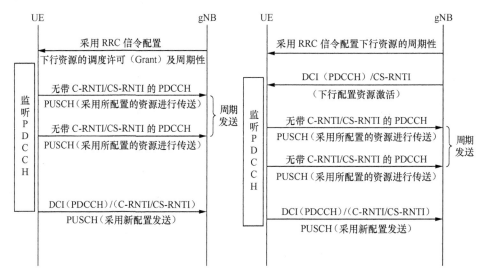

图 5-13 资源许可预配置方式下的上行调度（左为类别 1，右为类别 2）

当对载波聚合进行配置时，每个服务小区最多可以由信令来传送一种上行许可。当对 BWP 自适应进行配置时，每个 BWP 最多可以由信令来传送一种上行许可。每个服务小区中，所配置的上行许可只能是类别 1 或者类别 2，且同时只能激活一个。对于类别 2，所配置的上行许可的激活和去激活在多个服务小区间是独立的。当配置 SUL 时，小区中的上行许可只能通过信令来配置二者之一。

5.4.1.4 支持调度操作的测量

gNB 需要根据上下行测量报告来进行调度，这些测量报告包括数据量以及 UE 无线环境等方面。需要采用上行缓存状态报告（BSR）来对 QoS 相关（QoS-aware）的分组调度进行支持，NR 中的 BSR 是指 UE 的一组逻辑信道中所缓存的数据，上行采用 8 个 LCG 和 2 种格式来进行报告：

① 短格式只报告一个 BSR（一个 LCG）；

② 灵活长格式报告几个 BSR（最多所有 8 个 LCG）。

上行缓存状态报告使用 MAC 信令进行传送。

功率余量报告（PHR）用于对功率相关的分组调度提供支持。NR 中有 3 类报告，一种用于 PUSCH 传送，另一种用于 PUSCH 和 PUCCH 传送，第三种用于 SRS 传送。对于 CA 来说，当激活的 Scell 上没有传送时，采用参考功率来提供一个虚拟报告。PHR 采用 MAC 信令进行传送。

5.4.1.5　速率控制

1. 下行速率控制

下行方向上，对于 GBR 流，gNB 确保 GFBR 并保证不超过 MFBR；对于非 GBR 流，gNB 确保不会超过 UE 的 AMBR。

2. 上行速率控制

UE 采用上行速率控制功能来管理上行资源在逻辑信道间的共享。RRC 为每个逻辑信道分配了一个优先级、一个具有优先级的比特率（PBR，Prioritised Bit Rate）以及缓存大小周期（BSD）。

上行速率控制功能确保 UE 采用以下序列来为逻辑信道提供服务：

① 所有相关的逻辑信道以优先级的降序排列，最大到它们的 PBR。

② 许可（Grant）所设定的剩余资源的相关的逻辑信道以优先级的降序排列。

如果多个逻辑信道具有相同的优先级，则 UE 同等为它们提供服务。

5.4.1.6　激活/非激活机制

配置载波聚合的时候，为了保证 UE 电池消耗的合理性，系统支持小区的激活/去激活机制。

小区去激活后，UE 不再接收相应的 PDCCH 或者 PDSCH，不在对应的上行信道上进行传送，也不再执行 CQI 测量。相反，当小区被激活后，如果 UE 需要从这个 SCell 监测 PDCCH，则 UE 将接收 PDSCH 和 PDCCH，并能够执行 CQI 测量。在 PUCCH Scell 去激活的情况下，NG-RAN 确保次 PUCCH 组（一组 SCell 且其 PUCCH 信令与 PUCCH Scell 上的 PUCCH 相关联）的 SCell 不被激活。NG-RAN 确保影射到 PUCCH SCell 上的 SCell 在 PUCCH SCell 改变或者去除前被去激活。

在没有移动控制信息的重配中：

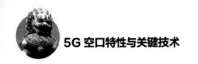

① 添加到服务小区集中的 SCell 初始处于去激活态；

② 还保留在服务小区集中的 SCell（或者不改变或者重配置）的激活状态不改变。

在具有移动控制信息（如切换）的重配中，SCell 去激活。

当配置 BWP 自适应时，为了使 UE 电池功耗更合理，每个激活的服务小区中，同一个时刻上，仅可以激活一个 UL BWP（每个上行载波）和一个 DL BWP，或者仅激活一个 DL/UL BWP 对，而 UE 所配置的其他 BWP 都处于去激活态。在去激活的 BWP 上，UE 不需要监测 PDCCH，不需要在 PUCCH、PRACH 和 UL-SCH 上进行传送。

5.4.1.7　E–UTRA–NR 物理资源协调

NR 小区可以使用与 E-UTRA 小区重叠或者邻近的频谱。这种情况下，网络信令允许在 gNB 中的 MAC 和 ng-eNB 的相应实体间进行物理层资源的 TDM 和 FDM 的协调工作。

5.4.1.8　HARQ 反馈

5G 系统中，采用物理下行控制通道（PDCCH）下发下行控制信息（DCI）来调度上下行资源，DCI 中包括处理调度数据时 UE 所需的信息。下行数据调度过程中，DCI 中还包括 HARQ ACK 反馈相关的无线资源和定时信息。接收到下行数据后，在 DCI 所指示的 ACK 反馈的无线资源和时间点上，UE 通过物理上行控制信道（PUCCH）发送下行数据的 HARQ ACK 信息。对于上行数据调度来说，不需要特殊的信道来传送 HARQ ACK 信息，如果 gNB 对上行数据解码失败，它就对调度上行数据进行重传，反之，如果 gNB 成功解码上行数据，它就继续调度新的上行数据。

5G 系统中的上行和下行方向上，几乎所有调度和 HARQ 机制都是公共的，如无线资源分配机制、秩/调制/编码自适应性、异步和自适应 HARQ 等。此外，调度 DCI 基本上包含所调度数据的时域信息以及下行的 HARQ ACK 反馈信息，时域信息包括所调度的时隙、起始符号位置和传送时间等。由此 NR 可以很容易地识别各种操作如全双工、半双工、FDD、动态 TDD 或半静态 TDD 以及非授权操作等，从而满足不同用户的带宽和时延特性的需求。

下行数据的 HARQ-ACK 反馈以及上行数据传送过程中，UE 都需要时间进行处理。5G 系统中，UE 的处理时间和子载波间隔以及解调信号都有关系，但总体上 UE 的下行最小处理时间为 0.2～1ms，上行数据处理时间为 0.3～0.8ms。

数据传送和 HARQ ACK 反馈时延应该包含在用户面时延中。TR38.913 对

用户面时延的定义和要求进行了定义。用户面时延是指应用层数据包从 L2/L3
入口点（Ingress）到 L2/L3 出口点（Egress）经过无线接口在上行和下行进行
传送的时间。对于 eMBB 业务来说，上行用户面和下行用户面单向时延都是 4ms；
对于 URLLC 业务来说，上行和下行用户面时延单向都是 0.5ms。

下行方向上，每个小区中的 UE 支持最多 16 个 HARQ 进程。小区中 UE 可
以使用的最多 HARQ 进程数由更高层参数 nrofHARQ-processesForPDSCH 来配
置，取值分别为 n2、n4、n6、n10、n12 和 n16，相应表示 2 个 HARQ 进程、4
个 HARQ 进程，以此类推。如果没有配置，缺省配置下 UE 认为可以支持 8 个
进程。

上行方向上，每个小区中 UE 支持 16 个 HARQ 进程。在 LTE 中，数据传
送失败时，需要传送整个数据块（TB），因此对于较大的数据块来说，重传效
率很低。5G 系统中，为了提高重传效率并降低重传延迟，引入了基于代码块组
（CBG）的反馈方式，即将大的传输块（TB）划分为较小的码块（CB），并将
多个较小的码块（CB）进一步组合成码块组（CBG）。

UE 对 CBG 进行解码，并基于单独的 CBG 组进行 HARQ 反馈（ACK/
NACK）。其优点是有利于大数据块的传送，缺点在于会增加 HARQ 反馈开销。
不过可以通过自适应 CBG 结构来降低开销。例如，只有在 TBS 很大时 gNB 才
激活 CBG，如果 TBS 很小则 gNB 禁用 CBG，从而克服 HARQ 反馈开销大的
问题。

5.4.2　时域资源分配

LTE 中时域资源分配以子帧为单位进行分配，而 NR 系统中则可以对一个
时隙内的单个或者多个符号进行调度，因此更加灵活和精细。

通常，时域资源调度采用 UE 专用 RRC 信令和 DCI 相结合的方式进行，
如图 5-14 所示。RRC 信令为 UE 配置最多 16 种 pdsch-symbolAllocation 和 pusch-
symbolAllocation 的组合，每种组合包括 K0/K2（K0 用于 PDSCH，K2 用于
PUSCH）、起始符号和长度、影射类别 A 或 B 等参数。随后，DCI 可以采用
时域资源分配比特位中最多 4 比特来将 RRC 配置表中的组合的某一个分配给
UE。

对 PDSCH/PUSCH 进行时域调度时，如果 RRC 连接尚未建立，则不存在
RRC 配置表，因此对于 RMSI/OSI、寻呼和随机接入等，就需要预先定义时域
资源配置表来使用。

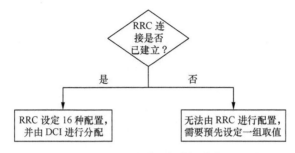

图 5-14　根据 RRC 连接状态进行时域资源分配

5.4.2.1　下行 PDSCH 时域资源分配

1. 存在 RRC 连接时的 PDSCH 时域资源分配

存在 RRC 连接时，系统首先采用 RRC 信息下发多个时域资源配置表，DCI 再基于配置表的编号为用户分配相应的时域资源。

（1）采用 RRC 进行 PDSCH 时域资源配置

RRC 消息中的 PDSCH-TimeDomainResourceAllocationList 包含一个或者最多 16 个 PDSCH-TimeDomainResourceAllocation，对应参数 maxNrofDL-Allocation，表示最多可以独立设定 16 组时域资源分配的组合。每个资源组合中包括时隙偏置 K_0、起始和长度指示符（或者起始符号 S 和分配长度 L 的直接表示），以及 PDSCH 接收时所采用的影射类别等信息，见以下程序。

```
PDSCH-TimeDomainResourceAllocationList  ::= SEQUENCE (SIZE(1..maxNrofDL-Allocations))

PDSCH-TimeDomainResourceAllocation ::=  SEQUENCE {
    k0                                  INTEGER(0..32)
    mappingType                         ENUMERATED {typeA, typeB},
    startSymbolAndLength                INTEGER {0..127}
}
```

正常情况下，接收到包含 DCI 的 PDCCH 之后，UE 在随后第 K_0 个时隙上接收 PDSCH。K_0 的取值范围为 0～32，K_0 为 0 表示 PDCCH 调用的 PDSCH 在同一个时隙内，而 K_0 为 1 则表示 PDSCH 在下一个时隙内，以此类推。但是，由于下行 PDCCH 可以采用比下行 PDSCH 更大的子载波间隔，以便降低 DL 控制单元的时间长度，并更好地为多个不同的波束方向提供服务，所以时域调度中还在 K_0 的基础上考虑了 PDSCH 相关的参数集的时隙偏移，也就是采用 PDSCH 和 PDCCH 对应的子载波间隔 μ_{PDSCH} 和 μ_{PDCCH} 来对 K_0 进行修正，从而 PDSCH 的实际传输时隙为 $\left\lfloor n\cdot\frac{2^{\mu_{PDSCH}}}{2^{\mu_{PDCCH}}}\right\rfloor+K_0$，其中 n 是 DCI 调度所在的时隙。

此外，SLIV 由分配给 UE 的 PDSCH 所在时隙内的起始符号 S 和连续的符号长度 L 根据特定的公式计算生成，UE 接收到 SLIV 之后可以计算得到相应的

L 和 S 的取值。

PDSCH 影射方式则对应 TS38.211 所定义的类别 A 或者类别 B。PDSCH 影射类别 A 中，时隙中 OFDM 符号的编号是相对于时隙的起始点而言的，这种方式下分配的时域符号数较多，适用于大带宽业务；PDSCH 影射类别 B 中，时隙中 OFDM 符号的编号是相对于所调度的 PDSCH 资源的起始点来定义的，这种方式下支持微时隙调度，资源配置较灵活，适合低时延类业务。

（2）采用 DCI 调度 PDSCH 时域资源

DCI 中的时域资源分配域（PDSCH-TimeDomainResourceAllocation）用于配置 PDCCH 和 PDSCH 之间的时域关系，指示 UE 在特定的 PDSCH 上接收下行数据。

网络在下行设定中采用 DCI 指示 UE 使用哪种时域配置来接收 PDSCH。DCI 中的时域资源分配域的长度最大为 4bit，可对应 RRC 所分配的 PDSCH-TimeDomainResourceAllocationList 中的 16 组取值。DCI 中的时域资源分配域取值为 0 表示 RRC 时域配置列表中的第一组信息，1 表示第二组信息，以此类推。也就是说，DCI 的时域资源分配域中所指示的 m 值指向 RRC 所示配置表中的第 $m+1$ 组配置信息，该配置信息被用于对 UE 进行时域调度。

（3）起始符号和分配长度指示符（$SLIV$）

接收到 DCI 信息后，UE 可以根据对应配置中的 $SLIV$ 值来获取所分配的 PDSCH 所在时隙内的时域分配信息，并通过计算来得到起始符号 S 和连续的符号长度 L。SLIV 相关信息分析说明如下。

① $SLIV$ 计算公式

根据 $SLIV$ 可以唯一确定一组 S 和 L 的组合，相关计算公式如下。

如果
$$(L-1) \leqslant 7$$
则
$$SLIV = 14 \cdot (L-1) + S$$
否则
$$SLIV = 14 \cdot (14 - L + 1) + (14 - 1 - S)$$
其中，
$$0 < L \leqslant 14 - S$$

② S 和 L 的有效组合

符合表 5-6 中所定义的 S 和 L 的组合才是有效的 PDSCH 分配，它对应 TS38.214 表 5.1.2.1-1。

以常规循环前缀为例，对于 PDSCH 影射类别为 A，S 取值为 0、1、2 和 3，表示所分配的时域资源可以从编号为 0～3 的前面 4 个符号上开始，占用的符号长度 L 在 3～14 之间，且 $S+L$ 在 3～14 范围之内。对于 PDSCH 影射类别为 B，S 取值范围为 0～12，相当于所分配的时域资源可以从 0～12 之间的一个符号上开始，但是符号长度 L 取值仅为 2、4 或 7，相当于微时隙分配方式，且满足 $S+L$

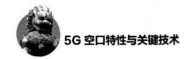

在 2～14 范围内。

表 5-6　PDSCH 时域分配中 S 和 L 的有效组合

PDSCH 影射类别	常规循环前缀			扩展循环前缀		
	S	L	S+L	S	L	S+L
类别 A	{0,1,2,3}	{3,…,14}	{3,…,14}	{0,1,2,3}	{3,…,12}	{3,…,12}
类别 B	{0,…,12}	{2,4,7}	{2,…,14}	{0,…,10}	{2,4,6}	{2,…,12}

注：仅 dmrs-TypeA-Posiition = 3 时，S=3

可以根据表 5-6 中的 S、L 和 S+L 的取值范围和约束关系，来分析 S 和 L 的有效组合以及可能的 SLIV 的取值和对应的 PDSCH 影射类别。S=0 时各种组合的示例见表 5-7。

表 5-7　S=0 时各种组合的示例

S	L	S+L	SLIV	PDSCH 影射类别 A 所对应的条件		PDSCH 影射类别 B 所对应的条件		PDSCH 影射类别
				L 是否在 3～14 之间	S+L 是否在 3～14 之间	L 是否为 2/4/7	S+L 是否在 2 到 14 之间	
0	1	1	0	否	否	否	否	—
0	2	2	14	否	否	是	是	类别 B
0	3	3	28	是	是	否	是	类别 A
0	4	4	42	是	是	是	是	类别 A，类别 B
0	5	5	56	是	是	否	是	类别 A
0	6	6	70	是	是	否	是	类别 A
0	7	7	84	是	是	是	是	类别 A，类别 B
0	8	8	98	是	是	否	是	类别 A
0	9	9	33	是	是	否	是	类别 A
0	10	10	32	是	是	否	是	类别 A
0	11	11	31	是	是	否	是	类别 A
0	12	12	30	是	是	否	是	类别 A
0	13	13	29	是	是	否	是	类别 A
0	14	14	28	是	是	否	是	类别 A

③ SLIV 应用举例

假定 UE 接收到的 SLIV 是 56,那么它需要根据上面的计算公式反推 S 和 L。

以常规循环前缀和 PDSCH 映射类别 A 为例，根据表 5-6 可知，L 的取值范围为 3～14。结合 S 的不同取值，并根据 $(L-1) \leqslant 7$ 来选择不同的计算公式，可以得到如表 5-8 所示的计算结果。可见，$SLIV$ 为 56 时，S 和 L 的合理取值只有 $S=0$ 且 $L=5$，它们满足 $0 < L \leqslant 14 - S$ 的要求，对应从符号 0 起始的连续的 5 个符号，采用 PDSCH 影射类别 A。

表 5-8　*SLIV* 为 56 时的 *L* 和 *S* 的取值计算和分析

L	S			
	0	1	2	3
3	28	29	30	31
4	42	43	44	45
5	56	57	58	59
6	70	71	72	73
7	84	85	86	87
8	98	99	100	101
9	112	113	114	115
10	126	127	128	129
11	140	141	142	143
12	154	155	156	157
13	168	169	170	171
14	182	183	184	185

④ 下行聚合系数（aggregationFactorDL）

当 UE 配置 aggregationFactorDL>1 时，同一种符号分配适用于 aggregationFactorDL 个连续的时隙中，但是 PDSCH 只能采用单个 MIMO 的层进行传送。下行聚合系数示意如图 5-15 所示。

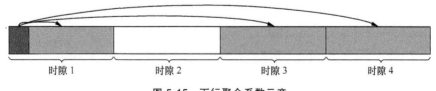

图 5-15　下行聚合系数示意

在 aggregationFactorDL 个连续时隙中，传输块在每个时隙中所分配的符号上进行重复发送，传输块的第 n^{th} 次传送所使用的冗余版本由表 5-9 确定。

表 5-9　aggregationFactorDL>1 时的冗余版本（TS38.214 表 5.1.2.1-2）

调度 PDSCH 的 DCI 所指示的 rv_{id}	第 n^{th} 传送所使用的 rv_{id}			
	n 模 4=0	n 模 4=1	n 模 4=2	n 模 4=3
0	0	2	3	1
2	2	3	1	0
3	3	1	0	2
1	1	0	2	3

2. RRC 连接未建立时采用预配置表的时域资源分配

RRC 未建立之前，需要采用公共搜索空间，此时 PDSCH 时域分配的基本准则为以下几点。

（1）CSS（公共搜索空间）类型 0 用于 MIB 或者 SIB1 接收，采用 RI-RNTI 进行相关的 PDSCH 调度，规范预先针对 RMSI CORESET 复用模式 1、2 和 3，定义了 3 个固定时域资源分配表，即缺省模式 A、B 和 C，每种复用模式对应一个表。

（2）对于用于随机接入的 CSS 类型 1、用于寻呼的 CSS 类型 2 以及任何与 CORESET#0 相关或者无关的公共搜索空间，无论采用哪种 RMSI CORESET 复用模式，都采用缺省模式 A，直到接收到 RRC 配置表才停止使用。也就是说，如果 pdsch-ConfigCommon 中没有包含 pdsch-AllocationList，则采用缺省模式 A，如果 pdsch-ConfigCommon 中包含了 pdsch-AllocationList，则采用该 pdsch-AllocationList 中的设定。

（3）此外，对于 UE 专用公共搜索空间，无论采用哪种 RMSI CORESET 复用模式，存在 pdsch-Config 包含 pdsch-AllocationList 的情况下，该 pdsch 时域配置信息将覆盖 PDSCH-ConfigCommon 中的相应配置，并用来进行下行时域资源分配。

TS 38.214 中，对不同 RNTI 所使用的 PDSCH 时域资源配置选择方案进行了规定，如表 5-10 所示。

表 5-10　不同 RNTI 所使用的 PDSCH 时域资源配置选择方案

RNTI	PDCCH 搜索空间	SS/PBCH 块和 CORESET 复用方式	pdsch-ConfigCommon 包含 pdsch-AllocationList	pdsch-Config 包含 pdsch-AllocationList	所使用的 PDSCH 时域资源配置
SI-RNTI	Type0 公共	1	—	—	常规 CP 下的缺省表 A
		2	—	—	缺省 B
		3	—	—	缺省 C

RNTI	PDCCH 搜索空间	SS/PBCH 块 和 CORESET 复用方式	pdsch-Config Common 包含 pdsch-AllocationList	pdsch-Config 包含 pdsch-AllocationList	所使用的 PDSCH 时域资源配置
SI-RNTI	Type0A 公共				
RA-RNTI, TC-RNTI	Type1 公共	1, 2, 3	否	—	缺省 A
		1, 2, 3	是	—	pdschConfigCommon 中的 pdsch-AllocationList
P-RNTI	Type2 公共				
C-RNTI, CS-RNTI	与 CORESET#0 相关联的任意公共搜索空间	1, 2, 3	否	—	缺省 A
		1, 2, 3	是	—	pdschConfigCommon 中的 pdsch-AllocationList
C-RNTI, CS-RNTI	与 CORESET#0 不相关的任意公共搜索空间	1，2，3	否	否	缺省 A
		1，2，3	是	否	pdsch-ConfigCommon 中的 pdsch-AllocationList
	UE 专用搜索空间	1，2，3	否/是	是	pdsch-Config 中的 pdsch-AllocationList

以配置表 A 为例，表中共定义了 16 种组合，每种组合还由 dmrs_TypeA-Position 进行区分。表 5-11 为常规 CP 下的配置表 A 的信息，扩展 CP 所对应的配置表请参见 TS38.214。

表 5-11 常规 CP 下缺省 PDSCH 时域资源分配 A（TS38.214 表 5.1.2.1.1-2）

编号	dmrs-TypeA-Position	PDSCH 影射类别	K_0	S	L
1	2	类别 A	0	2	12
	3	类别 A	0	3	11
2	2	类别 A	0	2	10
	3	类别 A	0	3	9
3	2	类别 A	0	2	9
	3	类别 A	0	3	8
4	2	类别 A	0	2	7
	3	类别 A	0	3	6

续表

编号	dmrs-TypeA-Position	PDSCH 影射类别	K_0	S	L
5	2	类别 A	0	2	5
	3	类别 A	0	3	4
6	2	类别 B	0	9	4
	3	类别 B	0	10	4
7	2	类别 B	0	4	4
	3	类别 B	0	6	4
8	2、3	类别 B	0	5	7
9	2、3	类别 B	0	5	2
10	2、3	类别 B	0	9	2
11	2、3	类别 B	0	12	2
12	2、3	类别 A	0	1	13
13	2、3	类别 A	0	1	6
14	2、3	类别 A	0	2	4
15	2、3	类别 B	0	4	7
16	2、3	类别 B	0	8	4

PDSCH 时域资源缺省分配 B 和 C 的详情请参见 TS38.214 中表 5.1.2.1.1-4 和表 5.1.2.1.1-5。

5.4.2.2 上行 PUSCH 时域资源分配

1. 基本原理

上行方向上，当 UE 被 DCI 调度用来发送传输块（TB）而不是 CSI 报告时，或者 UE 被 DCI 调度用于在 PUSCH 上传送 TB 和 CSI 时，DCI 中的时域资源分配域的 m 就表示采用 RRC 分配表中第 $m+1$ 行所对应的调度信息。该调度信息包括时隙偏置 K_2、起始和 $SLIV$（或者采用起始符号 S 和分配长度 L 来直接表示）以及 PUSCH 接收时所采用的影射类别等信息。

当采用 DCI 中的 CSI 请求域来调度 UE 进行 CSI 传送时，DCI 中的时域资源分配域的 m 就表示采用 RRC 所配置的时域分配表中的第 $m+1$ 行所对应的调度信息，并使用该调度信息中所包含的起始和 $SLIV$（或者起始符号 S 和分配长度 L 来直接表示）以及 PUSCH 接收时所采用的影射类别，但不直接使用 K_2 值。此时的 K_2 根据 N_{Rep} 所触发的 CSI 报告设置中的 $Y_j, j = 0, \cdots, N_{Rep} - 1$ 来确定，CSI 报告设置相关信息参数包含在 CSI-ReportConfig 中的 reportSlot Config 里面。K_2 的第 i 个码点（Codepoint）由 $K_2 = \max_j Y_j$ 来确定，其中，$Y_j(i)$ 为 Y_j 的第 i 个码点。码点与 DCI 中 CSI 请求域中的 0～6 比特及其所代表的取值有关。

PUSCH 所传输的时隙为 $\left\lfloor n \cdot \dfrac{2^{\mu_{PUSCH}}}{2^{\mu_{PDCCH}}} \right\rfloor + K_2$，其中 n 是 DCI 调度的时隙，K_2 为基于 PUSCH 的参数集的时隙偏移，μ_{PUSCH} 和 μ_{PDCCH} 分别是 PUSCH 和 PDCCH 对应的子载波间隔。

分配给 PUSCH 的起始符号 S 是相对于时隙起点而言的，而连续的符号长度 L 则以 S 为起点，它们由起始和 SLIV 来确定。

如果 $(L-1) \leqslant 7$，则 $SLIV = 14 \cdot (L-1) + S$，否则 $SLIV = 14 \cdot (14 - L + 1) + (14 - 1 - S)$。其中，$0 < L \leqslant 14 - S$，PUSCH 影射类别为 A 或 B。

UE 认为符合表 5-12 中所定义的 S 和 L 的组合才是有效的 PUSCH 分配。

表 5-12　S 和 L 的有效组合表

PUSCH 影射类别	常规循环前缀			扩展循环前缀		
	S	L	S+L	S	L	S+L
类别 A	0	{4,…,14}	{4,…,14}	0	{4,…,12}	{4,…,12}
类别 B	{0,…,13}	{1,…,14}	{1,…,14}	{0,…,12}	{1,…,12}	{1,…,12}

当 UE 配置 aggregationFactorUL>1 时，相同的符号分配方式适用于 aggregation FactorUL 个连续的时隙。在 aggregationFactorUL 个连续时隙中，UE 认为 TB 在每个时隙中所分配的符号上进行重复。如果 UE 认为时隙中用于 PUSCH 的符号为下行符号，则该时隙上不再传送 PUSCH。此时，PUSCH 限定为单个传输层。

TB 第 n^{th} 次传送所使用的冗余版本由表 5-13 确定。

表 5-13　TB 传送所使用的冗余版本列表

调度 PUSCH 的 DCI 所指示的 rv_{id}	第 n^{th} 次传送所使用的 rv_{id}			
	n 模 4=0	n 模 4=1	n 模 4=2	n 模 4=3
0	0	2	3	1
2	2	3	1	0
3	3	1	0	2
1	1	0	2	3

2. 确定 PUSCH 配置资源表

TS38.214 中的表 6.1.2.1.1-1 定义了一些特定情况下所要应用的 PUSCH 时域资源分配配置。既可以采用表 6.1.2.1.1-2 的默认 PUSCH 时域分配 A，也可以采用由 pusch- ConfigCommon 或 pusch-Config 中的 pusch-AllocationList。

如表 5-14 所示，对于 RAR 调度的 PUSCH 以及任何与 CORESET#0 相关的公共搜索空间，如果 pusch-ConfigCommon 还没有下发 pusch-AllocationList，则采用缺省 A 对应的表，反之则采用所配置的 pusch-AllocationList。另外，任何与 CORESET#0 无关的公共搜索空间，在 pusch-ConfigCommon 下发 pusch-AllocationList 之前，采用缺省 A 对应的表；pusch-ConfigCommon 下发 pusch-AllocationList 之后，采用 pusch-ConfigCommon 所设定的配置；pusch-Config 下发 pusch-AllocationList 之后，采用 pusch-Config 所设定的配置。

表 5-14　PUSCH 时域资源分配（TS38.214 表 6.1.2.1.1-1）

RNTI	PDCCH 搜索空间	pusch-Config Common 包含 pusch-AllocationList	pusch-Config 包含 pusch-AllocationList	所采用的 PUSCH 时域资源
PUSCH 由 MAC RAR 进行调度		否	—	缺省 A
		是		pusch-ConfigCommon 中所提供的 pusch-AllocationList
C-RNTI, TC-RNTI	与 CORESET 0 相关的任何公共搜索空间	否	—	缺省 A
		是		pusch-ConfigCommon 中所提供的 pusch-AllocationList
C-RNTI, CS-RNTI	与 CORESET 0 无关的任何公共搜索空间	否	否	缺省 A
		是	否	pusch-ConfigCommon 中所提供的 pusch-AllocationList
	UE 专用搜索空间	否/是	是	pusch-Config 中所提供的 pusch-AllocationList

正常 CP 所对应的缺省 A 的配置如表 5-15 所示，其中，K_2 与 j 相关，j 由子载波间隔决定。j 用于配合 TS38.214 中表 6.1.2.1.1-2 来确定正常 CP 下的 K_2，也可用于配合 TS38.214 中表 6.1.2.1.1-3 来确定扩展 CP 下的 K_2。

表 5-15　正常 CP 所对应的缺省 A 的配置（TS38.214 表 6.1.2.1.1-2）

列索引	PUSCH 影射类别	K_2	S	L
1	类别 A	j	0	14
2	类别 A	j	0	12

续表

列索引	PUSCH 影射类别	K_2	S	L
3	类别 A	j	0	10
4	类别 B	j	2	10
5	类别 B	j	4	10
6	类别 B	j	4	8
7	类别 B	j	4	6
8	类别 A	$j+1$	0	14
9	类别 A	$j+1$	0	12
10	类别 A	$j+1$	0	10
11	类别 A	$j+2$	0	14
12	类别 A	$j+2$	0	12
13	类别 A	$j+2$	0	10
14	类别 B	j	8	6
15	类别 A	$j+3$	0	14
16	类别 A	$j+3$	0	10

j 由 TS38.214 中的表 6.1.2.1.1-4 来定义，如表 5-16 所示，其中，μ_{PUSCH} 是 PUSCH 的子载波间隔配置。

表 5-16 j 值的定义（TS38.214 表 6.1.2.1.1-4）

μ_{PUSCH}	j
0	1
1	1
2	2
3	3

当 UE 首次发送由 RAR 调度的 MSG3 时，PUSCH 在 $n+K_2+\Delta$ 个时隙之后进行传送。Δ 值与 MSG3 子载波间隔 μ_{PUSCH} 相关。Δ 值的定义见表 5-17。

表 5-17 Δ 值的定义（TS38.214 表 6.1.2.1.1-5）

μ_{PUSCH}	Δ
0	2
1	3
2	4
3	6

5.4.3 频域资源分配

LTE 中，PDSCH 支持 3 种下行资源分配（RA）方式，即资源分配类型 0、资源分配类型 1 和资源分配类型 2。资源分配类型 0 以 RBG 为单位进行分配，资源分配类型 1 以 RBG 的集合为单位进行分配，资源分配类型 2 采用虚拟资源块（VBR）来进行分配。

（1）对于下行资源分配类型 0，PRB 资源以 RBG 为单位进行分配，每个 RBG 采用 1 个比特位来表示。RBG 是 P 个连续的 PRB，P 的取值与带宽大小有关，取值范围为 1 ~ 4。例如，20MHz 带宽共包含 100 个 PRB，其对应的 RBG 大小为 4，所以可分成 25 个 RBG，对应采用 25 比特来进行表示。

（2）对于下行资源分配类型 1，所有的 RBG 被分成多个子集，分配给某个 UE 的 VRB 资源必须来自于同一个子集。

（3）对于下行资源分配类型 2，分配给 UE 的资源是一段连续的 VRB，此 VRB 可以为集中式也可以为分布式。

LTE 中，上行物理信道 PUSCH 支持 2 种资源分配类型，即资源分配类型 0 和资源分配类型 1。

5G 系统中的资源分配在 LTE 的基础上进行了定义，详见下述 3GPP 规范讨论过程。

2017/5 举行的 RAN1#89 会议上决定，对于采用 CP-OFDM 波形的 PDSCH 和 PUSCH，频域资源分配的起始点至少是 LTE 的资源分配类别 0；对于采用 DFT-s-OFDM 波形的 PUSCH，R15 中仅支持连续资源分配。关于 RBG 大小，初步确定为 2、4、8 和 16。

2017/6 举行的 RAN1#NR2 会议上决定，对于 PDSCH，R15 中的频域资源分配还支持基于 LTE DL 资源分配类别 2 的方式；对于采用 DFT-s-OFDM 波形的 PUSCH，进一步明确为采用基于 LTE UL 资源分配类别 0 的连续资源分配方式。对于 PDSCH/PUSCH，RBG 的大小和数目可以随着资源分配时所使用的 BWP 的变化而变化。

2017/10 举办的 RAN1#90bis 会议上决定，时隙（Slot-Based）和非时隙（Non-Slot-Based）条件下都采用相同的 RBG；上行和下行也都采用相同的 RBG 表，但上/下行 RBG 需要独立配置。RBG 大小分为配置 1 和配置 2，由 RRC 对这两种配置进行选择。RRC 建立之前采用缺省配置（配置 1），RRC 建立之后采用配置 2。

RAN1#90bis 还对 BWP 的范围及其对应的 RBG 大小进行了讨论。对于 BWP

和 RBG 的取值及对应关系，不同厂家的观点差异较大，RAN1#91 会议上的多种建议在 R1-1721488 中进行了汇总，RAN1#92 会议上的多种建议在 R1-1803233 中进行了汇总，R1-1803233 提案还提供了 BWP 和 RBG 的取值范围及对应关系，该建议也在 RAN1#92 会议上获得通过，成为目前 TS38.214 中 RBG 大小的相关结论。

5.4.3.1　下行 PDSCH 频域资源分配

下行支持类型 0 和类型 1 两种链路资源分配方案。采用 DCI 格式 1_0 和 1_1 中的频域资源设定域来指示下行链路资源分配的类别。

1. 下行链路资源分配类型 0 工作原理

下行链路资源分配类型 0 中，RB 分配信息采用分配给 UE 的资源块组（RBG）所对应的位图来进行表示。其中，RBG 由 PDSCH-Config 配置的高层参数 rbg-Size 定义，它是一组连续的虚拟资源块（VRB）。RBG 与 BWP 的大小如表 5-18 所示。

表 5-18　RBG 与 BWP 的大小

BWP 大小	配置 1	配置 2
1～36	2	4
37～72	4	8
73～144	8	16
145～275	16	16

PRB 大小为 $N_{BWP,i}^{size}$ 时，下行 BWP，i 中所包含的 RBG 的总数 N_{RBG} 计算如下，其中 $N_{BWP,i}^{start}$ 表示 BWP 中起始 PRB 的位置，它是相对于 CRB 而言的。

如图 5-16 所示，在公式中，先算出 $N_{BWP,i}^{start}$ 与 P 的余数，再加上 BWP 中 PRB 的数目，最后再除以 P，并向上取整，得到该 BWP 范围内的 RBG 的数目。

$$N_{RBG} = \left\lceil \left[N_{BWP,i}^{size} + (N_{BWP,i}^{start} \bmod P) \right] / P \right\rceil$$

其中：

（1）第一个 RBG 的大小为：$RBG_0^{size} = P - N_{BWP,i}^{start} \bmod P$

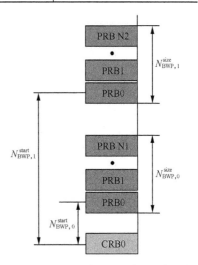

图 5-16　BWP 范围内的 RBG 数目计算示意

（2）最后一个 RBG 的大小为：

如果 $(N_{\text{BWP},i}^{\text{start}} + N_{\text{BWP},i}^{\text{size}}) \bmod P > 0$，则为 $RBG_{\text{last}}^{\text{size}} = (N_{\text{BWP},i}^{\text{start}} + N_{\text{BWP},i}^{\text{size}}) \bmod P$，否则为 P。

也就是说，如果 BWP 的起始点（$N_{\text{BWP},i}^{\text{start}}$）与 BWP 大小（$N_{\text{BWP},i}^{\text{size}}$）之和是 P 的整数倍，则最后一个 RBG 的大小为 P；如果之和不是 P 的整数倍，则最后一个 RBG 的大小为 BWP 的起始点（$N_{\text{BWP},i}^{\text{start}}$）和 BWP 大小（$N_{\text{BWP},i}^{\text{size}}$）之和除以 P 的余数。

（3）其他所有 RBG 的大小都是 P

在 RBG 总数 N_{RBG} 的位图中，每个 RBG 占用 1 比特。RBG 应按频率增加的顺序编号，并从 BWP 的最低频率处开始。RBG 位图的顺序中，RBG 编号 0 映射到 MSB，RBG 编号 $N_{\text{RBG}} - 1$ 映射到 LSB。如果位图中的对应比特值是 1，则表示该 RBG 被分配给 UE，否则该 RBG 没有被分配给 UE。

根据上述描述，RBG 编号和频率及比特位之间的关系见表 5-19。

表 5-19　RBG 编号和频率及比特位之间的关系

RBG 编号	RBG 0	RBG 1	RBG 2	RBG 3	RBG 4	⋯	RBG（N-2）	RBG（N-1）
比特顺序	MSB	比特位从高位到低位变化						LSB
频率高低	频率较低	频率从低到高变化						频率较高
RBG 大小		P	P	P	P	P	P	BWP 的起点和长度之和与 P 的余数，或者 P

2. 下行链路资源分配类型 1 工作原理

下行链路资源分配类型 1 为 UE 分配激活 BWP 内的一组连续的虚拟资源块（VRB），VRB 可以采用交织或者非交织的方式。其中，激活 BWP 的大小为 $N_{\text{BWP}}^{\text{size}}$ 个 PRB，但对于在 CORESET 0 的任何公共搜索空间中解码的 DCI 格式 1_0，则需使用大小为 $N_{\text{BWP},0}^{\text{size}}$ 的初始 BWP。

（1）资源指示值（RIV）的通用计算公式

类型 1 的下行链路资源分配字段中，包括资源指示值（RIV）及其对应的起始 VRB（RB_{start}）和连续分配的资源块 L_{RBs}。RIV 定义为：

如果 $(L_{\text{RBs}} - 1) \leqslant \lfloor N_{\text{BWP}}^{\text{size}} / 2 \rfloor$，则 $RIV = N_{\text{BWP}}^{\text{size}}(L_{\text{RBs}} - 1) + RB_{\text{start}}$；

否则：$RIV = N_{\text{BWP}}^{\text{size}}(N_{\text{BWP}}^{\text{size}} - L_{\text{RBs}} + 1) + (N_{\text{BWP}}^{\text{size}} - 1 - RB_{\text{start}})$。

其中，$L_{\text{RBs}} \geqslant 1$，且不超过 $N_{\text{BWP}}^{\text{size}} - RB_{\text{start}}$。

上述计算公式实际上保证了 RB_{start} 以及 L_{RBs} 组合下的 RIV 的唯一性，从而使得 UE 接收到 RIV 值之后，能够直接计算出所对应的 RB_{start} 和 L_{RBs}。

假设 $N_{BWP}^{size}=10$，举例分析说明如表 5-20 所示。

表 5-20　RIV 计算举例

L_{RBs}	$L_{RBs}-1$	$N_{BWP}^{size}/2$	$L_{RBs}-1\leqslant$ $\lfloor N_{BWP}^{size}/2\rfloor$	RB_{start}	RBstart									
					0	1	2	3	4	5	6	7	8	9
				RB_{start} 对应的 L 的最大值	10	9	8	7	6	5	4	3	2	1
1	0	5	是		0	1	2	3	4	5	6	7	8	9
2	1	5	是		10	11	12	13	14	15	16	17	18	19
3	2	5	是		20	21	22	23	24	25	26	27	28	29
4	3	5	是		30	31	32	33	34	35	36	37	38	39
5	4	5	是	RIV	40	41	42	43	44	45	46	47	48	49
6	5	5	是		50	51	52	53	54	55	56	57	58	59
7	6	5	否		49	48	47	46	45	44	43	42	41	40
8	7	5	否		39	38	37	36	35	34	33	32	31	30
9	8	5	否		29	28	27	26	25	24	23	22	21	20
10	9	5	否		19	18	17	16	15	14	13	12	11	10

$N_{BWP}^{size}=10$，则 RB_{start} 为 0 时，L_{RBs} 取值为 1～10。$(L_{RBs}-1)\leqslant 5$ 时，$RIV=10\times(L_{RBs}-1)+0=10\times(L_{RBs}-1)$。$(L_{RBs}-1)>5$ 时，$RIV=10\times(N_{BWP}^{size}-L_{RBs}+1)+(10-1-0)=10\times(N_{BWP}^{size}-L_{RBs}+1)+9$。采用同样的方法，计算可以得到不同 RB_{start} 以及 L_{RBs} 下的 RIV 的对应值。

需要说明的是，不同 RB_{start} 下 L_{RBs} 的最大值是不同的。比如，RB_{start} 为 1 时，L_{RBs} 取值为 1～9，也就是说 RB_{start} 为 1 时 $L=10$ 的计算结果为无效值。同理，RB_{start} 为 9 时，L_{RBs} 取值为 1，其对应的 RIV 取值只有 1 个，L_{RBs} 为 2～10 的计算结果无效。

采用另一种方式来表达，如图 5-17 所示。可以看到，L_{RBs} 等于 7 或大于 7 时，$L_{RBs}-1$ 大于 6，超过 $N_{BWP}^{size}/2=5$，故此时的计算方法与 $L_{RBs}=7$ 之前不同，图 5-17 上相当于右下角一部分值反转上来。

由此可见，RB_{start} 以及 L_{RBs} 的组合唯一确定了一个 RIV。从而 UE 接收到 RIV 之后，可以明确地计算得出 RB_{start} 和 L_{RBs} 的取值。

（2）资源指示值（RIV）的特殊考虑

DCI 比特域的大小通常由当前 BWP 来决定，但是在 BWP 转换过程中有可能需要进行 DCI 格式的转换。例如，CORESET0 的 CSS 上采用 $N_{BWP}^{initial}$ 来决定 DCI 的大小和 RB 数等，而 USS 上需要采用 N_{BWP}^{active} 来计算 DCI 的大小和 RB 数。

因此，BWP 转换过程中可根据 $N_{\mathrm{BWP}}^{\mathrm{initial}}$ 和 $N_{\mathrm{BWP}}^{\mathrm{active}}$ 之间的关系来对原有的 RB 数进行加权后作用到目标 BWP 上，以保证它们之间的一致性和合理性。

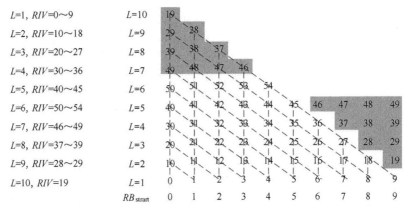

图 5-17　RIV 计算示意

对于下行频域调度类型 1，TS38.214 中规定，如果 USS 中的 DCI 格式 1_0 的长度是根据初始 BWP（大小为 $N_{\mathrm{BWP}}^{\mathrm{initial}}$）得到的，但是却需要作用于激活 BWP（大小为 $N_{\mathrm{BWP}}^{\mathrm{active}}$），那么，下行类别 1 的 RB 分配域中，资源指示值（RIV）及其所对应的 RB_{start} 和 L_{RBs} 需要考虑权值 K，即采用 $L'_{\mathrm{RBs}} = L_{\mathrm{RBs}}/K$ 和 $RB'_{\mathrm{start}} = RB_{\mathrm{start}}/K$ 来计算 RIV，而 RIV 的计算公式基本不变。

如果 $N_{\mathrm{BWP}}^{\mathrm{active}} > N_{\mathrm{BWP}}^{\mathrm{initial}}$，则 K 是满足 $K \leqslant \lfloor N_{\mathrm{BWP}}^{\mathrm{active}}/N_{\mathrm{BWP}}^{\mathrm{initial}} \rfloor$ 的 $\{1, 2, 4, 8\}$ 中的最大值，否则 $K = 1$。也就是说，K 的取值范围为 $\{1, 2, 4, 8\}$，且 RB_{start} 和 L_{RBs} 采用 K 进行加权，变成 RB'_{start} 和 L'_{RBs} 后才用来计算 RIV。

$RB_{\mathrm{start}} = 0, K, 2 \cdot K, \cdots, (N_{\mathrm{BWP}}^{\mathrm{initial}}-1) \cdot K$，$RB'_{\mathrm{start}} = RB_{\mathrm{start}}/K$；

$L_{\mathrm{RBs}} = K, 2 \cdot K, \cdots, N_{\mathrm{BWP}}^{\mathrm{initial}} \cdot K$，$L'_{\mathrm{RBs}} = L_{\mathrm{RBs}}/K$ 且 L'_{RBs} 不超过 $N_{\mathrm{BWP}}^{\mathrm{initial}} - RB'_{\mathrm{start}}$。

RIV 计算方法为：

① 如果 $(L'_{\mathrm{RBs}}-1) \leqslant \lfloor N_{\mathrm{BWP}}^{\mathrm{initial}}/2 \rfloor$，则 $RIV = N_{\mathrm{BWP}}^{\mathrm{initial}}(L'_{\mathrm{RBs}}-1) + RB'_{\mathrm{start}}$；

② 否则，$RIV = N_{\mathrm{BWP}}^{\mathrm{initial}}(N_{\mathrm{BWP}}^{\mathrm{initial}} - L'_{\mathrm{RBs}}+1) + (N_{\mathrm{BWP}}^{\mathrm{initial}} - 1 - RB'_{\mathrm{start}})$。

（3）DCI 中的频域调度信息

DCI 格式 1_0 和 1_1 中的频域调度信息域中，相关的下行链路资源分配类别的信息描述如下。

在 DCI 格式 1_0 中，频域资源调度信息占用 $\lceil \log_2[(N_{\mathrm{RB}}^{\mathrm{DL,BWP}}(N_{\mathrm{RB}}^{\mathrm{DL,BWP}}+1)/2] \rceil$ 个比特。

其中，如果 DCI 格式 1_0 在 UE 专用搜索空间监视，且满足小区内每个时隙上监视的不同 DCI 大小的总数不超过 4，且小区内每个时隙上监视的采用 C-RNTI 的不同大小的 DCI 的总数不超过 3，则 $N_{RB}^{DL,BWP}$ 为下行激活 BWP，否则 $N_{RB}^{DL,BWP}$ 为下行初始 BWP。

DCI 格式 1_1 中，频域资源分配所占用的比特数由下式决定，其中，$N_{RB}^{DL,BWP}$ 是激活的下行 BWP 的大小。

① 如果仅配置资源分配类别 0，则包含 N_{RBG} 比特，占用 LSB 位。

② 如果仅配置资源分配类别 1，则包含 $\lceil \log_2[(N_{RB}^{DL,BWP}(N_{RB}^{DL,BWP}+1)/2] \rceil$ 比特，占用 LSB 位。

③ 如果同时配置资源分配类别 0 和 1，则包含的比特数为：

$$\max\left(\lceil \log_2[N_{RB}^{DL,BWP}(N_{RB}^{DL,BWP}+1)/2]\rceil, N_{RBG}\right)+1$$

④ 如果 DCI 格式 1_1 同时配置下行资源分配类型 0 或 1，则 MSB（最高位）用于指示资源分配类型，该比特位取值为 0 表示资源分配类别 0；比特位取值为 1 表示资源分配类别 1。

⑤ 如果 BWP 域中指示的 BWP 不同于激活的 BWP，且所指示的 BWP 同时配置了资源配置类别 0 和 1，那么需要考虑每个 BWP 的频域资源设定信息中的比特宽度，如果激活 BWP 对应的比特宽度小，比所指示的 BWP 所对应的比特宽度小，则 UE 认为所指示的 BWP 采用资源分配方式 0。

当接收到具有 DCI 格式 1_0 的调度许可时，UE 认为使用下行链路资源分配类型 1。

如果 pdsch-Config 中的 resourceAllocation 设定为"dynamicswitch"，则 UE 使用 DCI 域所指定的下行资源分配类别 0 或 1。否则，UE 就使用高层参数 resourceAllocation 所定义的下行链路频率资源分配类型。

```
PDSCH-Config ::= SEQUENCE {
resourceAHocation        ENUMERATED { resourceAllocationType0, resourceAllocationType1,
dynamicSwitch}
```

对于在任何类型的 PDCCH 公共搜索空间中以 DCI 格式 1_0 调度的 PDSCH，无论哪个 BWP 是激活的 BWP，RB 编号都从接收到 DCI 的 CORESET 中的最低 RB 处开始进行。对于其他方式调度的 PDSCH，如果调度 DCI 中未配置 BWP 字段，则下行资源分配类型 0 和类型 1 的 RB 索引在 UE 的激活 BWP 内确定。如果调度 DCI 中配置了 BWP 字段，则下行资源分配类型 0 和类型 1 的 RB 索引由 DCI 所指示的 BWP 确定。

UE 在检测到预期用于 UE 的 PDCCH 时，将首先确定下行 BWP，然后确定 BWP 内的资源分配。

如果 DCI 域中包含 BWP 信息，则所分配的 RB 用于该 BWP，否则将被用

于激活的 BWP。

5.4.3.2　上行 PUSCH 频域资源分配

上行支持类型 0 和类型 1 两种链路资源分配方案。UE 根据所检测到的 PDCCH DCI 中的资源分配域来确定 PRB 分配情况。禁用转换预编码时，只能使用上行资源分配类型 1，而启用转换预编码，可以使用上行资源分配类型 0 和 1。上行资源分配类型作用方式见表 5-21。

表 5-21　上行资源分配类型作用方式

	转换预编码	
	启用	不启用
上行资源分配类型 0	支持	
上行资源分配类型 1	支持	支持

如果 pusch-Config 中的 resourceAllocation 设定为 "dynamicswitch"，则 UE 使用 DCI 域所指定的上行资源分配类别 0 或 1。否则，UE 就使用高层参数 resourceAllocation 所定义的上行链路频率资源分配类型。

当接收到具有 DCI 格式 0_0 的调度许可时，UE 认为使用下行链路资源分配类型 1。

如果调度 DCI 中未配置 BWP 字段，则上行资源分配类型 0 和类型 1 的 RB 索引在 UE 的激活 BWP 内确定。如果调度 DCI 中配置了 BWP 字段，则上行资源分配类型 0 和类型 1 的 RB 索引由 DCI 所指示的 BWP 确定。

但是，对于在 CORESET0 中的任何 PDCCH 公共搜索空间内解码的 DCI 格式 0_0，则应采用初始 BWP。

UE 在检测到预期用于 UE 的 PDCCH 时，将首先确定上行 BWP，然后确定 BWP 内的资源分配。

1. 上行链路资源分配类型 0 工作原理

上行链路资源分配类型 0 中，RB 分配信息包括分配给 UE 的资源块组（RBG）所对应的位图，其中，RBG 是由 pusch-Config 配置的高层参数 rbg-Size 所定义的一组连续的虚拟资源块（VRB）。

上行 BWP 中所包含的 RBG 数目及其计算方法、RBG 编号及排列顺序等内容都与下行相类似，详见下行频域资源分配类型 1 相关描述。

2. 上行链路资源分配类型 1 工作原理

上行链路资源分配类型 1 为 UE 分配激活 BWP 内的一组连续的虚拟资源块（VRB），VRB 只能采用非交织方式。其中，激活 BWP 的大小为 $N_{\mathrm{BWP}}^{\mathrm{size}}$ 个 PRB，但对于在 CORESET 0 的 Type0-PDCCH 公共搜索空间中解码的 DCI 格式 0_0，则需使用大小为 $N_{\mathrm{BWP,0}}^{\mathrm{size}}$ 的初始 BWP。

（1）资源指示值（RIV）的通用计算公式

类型 1 的下行链路资源分配字段中，包括资源指示值（RIV）及其对应的起始 VRB（RB_{start}）和连续分配的资源块 L_{RBs}。RIV 定义及计算方法与下行相同。

（2）资源指示值（RIV）的特殊考虑

DCI 比特域的大小通常由当前 BWP 来决定，但是在 BWP 转换过程中有可能需要进行 DCI 格式的转换。比如，CORESET0 的 CSS 上采用 $N_{\mathrm{BWP}}^{\mathrm{initial}}$ 来决定 DCI 的大小和 RB 数等，而 USS 上需要采用来计算 DCI 的大小和 RB 数。因此，BWP 转换过程中可根据 $N_{\mathrm{BWP}}^{\mathrm{initial}}$ 和之间的关系来对原有的 RB 数进行加权后作用到目标 BWP 上，以保证它们之间的一致性和合理性。

对于上行频域调度类型 1，TS38.214 中规定，如果 USS 中的 DCI 格式 0_0 的长度是根据初始 BWP（大小为 $N_{\mathrm{BWP}}^{\mathrm{initial}}$）得到的，但是却需要作用于激活 BWP（大小为 $N_{\mathrm{BWP}}^{\mathrm{active}}$），那么，上行类别 1 的 RB 分配域中，资源指示值（RIV）及其所对应的 RB_{start} 和 L_{RBs} 需要考虑权值 K，即采用 $L'_{\mathrm{RBs}} = L_{\mathrm{RBs}} / K$ 和 $RB'_{\mathrm{start}} = RB_{\mathrm{start}} / K$ 来计算 RIV，而 RIV 的计算公式基本不变。

计算方法举例请参见下行频域资源分配类型 1。

（3）DCI 中的频域调度信息

DCI 格式 0_0 和 0_1 中的频域资源设定域中，相关的上行链路资源分配类别的信息描述如下。

① DCI 格式 0_0 中的频域资源调度信息

DCI 格式 0_0 中，频域资源调度信息占用 $\left\lceil \log_2 [N_{\mathrm{RB}}^{\mathrm{UL,BWP}} (N_{\mathrm{RB}}^{\mathrm{UL,BWP}} +1)/2] \right\rceil$ 个比特。

其中，如果 DCI 格式 0_0 在 UE 专用搜索空间监视，且满足小区内每个时隙上监视的不同 DCI 大小的总数不超过 4，且小区内每个时隙上监视的采用 C-RNTI 的不同大小的 DCI 的总数不超过 3，则 $N_{\mathrm{RB}}^{\mathrm{UL,BWP}}$ 为上行激活 BWP，否则 $N_{\mathrm{RB}}^{\mathrm{UL,BWP}}$ 为上行初始 BWP。

采用 PUSCH 跳频时，频域资源分配域中，$\left\lceil \log_2 [N_{\mathrm{RB}}^{\mathrm{UL,BWP}} (N_{\mathrm{RB}}^{\mathrm{UL,BWP}} +1)/2] \right\rceil - N_{\mathrm{UL\_hop}}$ 比特用于提供频域资源分配信息，其中，$N_{\mathrm{UL\_hop}}$ 个 MSB 比特用于指示频率偏移。如果高层参数 frequencyHoppingOffsetLists 包含 2 个偏移值，则 $N_{\mathrm{UL\_hop}} = 1$；如果高层参数 frequencyHoppingOffsetLists 包含 4 个偏移值，则 $N_{\mathrm{UL\_hop}} = 2$。不采用 PUSCH 跳频时，频域资源分配域中，$\left\lceil \log_2 [N_{\mathrm{RB}}^{\mathrm{UL,BWP}} (N_{\mathrm{RB}}^{\mathrm{UL,BWP}} +1)/2] \right\rceil$ 比特提供频域资源分配信息。

② DCI 格式 0_1 中的频域资源调度信息

DCI 格式 0_1 中，频域资源分配所占用的比特数由下式决定，其中，$N_{RB}^{UL,BWP}$ 是激活的上行 BWP 的大小。

如果仅配置资源分配类别 0，则包含 N_{RBG} 比特，占用 LSB。

如果仅配置资源分配类别 1，则包含 $\lceil \log_2 [N_{RB}^{UL,BWP}(N_{RB}^{UL,BWP}+1)/2] \rceil$ 比特，占用 LSB。

如果同时配置资源分配类别 0 和 1，则包含的比特数为：

$$\max \left(\lceil \log_2 [N_{RB}^{UL,BWP}(N_{RB}^{UL,BWP}+1)/2] \rceil, N_{RBG} \right)+1$$

如果 DCI 格式 1_1 同时配置上行资源分配类型 0 或 1，则 MSB（最高位）用于指示资源分配类型，该比特位取值为 0 表示资源分配类别 0；比特位取值为 1 表示资源分配类别 1。

如果 BWP 域中指示的 BWP 不同于激活的 BWP，且所指示的 BWP 同时配置了资源配置类别 0 和 1，那么需要考虑每个 BWP 的频域资源设定信息中的比特宽度，如果激活 BWP 对应的比特宽度小，比指示的 BWP 所对应的比特宽度小，则 UE 认为所指示的 BWP 采用资源分配方式 0。

配置资源分配类别 1 下，采用 PUSCH 跳频时，$\lceil \log_2 [N_{RB}^{UL,BWP}(N_{RB}^{UL,BWP}+1)/2] \rceil$ 个 LSB 比特中，N_{UL_hop} 个 MSB 比特用于指示频率偏移，如果高层参数 frequencyHoppingOffsetLists 包含 2 个偏移值，则 $N_{UL\_hop}=1$；如果高层参数 frequencyHoppingOffsetLists 包含 4 个偏移值，则 $N_{UL\_hop}=2$。剩余 $\lceil \log_2 [N_{RB}^{UL,BWP}(N_{RB}^{UL,BWP}+1)/2] \rceil - N_{UL\_hop}$ 比特用于提供频域资源分配信息。

在配置资源分配类别 1 下，不采用 PUSCH 跳频时，$\lceil \log_2 [N_{RB}^{UL,BWP}(N_{RB}^{UL,BWP}+1)/2] \rceil$ 比特用于提供频域资源分配信息。

| 5.5 链路自适应 |

5.5.1 链路自适应工作过程

链路自适应是指系统根据无线环境和链路状态等信息对调制方式、TBS 及码率进行动态选择的过程。5G 系统中，上/下行方向上的链路自适应都是由基站来进行控制的。

　　下行方向上，网络可以根据终端上报的信道状态信息（CSI）中的 CQI 来选择调制方式和码率，并对 UE 所使用的调制方式及其与目标码率的组合进行动态指示，以便确定传输块大小。目标码率共有 28 种（如果支持 256QAM 则 29种），目标码率范围从 0.1 到 0.95。5G 系统支持灵活的 CSI 机制，如 CSI 的类别、上报数量、上报频度、上报粒度以及时域行为都可以配置。支持网络控制的周期性和非周期性（触发的）报告模式，其中，非周期报告可以由网络来请求采用哪个 CSI-RS 资源来进行 CSI 上报。详细内容请参见 TS38.214 5.2 节。

　　上行方向上，基站可以测量话务信道或者探测参考信号，并使用它们作为链路自适应的输入。详细内容请参见 TS38.214 6.2.1 节。

　　MAC 层中，支持传输兼采用软合并的混合 ARQ。不同传送可以使用不同的冗余版本。重传时调制模式和编码方式可以改变。为了降低时延和反馈，可以使用一组并行的停/等协议。为了对残留错误（Residual Error）进行校正，RLC 层采用强壮的选择——重复 ARQ 协议来对 MAC ARQ 进行补充。详见 TS38.321 和 TS38.322。

5.5.2　CQI 测量和上报

5.5.2.1　CQI 的定义

　　下行链路自适应基于 UE 上报的 CQI 来进行。UE 对无线信道质量如 SINR 进行测量，并上报与信道相关的 CQI 信息，用以为分组调度和链路适配等无线资源管理算法提供信道质量信息，链路适配算法则基于 CQI 来选择最有效的调制和编码机制（MCS）。

　　CQI 是在预定义的观察周期下满足特定 BLER 需求时所推荐的频谱效率。UE 上报 CQI 的目的是，让系统侧根据无线状况选择合适的下行传输参数。特定 BLER 目标值要求下，UE 测量每个 PRB 上接收功率以及干扰来获取 SINR，并根据频谱效率需求，将 SINR 映射到相应的 CQI，随后将 CQI 上报给 gNB。

　　gNB 根据 UE 上报的 CQI 来选择当前信道状况下最合适的 MCS，以满足特定比特错误率和分组误帧率下的频谱效率，确保数据速率最大化。例如，如果无线条件较好，则在物理层上使用较高的 MCS 和码率，以增加系统吞吐量；反之，如果无线环境较差，则需要使用较低的 MCS 和码率，以增加传送可靠性。

　　系统根据 CQI 与 MCS 的对应关系以及相关的传输块大小（TBS），为 PDSCH 选择合适的调制方式和传输块大小的组合，进行上/下行传送工作。这种调制方式和传输块大小的组合应当使得有效信道码率与 CQI 索引所指示的码率最为接近。如果有多个组合都产生相同的有效码率，且都与 CQI 索引指示值相接近，

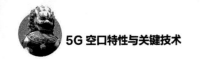

则只选择传输块最小的那种组合。

CQI 反馈可以是周期性的，也可以是非周期性的，具体采用哪种方式由 gNB 进行控制。非周期性 CQI 反馈只在需要的时候才进行发送，它比周期性反馈中所包含的频域信道状态信息更为精确，从而便于调度器获取频率分集。

5.5.2.2　CQI 表的设计

CQI 参考资源为一组下行物理资源块，用于进行下行信道质量测量。

LTE 中，CQI 表有 2 个，每个表中有 16 个取值，可以采用 4 比特来表示。最高调制阶数为 64QAM 所对应的表用于宏覆盖，而最高调制阶数为 256QAM 所对应的表则用于低功率的微小区。256QAM 可以提供较好的接收性能和较高的频谱效率，因此适于微小区，反过来讲，宏覆盖难以保证 256QAM 所需的接收性能如 EVM 指标。另外，如果在宏覆盖表中引入 256QAM，采用 4 比特则 CQI 的量化精度有所降低，从而导致性能损失。因此，不同的场景需要设置不同的 CQI 表。

LTE 中，256QAM 表的制作方法是从 64QAM 的表中除去一个较低调制方式如 QPSK 相关的值，并增加几个 256QAM 相关的值。由于适用场景不同，所以 256QAM 表中较低调制方式的CQI的量化精度可以与64QAM对应表有所不同。降低256QAM 表中低调制方式下的 CQI 量化精度有助于采用 4 比特来表示 256QAM 的最终开销。2 个表中的公共部分还有助于降低规范的工作量和 UE 实现的复杂度。

5G 系统中 CQI 表采用了与 LTE 的设计原则，即不同场景下设计多张 CQI 表。CSI-ReportConfig 中的高层参数 cqi-Table 用以表示采用哪个 CQI 表来计算 CQI，其取值为 table1、table2 和 table3。

相对于占用一组下行 PRB 的 CSI 参考资源来说，如果所接收到的单个 PDSCH 传输块的误块率满足以下的 BLER 要求，则基于无限制的观察时间间隔，针对在上行链路时隙 n 中报告的每个 CQI，UE 会导出满足以下条件的最大的 CQI 索引值。

（1）cqi-Table 配置为"table1"和"table2"时，误块率不应该超过 0.1。

① cqi-Table 配置为"table1"时，采用表 5-22 所示 4 比特 CQI 信息（TS38.214 表 5.2.2.1-2），该表适用于 eMBB 业务，支持 QPSK、16QAM 和 64QAM 调制方式，不支持 256QAM。

表 5-22　4 比特 CQI 表（TS38.214 表 5.2.2.1-2）

CQI 编号	调制方式	码率×1024	效率
0	超出范围		
1	QPSK	78	0.1523

续表

CQI 编号	调制方式	码率×1024	效率
2	QPSK	120	0.2344
3	QPSK	193	0.3770
4	QPSK	308	0.6016
5	QPSK	449	0.8770
6	QPSK	602	1.1758
7	16QAM	378	1.4766
8	16QAM	490	1.9141
9	16QAM	616	2.4063
10	64QAM	466	2.7305
11	64QAM	567	3.3223
12	64QAM	666	3.9023
13	64QAM	772	4.5234
14	64QAM	873	5.1152
15	64QAM	948	5.5547

② cqi-Table 配置为"table2"时，采用表 5-23 所示 4 比特 CQI 信息（TS38.214 表 5.2.2.1-3），该表适用于 eMBB 业务，支持 QPSK、16QAM 和 64QAM 调制方式，同时支持 256QAM。

表 5-23 用于 eMBB 业务，除了 QPSK、16QAM 和 64QAM 之外，还增加了 256QAM。此表复用了 LTE 中 256QAM 对应的表。

（2）cqi-Table 配置为"table3"时，误块率不应该超过 0.00001。这种情况下，采用表 5-24 所示 4 比特 CQI 信息（TS38.214 表 5.2.2.1-4），该表适用于 URLLC 业务，支持 QPSK、16QAM 和 64QAM 调制方式，不支持 256QAM。

表 5-23　4 比特 CQI 表 2（TS38.214 表 5.2.2.1-3）

CQI 编号	调制方式	码率×1024	效率
0	超出范围		
1	QPSK	78	0.1523
2	QPSK	193	0.3770
3	QPSK	449	0.8770
4	16QAM	378	1.4766
5	16QAM	490	1.9141
6	16QAM	616	2.4063

续表

CQI 编号	调制方式	码率×1024	效率
7	64QAM	466	2.7305
8	64QAM	567	3.3223
9	64QAM	666	3.9023
10	64QAM	772	4.5234
11	64QAM	873	5.1152
12	256QAM	711	5.5547
13	256QAM	797	6.2266
14	256QAM	885	6.9141
15	256QAM	948	7.4063

根据 R1-1719771，在 RAN1#90 会议上，一些公司提供了仿真结果。可以看到，LDPC 和 Turbo 的性能差异不是很明显，相对于原始表来说，码率抖动为 25/1024≈0.02。考虑到实际网络中干扰测量不准确、SNR 与 BLER 间的关系曲线物理提取方法不满意、传输块大小导致的 BLER 的差异等，这些因素对抖动的影响几乎可以忽略。实际上，为了补偿 CQI 的不可靠性，gNB 还使用基于 ACK/NACK 反馈的 Euler 外环算法，根据初始 BLER（IBLER）来调整步伐，以选择所需的 MCS。因此，再重新设计一个略为不同的 256QAM 的表不会带来性能增益，只会增加工作量。

表 5-24 为 5G 新增，用于 URLLC 业务，它只包含 QPSK、16QAM 和 64QAM。

表 5-24　4 比特 CQI 表 3（TS38.214 表 5.2.2.1-4）

CQI 编号	调制方式	码率×1024	效率
0	超出范围		
1	QPSK	30	0.0586
2	QPSK	50	0.0977
3	QPSK	78	0.1523
4	QPSK	120	0.2344
5	QPSK	193	0.3770
6	QPSK	308	0.6016
7	QPSK	449	0.8770
8	QPSK	602	1.1758
9	16QAM	378	1.4766
10	16QAM	490	1.9141

CQI 编号	调制方式	码率×1024	效率
11	16QAM	616	2.4063
12	64QAM	466	2.7305
13	64QAM	567	3.3223
14	64QAM	666	3.9023
15	64QAM	772	4.5234

根据 R1-1719584，URLLC 要求数据包为 32 比特下的 BLER 为 10^{-5}，用户面时延为 1ms。传统的 LTE 的 CQI 表对应的 BLER 目标值为 10%，因此无法达到 URLLC 的可靠性的要求。HARQ 可以提高可靠性，但是增加了时延。在 CQI 表增加较低码率虽然可以满足可靠性和时延的要求，但是会增加 UE 上报 CQI 所需的比特数。因此考虑 URLLC 采用独立的 CQI 表，并使用不同的 BLER 目标值。另外，由于 URLLC 对峰值速率的要求不高，因此没有必要采用较高的调制阶数。

不同 CQI 索引值意味着特定调制方式和特定码率的组合，从而对应于不同的传输效率。表中码率为信息比特与总比特数的比值，而效率为信息比特数与总符号数的比值。由于总比特数是总符号数与调制阶数的乘积，所以效率等于码率乘以调制阶数。表示为：

码率=信息比特数/物理信道总比特数

=信息比特数/（物理信道总符号数×调制阶数）=效率/调制阶数

为了表示方便，表中码率取值是乘以 1024 之后的结果，因此，对于每种 CQI 索引，目标码率为表中的码率取值除以 1024。举例来讲，对于表 1 中的 CQI 索引 5，目标码率=449/1024=0.4385，由于调制阶数为 2，故效率=0.4385×2=0.8770。

5.5.3 MCS 作用过程

为了确定物理下行链路共享信道中的调制阶数，目标码率和传输块大小，首先，UE 会读取 DCI 中的 5 比特的调制和编码域（I_{MCS}），并进一步确定调制阶数（Q_m）和目标码率（R），同时读取 DCI 中的冗余版本字段（rv）来确定冗余版本。其次，UE 使用层数（v）、速率匹配之前所分配的 PRB 总数（n_{PRB}），来确定传输块大小。

如果有效信道码率高于 0.95，则 UE 将忽略传输块的初始传输的解码工作。其中，有效信道码率定义为下行链路信息比特数（包括 CRC 比特）除以 PDSCH 上物理信道的比特数。如果 UE 忽略解码工作，则物理层会向高层指明该传输

块未被成功解码。

　　针对根据最高调制阶数的不同，规范设定了 3 种 MCS 表。实际上，MCS表是在 CQI 标识的基础上基于频谱效率通过复用和插值等方式来产生的。

　　（1）PDSCH-Config 中高层参数 mcs-Table 缺省设置时使用，对应 64QAM调制方式。

　　最高调制阶数为 6，即最大采用 64QAM 调制方式，采用 TS38.214 中表5.1.3.1-1（见表 5-25），支持 29 种 MCS，所支持的最大频谱效率为 5.5547，对应表 5-22。

表 5-25　PDSCH MCS 索引表 1（TS38.214 表 5.1.3.1-1）

MCS 索引（I_{MCS}）	调制阶数（Q_m）	目标码率（$R \times 1024$）	频谱效率
0	2	120	0.2344
1	2	157	0.3066
2	2	193	0.3770
3	2	251	0.4902
4	2	308	0.6016
5	2	379	0.7402
6	2	449	0.8770
7	2	526	1.0273
8	2	602	1.1758
9	2	679	1.3262
10	4	340	1.3281
11	4	378	1.4766
12	4	434	1.6953
13	4	490	1.9141
14	4	553	2.1602
15	4	616	2.4063
16	4	658	2.5703
17	6	438	2.5664
18	6	466	2.7305
19	6	517	3.0293
20	6	567	3.3223
21	6	616	3.6094
22	6	666	3.9023
23	6	719	4.2129

续表

MCS 索引（I_{MCS}）	调制阶数（Q_m）	目标码率（R×1024）	频谱效率
24	6	772	4.5234
25	6	822	4.8164
26	6	873	5.1152
27	6	910	5.3320
28	6	948	5.5547
29	2	预留，QPSK 重传使用	
30	4	预留，16QAM 重传使用	
31	6	预留，64QAM 重传使用	

（2）PDSCH-Config 中高层参数 mcs-Table 设置为"qam256"时使用。

最高调制阶数为 8，即最大采用 256QAM 调制方式，采用 TS38.214 中表 5.1.3.1-2（见表 5-26），支持 28 种 MCS，所支持的最大频谱效率为 7.4063，对应表 5-23。

表 5-26　PDSCH MCS 索引表 2（TS38.214 表 5.1.3.1-2）

MCS 索引（I_{MCS}）	调制阶数（Q_m）	目标码率（R×1024）	频谱效率
0	2	120	0.2344
1	2	193	0.3770
2	2	308	0.6016
3	2	449	0.8770
4	2	602	1.1758
5	4	378	1.4766
6	4	434	1.6953
7	4	490	1.9141
8	4	553	2.1602
9	4	616	2.4063
10	4	658	2.5703
11	6	466	2.7305
12	6	517	3.0293
13	6	567	3.3223
14	6	616	3.6094
15	6	666	3.9023
16	6	719	4.2129

续表

MCS 索引（I_{MCS}）	调制阶数（Q_m）	目标码率（R×1024）	频谱效率
17	6	772	4.5234
18	6	822	4.8164
19	6	873	5.1152
20	8	682.5	5.3320
21	8	711	5.5547
22	8	754	5.8906
23	8	797	6.2266
24	8	841	6.5703
25	8	885	6.9141
26	8	916.5	7.1602
27	8	948	7.4063
28	2	预留，QPSK 重传使用	
29	4	预留，16QAM 重传使用	
30	6	预留，64QAM 重传使用	
31	8	预留，256QAM 重传使用	

（3）PDSCH-Config 中高层参数 mcs-Table 设置为"qam64LowSE"时使用。

最高调制阶数为 6，即最大采用 64QAM 调制方式时，采用 TS38.214 中表 5.1.3.1-3（见表 5-27），支持 29 种 MCS，所支持的最大频谱效率为 4.5234，对应表 5-24。

（4）当采用 PDCCH 的 DCI 格式 1_0 或 1_1 对 PDSCH 进行调度时，DCI 可以被 C-RNTI、new-RNTI、TC-RNTI、CS-RNTI、SI-RNTI、RA-RNTI 或 P-RNTI 所加扰，不同 RNTI 对应不同的消息传送方式和处理过程。MCS 需要根据 PDSCH-Config 中高层参数 mcs-Table 的设定及 DCI 的加扰方式来选择。举例来说：如果 PDSCH-Config 中高层参数 mcs-Table 设置为"qam256"，且采用 PDCCH 的 DCI 格式 1_1 对 PDSCH 进行调度，并且 DCI 的 CRC 由 C-RNTI 或 CS-RNTI 进行加扰时，则 UE 将使用 I_{MCS} 和表 5-27 来确定 PDSCH 所使用的调制阶数（Q_m）和目标码率（R）。

（5）如果 UE 未配置 new-RNTI，PDSCH-Config 中高层参数 mcs-Table 设置为"qam64LowSE"，且 PDSCH 由 UE 专用搜索空间的 PDCCH 进行分配并采用 C-RNTI 进行调度，则 UE 将使用 I_{MCS} 和表 5-27 来确定 PDSCH 所使用的调制阶数（Q_m）和目标码率（R）。

（6）如果 UE 配置有 new-RNTI，并采用 new-RNTI 调度 PDSCH 时，UE 将使用 I_{MCS} 和表 5-27 来确定 PDSCH 所使用的调制阶数（Q_m）和目标码率（R）。

表 5-27　PDSCH MCS 索引表 3（TS38.214 表 5.1.3.1-3）

MCS 索引（I_{MCS}）	调制阶数（Q_m）	目标码率（$R \times 1024$）	频谱效率
0	2	30	0.0586
1	2	40	0.0781
2	2	50	0.0977
3	2	64	0.1250
4	2	78	0.1523
5	2	99	0.1934
6	2	120	0.2344
7	2	157	0.3066
8	2	193	0.3770
9	2	251	0.4902
10	2	308	0.6016
11	2	379	0.7402
12	2	449	0.8770
13	2	526	1.0273
14	2	602	1.1758
15	4	340	1.3281
16	4	378	1.4766
17	4	434	1.6953
18	4	490	1.9141
19	4	553	2.1602
20	4	616	2.4063
21	6	438	2.5664
22	6	466	2.7305
23	6	517	3.0293
24	6	567	3.3223
25	6	616	3.6094
26	6	666	3.9023
27	6	719	4.2129
28	6	772	4.5234
29	2	预留，QPSK 重传使用	
30	4	预留，16QAM 重传使用	
31	6	预留，64QAM 重传使用	

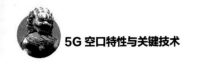

（7）如果未采用 SPS-config 中的高层参数 mcs-Table 对 UE 进行配置，且 PDSCH-Config 中高层参数 mcs-Table 设置为"qam256"，且 PDSCH 由 PDCCH 采用 DCI 格式 1_1 分配并采用 CS-RNTI 进行调度，则 UE 将使用 I_{MCS} 和表 5-26 来确定物理下行链路共享信道中使用的调制阶数（Q_m）和目标码率（R）。

（8）如果 SPS-config 中高层参数 mcs-Table 设置为"qam64LowSE"，且使用 CS-RNTI 调度 PDSCH，则 UE 将使用 I_{MCS} 和表 5-27 来确定物理下行链路共享信道中使用的调制阶数（Q_m）和目标码率（R）。

其他情况下，UE 将使用 I_{MCS} 和表 5-25 来确定 PDSCH 中使用的调制阶数（Q_m）和目标码率（R）。

对于采用 P-RNTI、RA-RNTI 和 SI-RNTI 调度且 $Q_m > 2$ 的 PDSCH，UE 不进行解码。

5.5.4　下行 TBS 选择

5.5.4.1　TBS 设计原则

LTE 中，TBS 表由 TBS 索引以及所分配的 PRB 数来共同决定。TBS 的取值是假定每个 PRB 都采用固定的 RE 数目来计算得到的，因此直接根据专用公式就可以生成明确的 TBS 查询表。但是，LTE 中 TBS 计算时不考虑实际开销的变化，总是采用相同的开销（控制和 RS），因此会导致码率计算结果超过最大码率，使得一些 TBS 无法使用。

5G 系统用于不同的传输场景，支持基于时隙的调度、基于微时隙的调度、eMBB 数据传送、URLLC 数据传送等功能，因此数据调度比 LTE 更为灵活。例如，时域上，每个时隙中的符号数及其起始和终止位置都可以灵活配置，时隙聚合时所支持的时隙数目也会变化，参考信号如 DMRS、CSI-RS 和 PTRS 等在每个时隙或每个符号中所占用的 RE 数目也不同，从而不同 RB 的开销和可用 RE 数也会有区别。因此，传统的 LTE 系统中采用固定参考 RE 数来确定 TBS 大小的方法不再适用于 5G，5G 需要更加灵活和有效的方法来确定不同数据调度情况下的 TBS。

如果采用类似 LTE 的方式来基于一些参考时间长度设定一个参考 TBS 表，并根据实际传送所使用的符号数来进行扩展的话，由于不同 RS 开销使得可用 RE 数与符号数不成比例，因此，需要进行很多标准方面的工作。所以，5G 最终明确采用公式来计算 TBS，但在特定业务下，也使用由 PRB 数和 MCS 的组合生成的 TBS 查询表。相对于表的方式来说，采用公式计算的方式适用于任意的时频资源分配，且具有前向兼容性。

此外，LTE 中的 TBS 计算公式中没有考虑信道的编码特性。实际上，LTE 系统物理层中信道编码采用 QPP 交织器的 TURBO 码，其码块大小（CBS）是相等的，以避免码块（CB）分割中的填充，这个原则同样适用于 5G。

对于 PDSCH 和 PUSCH，基本的设计思路就是采用所调度的资源来承载合适大小的 TBS，并保证 TBS 以及 TB 和 CRC 之和能够正好等于 CB 数与 CBS 的乘积（在添加 LDPC 编码填充比特之前）。另外，为了便于编解码，TBS 大小还需要进行调整，以实现 TBS 字节同步，并保证 CB 的长度都相等。

因此，5G 系统中 TBS 采用以下过程和步骤来进行确定。

（1）第一步：计算 PDSCH/PUSCH 中用于速率适配的可用 RE 数（N_{RE}）。

（2）第二步：计算有效载荷即 TBS 和 TB-CRC 之和与码率、层数及 N_{RE} 的乘积。

（3）第三步：TBS 大小需要字节同步，因此采用量化来确保有效载荷字节同步（为 8 的倍数）且 CB 长度相等。

（4）第四步：根据包大小和业务特性确认最终 TBS。

5.5.4.2　传输块（TB）数目确定

下行方向上，高层参数 maxNrofCodeWordsScheduledByDCI 决定了每个 DCI 格式 1_1 中同时可以调度的最大传输块（TB）数，其取值分别为 1 和 2。每个传输块（TB）对应一组独立的 MCS/RV/NDI 参数。

假设为 2 个 TB 块，则 DCI 中包含的信息如下：

TB 1：

① 调制和编码参数（MCS）：5bit；

② 新数据指示（NDI）：1bit；

③ 冗余版本（RV）：2bit。

TB 2（仅当参数 maxNrofCodeWordsScheduledByDCI 取值为 2 时才存在）：

① 调制和编码参数（MCS）：5bit；

② 新数据指示（NDI）：1bit；

③ 冗余版本（RV）：2bit。

参数 maxNrofCodeWordsScheduledByDCI 取值为 1 时，表示 DCI 中存在 1 个 TB 块。

参数 maxNrofCodeWordsScheduledByDCI 取值为 2 时，表示 DCI 中存在 2 个 TB 块。这种情况下，数据块是否可用受其对应的参数 I_{MCS} 和 rv_{id} 的限制。如果 $I_{MCS} = 26$ 并且相应的传输块的 $rv_{id} = 1$，则该 TB 块不可用，否则该 TB 块可用。

如果 DCI 中包含两个传输块且都可用，则传输块 1 和 2 分别映射到码字 0 和 1 上。如果仅一个传输块可用，则启用的传输块始终映射到第一个码字。

5.5.4.3 TBS 确定原则

对于 PDCCH 的 DCI 格式 1_0 或者 1_1 来说，如果其 CRC 被 C-RNTI、new-RNTI、TC-RNTI、CS-RNTI 或 SI-RNTI 所加扰，则采用此 PDCCH 调度 PDSCH 时；如果 PDSCH 上所传送的数据包为新传，而非重传，则 TBS 大小可以采用以下方式来确定，但 DCI 格式 1_1 中的 TBS 禁用的情况除外。

5.5.4.4 确定时隙内的 RE（N_{RE}）的数量

数据传送所采用的时频资源由 OFDM 符号数和子载波数共同表示，其中开销包括 DMRS、SRS、保护间隔、时隙格式信息（SFI）所指示的"未知"符号，以及可能存在的 PDCCH、SSS、PSS、PBCH、CSI-RS 以及其他开销。DMRS 密度可以根据配置来改变，如前置或附加 DMRS、不同天线端口以及 PTRS 的存在与否等。

因此，PRB 内分配给 PDSCH 的 RE 的数目（N'_{RE}）计算公式如下：

$$N'_{RE} = N_{sc}^{RB} \cdot N_{symb}^{sh} - N_{DMRS}^{PRB} - N_{oh}^{PRB}$$

其中：

（1）N_{sc}^{RB}=12 是 PRB 中的子载波数；

（2）N_{symb}^{sh} 是时隙内分配给 PDSCH 的符号数；

（3）N_{DMRS}^{PRB} 是调度期间每个 PRB 上的 DM-RS 的 RE 数，它包括 DCI 格式 1_0 或 1_1 中所指示的没有数据的 DM-RS CDM 组的开销；

（4）N_{oh}^{PRB} 表示 CSI-RS 及 CORESET 的开销，可以采用 PDSCH-Serving CellConfig 中高层参数 xOverhead 来进行半静态配置。

① 参数取值范围为[0，0.5，1，1.5]×12，对应 0、6、12 或 18；

② 如果此参数未配置为 0、6、12 或 18 之一，则 N_{oh}^{PRB} 缺省设为 0；

③ 如果 PDCCH 中下行 DCI 被 SI-RNTI、RA-RNTI 或 P-RNTI 所加扰，则其所调度的 PDSCH 中，N_{oh}^{PRB} 假定为 0。

然后，UE 确定承载 PDSCH 的每个 PRB 中每个可用时隙/微时隙上的 RE 总数（N_{RE}），$N_{RE} = \min(156, N'_{RE}) \cdot n_{PRB}$，其中，$n_{PRB}$ 是分配给 UE 的 PRB 的总数目。

5.5.4.5 计算有效载荷［获取信息比特的中间数（N_{info}）］

计算有效载荷，以获得信息比特的中间数（N_{info}）。计算公式如下：

$$N_{\mathrm{info}} = N_{\mathrm{RE}} \cdot R \cdot Q_{\mathrm{m}} \cdot \upsilon$$

其中，N_{RE} 是所分配的资源中的 RE 数，R 为码率，Q_{m} 是调制阶数，υ 是码字所影射的层数。

调制阶数由 MCS 来确定，MCS 对应频谱效率和调制阶数。对于新传数据包来说，使用 256QAM 时，MCS 采用 256QAM 所对应的表格，I_{MCS} 取值范围为 0～27（$0 \leqslant I_{\mathrm{MCS}} \leqslant 27$）；不使用 256QAM 时，采用 64QAM 所对应的 MCS 表，I_{MCS} 取值范围为 0～28（$0 \leqslant I_{\mathrm{MCS}} \leqslant 28$）。

通常，Q_{m} 和码率 R 都根据 DCI 中的 I_{MCS} 所对应的 MCS 表来获取，且 Q_m 与 R 的乘积为频谱效率。

5.5.4.6　根据 N_{info} 判定 TBS 计算方法

码块封装过程中，将 N_{info} 作为输入值，进行 CB 分割后，输出大小相等的 CB 以及字节同步的 TBS。不同 BG 的条件下，初传的速率决定了采用多大的 CB 来计算 TBS，以保证分割后 CB 长度是相等的。

根据 PDSCH 信道编码部分的内容可知，LDPC 信道编码采用 BG1 还是 BG2 取决于 A 的大小及码率。即 $R \leqslant 0.25$ 时采用 BG2；$R > 0.25$ 且 $A > 3824$ 时采用 BG1；$R > 0.25$ 且 $A \leqslant 3824$ 时，如果 $R_{\mathrm{init}} > 2/3$，则使用 BG1；如果 $R_{\mathrm{init}} \leqslant 2/3$，则使用 BG2。其中，A 表示原始数据序列即 TB 块的长度。

由此，3GPP 规定，根据 N_{info} 和 3824 之间的大小关系，分别采用不同的 TBS 计算方法。

5.5.4.7　$N_{\mathrm{info}} \leqslant 3824$ 时的 TBS 计算方法

当 $N_{\mathrm{info}} \leqslant 3824$ 时，首先获取信息比特 N_{info} 的量化的中间数，再采用查表方式获取 TBS 值。

1. **获取信息比特 N_{info} 的量化的中间数 N'_{info}**

公式如下：

$$N'_{\mathrm{info}} = \max\left(24, 2^n \cdot \left\lfloor \frac{N_{\mathrm{info}}}{2^n} \right\rfloor \right)，\quad 其中，\quad n = \max(3, \lfloor \log_2 (N_{\mathrm{info}}) \rfloor - 6)。$$

其中，$2^n \times round\left(\dfrac{N_{\mathrm{info}}}{2^n} \right)$ 表示采用 2^n 对 N_{info} 进行量化，将 N_{info} 近似到 2^n，以缩小 TBS 的取值范围，提高初传和重传过程中的调度效率。

N_{info} 为 3824 时，$\lfloor \log_2 N_{\mathrm{info}} \rfloor = 11$，因此，$\lfloor \log_2 N_{\mathrm{info}} \rfloor - 5$ 最大为 6，则 n 的取值范围为 3～5。

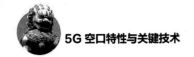

2. 使用表 5-28 找到不小于 N'_{info} 的最接近的 TBS

表 5-28　$N_{\text{info}} \leqslant 3824$ 时的 TBS（TS38214 表 5.1.3.2-2）

编号/索引	TBS	编号/索引	TBS	编号/索引	TBS	编号/索引	TBS
1	24	31	336	61	1288	91	3624
2	32	32	352	62	1320	92	3752
3	40	33	368	63	1352	93	3824
4	48	34	384	64	1416		
5	56	35	408	65	1480		
6	64	36	432	66	1544		
7	72	37	456	67	1608		
8	80	38	480	68	1672		
9	88	39	504	69	1736		
10	96	40	528	70	1800		
11	104	41	552	71	1864		
12	112	42	576	72	1928		
13	120	43	608	73	2024		
14	128	44	640	74	2088		
15	136	45	672	75	2152		
16	144	46	704	76	2216		
17	152	47	736	77	2280		
18	160	48	768	78	2408		
19	168	49	808	79	2472		
20	176	50	848	80	2536		
21	184	51	888	81	2600		
22	192	52	928	82	2664		
23	208	53	984	83	2728		
24	224	54	1032	84	2792		
25	240	55	1064	85	2856		
26	256	56	1128	86	2976		
27	272	57	1160	87	3104		
28	288	58	1192	88	3240		
29	304	59	1224	89	3368		
30	320	60	1256	90	3496		

5.5.4.8　$N_{info}>3824$ 时的 TBS 计算方法

1. 当 $N_{info}>3824$ 时，采用如下方式来确定 TBS 的大小

（1）信息比特的量化的中间数 $N'_{info} = \max\left(3840, 2^n \times round\left(\dfrac{N_{info} - 24}{2^n}\right)\right)$，其

中 $n = \lfloor \log_2(N_{info} - 24) \rfloor - 5$ 并向上取整。

（2）如果 $R \leqslant 1/4$，则 $TBS = 8 \cdot C \cdot \left\lceil \dfrac{N'_{info} + 24}{8 \cdot C} \right\rceil - 24$，其中，$C = \left\lceil \dfrac{N'_{info} + 24}{3816} \right\rceil$。

（3）如果 $R > 1/4$，且 $N'_{info} > 8424$，则 $TBS = 8 \cdot C \cdot \left\lceil \dfrac{N'_{info} + 24}{8 \cdot C} \right\rceil - 24$，其中，

$C = \left\lceil \dfrac{N'_{info} + 24}{8424} \right\rceil$。

（4）如果 $R > 1/4$，且 $N'_{info} < 8424$，则 $TBS = 8 \cdot \left\lceil \dfrac{N'_{info} + 24}{8} \right\rceil - 24$。

2. 使用 256QAM 所对应的 MCS 表且 $28 \leqslant I_{MCS} \leqslant 31$

（1）TBS 由采用 $0 \leqslant I_{MCS} \leqslant 27$ 调度同一个 TB 时的最新 PDCCH 所传送的 DCI 来确定。如果采用 $0 \leqslant I_{MCS} \leqslant 27$ 的 TBS 没有 PDCCH，或者用于同一个 TB 的初始 PDSCH 是半持续调度的，则 TBS 由最新设定的半持续调度所分配的 PDCCH 来确定。

（2）否则，TBS 采用 $0 \leqslant I_{MCS} \leqslant 28$ 的同一 TB 的最新的 PDCCH 中所传送的 DCI 来确定，如果采用 $0 \leqslant I_{MCS} \leqslant 28$ 的 TBS 没有 PDCCH，或者用于同一个 TB 的初始 PDSCH 是半持续调度的，则 TBS 由最近设定的半持续调度所分配的 PDCCH 来确定。

对于 CRC 由 P-RNTI 或 RA-RNTI 加扰的 DCI 格式 1_0 的 PDCCH 所分配的 PDSCH，确定 TBS 时，需要对步骤 2 中进行一些修改后再采用步骤 1～4。步骤 2 中的修改是在 N_{info} 的计算中对 $N_{info} = S \cdot N_{RE} \cdot R \cdot Q_m \cdot \upsilon$ 进行缩放，缩放因子是根据 DCI 中的 TB 缩放字段来确定的，如表 5-29（TS38.214 表 5.1.3.2-3）所示。

表 5-29　P-RNTI 和 RA-RNTI 的 N_{info} 缩放因子（TS38.214 表 5.1.3.2-3）

DCI 中的 TB 缩放字段	缩放系数 S
00	1
01	0.5
10	0.25
11	

在 PDCCH 上通知的 NDI 和 HARQ 进程号以及按照以上方式所确定的 TBS 等信息都会报告给高层。

5.5.5　上行 MCS 及 TBS 选择

为了确定物理上行链路共享信道的调制阶数、目标码率、冗余版本和传输块大小，UE 首先读取 DCI 中的 5 位调制和编码方案（I_{MCS}）字段，以确定调制阶数（Q_m）和目标码率（R），读取 DCI 中的冗余版本字段（rv）以确定冗余版本，检查"CSI 请求"位字段，随后使用层数、分配的 PRB 总数来确定传输块大小。

基于 DCI 调度格式以及 C-RNTI 的类型，以及是否采用了转换预编码，来确定采用哪个 MCS 配置表以及 PUSCH 使用的调制阶数（Q_m）和目标码率（R），并计算相关的 TBS。

详细过程请参见 TS38.214 中相关内容。

|5.6　大规模天线及波束赋形|

5.6.1　多天线技术及其分类

移动通信系统中，可以利用多天线来抑制信道衰落，以提高系统容量、覆盖和数据传输速率等性能。多入多出（MIMO，Multiple Input Multiple Output）就是典型的多天线技术，它最早是由 Marconi 于 1908 年提出的，是指在发送端或接收端采用多根天线，使信号在空间获得阵列增益、分集增益、复用增益和干扰抵消等，从而得到更大的系统容量、更广的覆盖和更高的用户速率。

根据收发天线数目的不同，MIMO 系统可分为单入单出（SISO，Single-Input Single-Output）、多入单出（MISO，Multiple-Input Single-Output）、单入多出（SIMO，Single-Input Multiple-Output）、MIMO 以及大规模 MIMO 等多种方式。

5.6.1.1　SISO

采用单个天线发送和单个天线接收的方式，如图 5-18 所示。由香农定理可知，理论上单个天线的信息容量受限于链路的 SNR，容量每增加 1bit/(s·Hz)，发射功率就需要增加一倍，如从 1bit/(s·Hz)增加到 11bit/(s·Hz)，发射功率就必须增加约 1000 倍。

图 5-18　SISO 示例

5.6.1.2　MISO

采用多天线发送和单天线接收的方式称为多入单出（MISO），如图 5-19 所示。下行方向上使用 MISO 时，表示基站侧采用多个天线进行发射，基站所服务的所有终端用户都能够获得发送分集增益，并且链路容量随着天线数目的增加而以对数方式提升。

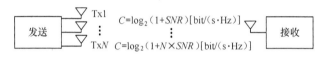

图 5-19　MISO 示例

根据天线发射信号的不同，MISO 包括以下两种类型。

（1）发送分集

多个发射天线都发送相同的信号。发射天线相互靠近时，接收侧接收到的信号较强。但是由于天线位置较近，所以通路间相关性比较大，从而限制了分集增益。

（2）空时块编码

多个天线不仅发送相同的信息，还发送具有相关性的不同数据块，这样不仅能够提升数据速率，也能够显著增加覆盖和传输可靠性。

5.6.1.3　SIMO

发送端采用单个天线发射信号，接收端采用多个天线进行接收的方式称为 SIMO，如图 5-20 所示。这种方式下，基站所服务的所有终端用户都能够获得接收分集增益，并且链路容量随着天线数目的增加以对数方式提升。

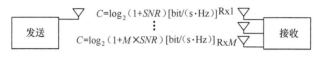

图 5-20　SIMO 示例

　　由于不同路径上的接收信号具有不同的空间特性，因此，接收机可以采用交换分集或者最大比合并方式进行接收，以便获取最大的 SNR。交换分集方式下，接收机选择接收最强的信号；最大比合并方式下，接收机对所有信号都进行评估，并将所有天线上的信号进行合并，因此性能较好，如图 5-21 所示。

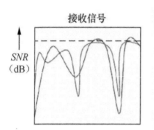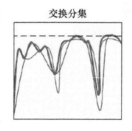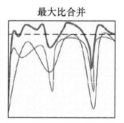

图 5-21　交换分集与最大比合并比较示意

5.6.1.4　MIMO

　　MIMO 方式下，发送方和接收方都使用多幅天线，因此可以看成是双天线分集的扩展，发射机和接收机之间采用不同天线配置的组合，可以大大提高数据传输速率，同时也能提高系统容量。

　　MIMO 技术与分集技术的区别在于分集技术的主要目的是消弱多径效应的负面影响，而 MIMO 是通过多径来形成多个传输信道，实现比分集技术大得多的容量能力。MIMO 模式下，移动台和基站的发射与接收设备复杂度也会增加，对设备的处理计算能力的需求也大大提高。因此，MIMO 比分集技术实现起来难度更大，尤其对移动终端来说，MIMO 的要求更高。

5.6.1.5　大规模 MIMO（mMIMO）

　　mMIMO 是传统 MIMO 技术的扩展，它通过在上下行方向采用大量收发信通道（TRX）以及大量高增益天线阵列来实现多用户调度，利用阵列增益和空间复用特性来提升数据速率和链路可靠性。

　　mMIMO 中，天线阵列具有大量的可控制阵元，空口的物理层通过这些阵元可以对天线上的信号进行适配和控制，使得信号可以在水平和垂直方向进行动态调整，因此能量能够更加准确地集中指向特定的 UE，从而可以减少小区间干扰，能够支持多个 UE 间的空间复用。另外，随着基站天线数的增加，mMIMO 可以通过终端移动的随机性以及信道衰落的不相关性，利用不同用户间信道的近似正交性降低用户间干扰，实现多用户空分复用。

5.6.2　MIMO 分类

　　MIMO 技术可以提升无线传输速率、覆盖及可靠性等性能。根据空间分集实现方式的不同，MIMO 可以分为发送分集、空间复用、波束赋形 3 种类型；根据接收端是否反馈信道状态信息端，MIMO 可以分为闭环和开环两种类型；根据所支持的用户，可以分为单用户 MIMO（SU-MIMO）和多用户 MIMO（MU-MIMO）两种类型。

5.6.2.1　发送分集

　　将同一信息进行正交编码后从多根天线上发送出去。接收端将信号区分出来并进行合并，从而获得分集增益，如图 5-22 所示。编码相当于在发送端增加了信号的冗余度，因此可以减小由于信道衰落和噪声所导致的符号错误率，使传输可靠性和覆盖增加。

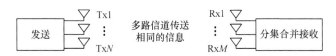

图 5-22　发送分集示意

　　基本的发送分集方案包括块状编码传送分集（STBC、SFBC）、时间（频率）转换发送分集（TSTD、FSTD）、循环延迟分集（CDD）在内的延迟分集（作为广播信道的基本方案）方案，以及基于预编码向量选择的预编码技术。

5.6.2.2　空分复用

　　采用相同的时间和频率资源来传输多个数据流时，可称之为空分复用，

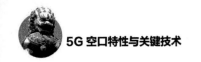

如图 5-23 所示。这种方式下，使用相同的时频资源的每个数据流都可以进行波束赋形，且可以作用在上行和下行方向上。空分复用的目的是提高吞吐量，其基本原理是，当接收信号质量较好时，相比采用高功率来接收单个数据流来说，采用低功率来接收多个通路的数据流的性能要更好。如果多个数据流之间不存在干扰，则性能最优；如果数据流间存在干扰，则性能会降低。

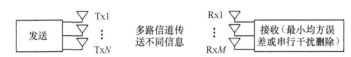

图 5-23　空分复用示意

空间复用可以采用开环和闭环模式，如开环空间复用和闭环空间复用模式，还可以支持单用户和多用户调度，即 SU-MIMO 和 MU-MIMO。

1. 开环和闭环模式

接收端不反馈任何信息给发射端，因而发射端无法了解信道状态信息（CSI），这类信息的传输方式称为开环传输模式。

如果接收端给发射端进行信息反馈，发射端就可以了解全部或者部分信道状态信息（CSI），这种信息传输方式称为闭环传输模式。闭环传输模式下，发射端需要从接收端得到下行信道状态的反馈，构成反馈信道，也将依此在各数据流间调整发射功率。

2. SU-MIMO 和 MU-MIMO

SU-MIMO 是指将多个数据流（也称为层）从一个天线阵列传输到单个用户。因此 SU-MIMO 可以提高该用户的吞吐量并增加网络容量。SU-MIMO 可以通过采用不同的层进行传送，为了区分不同的层，UE 需要至少拥有与层数相同的接收天线。

另外，下行 MU-MIMO 是大幅度提高 LTE 系统下行频谱效率的重要手段，它是基于预编码技术的 MIMO 方案，由发射端的预编码以及其对应的接收端匹配滤波组合形成，预编码矩阵根据时空信道特征获取。

多用户 MIMO（MU-MIMO）中，基站侧天线利用相同的时间和频率资源，在不同的波束上同时发送不同的空间层的数据，并通过波束来区分不同用户。为了使用 MU-MIMO，系统需要找到两个或更多个近乎同时传输或接收数据的用户。此外，为了有效地使用 MU-MIMO，用户间的干扰也应当较低。这可以通过采用零填充或其他手段的广义波束赋形来实现。例如，当采用一个空间层对一个用户进行传送时，同时传送的其他用户在该接收方向上为天线零值，从而抑制了相互干扰。

由于信道的多样性，MU-MIMO 的容量增益主要依赖于用户间的干扰。由于各空间层之间的功率是共享的，因此随着同时调度的用户数增加，每个用户的功率和 SINR 也会降低，同时用户间的干扰也会增加。因此，系统容量通常会随着空间层数的增加而增加，但是由于功率共享和用户间干扰的存在，容量不会无限制地增加。实际网络中，MU-MIMO 所支持的流数与同时调度的用户数有关，但也取决于运营商的决定。例如，64 收发通道条件下，eMBB 场景下同时支持下行 16 流和上行 8 流，如果 UE 支持 2 路接收和 2 路发送，则上下行均可同时调度 4 个用户。如果 UE 支持 4 路接收和 4 路发送，则上下行均可同时调度 2 个用户。

5.6.2.3　波束赋形（BeamForming）

波束赋形是指通过调整发射信号的相位和幅值，将发射能量集中到特定的发射天线上，使得相应的信号在 UE 接收端相加，从而增加接收信号强度，提高用户吞吐量，如图 5-24 所示。基站侧天线对所形成的波束进行持续调整以适应信道及环境的变化，有助于减少用户和小区间的干扰，提高小区边缘吞吐率，增加小区总体吞吐量。接收端的波束赋形则是指将特定发射天线上的信号接收的能力。

图 5-24　波束赋形示意

波束赋形技术利用信号的空间方向特性，实现空间滤波和空分复用。波束赋形可以支持多流传送和空分复用。单流波束赋形可以提高系统链路性能，特别是边缘性能；多流的波束赋形可以提高用户的峰值速率，对满足未来移动通信系统的要求非常重要。在多径情况下，从发射机到接收机之间的无线通路受衍射和反射等的影响，因此在一个方向上传送信号时性能会受影响。这种情况下，将同一个数据流的幅度和相位进行控制后，在多个不同的路径和/或极化方向上传送，使得接收端相加后能够获得更大增益，这才是最好的解决方案。这种方式下，还可以采用零填充技术来通过控制传送信号，降低对其他 UE 的干扰，便于实现多用户空间复用。

5.6.3　MIMO 的演进

从 LTE R8 版本开始引入，MIMO 技术和功能就在持续增强和演进中。

R8 版本支持基本的发送分集、空间分集和波束赋形等模式，下行最大支持 4 天线端口，可以实现 4×4 或者 4×2 MIMO。R9 版本采用双流波束赋形，下行支持 8×8 MIMO，上行支持 4×4 MIMO。R10 版本引入了 8 天线双级码本以降低大天线阵列下的反馈开销，下行支持 8×8 MIMO，上行支持 4×4 MIMO。R11 版本中支持 8×8 MIMO 配置以及协作多点传输技术。R12 版本中采用 4 天线双级码本，并对有源天线系统（AAS）的模型进行了研究，形成了完整的三维 MIMO 信道模型。R13 版本中引入了 FD-MIMO 即全维度 MIMO，支持波束在垂直维度和水平维度两个方向上的操作，最大支持到 16 端口。R14 版本中则对 FD-MIMO 进一步增强，并支持最大 32 个端口。

5G 系统 R15 版本中，支持最多 32 个天线端口。上行 SU-MIMO 最多支持 4 层，下行 SU-MIMO 最多支持 8 层。对于 MU-MIMO，上下行都可以最多支持 12 层。MU-MIMO 最多支持 12 层，优于 LTE 和 LTE-A。

5.6.3.1　LTE R8 版本中的 MIMO 特性

LTE R8 版本中，下行定义了 7 种 MIMO 模式，包含发送分集、开环和闭环空间复用、多用户 MIMO（MU-MIMO）以及波束赋形等。多种模式可适用于不同应用场景，系统可根据无线信道和业务状况在各种模式间自适应切换，以获得最佳容量和覆盖增益。比如，发送分集模式 2 用来提高信号传输的可靠性，主要是针对小区边缘用户；模式 3 和 4 主要是针对小区中央的用户，用于提高峰值速率。MU-MIMO 是为了提高吞吐量，用于小区中的业务密集区。模式 6 和 7 用于增强小区覆盖，也适用于边缘用户。模式 6 是针对 FDD，而模式 7 是针对 TDD，实际上模式 6 也可以归于模式 4 的一种特殊情况。

R8 版本中，下行最大支持 4 天线端口，可以实现 4×4 或者 4×2 MIMO。采用小区专用的参考信号 CRS 帮助 UE 进行下行信道估计、信道质量测量和 UE 侧的数据解调等工作。由于 CRS 占用专门的 RE 资源，因此随着天线端口数的增加，RE 开销也将逐渐变大。另外，波束赋形过程中，还采用 UE 专用的参考信号即下行用户专用参考信号，帮助 UE 实现信道估计等工作。

上行采用 TM1，即单天线端口的模式。实际上可理解为没有采用真正的 MIMO 技术，这样有助于降低 UE 实现的复杂度。

5.6.3.2　LTE R9 版本中的 MIMO 特性

LTE R9 版本中引入了 TM8 即双流波束赋形模式，并新增双端口专用导频（端口 7 与 8）来支持双流传输和多用户波束赋形。双流波束赋形使用与 R8 中的 TM7 模式下相同的参考信号，并且需要对参考信号独立进行编码，以便 UE 进行区分，端口 7 与 8 所对应的参考信号如图 5-25 所示。

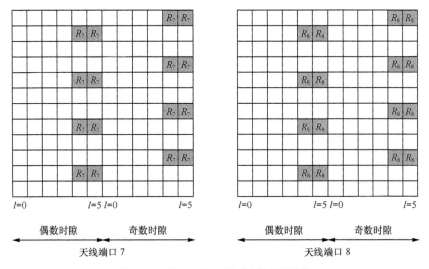

图 5-25　端口 7 与 8 所对应的参考信号

单用户双流波束赋形技术中，单个用户在某一时刻可以传送两个数据流，所以可以同时获得赋形增益和空间复用增益，因而传输速率比单流波束赋形技术更大、系统容量更高。eNode B 使用 2 个空间层进行传送，在天线侧基站对 2 个不同的空间层设置独立的权重，使得 UE 能够实现波束赋形和空间复用的组合。如果 2 个空间层都分配给同一个 UE，则对应单用户 MIMO；如果 2 个空间层分别分配给 2 个不同的 UE，则对应多用户 MIMO。eNode B 可以通过下行控制信令指示两个秩为 1 的 UE 分别占用相互正交的一对专用导频端口，这样就可以避免用户间干扰对专用导频信道估计的影响，在此基础上，MU-MIMO 的传输质量能够得到更好的保障。为了能够在 MU-MIMO 中支持更多的 UE，R9 版本中还引入了小区专用导频扰码初始号，用以支持最多 4 个秩为 1 的 UE 或两个秩为 2 的 UE 的 MU-MIMO。

单用户双流波束赋形技术的具体实施方法是，基站根据上行反馈或者通过对上行信道进行测量来获取上行信道状态信息，并根据测量结果计算出两个赋形矢量，采用这 2 个赋形矢量分别对要发射的两个数据流进行下行赋形。

多用户双流波束赋形技术的具体实施方法是，基站根据上行信道信息或者 UE 反馈的结果进行多用户匹配，并按照一定的准则生成波束赋形矢量，利用所得到的波束赋形矢量为每个 UE 的每个流进行赋形。这样，相当于利用了智能天线的波束定向原理，因而可以实现多用户的空分多址。

SU-MIMO 和 MU-MIMO 的双流波束赋形示意如图 5-26 所示。

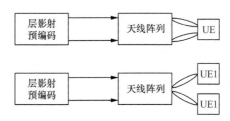

图 5-26　SU-MIMO 和 MU-MIMO 的双流波束赋形示意

5.6.3.3　LTE R10 版本中的 MIMO 特性

LTE-A 的 R10 版本中，下行引入了 TM9 传输模式，将解调参考信号的天线端口数目扩充到 9 个（端口 5 及 7~14），可同时用于 8 层独立数据流的传输，因此最多需要 8 根发送天线，能够支持 8×8 MIMO 配置。

TM9 中，下行信道测量引入小区级的 CSI-RS 来代替原来的 CRS。如图 5-27 所示，端口 7、8、11 和 12 使用相同的 RE，采用 R_x 表示。端口 9、10、13 和 14 也使用相同的 RE，采用 R_y 表示。参考信号独立进行编码，这样 UE 就可以将它们区分出来。

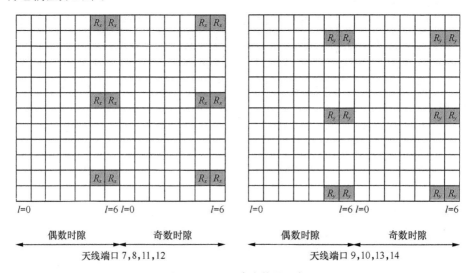

图 5-27　TM9 参考信号示意

由于 CSI-RS 采用了码分和频分复用的方式，因此每个 RB 上每个端口的 CSI-RS 导频开销就很小。另外，它还采用用户级的 DMRS 作为 PDSCH 的解调参考信号，将信道测量和数据解调导频分开，以闭环反馈的方式实现多天线动态波束赋形。

下行数据传送过程中，对数据流进行预编码之前增加 UE 专用的 DMRS，这意味着 UE 所接收到的 RS 是预编码后经过信道传送下来的已知信号，因此 UE 接收机无须提前知道所使用的预编码方式，也不再需要使用特殊的码本，所以不再需要 UE 反馈 PMI 信息。也就是说，TM9 不再像 TM3~6 那样需要采用经由码本获取的特定的离散的预编码，而是可以使用大范围的权值（预编码）来进行波束赋形，这种情况称为基于非码本的预编码。图 5-28 所示分别为 R8 和 R10 的实现方式，R8 模式下采用小区公共参考信号 CRS，R10 模式下则采用 UE 和数据流专用的 DM-RS 参考信号。

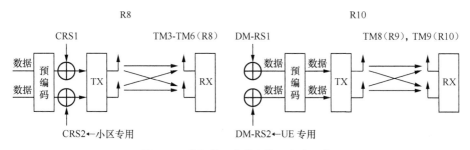

图 5-28　基于非码本的预编码方式示意

TM9 将较宽的小区级波束变为多个较窄的用户级波束，使波束信号最强点始终对准用户，从而提升单个用户的性能增益。同时，通过不相干的波束间的配对来实现 MU-MIMO（多用户 MIMO），提高频谱资源利用率，增加网络容量。另外，引入 TM9 后，终端可以反馈辅载波下行信道测量结果，因此辅载波实现波束赋形和多用户配对，进一步提升了 CA 用户的体验和 CA 小区的容量。

R10 中，上行引入 TM2，支持单天线端口以及闭环空间复用模式，最大支持 4 层，可采用 2 天线（对应端口 20 和 21）或者 4 根天线（对应端口 40、41、42 和 43），实现上行 4×4 MIMO。

对于双极化天线来说，同相发射天线之间的相关性非常高，交叉极化天线间的相关性则非常低。而 UE 侧则由于存在大量散射效应，从而接收相关性较低。因此，TM9 中引入了 8 天线双级码本以降低大天线阵列下的反馈开销，获取交叉极化天线的特性。

基于双级码本结构的预编码可以表示为：$W=W_1 \times W_2$。

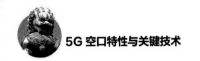

其中，W_1 是 4×1 DFT 向量分块对角矩阵，其中每个子矩阵（对应每个极化）由多个代表波束方向的 DFT 向量组成，用以反映信道的长期统计特性，表示同极化天线内部的波束方向簇；W_2 由至少一组向量组成，每个向量仅有 2 个非零输入，为 2×2 共相位矩阵，用于为每个极化组以及极化方向间的共相位进行波束选择，它遵循传统的设计原则，能够反映出信道的瞬时特性，如图 5-29 所示。其中，同相位是指同一个极化方向所形成的多个波束之间的相对差异。

$$W_1 = \begin{bmatrix} X & 0 \\ 0 & X \end{bmatrix}$$

$$W_2 \in C_2 = \left\{ \frac{1}{\sqrt{2}}\begin{bmatrix} Y \\ Y \end{bmatrix}, \frac{1}{\sqrt{2}}\begin{bmatrix} Y \\ jY \end{bmatrix}, \frac{1}{\sqrt{2}}\begin{bmatrix} Y \\ -Y \end{bmatrix}, \frac{1}{\sqrt{2}}\begin{bmatrix} Y \\ -jY \end{bmatrix} \right\}$$

$$Y \in \{\bar{e}_1, \bar{e}_2, \bar{e}_3, \bar{e}_4\} = \left\{ \begin{bmatrix}1\\0\\0\\0\end{bmatrix}, \begin{bmatrix}0\\1\\0\\0\end{bmatrix}, \begin{bmatrix}0\\0\\1\\0\end{bmatrix}, \begin{bmatrix}0\\0\\0\\1\end{bmatrix} \right\}$$

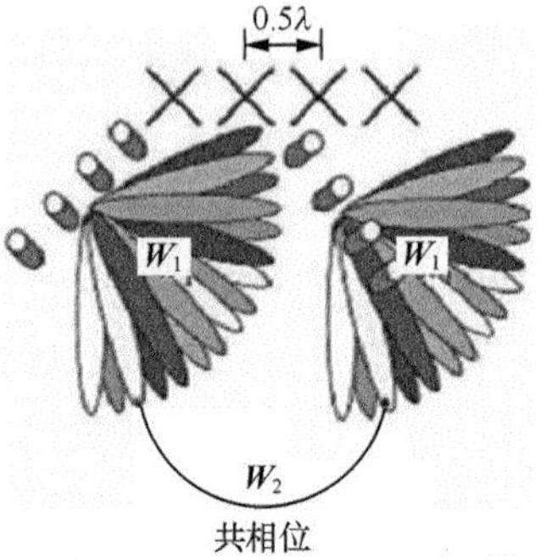

图 5-29　双级码本结构预编码示意

5.6.3.4　LTE R11 版本中的 MIMO 特性

R11 版本中引入了 TM10，主要是用于支持协作多点传输技术，改善小区边缘用户的通信质量，提升系统吞吐量。

TM10 使用最大 8 个空间层，支持 8×8 MIMO 配置。TM10 使用和 TM9 相同的参考信号，使用虚拟天线端口 7 ~ 14，支持协作多点传输技术（CoMP）。TM10 使用 DCI 格式 2D 来告知 UE，UE 则可以假定天线端口在多普勒频移、多普勒扩展、平均时延和时延扩展等方面具有准同站特性（Quasi Colocation）。

5.6.3.5　LTE R12 版本中的 MIMO 特性

LTE R12 版本中，下行将 2 天线双级码本 $W_1 \times W_2$ 扩展为 4 天线双级码本，其中，W_1 反映长期信道特性，W_2 反映瞬时信道特性。LTE R12 还引入了基于非理想回传的 CoMP。

R12 中开始研究有源天线系统（AAS）的模型，它包含具有收发信单元（TRX）的天线阵列，也具有涵盖多种无线接入技术和连接范围的无线分配网络（RDN）。采用 AAS 的基站能够在一个天线阵列上使用多个收发信单元（TRX）来产生动态的、可调整的辐射模式。相对于传统的天线系统来说，AAS 可以通过灵活的小区分割（水平或垂直）以及/或波束赋形来提供系统容量和性能增益，利用软件适配和配置来降低设计和建设成本。

R12 版本中最终对三维 MIMO 的信道建模进行了研究与标准化，形成了完整的三维 MIMO 信道模型。

5.6.3.6　LTE R13 版本中的 MIMO 特性

LTE R13 中引入了 3D MIMO，它采用多个 TRX 在垂直维度（Elevation Dimension）和水平维度（Azimuth Dimension）两个方向上形成多个波束，因此称为 FD-MIMO（Full Dimension- MIMO），即全维度 MIMO。

3D MIMO 可以视为大规模 MIMO 技术标准化的第一个版本，下行支持 16 发射天线端口与 8 接收天线端口，上行支持 4 发射天线端口和 4 接收天线端口，且上下行均支持 MU-MIMO。R12 版本与 R13 版本下行 MIMO 特性对比见表 5-30。

除了垂直波束赋形（EBF）和全维度 MIMO（FD-MIMO）之外，3GPP 在 R13 中还采用了多种 MIMO 增强技术，如非预编码的信道状态信息参考信号（CSI-RS）传送机制、赋形后的 CSI-RS 传送机制、探测参考信号（SRS）对于 TDD 的增强、解调参考信号（DMRS）对高阶多用户传送的增强以及 CSI 测量限制等。

表 5-30　R12 版本与 R13 版本下行 MIMO 特性对比

	R12 版本	R13 版本
传输天线端口数	1，2，4，8	1，2，4，8，12，16
传输天线配置	1 个维度（水平方向）	1 个维度（水平和垂直方向）
SU-MIMO 流数	最大 8	最大 8
MU-MIMO 流数	最大 4 （最大支持 4 个用户， 每个用户支持最大 2 流）	最大 8 （最大支持 8 个用户， 每个用户支持最大 2 流）

R13 中，定义了 A 类和 B 类两类 CSI-RS，如图 5-30 所示。其中，N_B 为 CSI-RS 波束的数目，N_B 为 1 时，可以采用 UE 专用的波束赋形来传送 CSI-RS，N_B 大于 1 时，采用 CSI 反馈来进行 CSI-RS 波束选择。

（1）A 类 CSI-RS 不用进行预编码，UE 需要观察每个天线子阵列传输的非编码的 CSI-RS，通过选择合适的预编码矩阵来获得最优性能并适应信道变化。

（2）B 类 CSI-RS 则采用预编码，形成波束赋形过的（BF）CSI-RS。eNB 传输多个波束赋形的 CSI-RS（也可以认为是波束），当 UE 被配置 $K>1$ 个 CSI-RS 资源时启用扇区虚拟化，其中，每个 CSI-RS 资源表示一个静态的波束（Macro-Beam）。对于所选用的宽波束，UE 在上报 CSI 的同时也报告 CRI（CSI-RS 资

源索引）信息。这也被称为小区专用的 BF CSI-RS。CLASS B 也被用作 UE 专用的 BF CSI-RS，此时为 UE 配置 1 个具有 m 个端口的 CSI-RS 资源，并对 m 个端口进行 UE 专用的波束赋形。此时，UE 对每个极化组内的 $m/2$ 个窄波束（Micro-Beam）进行测量，并根据码本上报相关的 PMI。

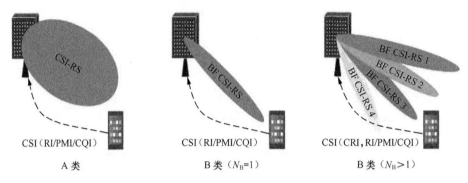

图 5-30　R13 版本中 CSI 上报方式示意

　　R13 中，除了引入 A 类和 B 类 CSI-RS 之外，反馈和上报机制也采用 A 类和 B 类两种方式来实现垂直波束赋形。

　　（1）A 类上报方式基于未经编码的 CSI-RS，上报 8/12/16 个天线端口所对应的 PMI，其中每个预编码表示一个水平和垂直方向的组合。该方式下，CSI 上报分为两步，即 $W=W_1 \times W_2$。其中，W_1 表示宽带 PMI，表示信道的长期统计特性，如波束方向簇等；W_2 表示子带 PMI，用于波束选择。

　　（2）B 类上报基于波束赋形的 CSI-RS。eNB 采用多个下倾来对多达 8 个天线端口的 CSI-RS 资源进行赋形，相当于 eNB 为 UE 配置 K（取值为 1~8）个波束，每个波束的 CSI-RS 天线端口数可以是 1、2、4 或 8。UE 采用 CSI-RS 资源指示符（CRI）来上报它所期望的下倾，也可以理解为通过 CRI 来指明所要选择的合适波束。

　　除了反馈机制之外，R13 版本中还通过 DM-RS 设计方面的改进引入了一些 MU-MIMO 增强技术。例如，AAS 天线阵列增加，可能使 SRS 传输成为瓶颈。因此，R13 中将 SRS 的重复系数从 2 增加到 4，且每个 SRS 梳齿的最大循环时间偏移也从 8 增加到了 12。SRS 的这种容量增强手段适用于 FDD 和 TDD。另外，对于 TDD 系统，也可将一些保护间隔（GP）符号配置为上行导频时隙（UpPTS）符号，增加 SRS 传送的机会。

　　R13 中可以使用更多的 CSI-RS 端口如 12 和 16 端口来获取更为丰富的信道状态信息，并基于 A 类 CSI 报告的非预编码的 CSI-RS 传送，根据非预编码 CSI-RS 端口上的 CSI 测量结果，为 1D 和 2D 天线阵列定义了一些新的码本。

更重要的是，它可以支持一些 2D CSI-RS 端口布局以增强 MIMO 部署的灵活性。例如，可以根据 UE 话务和分布来考虑 3D UMa 和 3D UMi 场景下的垂直天线端口。1D 和 2D 的 CSI-RS 端口布局下可采用的交叉极化天线阵列见表 5-31。

表 5-31　CSI-RS 端口布局

CSI-RS 天线端口数（P）	（$N1$，$N2$）	（$O1$，$O2$）
8	（2，2）	（4，4），（8，8）
12	（2，3）	（8，4），（8，8）
	（3，2）	（8，4），（4，4）
16	（2，4）	（8，4），（8，8）
	（4，2）	（8，4），（4，4）
	（8，1）	（4，—），（8，—）

其中，$N1$ 和 $O1$ 定义了第一个空间维度（垂直或者水平）下的 CSI-RS 端口的数目以及相应的码本的过采样。$N2$ 和 $O2$ 定义了第二个空间维度下的端口数以及相应的过采样。R13 中的码本设计机制类似之前的两级码本方式，可以采用基于克罗内克（Kronecker）乘积的预编码方案，即配置 2 个 CSI 进程，分别测量和反馈部分水平和垂直的信道信息，并通过克罗内克（Kronecker）乘积重构完整的信道信息。具体来讲，W_1 可代表长期和宽带信道特性，由于引入了 2D CSI-RS 端口布局，W_1 可以采用与多个 2D 空间流相关的垂直和水平预编码的克罗内克乘积来进行虚拟化。W_2 表示采用 W_1 所选的波束以及波束间的共相位相关的短期和宽带（或子带）信道特性。

R13 中，每个 CSI-RS 资源中的端口数可以为 12 和 16 个。为了支持 12 个 CSI-RS 端口，R13 将现有的 3 个 4 端口的 CSI-RS 资源聚合起来，同样，为了支持 16 个 CSI-R 端口，还可以将 2 个 8 端口的 CSI-RS 资源聚合起来。12 和 16 个 CSI-RS 端口都支持 CDM2 和 CDM4。CDM4 是 R13 中引入的，其目的在于克服功率提升系数最大为 6dB 时的限制，充分利用基站发射功率。

此外，在 R12 批准的工作项目（WI）的基础上，R13 开始研究 AAS 基站所需要的 RF 的需求以及相关的一致性测试工作。

AAS 的主要功能模块是收发信单元阵列（TRXUA）、无线分配网络（RDN）以及天线阵列（AA）。其中，TRXUA 包括由发射单元（TXU）和接收单元（RXU）组成的收发单元，每个收发信单元（TRU/RXU）在基站内部与基带处理单元进行接口。TRXUA 和 RDN 经由收发信阵列边界（TAB）连接，它相当于传统的天线连接器。

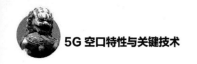

5.6.3.7　LTE R14 版本中的 MIMO 特性

因为标准化时间短，R13 中的 FD-MIMO 存在一些缺陷，如只支持 16 天线端口、没有针对多用户空间分集的 CSI 报告的增强方案、没有针对 CSI 测量丢失（如小区间干扰、UE 高速移动等）的补偿机制等。因此，在 R13 的 FD-MIMO 的基础上，R14 提出了 eFD-MIMO，并在以下方面进行了改进。

（1）非预编码的 CSI-RS：引入减少 CSI-RS 开销的机制，以支持更多的天线端口，引入 CDM-8 复用来扩展非预编码的 CSI-RS 的端口数量，从 Rel-13 中的 1、2、4、8、12 和 16 进一步扩展到 20、24、28 和 32。

（2）对 CSI-RS 进行波束赋形：引入非周期性 CSI-RS 和其他技术，优化 UE 专用的波束赋形的 CSI-RS 的使用效率。

（3）上行 DMRS：引入多于 2 个正交的 DRMS，当用户被分配到重叠的带宽时，可用于支持多用户 MIMO。

（4）CSI 报告增强：引入新的 20、24、28 和 32 天线端口码本，支持更多的 CSI-RS 端口。引入 CSI 报告增强机制，允许 UE 支持非预编码 CSI-RS、波束赋形 CSI-RS 反馈和波束赋形 CSI-RS 的混合使用。除了码本反馈，还引入了新的反馈机制来提高基站的预编码性能，包括有效的接口管理，支持高效率的多用户传输。

LTE R14 版本中，下行引入基于 DM-RS 的开环传输，上行 DM-RS 引入梳齿结构，定义了 2 个梳齿。

随着 MIMO 技术的不断演进和增强，mMIMO 技术也随着 5G 技术发展并应用起来了，下面予以详细分析和说明。

5.6.4　5G NR 中的 mMIMO 技术概述

5.6.4.1　大规模天线（mMIMO）的定义及特性

5G 系统中，mMIMO 技术采用大量收发信机（TRX）与多个天线阵列，实现波束赋形与多用户空间复用的组合。波束赋形的高增益利于增强覆盖，高阶阵列复用则能够增强系统容量和频谱效率。mMIMO 中可控天线数通常远大于 8 个，但是，单纯增加天线数并不意味着就是 mMIMO，Marzetta 博士对 mMIMO 有如下明确的定义。

（1）足够的天线适当排列，从而具备信道正交性和信道硬化（意味着随着天线数增加，信道快衰落和热噪声将被有效地平均）。

（2）每个 UE 采用单个链路且同时使用时频资源块，例如，不同位置上的 UE 采用相同的时域和频域资源，也称为空间分集。

（3）使用测量得到的信道状态信息而非假定的信道状态信息。

（4）大多数 MIMO 系统需要一个"训练"过程，以便建立和维护信道模型。在蜂窝系统中，这个过程是通过预先定义的导频来进行的。接收机侧的导频解调后的幅度和相位响应显示了信道的多径特性。由此，通常采用 2 种算法，即接收机侧从信道中的正交通路上区分出数据流，或者在发送侧对所要传送的数据进行预编码，这样发送数据到达接收天线时，每根天线上都恰好得到所需的正交信号。

将 LTE MIMO 与 5G 系统中所采用的 mMIMO 进行特性对比可知，5G 系统中，采用 mMIMO 可以实现覆盖增强和频谱效率提升的目的，它还支持多波束操作，如波束测量、波束上报、波束指示和波束失败恢复等功能。上行传送中，每用户即 SU-MIMO 最多支持 4 层，对于多用户即 MU-MIMO，则可采用正交端口及 ScramblingID 最多支持到 24 层，优于 LTE 和 LTE-A。下行传输中，每用户即 SU-MIMO 最多支持 8 层，对于多用户即 MU-MIMO，则可采用正交端口支持最多 12 层，也优于 LTE 和 LTE-A。此外，5G mMIMO 系统中，参考信号可配置，并支持最多 32 个天线端口。MIMO 特性对比见表 5-32。

表 5-32　MIMO 特性对比

	LTE Rel-8	LTE-A Pro R15	NR R15
优点	频谱效率提升	频谱效率提升	覆盖增强（特别是 6GHz 以上频段）频谱效率提升
多波束操作	规范不支持	规范不支持	波束测量，上报 波束指示 波束失败恢复
上行传输	每用户最多 4 层 对于 MU-MIMO 最多 8 层（通过 ZC 序列的循环移位）	每用户最多 4 层 对于 MU-MIMO 最多 8 层（通过 ZC 序列的循环移位）	每用户最多 4 层 对于 MU-MIMO 最多 12 层（正交端口）
下行传输	每用户最多 4 层	每用户最多 8 层 对于 MU-MIMO 最多 4 层（正交端口）	每用户最多 8 层 对于 MU-MIMO 最多 12 层（正交端口）
参考信号	固定模式，开销 最多 4 个天线端口（小区参考信号）	固定模式，开销 最多 32 个天线端口（CSI-RS）	可配置模式，最多 32 个天线端口（CSI-RS）支持 6GHz 以上频段

先进的天线系统（AAS）是指采用硬件和软件来实现无线信号收发功能的

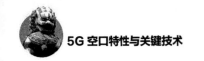
天线阵列。5G 系统中，6GHz 以下频段（如 3.5GHz）通常采用 128 或者 192 阵子，利用大量天线来获取空间复用的增益。对于高频如 28GHz，则通常采用 512 或者 1024 阵子，利用大量天线来实现空间聚焦，消除链路损耗增加的影响。

为了深入了解 mMIMO，本章首先从 AAS 建模及 TRX 结构入手，并进一步分析 mMIMO 系统中的参考信号的作用方式，最后介绍波束管理及传输模式相关的内容。

1. MIMO 通用逻辑架构

参照 TR37.842 描述基站和天线处理部分的通用的逻辑天线体系架构，如图 5-31 所示。以下行信号为例，码字经过调制之后，送到层影射单元，形成空间层，并经过预编码产生 OFDMA 信号。天线端口虚拟化模块用以将来自多个天线端口上的信号进行处理，形成数字信号，并发送到收发信单元所形成的阵列（TRXUA），产生射频（RF）信号。之后经由天线分发单元（RDN）处理后，通过天线阵列传送出去。

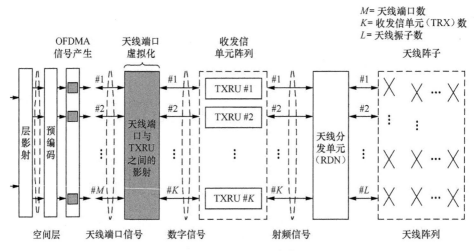

图 5-31 MIMO 通用逻辑架构示意

TRXUA 由多个发送单元（TXU）和接收单元（RXU）组成。发送（TX）方向上，发射单元 TXA 接收来自 AAS 基站的基带输入信号，并输出射频 RF 信号，该信号经由无线分配网络（RDN）传送给天线阵列中的相应通路和天线阵子。接收（RX）方向上，RDN 将来自多个天线通路的信号分配到相应的 TRX。收发信单元相互独立，RDN 可以将 TRX 与天线阵子进行不同的影射和组合。

2. 波束赋形的实现方式

MIMO 通用逻辑架构中，TRXUA 之前的功能模块负责进行数字信号处理，如预编码和天线端口影射等工作。而 TRXUA 之后的功能模块则都是射频信号处理部分。因此，数字波束赋形相应的工作在预编码和天线端口影射部分实现，而射频波束赋形相关的工作在 TRX 之后实现，混合波束赋形则同时在数字部分和模拟部分实现，如图 5-32 所示。

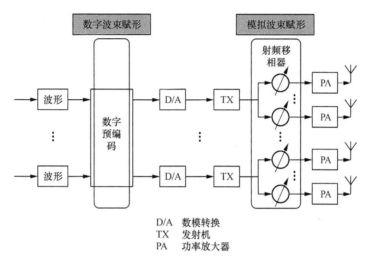

D/A　数模转换
TX　　发射机
PA　　功率放大器

图 5-32　数字和模拟波束赋型示意

（1）基带数字波束赋形

这种方式下，仅采用数字预编码在基带数字域形成窄波束，多个窄波束可以在频域和时域进行复用。每个 UE 具有一个或者多个空间层，收发信单元（TRX）和天线阵子或者端口之间一对一方式进行影射。

基带数字波束赋形架构提供了更高的灵活性，如支持 OFDMA 子载波间的频率选择性波束赋形。

（2）射频模拟波束赋形

高频系统中，RF 尺寸较小，没有足够的空间来支持更多的 TRX，因此，在系统带宽大且天线阵子数多的情况下，每个天线阵子都使用一个不同的 TRX 比较困难，除了成本因素之外，还在于大带宽需要高速 A/D 和 D/A 处理器，其功耗需求非常大。另外，高频系统中天线阵子数高达成百上千个，简单地将基带架构扩展到高频段也不可行。因此，可考虑采用全 RF 架构，其中，通过对 RF 单元进行相位调整和增益调整，可以在模拟域的 RF 上实现 MIMO 控制和波束赋形。

射频模拟波束赋形方式下，每个面板上的极化方向上的多个窄波束只能在模拟域构建，且多个波束也只能在时域进行复用。每个 UE 具有一个空间层，每个收发信单元（TRX）影射到多个天线阵子上。因此，相比基带架构，RF

架构下不能实现频率选择性波束赋形，因为发射权值由 RF 作用在整个信号带宽上，用户多的情况下也难以区分用户。

图 5-33 中，左侧为全连接（Fully-Connected）阵列配置，其中多个 RF 波束赋形的权值向量并行传送到阵列中的所有天线阵子上；右侧中为子阵列（Sub-Array）配置，其中每个 RF 权值向量应用到一组天线阵子上。子阵列配置的好处是天线阵子后面不需要进行信号相加工作，无须考虑相关设备。

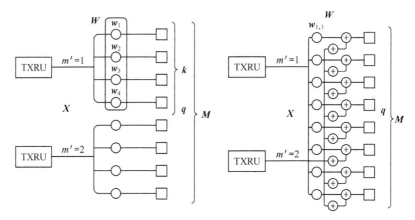

图 5-33　全连接（Fully-Connected）与子阵列（Sub-Array）配置示意

（3）混合波束赋形

相对于全基带和全射频架构来说，还可以进行混合波束赋形。其中，MIMO 和波束赋形的控制在 RF 和基带间进行区分。例如，除了进行基带 MIMO 预编码之外，多个流还在 RF 上进行波束赋形。这种混合架构下，每个 RF 波束由一个 TRX 驱动，多流的波束权值或者预编码由基带输入到 TRX。混合架构提供了额外的灵活性，且由于基带发送部分可以适应信号带宽，从而进一步优化了性能。此外，采用基带预编码提供多波束传送，既增强了容量，也增强了覆盖。

混合波束赋形下，多个窄波束可以同时在数字域和模拟域构建，子阵列上的模拟波束赋形提供中等波束宽度的覆盖波束，在阵列模拟波束之上的数字波束赋形则在中等波束宽度的覆盖波束内提供多个窄波束。

混合波束赋形设计中，需要根据天线模型来考虑收发信机的架构。

3. TRX 虚拟模型及具体配置

在 3GPP TR36.873 中，提供了 2D 天线阵列模型以及用于实现垂直波束赋形和全维度 MIMO 所需的虚拟化 TRXU 模型。

TR36.873 中规定，2D 平面天线阵列由交叉极化（X-Pol）或者同极化

（Co-Pol）天线组成。天线阵子放置在水平和垂直方向，其中，M 为行数，N 为列数。交叉极化天线中，天线阵子的总数为 $2×M×N$。天线阵子在水平方向上空间分布均匀，空间间隔为 d_H，垂直方向上间隔为 d_V。

由交叉极化阵列和均匀直线阵列组成的 2D 平面天线结构分别如图 5-34 和图 5-35 所示。

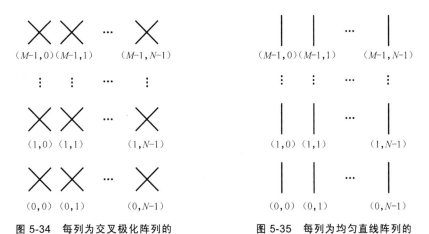

图 5-34　每列为交叉极化阵列的　　　　图 5-35　每列为均匀直线阵列的
2D 平面天线结构　　　　　　　　　　2D 平面天线结构

采用上述的单面板天线可以组成多面板天线。常用的直角面板阵列（URPA，Uniform Rectangular Panel Array）就是由多个 $M_g×N_g$ 的天线面板组成的，每个天线面板上都放置统一由多个天线阵子组成的直角阵列，并采用（M_g, N_g, P）和（d_H, d_V）进行定义。其中，M_g 表示一列中的面板数，N_g 表示一行中的面板数，P 表示极化方向数。天线阵列中的天线排列如图 5-36 所示。

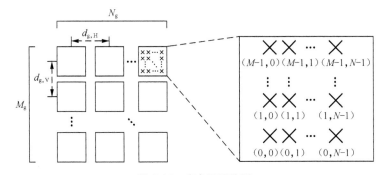

图 5-36　直角面板阵列

多个面板上具有相同极化的天线阵子在水平和垂直纬度上都均匀分布时，称为均匀（Uniform）阵列。多个面板上具有相同极化的天线阵子在水平和垂直

维度上非均匀分布时，面板上天线阵子间的水平间距和垂直间距不同，称为非均匀（Uniform）阵列。

图 5-37 中，左侧多面板天线的分布为均匀阵列，右侧则为非均匀阵列。

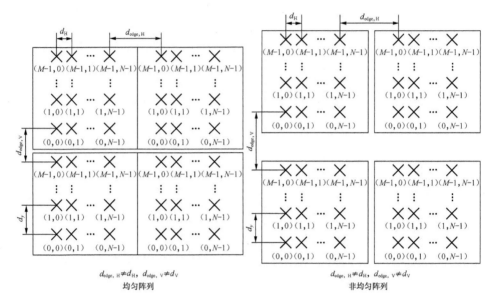

图 5-37 均匀和非均匀天线面板结构示意

这两种阵列结构下，相干和不相干 MIMO 的传送特性有所区别，因此需要考虑码本设计、校准的准确性、干扰测量以及先进接收机设计等方面的差异。

4. 扇区虚拟化

可以基于 CSI-RS 波束赋形来实现扇区虚拟化，即对 CSI-RS 信号进行波束赋形，利用大规模天线在水平和/或垂直方向半静态/动态地赋形出多个虚拟扇区。在虚拟扇区内由于天线端口数目相对较小，仍然可以使用传统的信道估计和反馈方式获取和利用信道状态信息。

为了实现虚拟扇区化，基站需要配置多个 CSI-RS 资源，每个 CSI-RS 资源经过波束赋形后对应一个虚拟扇区，用于该虚拟扇区的信道估计，如图 5-38 所示。为了形成虚拟扇区，基站首先需要将天线阵子映射到发送接收单元（TXRU），然后多个 TXRU 再分别产生不同方向上的虚拟扇区，并将同一虚拟扇区内的 TXRU 映射到多个天线端口。

以垂直 2 虚拟扇区下的天线阵子与天线端口之间的映射关系为例，如图 5-39 所示。此时虚拟扇区的水平角为 0，天线配置为（M, N, P, Q）=（8, 4, 2, 16），其中，M =8 表示天线阵子有 8 行，N =4 表示天线阵子有 4 列，P=2 表示采用双极化阵子，$Q=16$，表示 TXRU 数目为 16。每一列的相邻 4 个同极化阵子映射为一个 TXRU，因此在同一列的相同极化方向上有 2 个 TXRU，每个 TXRU 对应一个虚拟扇区，扇区的下倾角根据不同场景可以设置为不同数值。在同一虚拟扇区内，水平方向上共有 8 个 TXRU，TXRU 与天线端口为一一映射，因此每个虚拟扇区的天线端口数目为 8。

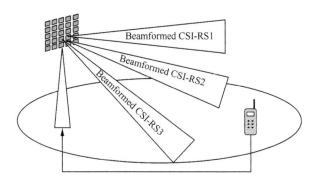

图 5-38　采用 CSI-RS 资源进行扇区虚拟化

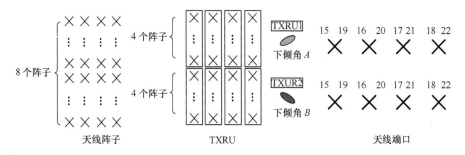

图 5-39　垂直 2 虚拟扇区天线映射方式

5. 高频天线举例

随着移动通信使用的无线电波频率的提高，路径损耗也随之加大。对于高频来说，高频的链路损耗比低频大得多，根据 Friis 的自由空间方程式计算对比高低频的链路损耗。另外，高频还容易受到阻挡和散射等因素的影响。

对比 2.8GHz 和 28GHz，其通路损耗相差约 20dB。因此，高频系统中，需要采用 MIMO/波束赋形来补偿 20～30dB 的链路损耗，才能保证接收端有足够的信号强度。这种情况下，如果链路损耗仅采用数字预编码进行补偿，则 gNB 和 UE 所需要的 TRX 数目将会非常大。此外，如果再考虑性能方面的影响，则所需要的 TRX 数目还会更多。因此，单纯依靠数字预编码来处理大量的 TRX 单元就会产生成本和复杂度等方面的问题。

假设所使用的天线尺寸相对无线波长是固定的，如 1/2 波长或者 1/4 波长，那么载波频率提高意味着天线变得越来越小。随着载波频率增加，波长缩短，天线阵子的大小通常与波长成比例，这意味着频率越高，在一定面积上可以放置的天线阵子的数目会显著增加。换个角度看，频率增加时，固定天线阵子数的天线阵列的大小会显著降低。

对于高频来说，由于天线阵子数增加，因此需要采用模拟波束赋形。由于数字通道有限，因此每个 TRXU 映射到多个天线阵子上。然而，模拟波束赋形只能够采用一个权值向量来传送宽带信号，因此当 UE 数目增加时，采用模拟波束赋形就无法区分 2 个 UE 了。如果将多个 TRXU（典型为 2 个）全部连接到相同的子阵列上，就可以采用混合波束赋形来提供更多的维度，增加预编码的灵活性。因此，还可以采用图 5-40 所示的 2TRXU 虚拟化模型。

假定 gNB 侧采用 4 个天线阵列，每个阵列对应 1 个 TXRU。UE 侧采用 1 个面板，对应 4 个 XRU，则相应的天线阵列如图 5-41 所示。

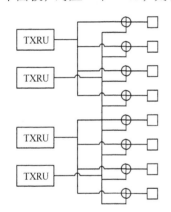

图 5-40　2TRXU 虚拟化模型示例

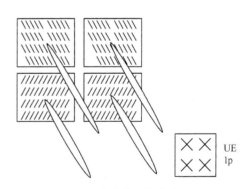

图 5-41　毫米波天线阵列示意

另外，为了补偿较大的链路损耗同时保持合理的实现复杂度，高频系统中 MIMO/波束赋形需要采用与 LTE 中单纯的数字预编码不同的方式，即采用模拟波束赋形与数字预编码相结合来实现，称之为混合波束赋形方式。其中，模拟波束赋形用于补偿链路损耗，并提供波束赋形的灵活性；数字预编码用于提供额外增益和性能增强，获取频域预编码的灵活性。实际上模拟波束赋形的实现复杂度比数字预编码要低得多，因为它主要依靠简单的相位偏移来实现。

5.6.4.2　天线阵列结构及波束赋形

5G 系统中，6GHz 以下频段（如 3.5GHz）通常采用 128 或者 192 阵子，利用大量天线来获取空间复用的增益。对于高频如 28GHz，则通常采用 512 或者 1024 阵子，利用大量天线来实现空间聚焦，消除较高的链路损耗的影响。

使用直角天线阵列的目的是产生高增益的波束，并使得波束能够在一定的角度范围内扫描。对发射天线阵列中的部分天线阵子的幅度和相位进行独立控制，并在接收端将来自多个天线阵子上的信号进行有机组合，就可以获得增益。天线阵子越多，增益越高。为此，通常将天线阵列分为多个子阵列，每个阵列中采用 2 个专用的 TRX 通道来进行控制，每个极化方向对应一个 TRX 通道。这样，就可以控制天线的方向和其他特性，产生所需的天线波束了。如图 5-42 所示，左侧直角天线阵列中具有 128 个天线阵子，在 2 个极化方向上排布。右侧子阵列中同样包含 128 个阵子，但是由于分成了多个子阵列，因此可以采用更多的 TRX 来进行驱动，提供更加灵活的波束赋形能力。

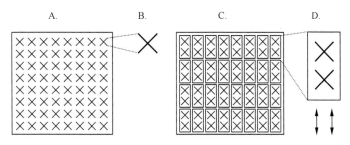

图 5-42　典型天线阵列示意

阵列增益是指将所有子阵列上的信号组合后所获得的增益。子阵列的数目决定了阵列增益与单个子阵列增益的关系。例如，2 个子阵列提供的阵列增益为 3dB。通过调整子阵列信号的相位，就可以在所需方向上获得该阵列增益。

每个子阵列具有一定的辐射模式，它决定了不同方向上的增益。增益和波束宽度取决于子阵列的宽度和单个天线振子的特性。不过子阵列增益和波束宽度之间存在均衡关系，子阵列越大，其增益越高，波束宽度则越窄。

天线总增益可以看作是阵列增益和子阵列增益之间的乘积，即阵列增益×子阵列增益=总的天线增益。振子总数决定了最大增益，子阵列分割则使得高增益波束能够在特定的角度范围内进行扫描。此外，子阵列辐射模式决定了窄波束的包络和形状。因此，实际部署中需要根据覆盖需求来选择天线阵列的结构。如图 5-43 所示，单个子阵列中包含的振子数越多，天线增益越大，但是天线波瓣较宽，方向性较差；采用多个子阵列组成多阵列天线时，子阵列数越多，波束数目越大，天线波瓣也越宽。

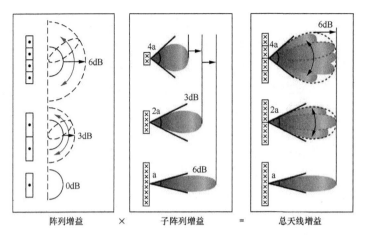

图 5-43　天线增益示意

5.6.4.3　天线部署场景

实际部署时，选用什么样的 AAS 配置取决于场景需求、站型限制、AAS 软件特性、波束的垂直覆盖要求、基于互易性的反馈的可用性以及 MU-MIMO 的增益等因素。

图 5-44 所示的 128 振子天线中，如果每个子阵列采用 2 个收发信单元 TRX 来驱动，则采用 2×1 子阵列可以实现 64T64R；采用 4×1 子阵列可以实现 32T32R；采用 8×1 子阵列可以实现 16T16R。不同 TRX 的天线适用于不同场景下的应用，详述如下。

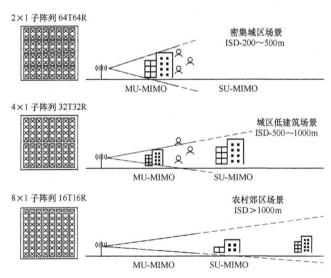

图 5-44　不同场景下的天线选择示意

1. 密集城区场景

密集城区高楼场景下，高层建筑物较多、站间距不大、话务密度高，用户分布在垂直的各个楼层内。采用传统的 2 收 2 发系统，在小站间距和高话务情况下，大量用户难以被垂直波瓣所覆盖，这些区域内的用户接收的来自邻近站的信号较强，从而产生严重的干扰问题。这需要采用垂直覆盖范围足够大的天线来解决。小的子阵列天线所产生的波束在垂直方向上的波瓣较宽，因此，将天线分成小的子阵列，就可以产生高增益的波束，能够实现垂直方向的良好覆盖，解决干扰问题。但是，AAS 需要足够多的无线通道来对这些小的子阵列进行支持。

另外，覆盖好且用户较为集中意味着基于互易性的波束赋形以及 MU-MIMO 的应用概率高，因此 AAS 应当支持这些技术。通常来说，采用 64 通道就可以较好地实现复杂度和性能需求方面的均衡了。

2. 城区低建筑场景

一些城市中的建筑物不太高，基站通常部署在屋顶上，站间距约几百米。与密集的城市高层场景相比，单位面积的话务流量更低。建筑类型众多，因此在 AAS 和 UE 之间存在多径传播。

增大天线面积有助于提高 UL 边缘速率，这对于采用 TDD 的高频段尤其重要。由于站间距较大，低层建筑中的用户较多，因此对垂直面覆盖的需求有所降低，因此可以使用较大的垂直子阵列，垂直波束提供的增益较小，水平波束赋形可以提供的增益增加。给定的天线面上使用更大的子阵列意味着需要更少的收发通路。基于大多数用户可以使用基于互易性的波束赋形算法，但是一些覆盖较差的边缘用户仍需采用基于反馈的波束赋形。多径传播环境条件下，如果链路质量高、用户配对概率高，负荷较高时也可采用 MU-MIMO。这种场景下，考虑到复杂度和性能之间的均衡，可采用 16～32 个收发通路的 AAS 系统。

3. 农村郊区场景

乡村/郊区乡村或郊区宏覆盖场景下，多为屋顶或塔式基站，站点间距离从一公里到数公里，人口密度较低或中等程度，垂直用户分布非常少，垂直波束赋形提供的增益有限。该场景要求 AAS 具有较大的天线面且支持水平波束赋形。因此，采用大的垂直子阵列以及小的垂直覆盖面是合适的。与其他场景相比，支持基于互易的波束赋形的用户比例更小，而且 MU-MIMO 增益更有限。考虑到复杂度和性能之间的平衡，AAS 可采用 8～16 个收发通路。

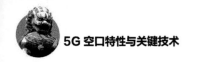

5.6.5 下行准同站和传输配置指示

5.6.5.1 下行准同站定义及特性

下行准同站（QCL，Quasi Co-Located）是指如果两个天线端口信道状况类似，即其中一个天线端口在一个符号上的信道状况的大尺度特性可以通过另外一个天线端口在该符号上的信道状况推断出来，则认为两个天线端口是 QCL 的。

大尺度衰落是由移动通信信道路径上的固定障碍物（建筑物、山丘、树林等）的阴影引起的。LTE 中的大尺度特性包括时延扩展、多普勒扩展、多普勒频移、平均增益以及平均时延等因素之一或者多个因素的组合。在提取 CSI 反馈信息或者解调时，大尺度特性可用于确定信道估计的参数，补偿可能的时间和频率错误。比如，如果 2 个天线端口在平均时延和多普勒频移方面建立了QCL，则一个天线端口上的平均时延和频率偏移估计结果可被另一个天线端口所复用，从而大大简化了 UE 实现的复杂度。

（1）时延扩展和平均时延

存在多径的情况下，同一信号到达接收端的时间不同。比如，基站发送一个脉冲信号，则接收信号中不仅含有该信号，还包含有它的各个时延信号。这种由于多径效应使接收信号脉冲宽度扩展的现象，称为时延扩展。

通常，来自不同 TRP 的 RS 信号到达 UE 时的平均传播延迟不同，这些时序偏移引入的码间干扰（ISI）会严重影响 CSI 测量和数据解调时信道估计的精度，从而导致 MIMO 性能显著下降。

（2）多普勒频移和扩展

多普勒效应就是信号源相对于观测点做运动时，观测到的信号频率会随着信号源的移动速度和角度的不同而发生变化。多普勒频移定义为由于发射机和接收机间的相对运动，接收机接收到的信号频率将与发射机发出的信号频率之间产生的差值。多普勒扩展则是指多普勒效应会使得原有的通信带宽向外扩展。

由于 UE 在不同 TRP 下的不同方向上移动，因此来自不同 TRP 的 RS 信号可能经历不同的多普勒频移和多普勒扩展。如 2GHz 下 UE 以 30km/h 的速度移动时，多普勒频移最大为 f_m=移动台的移动速度（v）×载波频率（f_0）/光速= 2×（30000/3600）×2000/300=55.56Hz，基站发送频率与接收频率之间的频偏约为 2×55.56Hz=111Hz。另外，2/3/4G 系统中，TS36.104 中规定的振荡器所允许的频率偏移为+/–0.05ppm，因此，2GHz 下 2 个 TRP 之间不同振荡器之间的频率错误为 $2f$×0.05ppm=200Hz。综合考虑以上多普勒频移和频率错误的影响，总的频率偏移约为 300Hz，从而会造成性能降低，尤其对高阶调制的影响更为明显。

（3）平均增益

UE 与 TRP 之间的距离不同，UE 的接收波束也不同，因此，UE 在不用 TRP 下的接收功率可能会有很大的差异，从而路径损耗和波束阻塞情况也有区别。再则，不同的 TRP 具有不同的发射功率和调度策略，从而也会对接收功率产生影响。如果 UE 假定来自不同 TRP 的天线端口上的平均增益是相同的，则 UE 侧 SNR 估计就不准确，从而影响信道估计的准确性，导致 CSI 测量和解调性能方面的损失。

以上分析表明，频率偏移、定时偏移和接收功率不平衡都会导致性能显著下降，因此单一 QCL 的假设是不合适的，建议将天线端口分成不同的组，每组采用不同的 QCL 配置。换句话说，应该支持多种 QCL 配置。

1. LTE 中的 QCL

LTE 中，针对天线端口的 QCL 在 TS36.213 中进行定义，同一类 RS 相关的 QCL 配置见表 5-33，不同 RS 类别相关的 QCL 配置见表 5-34。需要注意的是，TM1 ~ 9 仅支持 QCL 行为类别 A，而 TM10 下 UE 所配置的 QCL 类型可以为 A 或者 B，由高层信令来确定。

表 5-33　LTE 中同一类 RS 相关的 QCL 配置

参考信号（RS）类别	天线端口间的 QCL 假设
CRS	{时延扩展、多普勒扩展、多普勒频移、平均增益以及平均时延}相关的 QCL
DMRS	给定子帧上{时延扩展、多普勒扩展、多普勒频移、平均增益以及平均时延}相关的 QCL
CSI-RS	一个 CSI-RS 资源配置内{时延扩展、多普勒扩展、多普勒频移、平均增益以及平均时延}相关的 QCL

表 5-34　LTE 中不同 RS 类别相关的 QCL 配置

参考信号（RS）类别	天线端口间的 QCL 假设
CRS 和 PSS/SSS	有关{多普勒频移和平均时延}的 QCL
CSI-RS 和 CRS/DMRS	• QCL 行为类别 A：CRS、CSI-RS 和 DMRS 有关的（多普勒频移、多普勒扩展、平均时延、时延扩展）可以假定是 QCL 的； • QCL 行为类别 B：除了下列情况之外，CRS、CSI-RS 和 DMRS 的天线端口间不是 QCL 的： 　- 对于每个 CSI-RS 资源，RRC 信令所指示的 CSI-RS 和 CRS 有关的天线端口的（多普勒频移、多普勒扩展）可以假定是 QCL 的； 　- DMRS 和物理层信令所指示的特定 CSI-RS 资源的天线端口的（时延扩展、多普勒扩展、多普勒频移、平均时延）可以假定是 QCL 的

2. 5G NR 中的 QCL

5G NR 中 2 个天线端口之间 QCL 的定义与 LTE 相类似，但是在大尺度特性中新增了空间接收参数一项新内容。

RAN1#86 的 QCL 的决议表明，除了考虑延迟扩展、多普勒扩展、多普勒频移、平均增益和平均延迟 5 个大尺度特性相关的 QCL 参数之外，对于 NR，还考虑新增空间接收相关的 QCL 参数。空间接收参数与到达角有关，尤其在 UE 侧使用模拟波束赋形时更为重要。波束管理过程中，UE 可以通过测量和比较某些 DL RS 的质量（方便起见称之为 RRM-RS）来选择几对 TX-RX 模拟波束，TRP 则会在 UE 所提供的 TX 波束中选择一个波束，用来传输已赋形的 CSI-RS 或者 DMRS 端口。采用这种方式，UE 知道采用 RX 波束中的哪一个来接收这些天线端口，对应 RRM-RS 端口的 TX 波束号可以由信令通知给 UE。这种情况可以认为 RRM-RS 端口和 CSI-RS/DMRS 端口在主导到达角方面是 QCL 的。由于模拟波束不像数字波束那样动态变化，所以主导到达角确定了 RX 波束成形系数，因此可以看作是一个大尺度特性。在没有 QCL 假设的情况下，UE 需要搜索多个 RX 候选波束，这是非常耗费精力和时间的。

不同 TRP 上的天线端口具有不同的大尺度特性，因此仅采用单个 QCL 是不可行的。此外，同一个 TRP 下的不同天线面板上的天线端口间采用单个 QCL 也不合适。这是因为不同面板上的波束会经历不同的反射和散射，因此信道时延不同。不同的面板具有不同的振荡器，因此面板间存在频率差异。由此可见，NR 中频率端口间的 QCL 关系更为复杂。5G NR 中的 QCL 类别和特性见表 5-35。

表 5-35　5G NR 中的 QCL 类别和特性

QCL 类别	描述
QCL-类别 A	多普勒频移、多普勒扩展、平均延迟、延迟扩展
QCL-类别 B	多普勒频移、多普勒扩展
QCL-类别 C	平均延迟、多普勒频移
QCL-类别 D	空间接收参数

5.6.5.2　传输配置指示

系统采用传输配置指示（TCI，Transmission Configuration Indication）来通知 PDSCH 或者 PDCCH 所使用的波束与哪个参考信号（CSI-RS 还是 SSB）相关。PDCCH 或者 PDSCH 与某个 TCI 相关，就意味着它们所采用的空间发送滤波器与 TCI 所对应的参考信号的空间发送滤波器是相同的。

　　UE 可以由高层参数 PDSCH-config 配置最多 M=64 个 TCI 状态（TCI-State）配置列表，以便根据服务小区中所检测到的携带 UE 相关 DCI 的 PDCCH 来解码 PDSCH。其中，M 依赖于 UE 的能力。每个 TCI-State 用于配置一个或两个下行参考信号与 PDSCH 的 DM-RS 端口之间的 QCL 关系的参数。QCL 关系由第一个 DL RS 的高层参数 qcl-Type1 和第二个 DL RS（如果配置）的 qcl-Type2 配置。无论是相同的 DL RS 还是不同的 DL RS，两个 DL RS 情况下的 QCL 类型都不应该相同。每个下行（DL）参考信号所对应的 QCL 类型由 qcl-Info 中的高层参数 qcl-Type 给出，可以取 QCL 类别 A、B、C 或者 D 等其中之一。

　　参看 TS38.331，TCI-State 信息内容如下。其中，bwp-Id 是 RS 所在的 DL BWP。小区表示 RS 所在的载波，如果此参数不存在，则对应 TCI-State 所配置的服务小区。只有在 qcl 类别为 D 时，RS 才可以位于没有配置 TCI-State 的服务小区。referenceSignal 表示所提供的 QCL 信息的参考信号。

```
TCI-State ::=                    SEQUENCE {
    tci-StateId                 TCI-StateId,
    qcl-Type1                   QCL-Info,
    qcl-Type2                   QCL-Info
    ...
}
QCL-Info ::=                     SEQUENCE {
    cell                        ServCellIndex
    bwp-Id                      BWP-Id
        referenceSignal         CHOICE {
            csi-rs                  NZP-CSI-RS-ResourceId,
            ssb                     SSB-Index
    },
    qcl-Type                    ENUMERATED {typeA, typeB, typeC, typeD},
    ...
}
```

　　根据 TS38.321，网络可以对 UE 专用的 PDSCH 发送 TCI 状态激活/去激活的 MAC CE，用以激活和去激活服务小区中所配置的 PDSCH 的 TCI 状态。MAC 实体接收到服务小区上 UE 专用的 PDSCH MAC CE 的 TCI 状态激活/去激活之后，就向下层指明 UE 专用 PDCCH MAC CE 的 TCI 状态激活/去激活相关的信息。需要注意的是，PDSCH 的 TCI 状态在初始配置完成和切换完成后，都处于去激活状态。此外，网络也可以对 UE 专用的 PDCCH 发送 TCI 状态指示的 MAC CE，用以对服务小区中用于 CORESET 的 PDCCH 接收的 TCI 状态进行指示。MAC 实体接收到服务小区上 UE 专用的 PDCCH MAC CE 的 TCI 指示之后，就向下层指明 UE 专用 PDCCH MAC CE 的 TCI 状态指示相关的信息。

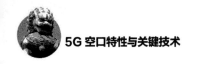

UE 专用的 PDSCH 的 TCI 状态激活/去激活 MAC CE 格式如图 5-45 所示。其中，T_i 对应 RRC 消息所表明的 TCI-StateId i 的 TCI 状态。T_i 设置为 "1" 时，表示 TCI-StateId i 处于激活态，且会映射到 DCI 中传输配置指示域中的码点上。T_i 设置为 "0" 时表示 TCI-StateId i 处于去激活态，且不会映射到 DCI 中传输配置指示域中的码点上。设置为 "1" 的 T_i 到 DCI 中 TCI 域的映射采用顺序进行，即第一个设置为 "1" 的 T_i 映射到码点值 0，第二个设置为 "1" 的 T_i 映射到码点值 1，以此类推，但所激活的 TCI 状态的最大数为 8。

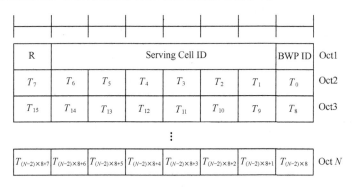

图 5-45　UE 专用的 PDSCH 的 TCI 状态激活/去激活 MAC CE 格式

当携带激活命令的 PDSCH 所对应的 HARQ-ACK 在时隙 n 中发送时，TCI 状态与 DCI "传输配置指示" 域中码点之间的映射关系从时隙 $n+3N_{\text{slot}}^{\text{subframe},\mu}+1$ 开始起作用。UE 接收到高层配置的 TCI 状态但是还没有接收到激活命令之前，UE 假定服务小区中 PDSCH 的 DM-RS 端口与初始接入过程中所确定的 SSB 之间为 QCL 类别 A 的关系。QCL 类别 D 适用时，它们之间也存在 QCL 类别 D 的关系。

如果调度 PDSCH 的 CORESET 的高层参数 tci-PresentInDCI 配置为 "启用"，UE 就认为 CORESET 上所传送的 PDCCH 的 DCI 格式 1_1 中的 TCI 域存在。

① tci-PresentInDCI 启用且采用 DCI 格式 1_1 调度 PDSCH 时，UE 将根据所检测到的 PDCCH 的 DCI 中的 "传输配置指示" 域的取值，使用 TCI-State 来确定 PDSCH 天线端口的 QCL 特性。

② 如果 DL DCI 的接收与相应的 PDSCH 之间的偏移等于或大于 Threshold-Sched-Offset 门限，则 UE 假设服务小区中的 PDSCH 的 DM-RS 端口与 TCI 状态中的 RS 的 QCL 关系由 TCI 状态所指示的 QCL 类别来确定。其中，阈值与 UE 所上报的能力有关。

如果没有为调度 PDSCH 的 CORESET 配置 tci-PresentInDCI，或者采用 DCI 格式 1_0 调度 PDSCH，则确定 PDSCH 天线端口的 QCL 时，UE 认为 PDSCH

的 TCI 状态和用于 PDCCH 传送的 CORESET 所使用的 TCI 状态是相同的。

tci-PresentInDCI 被设置为'enabled'或者未配置的情况下，如果 DL DCI 的接收与对应的 PDSCH 之间的偏移小于 Threshold-Sched-Offset 门限，则服务小区中激活 BWP 中的最新时隙中具有一个或者多个 CORESET 时，UE 假设服务小区的 PDSCH 的 DM-RS 端口与 TCI 状态中的 RS 基于该时隙中编号最小的 CORESET 所使用的 PDCCH 的 QCL 指示准共站。如果所配置的 TCI 状态都不包含"QCL 类别 D"，则 UE 将采用所调度的 PDSCH 的 TCI 状态中的其他 QCL 假设，而不管 DL DCI 的接收与相应的 PDSCH 之间的时间偏移。

对于采用高层参数 trs-Info 配置的 NZP-CSI-RS-ResourceSet 中的周期性 CSI-RS 资源，UE 期望 TCI 状态指示以下 QCL 类型之一：

① 与 SS/PBCH 块之间为 QCL 类别 C，适用的话，与同一个 SS/PBCH 块之间为 QCL 类别 D；

② 与 SS/PBCH 块之间为 QCL 类别 C，并且在适用的情况下，与配置高层参数"重复"（Repetition）的 NZP-CSI-RS-ResourceSet 中的 CSI-RS 资源之间为 QCL 类别 D；

③ 对于采用高层参数 trs-Info 配置的 NZP-CSI-RS-ResourceSet 中的非周期性 CSI-RS 资源，UE 期望 TCI-State 指示其与配置 trs-Info 的 NZP-CSI-RS-ResourceSet 中的周期性 CSI-RS 资源为 QCL 类别 A，适用的话，与同一个周期性 CSI-RS 资源为 QCL 类别 D。

对于没有采用高层参数 trs-Info 配置且没有高层参数重复的 NZP-CSI-RS-ResourceSet 中的 CSI-RS 资源，UE 期望 TCI 状态指示以下 QCL 类型之一：

① 与配置高层参数 trs-Info 的 NZP-CSI-RS-ResourceSet 中的 CSI-RS 资源之间为 QCL 类别 A，且在适用的情况下，与 SS/PBCH 块之间为 QCL 类别 D；

② 与配置高层参数 trs-Info 的 NZP-CSI-RS-ResourceSet 中的 CSI-RS 资源之间为 QCL 类别 A，且在适用的情况下，与配置高层参数重复的 NZP-CSI-RS-ResourceSet 中的 CSI-RS 资源之间为 QCL 类别 D；

③ 当'QCL-TypeD'不适用时，与配置高层参数 trs-Info 的 NZP-CSI-RS-ResourceSet 中的 CSI-RS 资源之间为 QCL 类别 B。

对于高层参数配置为重复的 NZP-CSI-RS-ResourceSet 中的 CSI-RS 资源，UE 期望 TCI 状态指示以下 QCL 类型之一：

① 与配置高层参数 trs-Info 的 NZP-CSI-RS-ResourceSet 中的 CSI-RS 资源之间为 QCL 类别 A，且在适用的情况下，与同一个 CSI-RS 资源之间为 QCL 类别 D；

② 与配置高层参数 trs-Info 的 NZP-CSI-RS-ResourceSet 中的 CSI-RS 资源

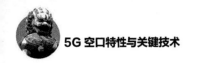

之间为 QCL 类别 A，且在适用的情况下，与高层参数配置为重复的 NZP-CSI-RS-ResourceSet 中的 CSI-RS 资源之间为 QCL 类别 D；

③ 与 SS/PBCH 块之间为 QCL 类别 C，并且在适用的情况下，与同一个 SS/PBCH 块之间为 QCL 类别 D。

对于 PDCCH 的 DM-RS，UE 期望 TCI 状态指示以下 QCL 类型之一：

① 与配置高层参数 trs-Info 的 NZP-CSI-RS-ResourceSet 中的 CSI-RS 资源之间为 QCL 类别 A，且在适用的情况下，与同一个 CSI-RS 资源之间为 QCL 类别 D；

② 与配置高层参数 trs-Info 的 NZP-CSI-RS-ResourceSet 中的 CSI-RS 资源之间为 QCL 类别 A，且在适用的情况下，与高层参数配置为重复的 NZP-CSI-RS-ResourceSet 中的 CSI-RS 资源之间为 QCL 类别 D；

③ 当'QCL-TypeD'不适用时，与没有配置高层参数 trs-Info 和重复的 NZP-CSI-RS-ResourceSet 中的 CSI-RS 资源之间为 QCL 类别 A。

对于 PDSCH 的 DM-RS，UE 期望 TCI 状态指示以下 QCL 类型之一：

① 与配置高层参数 trs-Info 的 NZP-CSI-RS-ResourceSet 中的 CSI-RS 资源之间为 QCL 类别 A，且在适用的情况下，与同一个 CSI-RS 资源之间为 QCL 类别 D；

② 与配置高层参数 trs-Info 的 NZP-CSI-RS-ResourceSet 中的 CSI-RS 资源之间为 QCL 类别 A，且在适用的情况下，与高层参数配置为重复的 NZP-CSI-RS-ResourceSet 中的 CSI-RS 资源之间为 QCL 类别 D；

③ 与没有配置高层参数 trs-Info 和重复的 NZP-CSI-RS-ResourceSet 中的 CSI-RS 资源之间为 QCL 类别 A。并且在适用的情况下，与同一个 CSI-RS 资源之间为 QCL 类别 D。

5.6.6　波束管理

波束管理是指 gNB 和 UE 采用 L1/L2 过程来捕获并保持一组 gNB 和/或 UE 波束，用于上下行传送。

无论 UE 处于空闲模式下的初始接入阶段，还是处于连接模式下的数据传送阶段，都需要进行波束管理操作。比如，空闲状态的 UE 对 gNB 的扫描波束进行测量，实现初始接入；连接状态的 UE 也可以对 gNB 的发送波束进行测量，实现波束的精细调整（Refinement）。此外，UE 也可以对同一个 gNB 的发送波束进行测量，以便在 UE 使用波束赋形的条件下进行 UE 发送波束的改变。值得注意的是，空闲状态和连接状态下波束测量所使用的参考信号不同。

波束管理具体包括波束扫描、波束测量、波束识别、波束上报和波束故障恢复等方面。

（1）波束扫描

波束扫描是指在特定周期或者时间段内，波束采用预先设定的方式进行发送和/或接收，以覆盖特定空间区域。

为了扩大波束赋形增益，通常采用高增益的方向性天线来形成较窄的波束宽度，而波束宽度窄容易产生覆盖不足的问题，尤其在 3 扇区配置的情况下。为了避免这个问题，可以在时域采用多个窄波束在覆盖区域内进行扫描，从而满足区域内的覆盖要求。

采用波束扫描技术，波束在预定义的方向上以固定的周期进行传送。例如，初始接入过程中，UE 需要与系统进行同步并接收最小系统信息。因此，采用多个承载 PSS、SSS 和 PBCH 的 SSB 块以固定周期进行扫描和发送。CSI-RS 也可以采用波束扫描技术，但是如果要对所有预定义的波束方向进行覆盖的话，其开销太大，因此，CSI-RS 仅根据所服务的移动终端的位置，在预定义波束方向的特定子集中进行传送。

（2）波束测量

波束测量是指 gNB 或者 UE 对所接收到的赋形信号的质量和特性进行测量的过程。波束管理过程中，UE 或者 gNB 通过相关测量识别最好波束。

空闲模式和连接模式下，上下行方向上相关的测量参考信息见表 5-36。

表 5-36　UE 测量相关的参考信息

	初始接入（空闲态 UE）	追踪（连接态 UE）
下行	SSB	CSI-RS 和 SSB
上行		SRS

下行方向上，3GPP 定义了基于 L1-RSRP 的波束测量上报过程，以支持波束选择和重选，该测量可以基于 SSB 或者分配给 UE 的 CSI-RS。采用 L1-RSRP 的考虑是，为了进行快速的波束信息测量和上报，测量将基于 L1 进行，而不需要 L3 的滤波过程。传统的 L3 RSRP 由高层上报，而 5G 中的 L1 RSRP 直接在物理层报告，因此其可靠性和信道容量都比较重要。

空闲模式下，L1-RSRP 测量基于 SSB（由 PSS/SSS/PBCH 组成的 SS 块）进行。在 5G NR 下行帧中，SSB 采用固定周期向 UE 进行发送，周期可以为 5ms、10ms、20ms、40ms、80ms 或者 160ms。SSB 采用波束扫描方式进行发送，UE 可以对 PBCH 相关的 DMRS 进行测量，获取 SSB 相关的 RSRP 和 SINR 等信息。

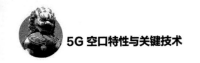

连接模式下，下行测量基于 CSI-RS。CSI-RS 可以用作连接模式下移动管理相关的 RRM 测量。每个 SS 突发可以配置多个 CSI-RS，由此 UE 可以先通过 SS 突发获取同步，然后采用 SSB 作参考来搜索 CSI-RS 资源。因此，CSI-RS 测量窗口配置中应当包含至少与它相关的周期性和时间/频率偏移量。

上行方向上，测量则基于 SRS 进行。探测参考信号（SRS）用于监测上行信道质量，由 UE 发送，gNB 接收。UE 可配置多个 SRS 用于进行波束管理，它们包含 1~4 个 OFDM 符号，占用分配给 UE 的部分带宽进行传送。

（3）波束识别

下行波束由 UE 来确定，其判决准则是波束的最大接收信号强度应大于特定的门限。

上行方向上，移动终端根据 gNB 的方向传送 SRS，gNB 对 SRS 进行测量以确定最好的上行波束。

如果 gNB 侧能够根据 UE 的下行波束测量结果来确定上行接收波束，或者 gNB 侧能够根据上行接收波束的测量结果来确定下行发送波束，则 gNB 侧可以认为 TX/RX 波束是一致的。

同样，如果 UE 侧能够根据 UE 的下行波束测量结果来确定上行发送波束，或者 UE 能够根据 UE 的上行波束测量结果来确定 UE 的下行接收波束，且 gNB 支持 UE 的波束一致性相关的特性指示信息，则 UE 侧可以认为 TX/RX 波束是一致的。

（4）波束上报

确定最好波束后，UE 或者 gNB 将所选择的波束信息通知给对端，另外，gNB 和 UE 侧还需要进行波束错误恢复等相关工作。

（5）波束故障恢复

除了上述波束管理的基本过程之外，波束失效的情况下，还需要考虑波束失效的恢复工作。

使用多波束操作时，由于波束宽度比较窄，波束故障很容易导致网络和终端之间的链路中断。当 UE 的信道质量较差时，底层将发送波束失败通知。UE 将指示新的 SS 块或者 CSI-RS，并通过新的 RACH 过程来进行波束恢复。gNB 将在 PDCCH 上传送下行设定或者 UL 许可信息，来结束波束恢复过程。

UE 侧波束故障恢复过程通常包括波束失效检测、候选波束识别、波束失效恢复请求以及波束恢复等步骤。

（1）波束失效检测

UE 通过周期性 CSI-RS 或者 SSB 等下行参考信号来检测当前所分配的波束是否工作正常。当某个波束的 BLER 高于预设的 PDCCH 的 BLER 门限值时，就认为该波束此刻出现了故障。当 UE 所评估的所有参考信号的无线链路质量都比门限值差时，物理层将会周期性地通知高层，当终端高层收到连续多个故障指示时，则确认为波束故障。

（2）候选波束识别

候选波束集是由高层所配置的周期性 CSI-RS 资源和/或 SSB 块。波束质量检测条件是 L1-RSRP。当某个波束的 L1-RSRP 高于门限值时，UE 认为该波束满足要求，并上报给高层。

（3）波束失效恢复

上报波束失效恢复请求后，UE 将会等待 5G 基站的响应。当 UE 在监听窗口内成功收到基站对其 BFRQ 的响应时，则认为波束故障恢复成功。整个波束恢复过程完成。

（4）波束恢复请求

当 UE 检测到波束故障并找到了至少一个候选波束时，将会通过 PUCCH 或竞争方式的 PRACH 向 gNB 发送波束失效恢复请求（BFRQ）消息，其中，包括 UE 标示、波束故障事件指示以及候选波束信息。

如果 UE 在波束失败恢复定时器到期前没有收到来自基站的 BFRQ 响应，或者 UE 进行 BFRQ 传输的次数达到高层配置的最大次数时，则认为波束故障恢复失败。对于通过 PRACH 的方式进行波束故障恢复，如果不成功，则触发无线链路失败操作。

其中，第一步和第二步取决于 UE 实现，不需要网络辅助。

5.6.6.1　空闲状态下的 SSB 波束管理

1．SSB 时域和频域配置

SSB 中，PSS 时域上位于 SSB 块中第 0 个 OFDM 符号的位置，频域占据第 56 到 182 之间的 127 个子载波；SSS 时域上位于 SSB 块中第 2 个 OFDM 符号的位置，频域占据第 56 到 182 之间的 127 个子载波。PBCH 占用 SSB 块中第 1 个和第 3 个 OFDM 符号位置时，频域占据第 0 到 239 之间的 240 个子载波。PBCH 占用 SSB 块中第 2 个符号位置时，频域占据第 0 到 47 以及第 192 到 239 之间的 96 个子载波。

假设为情况 B，子载波间隔为 30kHz，频率为 3～6GHz，则 $n=0$ 和 1，起始符号编号 = {4, 8, 16, 20} + 28n。计算可知，半帧范围内 SSB 总共占用 4 个时隙，每个时隙中各有 2 个 SSB，故 SSB 总数（L）为 8，SSB 的起始符号编号分别为 {4, 10, 18, 24, 32, 38, 46, 52}。如图 5-46 所示，偶数时隙中 SSB 从符号 4 开始，奇数时隙中 SSB 从符号 2 开始。

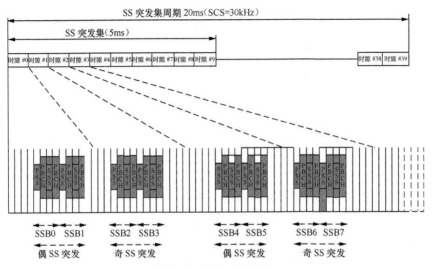

图 5-46　SSB 位置示意

2. SSB 波束扫描

通过对 SSB 采用基带数字权值，来生成多个不同方向的广播信号静态宽波束，并采用时分扫描来对小区实现全覆盖。

时域上，半帧即 0.5ms 内存在多个 SSB 波束，它们以突发集为周期（如 20ms）重复出现，如图 5-47 所示。

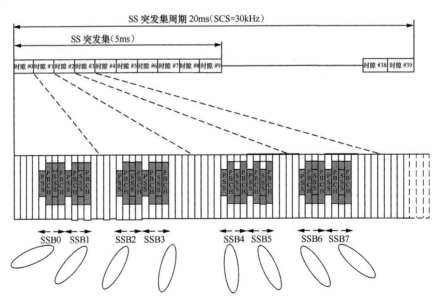

图 5-47　SSB 时域多个波束示意

空域上，采用基带数字权值 SSB 生成多个不同方向的广播信号静态宽波束，配合时域多波束扫描，服务于不同位置上的用户。SSB 空域多个波束示意如图 5-48 所示。

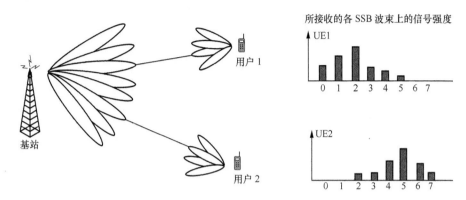

图 5-48　SSB 空域多个波束示意

3. SSB 波束测量

SSB 波束扫描过程中，多个 SSB 使用某个特定的间隔周期性地进行发射，每个 SSB 在某个方向上形成特定的波束，并通过唯一的 SSB 标识号来进行标定。

每个 SSB 在 5ms 的半帧中所设定的唯一标识号从 0 开始依次增加，最大取值为 SSB 的个数 L。该标识的一部分信息由 PBCH DMRS 承载，另一部分则由 PBCH 来承载。具体为：

① $L=4$ 时，前 2 个最低位（LSB）与 PBCH 中所传送的 DM-RS 序列编号存在一对一的映射关系；

② $L>4$ 时，前 3 个最低位（LSB）与 PBCH 中所传送的 DM-RS 序列编号存在一对一的映射关系；

③ $L=64$ 时，UE 采用 PBCH 载荷 $\overline{a}_{\overline{A}+5}, \overline{a}_{\overline{A}+6}, \overline{a}_{\overline{A}+7}$ 来确定 SSB 标识号的最高 3 个比特（MSB）。

服务小区中，可以采用高层参数 ssb-periodicityServingCell 来配置半帧中 SSB 的传送周期，取值为 5ms、10ms、20ms、40ms、80ms 或者 160ms。如果没有配置该参数，则缺省周期为半帧，且服务小区中所有 SSB 的周期都是相同的。

处于 gNB 小区中不同方位上的多个 UE 对某个区间内探测到的每个 SSB（一个 SSB set 的区间）进行测量，并根据测量结果确定最强信号的波束所对应的 SSB 索引，不同方位的 UE 测量的最强波束不同，从而所确定的 SSB 索引也

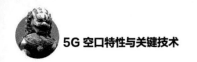
不同。

SSB 相关的 RSRP、RSRP 和 SINR 等信息根据对 PBCH 相关的 DMRS 的测量来获取，分别记作 SS-RSRP、SS-RSRQ 和 SS-SINR。SS-RSRP 表示 SS 参考信号接收功率，它是承载 SSS 信号的所有 RE 上的功率的线性平均，它可以作为 L1-RSRP 用于进行波束管理。此时，UE 通过 ssb-Index-RSRP 来上报各个波束的测量结果。

测量结果中，SS/PBCH 块资源指示符（SS，SSBRI/PBCH Block Resource Indicator）用于表示 SSB 的索引编号，其比特位数为 $\lceil \log_2(K_s^{SSB}) \rceil$，其中，$K_s^{SSB}$ 是上报'ssb-Index-RSRP'所对应的资源集中配置的 SS/PBCH 块的数目。

4. 波束识别和 PRACH 接入

每个小区中的多个 SSB 波束，主要用于系统消息读取、同步以及接入等工作。每个 SSB 波束都与 PRACH 的接入时机（RACH Occasion）按照一定的关系相对应。

正常情况下，多个 SSB 波束按照一定的周期进行扫描，接入过程中，UE 在发送 PRACH 前导序列前会选择满足门限条件的 SSB 波束作为最佳的波束，使用所选择的波束发送前导序列。gNB 在相应的 SSB 波束上接收到前导序列后，会使用同样的波束来发送 MSG2 和 MSG4（SA 模式下）。同样，UE 会继续使用该波束发送 MSG3。

UE 对 SSB 进行测量得到 SSB 的 RSRP，并与 rsrp-ThresholdSSB 进行比较，以判断 SSB 是否满足 RSRP 门限条件。UE 最终在 SSB 测量结果大于 RSRP 门限的所有 SSB 中选择信号最强的波束，用于发送上行 MSG1。如果所有 SSB 都不满足 RSRP 门限条件，则 UE 可以选择任意 SSB 波束发送 MSG1。

通过高层参数 ssb-perRACH-OccasionAndCB-PreamblesPerSSB，系统向 UE 提供与一个 PRACH 时机相关联的 N 个 SS/PBCH 块（对应 L1 参数 SSB-per-rach-occasion），以及每个有效 PRACH 时机中每个 SSB 可用的 R 个基于竞争的前导（对应 L1 参数 CB-preambles-per-SSB）。

因此，每个 RACH 时机的 CB 前导的数目可以通过计算得到：

cbPreamblesPerRachOccasion = CB-preambles-per-SSB × max（1,SSB-per-rach-occasion）

如果 $N<1$，则一个 SSB 被映射到与 SSB n 相关联的编号连续的 $1/N$ 个有效 PRACH 时机和 R 个基于竞争的前导码上，$0 \leqslant n \leqslant N-1$，即 1/ssbPerRach Occasion 个连续的 RACH 时机对应一个 SSB，且有效的 PRACH 时机从前导编号 0 开始。例如，N=1/4 & R=16，则每个 RACH 时机可用前导 R 为[0，…，15]。

如果 $N \geqslant 1$，则 R 个连续的基于冲突的前导与 SSB n 相关联，有效的 PRACH 时机从前导编号 $n \cdot N_{\text{preamble}}^{\text{total}} / N$ 开始，$n \cdot N_{\text{preamble}}^{\text{total}} / N$ 由高层参数 totalNumberOfRA-Preambles 来提供，且为 N 的整数倍，$0 \leqslant n \leqslant N-1$。也就是说，$N \geqslant 1$ 时，从 $n \cdot 64/N$ 开始的连续 cbPreamblesPerSsb 个 CB 前导对应 SSB n，且 N = ssbPerRach Occasion。比如，如果 N=4 & R=12，则 4 个 RACH 时机可用前导 R 依次为[0，…，11]、[16，…，27]、[32，…，43]和 [48，…，59]。

由此可见，1 个 SSB 只可以映射到 1 个 PRACH 传送时机上，1 个 SSB 也可以映射到多个 PRACH 传送时机上，多个 SSB 也可以只映射到 1 个 PRACH 传送时机上，如图 5-49 所示。

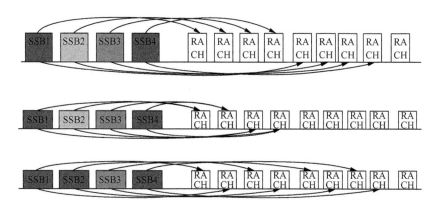

图 5-49　SSB 与 PRACH 传送时机映射示意
（上：一对一；中：多对一；下：一对多）

SSB 标识按以下顺序映射到有效的 PRACH 时机上：

第一，在单个 PRACH 时机中，基于 CB 前导，按照前导索引递增；

第二，在频率复用的 PRACH 时机上，按照频率资源索引递增；

第三，在 PRACH 时隙内的时分复用 PRACH 时机上，按照时间资源索引递增；

第四，按 PRACH 时隙索引递增。

假定每个 PRACH 时机上的 SSB 为 4，则多个 SSB 也可以只映射到 1 个 PRACH 传送时机的情况下，前导映射关系示例如图 5-50 所示。

相关周期用于将 SSB 映射到 PRACH 时机，它从帧 0 开始，是由表 5-37 中 PRACH 配置周期所决定的最小值，这样可以确保 $N_{\text{Tx}}^{\text{SSB}}$ 个 SSB 在相关周期内至少映射到 PRACH 时机上一次。其中，$N_{\text{Tx}}^{\text{SSB}}$ 由 SIB1 或者 ServingCellConfig Common 中的高层参数 ssb-PositionsInBurst 来设定。

12～15	28～31
8～11	24～27
4～7	20～23
0～3	16～19

44～47	60～63
40～43	56～59
36～39	52～55
32～35	28～51

图 5-50　每个 PRACH 时机上的 SSB 为 4 时前导机映射示意

表 5-37　PRACH 配置周期与 SSB 映射到 PRACH 时机的相关周期

PRACH 配置周期（ms）	相关周期（PRACH 配置周期的数目）
10	{1, 2, 4, 8, 16}
20	{1, 2, 4, 8}
40	{1, 2, 4}
80	{1, 2}
160	{1}

5．SA 和 NSA 架构下的 SSB 波束管理

5G 独立组网（SA）和非独立组网（NSA）时，波束管理工作也有区别，见表 5-38。

表 5-38　SA 和 NSA 下的波束管理特性对比

波束管理阶段	SA 下行	NSA 下行	NSA 上行
多 RAT 连接性	不可用	LTE 进行控制操作	
参考信号传送	下行	下行	上行
网络协调	不可用	有可能采用中央控制器来实现	
波束扫描	基于 UE 所接收到的 SSB 的遍历搜索		基于 UE 发送且被 gNB 接收到的 SRS
波束测量	UE 侧进行	UE 侧进行	gNB 侧进行
波束识别或选择	UE 根据每个波束的测量结果选择最好的波束		gNB 和中心控制器选择最好的波束对来用于上下行传送
波束报告	gNB 侧遍历搜索	UE 通过 LTE 来上报最好的波束对信息，并在所选择的波束上进行 RACH 机会的调度	gNB 通过 LTE 来传送最好的波束对，在所选择的波束上对 RACH 机会进行调度

　　SA 和 NSA 架构的下行波束管理过程如图 5-51 所示。下行方向上，SSB 采用一定的周期进行波束扫描，UE 对所接收到的 SSB 进行测量，确定并上报最好的波束，采用最好波束所对应的 RACH 机会来发送 RACH 前导信息。

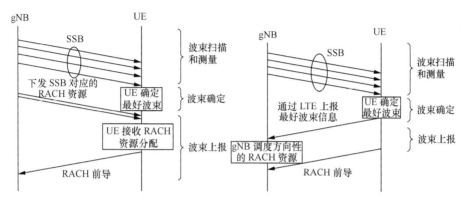

图 5-51　下行波束管理过程示意（左侧为 SA，右侧为 NSA）

　　SA 和 NSA 架构下，下行波束扫描、波束测量和确认过程是相同的。对于波束上报，SA 架构和 NSA 架构下有所不同，描述如下。

　　SA 架构下，UE 确定最好波束后，需要等待最好波束所对应的 RACH 机会到来后，才能发送 RACH 消息，这条消息也用于隐含地通知 gNB 其所选择的最好波束。由于每个 SSB 下只在特定的时频偏移和方向上才存在 RACH 机会，因此 UE 可能需要等待一个完整的扫描过程才能获取相关的 RACH 机会，从而增加了网络接入时延。连接模式下，UE 可以采用已建立的控制信道来反馈波束信息，如果出现链路故障，则需要采用 CSI-RS 来进行波束恢复。如果不行，UE 就需要重新发起接入过程，或者使用 SSB 来进行链路恢复，这会对用户的业务产生影响。

　　NSA 架构下，由于控制面在 LTE 侧，因此借助 LTE 链路，UE 可以上报所选择的最好波束的信息给 gNB，无须等待即可立即发起随机接入过程，而 gNB 也可相应地迅速为 UE 调度相关波束上的 RACH 机会。此外，LTE 链路也有助于快速上报链路失败信息，并在链路恢复后迅速完成数据的恢复工作。

　　6.　*初始接入过程中波束相关的信令过程*

　　初始接入过程中，UE 首先检测小区级 SSB 波束，然后再转到 UE 专用的 CSI-RS 波束。初始接入过程中的波束测量和转换过程如图 5-52 所示。

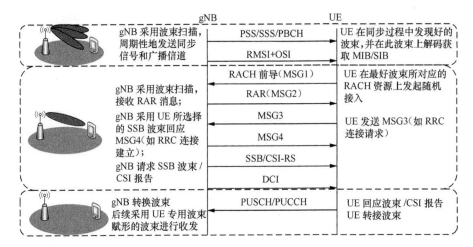

图 5-52 初始接入过程中的波束测量和转换过程

5.6.6.2 连接态下的 CSI–RS 波束管理

5G 系统中，SSB 波束可以看作是小区级的粗波束，每个小区中，6GHz 以下的低频最多可以有 8 个粗波束，6GHz 以上的高频最多可以有 64 个粗波束，主要用于传输广播信道和同步信道以及辅助进行随机接入。而 CSI-RS 波束则可以看作是 UE 专用的精细波束，它是在粗波束的基础上进一步实现的，其波束更窄，方向性更好，主要用于传输业务信道以及参考信号。

此外，5G 系统中，对 R13 版本中的天线端口数、CSI 报告方式以及高速的支持性等方面都进行了增强。比如，参考信号方面，5G 支持的 CSI-RS 端口数增加到最大 32，提高了 UE 专用的采用波束赋形的 CSI-RS 效率，降低了 CSI-RS 开销，增加了上行 DMRS 端口的数量。CSI 上报方面，对新增 CSI-RS 端口的码本进行了定义，支持混合 CSI-RS 和对应的 CSI 上报以及先进的 CSI 上报机制等。

5.6.6.3 NZP CSI–RS 资源配置

CSI-RS 仅作用于下行方向上，其作用主要有：
① 用于获取信道状态信息（CSI）；
② 用于进行波束管理；
③ 用于进行频率和时间追踪；

④ 用于移动过程中的 RRM 测量。

上述功能都采用 NZP CSI-RS。另外，CSI-RS 还可以采用 ZP CSI-RS 来支持 PDSCH 的速率适配。

根据 4.5.5 节中 CSI-RS 特性描述的信息，NZP CSI-RS 资源集、NZP CSI-RS 资源以及端口数之间的关系如表 5-39 所示。

表 5-39　CSI-RS 相关概念之间的关系

CSI-RS 作用	特性和区分方法	CSI-RS 资源集数	CSI-RS 资源数/资源集	最大端口数/CSI-RS 资源
用于 CSI 测量		$1\sim$多（每个配置中 S 个资源集）	$K_s = 1\sim 64$ 所有资源集中的资源总数不超过 128	1，2，4，8，16，24，32
用于波束管理	CSI 上报项目为 "cri-RSRP（发送波束扫描）" 或 "None（接收波束扫描）"	$1\sim$多	$1\sim$多	1，2
用于时频追踪	资源集中包含一个高层信令（trs-Info）来指示此资源集用作 TRS	1	FR1: 4 个周期性的 CSI-RS 资源（2 个连续时隙内）；FR2: 2 个周期性的 CSI-RS 资源（1 个时隙上）或 4 个周期性资源/2 时隙	1（密度为 3，时隙中符号间隔为 4）
用于 RRM 测量	配置 CSI-RS-Resource-Mobility		UE 所配置的资源数不超过 96 或者 64（详见规范描述）	1

- 系统可以设定 $M\geqslant 1$ 个 CSI-RS 资源配置（CSI-ResourceConfig）。
- 每个资源配置包含 $S\geqslant 1$ 个 CSI-RS 资源集列表（csi-RS-ResourceSetList）。
  - 资源集的类别即资源的时域特性是指周期性、非周期性和半持续性等。
  - 非周期类别下，S 最大取值为 16。
  - 周期或者半持续类型下，S 取值为 1。
- 每个 CSI-RS 资源集由 CSI-RS 资源和用于 L1-RSRP 计算的 SSB 资源组成。
  - CSI-RS 资源包含 NZP CSI-RS 或者 CSI-IM。
  - 每个资源集中所包含的最大 NZP CSI-RS 资源为 K。
- 每个 CSI-RS 资源所支持的天线端口数取决于 CSI-RS 所实现的功能。

CSI-RS 资源可以为 UE 专用，也可以为多个用户所共享。UE 根据所接收的 CSI-RS 资源进行信道估计，并上报信道状态信息（CSI）给 gNB。当 UE 配置的多个 CSI-ResourceConfigs 资源设定中包含相同的 NZP CSI-RS 资源编号或者相同的 CSI-IM 资源编号时，这些 CSI-ResourceConfigs 资源设定都具有相同的时域特性。

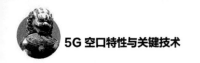

可以采用高层参数 CSI-ResourceConfig 和 NZP-CSI-RS-ResourceSet 为 UE 配置 0 ~ 63（对应参数 maxNrofNZP-CSI-RS-ResourceSets）个 NZP CSI-RS 资源集。

1. NZP CSI–RS 资源集配置

NZP CSI-RS 资源集（NZP-CSI-RS-ResourceSet）用于配置一组 CSI-RS 资源及其相关的参数。

```
NZP-CSI-RS-ResourceSet ::= SEQUENCE {
    nzp-CSI-ResourceSetId   NZP-CSI-RS-ResourceSetId,
    nzp-CSI-RS-Resources   SEQUENCE  (SIZE  (1..maxNrofNZP-CSI-RS-ResourcesPerSet))
OF NZP-CSI-RS-ResourceId,
    repetition              ENUMERATED { on, off }              OPTIONAL
    aperiodicTriggeringOffset    INTEGER（0..4）                 OPTIONAL
    trs-Info                 ENUMERATED {true}                   OPTIONAL
    ...
}
```

- nzp-CSI-RS-Resources 表示与 NZP-CSI-RS 资源集相关的 NZP-CSI-RS 资源。每个资源集中最多包含 8 个用于 CSI 的 NZP-CSI-RS 资源。

- 重复定义了 NZP CSI-RS 资源集内的 CSI-RS 资源是否采用相同的下行链路空域传输过滤器一起发送，取值为"on"或者"off"。设为"off"或者为空时，资源集内的所有 NZP-CSI-RS 资源都不会采用相同的下行空域传送过滤器进行传送，且每个符号都不会具有相同的天线端口数（NrofPorts）。只有在 CSI-ReportConfig 中 reportQuantity 取值为"cri-RSRP"或"none"时，相关的 CSI-RS 资源集才需要配置此参数。

- aperiodicTriggeringOffset 表示触发非周期性 NZP CSI-RS 资源的 DCI 所在的时隙与 CSI-RS 资源集实际传送的时隙之间的偏移量 X，取值范围为 0 到 4，该参数没有配置时取值为 0。

- trs-Info 取值为"True"时，表示 CSI-RS 资源集中的所有 NZP-CSI-RS 资源所使用的天线端口都是相同的。如果该参数为空或者释放，则 UE 采用"false"值。

NZP-CSI-RS-ResourceSet 采用参数重复来表明资源集中的所有 CSI-RS 资源是否采用相同的下行空域传输滤波器，只有与 CSI-Report Config 为"L1 RSRP"或"no report"相关的 CSI-RS 才可以配置此参数。

下行空域传输滤波器用于区分不同的 CSI-RS 资源，从而可以理解为对应不同的波束，不同的空域滤波器应用于不同的 CSI-RS。因此，相当于采用参数重复来控制波束的形成及其测量过程。

如果 UE 配置的 NZP-CSI-RS-ResourceSet 的参数 "repetition" 设置为 "on"，则 UE 可以假设 NZP-CSI-RS-ResourceSet 中的多个 CSI-RS 资源在不同的 OFDM 符号上采用相同的下行链路空域发送过滤器一起发送，其中，NZP-CSI-RS-ResourceSet 中的 CSI-RS 资源在不同的 OFDM 符号中发送（见图 5-53），UE 认为资源集内的每个 CSI-RS 资源的 periodicityAndOffset 中的周期性相同。如果重复被设置为 "off"，则 UE 认为 NZP-CSI-RS-ResourceSet 内的多个

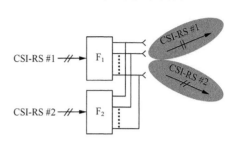

图 5-53　空域滤波器作用示意

CSI- RS 资源不采用相同的下行链路空域传输过滤器进行传输。图 5-54 所示为采用相同空域滤波器的多个 CSI-RS 采用不同符号传送。

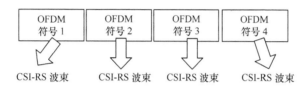

图 5-54　采用相同空域滤波器的多个 CSI-RS 采用不同符号传送

如果 UE 配置的 reportquantity 设置为 "cri-RSRP" 或者 "none"，且用于信道测量的 CSI-ResourceConfig 中所包含的 NZP-CSI-RS-ResourceSet 的参数重复设置为 "启用"（on），并且没有启用 trs-Info，即所有 CSI-RS 资源集中的所有 NZP-CSI-RS 资源的天线端口都不同，则对于资源集中的所有 CSI-RS 资源，只能采用参数 nrofPorts 为 UE 配置相同的端口数目（1 或者 2）。

如果 UE 配置的 CSI-RS 资源与 SS/PBCH 块在同一个符号上，则 UE 认为 CSI-RS 和 SS/PBCH 块是 "QCL-TypeD" 准同站的。此外，UE 认为 CSI-RS 与 SS/PBCH 块的 RE 没有重叠，且 CSI-RS 与 SS/PBCH 块所使用的子载波间隔是相同的。

2. NZP CSI-RS 资源配置

对每个 NZP CSI-RS 资源，NZP-CSI-RS-Resource 中相关参数配置为：

```
NZP-CSI-RS-Resource ::=            SEQUENCE {
    nzp-CSI-RS-ResourceId          NZP-CSI-RS-ResourceId,
    resourceMapping                CSI-RS-ResourceMapping,
    powerControlOffset             INTEGER（-8..15），
    powerControlOffsetSS           ENUMERATED {db-3, db0, db3, db6}      OPTIONAL
```

```
scramblingID                           ScramblingId,
periodicityAndOffset                   CSI-ResourcePeriodicityAndOffset  OPTIONAL
qcl-InfoPeriodicCSI-RS                 TCI-StateId                       OPTIONAL
...
}
```

- nzp-CSI-RS-ResourceId 用以表示一个 CSI-RS 资源，取值范围为 0 ~ 191。

- periodicityAndOffset 用以定义周期性/半持久性 CSI-RS 的 CSI-RS 周期性和时隙偏移。一个 CSI-RS 资源组内的所有 CSI-RS 资源都配置有相同的周期性，但不同 CSI-RS 资源的时隙偏移则可以相同或者不同。sl1 表示周期为 1 个时隙，sl1 表示周期为 2 个时隙，相应的偏移也采用时隙来表示。

- CSI-RS-resourceMapping 定义了端口数、CDM 类型，以及 CSI-RS 资源所占用的时隙中的 OFDM 符号以及 PRB 内的子载波数目（参见 TS38.211）。

- powerControlOffset：NZP CSI-RS EPRE 与 UE 进行 CSI 反馈时所采用的 PDSCH EPRE 的比率，取值范围为[−8 ~ 15] dB，步长为 1dB。

- powerControlOffsetSS：表示 NZP CSI-RS EPRE 与 SS/PBCH 块的 EPRE 的比率。

- scramblingID 表示长度为 10 比特的 CSI-RS 的加扰号。

- CSI-ResourceConfig 中的 bwp-Id 定义了 CSI-RS 所在的 BWP。

- qcl-InfoPeriodicCSI-RS：对于周期性 CSI-RS，包含 TCI-States 中一个 TCI-State 的参考，用以提供 QCL 源和 QCL 类型信息。周期性 CSI-RS 的参考源可以是 SSB 或者另一个周期性 CSI-RS。如果 TCI 状态是参考与 "QCL-TypeD" 关联的 RS 的，则该 RS 可以是位于相同或不同 CC/DL BWP 中的 SS/PBCH 块，也可以是位于相同或不同的 CC/DL BWP 中的周期性的 CSI-RS 资源。

CSI-RS-ResourceMapping 中的参数描述如下：

```
CSI-RS-ResourceMapping ::=              SEQUENCE {
    frequencyDomainAllocation           CHOICE {
        row1                                BIT STRING (SIZE (4)),
        row2                                BIT STRING (SIZE (12)),
        row4                                BIT STRING (SIZE (3)),
        other                           BIT STRING (SIZE (6))
    },
    nrofPorts                           ENUMERATED {p1,p2,p4,p8,p12,p16,p24,p32},
    firstOFDMSymbolInTimeDomain         INTEGER (0..13），
    firstOFDMSymbolInTimeDomain2        INTEGER (2..12）             OPTIONAL
    cdm-Type                            ENUMERATED {noCDM, fd-CDM2, cdm4-FD2-TD2,
cdm8-FD2-TD4},
    density                             CHOICE {
        dot5                                ENUMERATED {evenPRBs, oddPRBs},
```

```
        one                                  NULL,
        three                                NULL,
        spare                                NULL
    },
    freqBand                        CSI-FrequencyOccupation,
    ...
}
```

- cdm-Type 定义了 CDM 值和模式，其允许取值为{noCDM, fd-CDM2, cdm4-FD2-TD2, cdm8-FD2-TD4}，详见 TS 38.211 中的 7.4.1.5 节。

- nrofPorts 定义了 CSI-RS 端口的数量，其允许的取值为{p1,p2,p4,p8,p12, p16,p24,p32}，详见 TS 38.211 的 7.4.1.5 节。

- density 定义了每个 PRB 中的每个 CSI-RS 端口上的 CSI-RS 频率密度，单位为 RE/port/PRB。X=1 时，对应的取值为 0.5、1 和 3；X=2、16、24 和 32 时，对应的取值为 0.5 和 1；X=4、8 和 12 时，对应的取值为 1。

- 对于密度 1/2，采用 1 比特来指示 RB 级的 comb 偏移，用于表示 CSI-RS 是占用了奇数还是偶数 RB，该奇数/偶数 PRB 是相对于公共资源块（CRB）网格而言的。

- firstOFDMSymbolInTimeDomain2 表示 PRB 中的时域配置信息，对应 TS38.211 的 7.4.1.5 节中的参数 l_1，$l_1 \in \{2,3,\cdots,12\}$。

- firstOFDMSymbolInTimeDomain 表示 PRB 中的时域配置信息，对应 TS38.211 的 7.4.1.5 节中的参数 l_0，$l_0 \in \{2,3,\cdots,12\}$，用于指示 CSI-RS 的 PRB 中的第一个 OFDM 符号。

- freqBand 表示 CSI-RS 采用宽带还是部分频带。

- frequencyDomainAllocation 表示 PRB 内的频域分配信息，与 TS38.211 中表 7.4.1.5.3-1 相关。

资源集内的所有 CSI-RS 资源配置有相同的 bwp-Id，相同的密度和相同的 nrofPort。但是用于干扰测量的 NZP CSI-RS 资源不需要遵循此要求。BWP 中的 CSI-RS 资源的带宽和初始 CRB 索引分别由 CSI-RS-ResourceMapping 内的 freqBand 中所配置的 CSI-FrequencyOccupation 中的 nrofRB 和 startingRB 来进行配置。nrofRB 用于表示 CSI 资源所占用的 PRB 数，startingRB 表示公共资源块（CRB）栅格中的 CSI 资源相对于 CRB#0 的 PRB 位置。

nrofRB 和 startingRB 都需要配置为 4 的整数倍，startingRB 的参考点是公共资源块（CRB）网格上的 CRB 0。如果 startingRB $< N_{\mathrm{BWP}}^{\mathrm{start}}$，UE 将假设 CSI-RS 资源的初始 CRB 索引是 $N_{\mathrm{initialRB}} = N_{\mathrm{BWP}}^{\mathrm{start}}$，否则 $N_{\mathrm{initialRB}} = $ startingRB。如果 nrofBRs $> N_{\mathrm{BWP}}^{\mathrm{size}} + N_{\mathrm{BWP}}^{\mathrm{start}} - N_{\mathrm{initialRB}}$，则 UE 假定 CSI-RS 资源的带宽为 $N_{\mathrm{CSI-RS}}^{\mathrm{BW}} = N_{\mathrm{BWP}}^{\mathrm{size}} + N_{\mathrm{BWP}}^{\mathrm{start}} - N_{\mathrm{initialRB}}$，否则 $N_{\mathrm{CSI-RS}}^{\mathrm{BW}} = $ nrofRBs。所有情况下，UE 都期望 $N_{\mathrm{CSI-RS}}^{\mathrm{BW}} \geq \min(24, N_{\mathrm{BWP}}^{\mathrm{size}})$。

3. CSI-RS 端口

5G 系统中，每个 CSI-RS 资源所支持的天线端口数最大为 32，CSI-RS 资源配置参数中，采用 nrofPorts 配置 1、2、4、8、12、16、24 和 32 个天线端口。

采用基于波束的测量时，即 CSI-ReportConfig 中的 reportQuantity 设置为 'cri-RSRP、cri-RI-PMI-CQI、cri-RI-i1、cri-RI-i1-CQI、cri-RI-CQI 或 cri-RI-LI-PMI-CQI 时，资源集中配置 $K_S>1$ 个资源用于信道测量。如果配置 $K_S=2$ 个 CSI-RS 资源，则每个资源包含最大 16 个 CSI-RS 端口；如果配置 $2<K_S≤8$ 个 CSI-RS 资源，则每个资源最大包含 8 个 CSI-RS 端口。总的天线端口数采用以下公式计算：

总的天线端口数 = 每个 CSI-RS 配置下的天线端口数×CSI-RS 配置数

类型 I 单面板码本配置下所支持的天线端口配置见表 5-40，摘自 TS38.214 表 5.2.2.2.1-2。

表 5-40　类型 I 单面板码本配置下所支持的 (N_1, N_2) 和 (O_1, O_2) 配置

CSI-RS 天线端口数（P_{CSI-RS}）	(N_1, N_2)	(O_1, O_2)
8	(2, 2)	(4, 4)
	(4, 1)	(4, 1)
12	(3, 2)	(4, 4)
	(6, 1)	(4, 1)
16	(4, 2)	(4, 4)
	(8, 1)	(4, 1)
24	(4, 3)	(4, 4)
	(6, 2)	(4, 4)
	(12, 1)	(4, 1)
32	(4, 4)	(4, 4)
	(8, 2)	(4, 4)
	(16, 1)	(4, 1)

类型 I 多面板码本配置下所支持的天线端口配置见表 5-41，摘自 TS38.214 表 5.2.2.2.2-1。

表 5-41　类型 I 多面板所支持的 (N_g, N_1, N_2) 和 (O_1, O_2) 配置

CSI-RS 天线端口数 (P_{CSI-RS})	(N_g, N_1, N_2)	(O_1, O_2)
8	(2, 2, 1)	(4, 1)
16	(2, 4, 1)	(4, 1)
	(4, 2, 1)	(4, 1)
	(2, 2, 2)	(4, 4)
32	(2, 8, 1)	(4, 1)
	(4, 4, 1)	(4, 1)
	(2, 4, 2)	(4, 4)
	(4, 2, 2)	(4, 4)

5.6.6.4　信道状态信息（CSI）反馈

1. CSI 概述

UL 接收和 DL 传输中进行波束赋形和空间复用时，需要了解用户和基站之间的无线信道的特性，以便 gNodeB 来调整层的数目并进行波束赋形。

对于 UL 数据信号的接收，可以采用 UL 所接收到的已知信号进行信道估计。信道估计用以确定如何将接收信号进行合并，以提高所需信号的功率，并降低来自本小区或者 MU-MIMO 中其他用户的干扰信号的影响。

DL 传输中，由于在发送之前就需要了解通道状况，因此更为复杂。基本的波束赋形对信道状况的要求较低，广义的波束赋形则不然，因为它要考虑多径通路的影响。此外，如果对 MU-MIMO 中的多个信道采用天线零填充来降低干扰，也需要准确了解各个信道的特性。通常，采用两种方式来了解信道状况，即 UE 反馈和 UL 信道估计。采用 UE 反馈时，基站需要在 DL 中传输已知信号，UE 使用这些信号进行信道估计并生成反馈信息，通过 UL 控制信道传送到 AAS。采用 UL 信道估计时，使用时分双工（TDD）还是频分双工（FDD）是有区别的。

TDD 模式下，UL 和 DL 传输使用相同的频率。由于无线信道的 UL 和 DL 特性是一致的，因此基于上下行信道间的互易性，基站可以基于上行信道的估计结果得到完整的下行 CSI，对非对称的 UL 和 DL 进行一些校正和补偿后即可用来确定 DL 传输波束，这被称为基于互易性的波束赋形方式。采用这种方式对所有信道进行估计时，UE 的所有天线都应该在整个可用频段上发送信号。

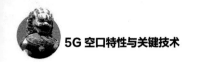
　　FDD 模式下，上下行频段不同，导致上下行信道特性也有较大差异，从而无法利用信道互易性来基于上行信道估计进行下行传送。因此，只能在 UE 侧对下行信道进行估计，并通过上行信道将估计结果反馈给 gNB，通过对 UL 信道估计的统计数据进行适当的平均，来获得 DL 信道的长期特性（如主导方向）。但这会使得估计结果与实际下行传输之间产生时延，从而制约了波束赋形和调度的灵活性。另外，为了降低反馈开销，终端可能对所估计的 CSI 进行压缩，从而会严重影响 mMIMO 的性能，降低波束赋形的准确性。因此，FDD mMIMO 的最主要挑战来自于信道状态信息（CSI）的估计及反馈方法以及相关参考信号的设计。

　　采用哪种信道特性取决于 UL 覆盖和 UE 能力。在 UL 覆盖受限的情况下，UE 反馈提供了更顽健的操作，而覆盖良好的场景下，完整的 UL 信道估计则更适用。因此，基于 UE 反馈和 UL 信道估计来进行波束赋形都是必要的。

　　总体来说，对于 PDSCH 和 PUSCH，CSI 的获取过程可以采用以下两种方式。

　　（1）基于信道互易性的模式

　　上行信道估计结果提供了预编码选择相关的下行信道的信息，同样，下行信道估计结果提供了预编码选择相关的上行信道的信息。

　　接收机只反馈 RI 和 CQI，系统根据所选择的预编码来提取 RI 和 CQI。对于下行来说，基站选择预编码并且采用预编码的 CSI-RS 端口指示给 UE。上行则由基站从预编码的 SRS 端口中提取出来。

　　（2）基于码本的 PMI 反馈模式

　　UE 反馈预编码矩阵指示符（PMI）、秩指示符（RI）以及信道质量指示符（CQI）。上行码本很简单，限于秩 1 到 2，且最大支持 4 个端口。下行码本基于 $W_1 \times W_2$ 结构，可用于大型的天线阵列（如每个极化方向上都采用 2D 均匀线形天线阵列），支持最大 32 个端口。W_1 选择垂直方向上的传输方向以及两个极化方向上的方位角（Azimuth）（长期）；W_2 将接收同相位的极化方向并进行相干接收。

　　通常情况下，UE 对系统所配置的 CSI-RS 资源进行测量并反馈相应的 CSI 信息，如图 5-55 所示。

　　2. CSI 资源设置

　　每个用于测量的 CSI 报告设置 CSI-ReportConfig 都与其相关的 CSI-Resource Config 中所给定的一个下行链路 BWP 关联，且包含一个 CSI 报告的参数，如码本配置（包含码本子集限制）、时域行为（周期/非周期/半持续等相关参数）、

CQI 和 PMI 的频域报告配置（如采用宽带还是子带方式）、测量限制配置，以及 UE 所要报告的 CSI 相关项目（Quantity）如层指示符（LI）、L1-RSRP、CRI 和 SSBRI 等，还包括基于组的波束报告、CQI 表、子带大小、CSI 报告周期和偏移量、PUCCH 资源、秩为 8、4、2 或 1 时的端口索引等信息。

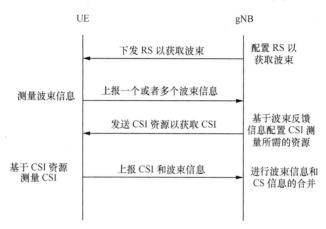

图 5-55　CSI 测量和上报机制示意

aperiodicTriggerStateList 中的每个触发状态包含相关的 CSI-ReportConfigs 的一个列表，表示信道和干扰（可选）的资源集的编号。semiPersistentOn PUSCH-TriggerStateList 中的每个触发状态包含一个相关的 CSI-ReportConfig。

对于非周期性 CSI、周期性 CSI 以及半持续性 CSI，每个触发状态与一个或者多个 CSI-ReportConfig 相关联，且每个 CSI-ReportConfig 与特定的资源设置相联系。

对于非周期性 CSI，当配置一个资源设置时，该资源设置用于 L1-RSRP 计算的信道测量。配置两个资源设置时，第一个资源设置用于信道测量，第二个资源设置用于在 CSI-IM 或 NZP CSI-RS 上执行干扰测量。配置 3 个资源设置时，第一个资源设置用于信道测量，第二个用于基于 CSI-IM 的干扰测量，第三个用于基于 NZP CSI-RS 的干扰测量。

对于周期性 CSI 以及半持续性 CSI，当配置一个资源设置时，该资源设置用于 L1-RSRP 计算的信道测量。配置两个资源设置时，第一个资源设置用于信道测量，第二个资源设置用于在 CSI-IM 上执行干扰测量。

3．CSI 测量和上报

UE 根据 CSI-RS 来进行测量等相关工作，并上报相应的 CSI 信息给 gNB。CSI 上报的时间和频率资源由 gNB 来决定。

CSI 包括信道质量指示符（CQI）、预编码矩阵指示符（PMI）、CSI-RS

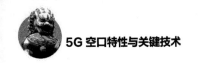

资源指示符（CRI）、SS/PBCH 块资源指示符（SSBRI）、层指示符（LI）、秩指示符（RI）和/或 L1-RSRP。

- CQI 为信道质量指示符，用于表示信道质量，辅助 gNB 进行下行 MCS 选取和资源调度等工作。

- PMI 为预编码矩阵指示符，用于发送预编码矩阵指示信息，辅助 gNB 进行下行 MIMO 过程中的预编码矩阵的选择工作。

- CRI 为 CSI-RS 资源指示符，用于指示 CSI-RS 资源集相关的信息，辅助进行波束选择。

- SSBRI 为块资源指示符，用于指示 SSB 信息。

- RI 为秩指示符，用于指示信道矩阵的秩相关的信息。

- L1-RSRP：L1 上 RSRP 的测量结果。

单波束和多波束下 CSI 上报示意如图 5-56 所示。多波束下，不同波束采用 CRI 来进行表示，UE 需要基于 CRI 来上报各个波束上的 CSI 信息。

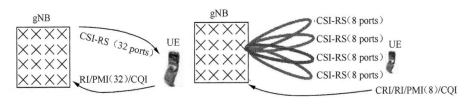

图 5-56　单波束和多波束下 CSI 上报示意

CSI 中各参数之间具有一定的关联性。例如，L1 需要根据所上报的 CQI、PMI、RI 和 CRI 来进行计算；CQI 根据上报的 PMI、RI 和 CRI 进行计算；PMI 根据所上报的 RI 和 CRI 进行计算；RI 根据所上报的 CRI 进行计算。

CSI 可采用两类空间信息的反馈方式。即类别 1 和类别 2。两类 CSI 反馈方式下都支持 CSI 反馈和波束相关的反馈。

（1）类别 1：传统 CSI 反馈方式

具有正常空间解析度的基于码本的 PMI 反馈，用于单用户 MIMO 传输，上行开销也不大。CSI 通常包含 CQI、PMI、RI 和/或 CRI，这些 CSI 参数根据单个用户的传送方式来计算。因此，需要基于码本的反馈，这些码本与阵列特性和配置相关。这种方式被称为隐含的（Implicit）反馈方式。对于单面板天线，PMI 反馈至少具有 2 级，如 $W=W_1W_2$，其中，W_1 指示了一组正交波束，W_2 则指示包含在 W_1 中的波束的相关信息（例如，幅度，相位等）。类型 1 支持多面板天线，面板间的同相位系数（Co-Phasing Factor）可以是宽带，也可以是宽带与子带并存的方式，如图 5-57 所示。

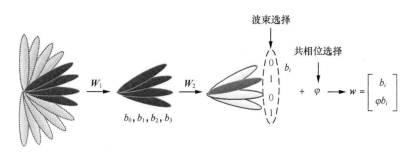

图 5-57　类型 1 信道状态示意

（2）类别 2：增强型 CSI 反馈方式。

增强型 CSI 反馈方式下，终端选择多个波束，进行幅度扩展后，进行同相位和线形合并。它具有更高空间解析度的明确的反馈和/或基于码本的的反馈，适用于多用户 MIMO 传输。这种反馈方式包括基于码本线性组合的预编码信息反馈、相关矩阵反馈以及混合信道信息反馈 3 种类型。混合信道信息反馈方式下，首先根据上述基于码本线性组合的预编码信息反馈或者相关矩阵反馈来确定最佳波束，然后用该最佳波束发送预编码后的 CSI-RS 给 UE 测量。UE 测量预编码后的 CSI-RS 并进行类型 1 或者类型 2 的信道信息反馈，如图 5-58 所示。

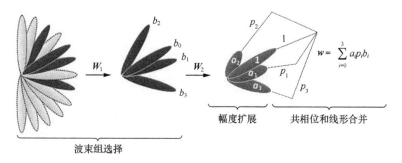

图 5-58　类型 2 信道状态示意

4. CSI 报告的周期性

CSI 报告可以分为非周期性（使用 PUSCH）、周期性（使用 PUCCH）和半持续性（使用 PUCCH 或者由 DCI 激活的 PUSCH）。CSI 资源配置、CSI 上报配置以及每个 CSI-RS 资源配置下的 CSI 报告的触发机制如表 5-42 所示。可见，对于周期性 CSI-RS 配置，CSI 可以采用任意一种报告方式；对于半持续性 CSI-RS 配置，不能采用周期性 CSI 上报方式，可以采用其余两种上报方式；对于非周期性 CSI-RS，则只能采用非周期性 CSI 进行上报。

表 5-42　CSI-RS 配置下 CSI 报告的触发/激活方式

CSI-RS 配置	周期性 CSI 报告	半持续性 CSI 报告	非周期性 CSI 报告
周期性 CSI-RS	非动态触发/激活	在 PUCCH 上报告时，UE 接收到激活命令；在 PUSCH 上报告时，UE 接收到 DCI 的触发	由 DCI 触发；此外激活命令也有可能
半持续性 CSI-RS	不支持	在 PUCCH 上报告时，UE 接收到激活命令；在 PUSCH 上报告时，UE 接收到 DCI 的触发	由 DCI 触发；此外激活命令也有可能
非周期性 CSI-RS	不支持	不支持	由 DCI 触发；此外激活命令也有可能

CSI 报告可以基于宽带或者子带进行。高层可以配置 2 个子带宽，UE 采用其中之一来上报 CSI。子带宽的大小和 BWP 内总的 PRB 数有关，如表 5-43 所示（TS 38.214 表 5.2.1.4-2）。

表 5-43　CSI 报告相关的子带大小（TS 38.214 表 5.2.1.4-2）

BWP（PRB 数）	子带大小（PRB 数）
< 24	—
24～72	4，8
73～144	8，16
145～275	16，32

每个码字的 CQI 是独立上报的，宽带 CQI 针对整个 CSI 报告频段范围内的每个码字独立上报，而子带 CQI 则针对 CSI 报告频段范围内的每个子带上的码字进行上报。UE 采用宽带还是子带 CQI 上报由高层参数配置。

同样，PMI 采用宽带还是子带上报也由高层参数进行设定。如果采用宽带 PMI，则针对整个 CSI 报告频段只上报一个 PMI；如果配置为子带 PMI，2 天线端口时，每个子带上报一个 PMI。除此之外（除了 2 天线端口之外），CSI 报告频段范围内需要上报一个宽带 PMI，同时每个子带还要上报一个单独的子带 PMI。

如果高层参数对 UE 配置'TypeI-SinglePanel'且指示进行单个 PMI 上报时，UE 可能上报。

① RI（如果报告）、CRI（如果报告）以及由整个 CSI 报告频段的单个宽带 PMI。

② RI（如果报告）、CRI（如果报告）、CQI 以及整个 CSI 报告频段上的单个宽带 PMI。CQI 是根据 $N_p \geqslant 1$ 个预编码器的条件下所报告的 PMI 来计算的。其中，预编码器是在 PDSCH 上的每个 PRG 上的 N_p 个预编码器中随机选择的，

且用于 CQI 计算的 PRG 的大小是由高层参数配置的。

当 UE 被配置为半持续性 CSI 报告方式时，只有在 CSI-IM 和 NZP CSI-RS 资源都被配置为周期性或半持久性时时，UE 才上报 CSI。当 UE 被配置为非周期性 CSI 报告方式时，只有当 CSI-IM 和 NZP CSI-RS 资源都被配置为周期性、半持久性或非周期性时，UE 才上报 CSI。

多个 CSI 报告之间具有优先级关系，优先级取值 $\text{Pri}_{iCSI}(y, k, c, s)$ 采用多个参数进行计算，它与周期性、PUSCH 还是 PUCCH、CSI 报告的用途（如是否承载 L1-RSRP）、服务小区索引、高层 CSI 报告配置类参数配置都有关系。而且，报告发送的先后顺序也会影响优先级。如果同 2 个 CSI 报告在时域上存在至少一个 OFDM 符号的重叠且采用同一个载波进行传送，则它们将会产生碰撞。UE 所发送的 2 个 CSI 报告之间存在碰撞时，需要根据 $\text{Pri}_{iCSI}(y, k, c, s)$ 来决定丢弃那一个。如果 PUSCH 上承载的半持续性 CSI 报告与 PUSCH 数据传输的起始符号同步时，UE 将不会发送此 CSI 报告。

某些情况下，UE 进行测量后仅用于进行接收侧的波束选择工作，而不需要上报测量结果。此时，可以配置报告的测量值参数为 "None"。

在 PUSCH 上，UE 可以进行非周期性 CSI 的上报；如果 UE 解码的 DCI 可以激活半持续性 CSI，则 UE 也可以在 PUSCH 上进行半持续性 CSI 的上报。PUSCH 上的非周期性和半持续性 CSI 都可以为宽带或者子带方式。在整个下行 BWP 或者上行 BWP 变化期间，半持续性 CSI 报告相关的配置将被抑制，后续需要通过命令来重新激活相关半持续性配置。

UE 在 PUSCH 上可以采用 CSI 报告类型 I 和 II 发送给周期性和半持续性 CSI。CSI 报告由两部分组成，如表 5-44 所示。第一部分在第二部分之前完整地进行传送，用于指示第二部分中的信息比特的数目。UE 可以根据优先级来忽略第二部分中的一些内容。

表 5-44　CSI 报告组成

	第一部分	第二部分	说明
CSI 反馈类别 1	RI（如果上报）、CRI（如果上报）、第一个码字的 CQI	PMI、RI>4 时第二个码字的 CQI	—
CSI 反馈类别 2	固定长度，包括 RI、CQI、类别 2 的每层的非零宽带幅度系数的数目	类别 2 的 PMI	第一部分中信息分别编码，第一部分和第二部分分别编码

PUSCH 上的 CSI 报告可以与 PUSCH 上的上行链路数据复用，也可以不与上行数据进行复用而单独发送。PUSCH 与 PUCCH 格式 1、3 和 4 上承载的类

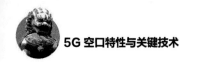

别 2 的 CSI 报告独立进行计算。

高层可以配置 UE 半静态地在 PUCCH 进行周期性 CSI 上报。PUCCH 格式 2、3 和 4 上支持类别 1 的宽带 CSI 报告，格式 3 和格式 4 同时支持类别 1 和类别 2 的宽带 CSI 报告。

① PUCCH 格式 2、3 或者 4 的类别 1 下的宽带 CSI 报告中，CSI 有效载荷的长度都是相同的，与 RI（如果上报）、CRI（如果上报）等因素都没有关系。

② PUCCH 格式 3 或者 4 的类别 1 下的子带 CSI 报告中，有效载荷分为两部分。第一部分包括 RI（如果上报）、CRI（如果上报）以及第一个码字的 CQI，第二部分则包括 PMI 以及 RI>4 时第二个码字的 CQI。

③ PUCCH 格式 3 或者 4 上承载半持续报告时，能够支持类别 2 的 CSI 反馈。但是否能够在 PUCCH 格式 3 或者 4 上支持类别 2 的 CSI 上报方式取决于终端的能力，此种情况下仅对类别 2 的 CSI 反馈的第一部分提供支持。而且 PUCCH 格式 3 或者 4 承载的类别 2 的 CSI 报告（仅第一部分）需要与 PUSCH 所承载的类别 2 的 CSI 报告独立进行计算。

对于 PUCCH 格式 4 来说，它所承载的 CSI 的有效载荷的大小不能超过 115 比特。

5. 非周期 CSI-RS 过程示例

对于非周期 CSI-RS，RRC 为 UE 配置多个 CSI-RS 资源。每个 CSI 进程中，系统采用 MAC CE 激活多个 CSI-RS 资源中的某几个资源。一旦激活，CSI-RS 资源将保持激活态直至释放为止。

非周期 CSI-RS 发送方式下，如果激活 1 个波束，则系统上报 CQI、PMI 和 RI。如果激活多个波束，则 UE 上报 CRI 及其对应的 CQI、PMI 和 RI。

半持续 CSI-RS 发送方式下，采用 UL 相关的 DCI 里选择 1 至多个 CSI-RS 资源进行测量并上报。

SSB 或者 CSI-RS 与波束相对应，CSI-RS 测量的窗口配置如周期性、时间和频率偏移都与相关的 SS 突发相关。最好的波束需要根据 SS 和 CSI-RS 测量结果来周期性地进行搜索。

波束管理过程中，需要对所捕获的波束和波束对的连续的测量、调整和追踪过程。UE 可以对多个波束同时进行测量。为了降低测量上报的开销，实现链路可靠性和资源量之间的均衡，最好波束采用测量的绝对值进行表示，其余波束的测量结果则采用差分方式来表示。

协议中规定，对于 L1-RSRP 报告，如果 CSI-ReportConfig 中的高层参数 nrofReportedRS 配置为 1，则报告的 L1-RSRP 值由 [-140，-44] dBm 范围内的 7 位值定义，步长为 1dB。如果高层参数 nrofReportedRS 配置为大于 1，或者高层参数 groupBasedBeamReporting 配置为 "enabled"，则 UE 应使用基于差分的 L1-RSRP 的报告，即同时上报 7bit 的绝对值和 4bit 的差分值。其中 L1-RSRP 的最大测量值为 7bit，步长为 1dB，范围为[-140，-44] dBm，差分 L1-RSRP 为 4bit，其取值是与参考最大测量 L1-RSRP 值之间的相对值，步长为 2dB。报告的 L1-RSRP 值与测量之间的映射在[11，TS 38.133]中描述。

5.6.7　下行传输模式

LTE 中，下行多天线传输模式主要分为 4 类：
① 发送分集；
② 开环空间复用；
③ 闭环空间复用；
④ DMRS 空间复用。

前 3 种算法在 R8 就已经引入了，且都使用 CRS 来进行数据解调，第 4 种算法在 R9/10 引入，使用 DMRS 来进行数据解调。这 4 种算法各有优势。发送分集基于 Alamouti 码，非常强壮，适用于信道状况较差或者高速移动场景下，所以可用于边缘用户以及一些重要信息的传送如控制信息等。开环空间复用利于多层传输，从而能够提高吞吐量，对于高速用户也能够提供一定的顽健性。而闭环空间复用则要求终端对信道特性信息进行反馈，并用于进行预编码，以补偿信道畸变，它可以对低速用户提供较好的吞吐量，但是反馈开销较大，且对高速用户缺乏顽健性。DMRS 空间复用可以获得开环空间复用和闭环空间复用的目的，这种模式下，即使 UE 还需要对信道状态信息进行反馈，但 eNB 可以不采用 UE 上报的预编码，而是采用不同的预编码来对数据进行预编码，这是因为 DMRS 与数据采用相同的预编码，因此它与数据会经历相同的信道特性。

5G 设计中，也需要支持复杂的信道场景，如不同的 UE 移动性、频率分散性、信道快速变化等。另外，大于 6GHz 的高频的引入也为用户提供了更大的带宽，但也会产生较大的链路损耗，导致覆盖缩减。为了弥补这些损耗，引入了许多新技术，波束赋形就是其中之一。波束赋形采用大天线阵列来形成方向性波束，其赋形增益还可以补偿高频的路损。5G 系统中，发送分集、开环空间复用以及闭环空间复用等模式仍然有利于 MIMO 传输。

经过讨论，最终 3GPP 规范规定，下行共享信道 PDSCH 仅支持一种传输方式，即基于闭环 DMRS 的空间复用方式。TS38.214 规定，对于 PDSCH 传输机制 1，gNB 上的 PDSCH 支持最多 8 层进行传送，采用天线端口 1000-1011。

类别 1 的 DMRS 支持最多 8 个正交 DL DMRS 端口，类别 2 的 DMRS 支持最多 12 个正交 DL DMRS 端口。SU-MIMO 下，每个 UE 支持最多 8 个正交 DL DMRS 端口；MU-MIMO 下，每个 UE 支持最多 4 个正交 DL DMRS 端口。SU-MIMO 下，1 ~ 4 层传输时码字数为 1；5 ~ 8 层传输时码字数为 2。

DMRS 及相应的 PDSCH 采用相同的预编码矩阵进行传送，UE 对下行数据进行解调时，无需了解预编码矩阵的信息。对于不同的传输带宽，发射端可以采用不同的预编码矩阵，从而可以实现频率选择性预编码。一组 PRB 资源也可采用相同的预编码矩阵，称为预编码资源块组（PRG）。

PDSCH MIMO 关键过程

MIMO 系统下信号发送过程中，码字与 MAC 层的传输块（TB）相对应，每个码字表示一个 MAC 传输块。码字进行扰码和调制所形成的调制符号传送到层映射模块，分配至最多 8 个层上。不同层的数据经过预编码后，影射到 1 个或者多个天线端口上，经过波束赋形和 IFFT/CP 添加等处理过程后，由物理天线发送出去。

1. 码字

来自 MAC 层的传输块（TB）在物理层经过 CRC 添加、码块分割、LPDC 编码、速率适配、码块级联等处理过程之后，形成码字，影射到 MIMO 层上，再经由天线发射出去。

由此可见，码字就是具有错误保护功能的传输块。

对应于每个 TB 的编码比特或者调制符号称为 MIMO 码字（CW，Code Word），因此，CW 和 TB 在称呼上是可以互换的。码字的数量由信道编码器的数量来决定，多码字比单码字的性能高，但是因为 HARQ 进程和上行 CQI 的上报过程都是针对每个码字来进行的，所以多码字信令开销大，系统实现复杂。因此，5G 系统中，单个传输周期内，每个 PDSCH 对每个 UE 可同时传送最大 2 个码字。也就是说，在一个调度周期内，相同的时空资源上最多只能同时采用 2 个 TB 进行发送与接收。

码字加扰后的比特流需要采用 QPSK、16QAM 或者 64QAM 或 256QAM 进行调制，随后送入层影射单元，影射到 1 个或者多个层上。预编码单元将来自各层的符号组合起来进行编码，产生一组块向量，进行 RE 影射后，通过各个天线端口上发送出去。

2. 层影射

5G 中只能使用 1 个或者 2 个码字，但是天线端口可以多达 8 个，因此需要进行码字与发射天线端口之间的映射，也就是说通过层影射功能将码字分配到各个发射天线端口上进行发送。如果码字数与天线端口数相等，则每个码字就可以直接通过一个天线端口发射出去，而如果码字数小于天线端口数，则为了保证每个天线上都有信息发送，就需要将码字分解成多路，每路数据都对应为一层，影射到天线端口上去。

层数表示可以准确传送的数据流的数目，层数是动态变化的，它受信道传输矩阵秩的影响。UE 根据无线状况测算信道的秩，并将结果反馈给 gNB，用以进行层数的自适应调整工作。

- 单码字时，码字经过 SFBC 层映射后映射到各个天线端口。这种模式下，层数 v 等于天线端口数 P。

- 空间复用是多个天线传送不同的数据信息，因此可以同时发送多达 2 个码字。系统根据下行信道的秩指示符（RI）来确定层的具体数目，之后利用预编码权值矩阵 W（大小为 $P \times v$）将层中的数据映射到每个端口上。码字可以映射到 1～8 层上，每个下行发射时刻每层所发送的数据不同。

3. 预编码

闭环模式下，UE 对基站反馈预编码矩阵指示符（PMI，Pre-coding Matrix Indicator）信息，基站使用此反馈预编码矩阵进行预编码，通过预编码矩阵动态配置各发射天线的发射权值和相位，形成和信道条件相匹配的流数，保证接收端信号的接收质量。在多用户 MIMO 模式下，多个用户能够同时使用相同的时频资源。每一个用户都反馈预编码信息，gNB 根据同时调度的用户所反馈的预编码信息进行预编码，多个用户同时接收 gNB 的数据。

波束赋形可分为码本反馈方式（CB-BF，Codebook beamforming）与非码本反馈方式（NCB-BF，Non-codebook beamforming）。两者区别如下：

- 码本反馈方式：信道信息通过终端反馈得到（适用于 FDD 和 TDD 系统）。系统将可能会用到的典型预编码向量编成"码本"，终端根据信道探测结果，在码本中选择最适合的预编码向量，将其编号（PMI）反馈给基站，基站根据 PMI 信息从码本中选择相应的预编码向量进行传输。码本反馈方式使用公共导频进行数据解调，开销主要为上行 PMI 反馈，为了减少 UE 反馈开销，需要对信道信息进行量化。

- 非码本反馈方式：信道信息通过上下行信道的对称性得到（适用于 TDD 系统），基站通过终端的 SRS 对上行信道进行探测，直接生成适合的预编码矩阵，因此不受码本容量的限制。

对应 CSI 反馈类型 1 和 2，规范中定义了 2 类码本。码本类别 1 基于 CSI 反馈类型 1，支持单面板和多面板。而码本类别 2 则支持 CSI 反馈类型 2，支持非预编码的 CSI-RS 以及预编码的 CSI-RS。

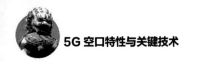
- 码本类别 1 分为单面板相关的码本和多面板相关的码本。

- 码本类别 2 分为基础码本（非预编码的 CSI-RS 相关）和端口选择相关的码本（预编码的 CSI-RS 相关）。

单面板阵列可支持混合波束赋形，其中的射频波束赋形通常在每个极化方向上采用一个波束赋形权重向量。单个面板上 2 个 TXRU 时，支持单用户 MIMO，支持秩为 1 和 2，如图 5-59 所示。不采用预编码时仅支持秩为 2，采用预编码时，可以选择基于 CSI-RS 的预编码（反馈 CQI/PMI/RI），或者基于 SRS 的预编码（反馈 CQI/RI）。

多面板阵列包含多个子面板，每个子面板可产生一个交叉极化的波束。它可以支持混合波束赋形，其中的射频波束赋形通常每个面板上的每个极化方向上采用一个波束赋形权重向量。例如，每个面板上采用 2 个 TXRU 时，总的 TxRU 数目为面板数乘以 2。通常每个交叉极化波束支持 1 个 UE，可支持单用户和多用户 MIMO。以 4 个面板 8 TXRU 为例（见图 5-60），SU-MIMO 下，gNB 侧共有 8 个 TXRU，支持 1 个 UE，每个 UE 支持的秩为 1~8。MU-MIMO 下，gNB 侧共有 8 个 TXRU，每个 UE 支持的秩为 1 和 2 时，最大可同时支持 4 个 UE。

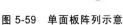

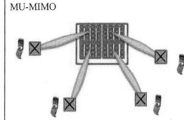

图 5-59　单面板阵列示意　　　　　图 5-60　多面板阵列示意

类别 1 单面板相关的码本支持 SU-MIMO 和 MU-MIMO，所支持的 MIMO 层数为 1~8，采用 2 级配置，即宽带波束组选择（1 和 4 个波束配置）以及窄带波束选择和同相位，支持预编码和未经预编码的 CSI-RS。

类别 1 多面板相关的码本是在第一类单面板的基础上构建的，支持 2 个或者 4 个天线面板，且考虑了各面板间的相位差。支持的 MIMO 层数为 1~4，采用 2 个面板时，可以获得高低不同精度的窄带同相位。

类别 2 码本支持非预编码的 CSI-RS 和预编码的 CSI-RS，适用于交叉极化天线。对于非预编码的 CSI-RS 相关的码本，支持 1~2 个 MIMO 层，由 2、3 或者 4 个 DFT 正交波束线形合并而成；对于预编码的 CSI-RS 相关的码本，支持 1~2 个 MIMO 层，由一组波束相关的赋形后的端口线形合并而成。

不同码本下所对应的天线端口和 MIMO 层数见表 5-45。

表 5-45　不同码本下所对应的天线端口和 MIMO 层数

	PMI 类别	天线端口数	MIMO 层数
类别 1	单面板码本	2，4，8，12，16，24，32	最大 8 层
	多面板码本	8，16，32	最大 4 层
类别 2	单面板码本	4，8，12，16，24，32	最大 2 层
	多面板码本	4，8，12，16，24，32	最大 1 层

5.6.8　上行传输模式

上行方向上采用类似 LTE 的基于 SRS 的操作方式，支持任意数目的 TXRU。UE 发送 SRS，gNB 进行发送权值的计算，如图 5-61 所示。

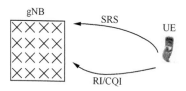

图 5-61　上行 SRS 发送示意

1.　上行 SRS

上行信道测量和解调采用 SRS 和 UL DMRS，基站会根据 UE 支持的最大空间数据流数来配置 SRS，并根据 UE 能力配置 SRS 的码本。对于上行 SRS 码本配置，基站可以为每个天线端口配置一套 SRS 码本，也可以配置一个可伸缩的码本来支持可变的天线端口，或者根据 UE 能力配置一个码本，此外，UE 也可向基站推荐一个码本子集。

对于上行信道测量，5G 可以为一个 UE 配置多个 SRS 资源。TDD 模式下，为了促进下行 CSI 测量，SRS 提供 8 个端口，以便 gNB 在 8 个接收天线上测量 DL CSI。由此可见，SRS 容量越高越好。

为了实现上行解调，UL DMRS 每个 UE 最大采用 4 端口，设计中也会考虑对 UL MU-MIMO 的支持性。

2.　PUSCH MIMO 类型

在 5G 中，对于单用户 MIMO，上行最多可以支持到 4 层数据流。采用 1 个码字。采用转换预编码时，仅支持单个 MIMO 层。

目前，上行 MIMO 传输模式有以下两种。

① 基于码本的传输模式：基于固定码本来确定上行传输的预编码，只适

用于 UE 采用 CP-OFDM 传输上行数据的状况。gNB 在 DCI 中为 UE 提供传输预编码矩阵指示符（PMI），UE 根据此信息在码本中选择 PUSCH 传输预编码，用以发送上行数据。

② 基于非码本的传输模式：终端基于信道互易性来确定上行传输的预编码，只适用于 UE 采用 CP-OFDM 传输上行数据的状况。UE 根据 DCI 中的宽带 SRI 域来确定 PUSCH 预编码并发送数据。

基于码本的传输和基于非码本的 PUSCH 传输由高层参数决定。当 PUSCH-Config 中的较高层参数 txConfig 设置为"码本"时，UE 采用基于码本的传输，当较高层参数 txConfig 设置为"nonCodebook"时，UE 采用基于非码本的传输。如果未配置更高层参数 txConfig，则 PUSCH 传输基于一个 PUSCH 天线端口，由 DCI 格式 0_0 触发。

第 6 章

5G 部署方案及相关架构和流程

本章主要介绍了 5G 在试验和商用时的网络架构和部署方式，着重描述了非独立组网（NSA）部署的基本原理和关键协议流程，另外，还给出了一些从 LTE 现网向 5G 网络演进的范例。

| 6.1   NSA/SA 方案及架构选择概述 |

与传统蜂窝网络相类似，5G 网络的初期部署中，运营商也可能选择由点到面、从岛屿型覆盖最终形成 5G 成片覆盖的方式。另外，5G 网络初期使用的频段都比较高，这会对覆盖带来严峻的挑战，为此，在部署 5G 的同时取得成熟 4G 网络的帮助就更为重要，这也就涉及 5G 网络的部署方案选项方面的讨论与研究。

6.1.1   非独立组网（NSA）和独立组网（SA）

关于 5G 初期的部署方案，总体上考虑两大类选项，即非独立组网（NSA，Non-Standalone）和独立组网（SA，Standalone）方式。非独立组网模式是指 LTE 与 5G 基于双连接技术进行联合组网的方式，也称 LTE 与 5G 之间的紧耦合（Tight-interworking）。

图 6-1 所示是以 EN-DC 为例的 NSA 方案，特点是 4G 和 5G 的 RAN 都连接到 4G 核心网，且使用 4G 控制面作为锚点。

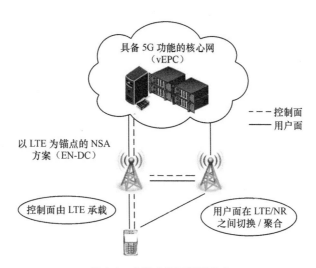

图 6-1　非独立组网举例示意

　　5G 独立组网时，采用端到端的 5G 网络架构，从终端、新空口到核心网都采用 5G 相关标准，支持 5G 各类接口，实现 5G 各项功能，提供 5G 类服务。SA 模式下，可以将 5G RAN 直接连接 5G 核心网，或者将 4G E-UTRAN 升级后与 5G RAN 一起连接到 5GC。SA 模式不再需要 LTE 的辅助，但是仍需要考虑 4G 和 5G 间的互操作。图 6-2 所示为独立组网方案。

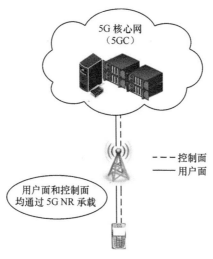

图 6-2　独立组网方案

6.1.2 SA/NSA 系统架构选项

针对基于双连接的 LTE 与 5G 混合架构和独立的 5G 端到端网络架构，规范讨论过程中提出了多种网络架构并逐步明确。在 2016 年 6 月在韩国釜山举行的 RAN 和 SA 联合会议上，RP-161266 提案就结合并汇总了各方的意见和思路，明确形成了 12 种部署方案，并确定了 RAN2 和 RAN3 后期的讨论方向。

RP-161266 提案中，从核心网和无线角度相结合的角度出发，提出了多种网络架构。如考虑 LTE 系统是否需要升级，EPC 是否需要升级，是否需要新建 5G 核心网（NGCN），以及 LTE 与 5G 无线系统是连接到 EPC 还是连接到新的 5G C 上等，全面考虑了运营商不同建设阶段的选择。

（1）传统 LTE 架构，LTE 连接到 EPC。

（2）5G 独立网络采用独立的新型无线系统，并连接到新一代核心网上（NGCN）。图 6-3 所示为上述选项 1&2 的网络结构。

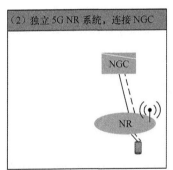

图 6-3　SA/NSA 系统架构选项 1&2

（3）非独立（NSA，Non-Standalone），LTE 辅助（控制信令 LTE），仅连接到 EPC。不部署新的 5G 核心网，因此 EPC 需要升级支持 5G 业务和 5G 无线系统，LTE 和 5G 采用双连接方式，由 LTE 系统经 S1-MME 接口连接到 EPC。SA/NSA 系统架构选项 3&3a 如图 6-4 所示。选项 3 中与选项 3a 的区别在于 5G 用户面是否连接到 EPC。选项 3 中，用户面分流只能由 LTE 系统进行，而选项 3a 下，5G 无线系统的用户面直接与 EPC 连接，可以由 EPC 进行业务分流。

（4）非独立（NSA，Non-Standalone），5G 新无线系统辅助，仅连接到 5G 核心网（NGCN）。图 6-5 所示为选项 4&4a 系列的网络结构。

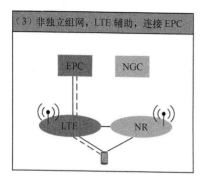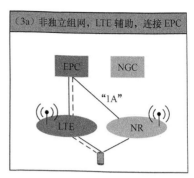

图 6-4　SA/NSA 系统架构选项 3&3a

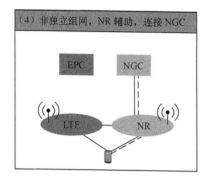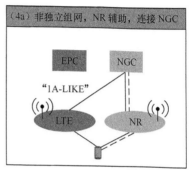

图 6-5　SA/NSA 系统架构选项 4&4a

（5）独立组网方式，LTE 系统升级到 R15 版本，连接到 5G 核心网（NGCN）。

（6）独立 5G 无线网络，仅连接到 EPC。图 6-6 所示为选项 5&6 的网络结构。

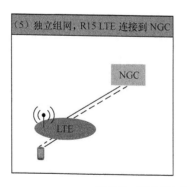

图 6-6　SA/NSA 系统架构选项 5&6

（7）非独立组网，LTE 辅助，仅连接到 5G 核心网（NGCN）。选项 7&7a

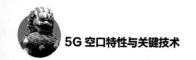

的区别与选项 3&4 的情形类似。图 6-7 所示为选项 7&7a 系列的网络结构。

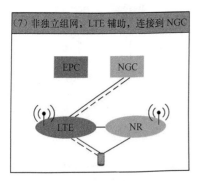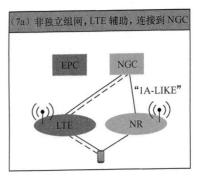

图 6-7　SA/NSA 系统架构选项 7&7a

（8）非独立组网，5G 无线系统辅助，仅连接到 EPC。选项 8&8a 的区别与选项 3&4&7 的情形类似。图 6-8 所示为选项 8&8a 系列的网络结构。

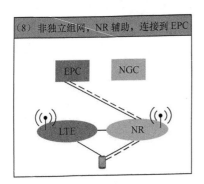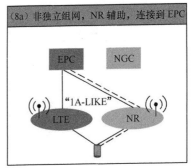

图 6-8　SA/NSA 系统架构选项 8&8a

在 RP-61266 中，同样列出了 RAN2/3 对各种架构的考虑和选择。

（1）架构 1 是传统的 LTE 架构，无须再讨论。

（2）架构 2 是独立 5G 架构，也是 5G 系统的最终形态。

（3）架构 3 应该是 5G 系统早期热点部署时的形态，借助 LTE 与 5G 无线系统之间的双连接提供较高速率。目前，各厂家演示的 LTE-5G 双连接应该与此架构相类似。

（4）架构 4 中，需要新建 5G 核心网，并利用 5G 与 LTE 双连接来更好地为 5G 用户提供性能和服务。

（5）架构 5 中，LTE 升级到 R15 版本，提供 5G 服务，采用新型 5G 核心网。此架构更多地在 RAN3（网络研究）的工作范围内，LTE 系统直接采用 R15 的协议栈就可以了，无须 RAN2 再对 RLC/MAC/RRC 等协议进行更多研究。

（6）架构 6 中，采用传统 EPC 支持 5G 无线系统，基本不予考虑。

（7）架构 7 采用 5G 核心网，5G 系统控制面经由 LTE 连接。这种场景也可能会在网络初始部署时应用，以便提供新业务等。

（8）选项 8，LTE 和 5G 无线共存，且只采用 EPC，也不予考虑。

（9）RP-61266 对系统架构的研究结果见表 6-1。

表 6-1　RP-61266 对系统架构的研究结果

	RAN2	RAN3
架构 1	—	—
架构 2	是	是
架构 3/3a	是	是
架构 4/4a	是	是
架构 5	否	是
架构 6	否	否
架构 7/7a	是	是
架构 8/8a	否	否

上述架构在后期讨论中又有所更新，比如，在选项 3 系列中，UE 同时连接到 5G NR 和 4G E-UTRA，控制面锚定于 E-UTRA，沿用 EPC（4G 核心网），即"LTE assisted，EPC Connected"。对于控制面（CP），它完全依赖现有的 4G 系统——EPS LTE S1-MME 接口协议和 LTE RRC 协议。但对于用户面（UP）存在多个方案，这就是选项 3 系列有 3、3a 和 3×3 个子选项的原因。

由于架构选项过多，规范讨论中需要结合运营商需求和实现的可能性因素予以取舍，所以它甚至直接影响了 3GPP 对 5G 规范的发布进程。最终 2017 年 12 月完成并发布的针对 NSA 的规范中，主要包含选项 3 相关的内容。2018 年 6 月初步完成并发布的针对 SA 的规范则主要包含选项 2 和选项 5，选项 4 和选项 7 的标准化工作将在 R15 的后续版本中完成。

6.1.3　SA 和 NSA 特性对比

根据上述 NSA 和 SA 的组网要求和网络架构的技术特点，NSA 和 SA 模式的特性对比见表 6-2。

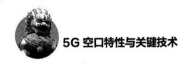

表 6-2　SA 和 NSA 特性对比

比较对象	5G 独立组网 SA 方案	5G 非独立组网 NSA 方案
核心网络	5G 核心网（5GC）	LTE EPC/5GC
无线接入网	ng-ENB/gNB	eNB/en-gNB
空中接口	5G NR	4G EUU/5G NR
与核心网的接口	NG-C/NG-U	S1-C/S1-U（3 系列）或者 NG-C/NG-U（5 系列）
可采用的部署方案	2 系列/5 系列	3 系列/4 系列/7 系列
部署方式	5G 连续覆盖+热点覆盖	5G 热点覆盖，和 LTE 网络协作实现连续覆盖
提供的服务与业务能力	丰富完整的 5G 业务能力	有限的 5G 业务能力
终端	5G 终端	双连接终端
基于 4G 网络的迁移路径	对 4G 现网影响较小，但需要相对优质低频段	多种演进迁移备选方案，但对 4G 现网有一定影响，最终要演进到 5G 网络

| 6.2　5G 部署选项介绍 |

6.2.1　5G 非独立组网下的架构选择

LTE 系统中采用双连接方式与 5G 共同组网时，数据在核心网或者 PDCP 层进行分割后，将用户数据流通过多个基站同时传送给用户。而 LTE 与 5G 系统联合组网时，核心网和无线网都存在多种选择。因此，根据所采用的核心网和控制面连接方式的不同，细分为以下几类架构。

1. 核心网采用 EPC

核心网采用 EPC 时，LTE eNB 和 5G gNB 用户面可以直接连接到 EPC，控制面则仅经由 LTE eNB 连接到 EPC。用户面可以分别经由 LTE eNB、EPC 或者 gNB 进行分流，对应选项 3/3a/3x，如图 6-9 和图 6-10 所示。

2. 核心网采用 NGC

核心网采用 NGC 时，5G gNB 可以直接连接到 NGC，而 LTE eNB 则需要升级到 eLTE eNB 后连接到 NGC。根据控制面连接方式的不同，分为不同的架构类型。控制面通过 gNB 连接时为 4/4a 方式，如图 6-11 所示；而控制面通过 eLTE eNB 连接时对应 7/7a/7x 方式，如图 6-12 和图 6-13 所示。其中的 a 和 x 等选项表示不同的分流方式。

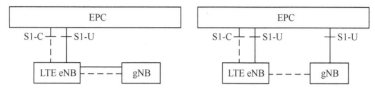

图 6-9　5G 与 LTE 联合组网架构 3（左）和 3a（右）示意

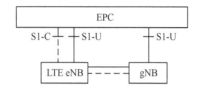

图 6-10　5G 与 LTE 联合组网架构选项 3x

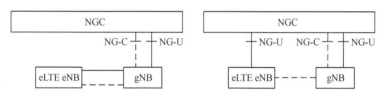

图 6-11　5G 与 LTE 联合组网架构 4（左）和 4a（右）示意

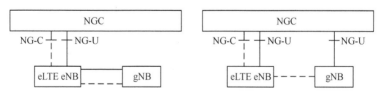

图 6-12　5G 与 LTE 联合组网架构 7（左）和 7a（右）示意

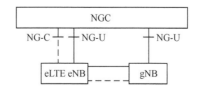

图 6-13　5G 与 LTE 联合组网架构选项 7x

6.2.1.1 选项 3

3GPP R12 版本首先引入双连接的方案 Dual Connectivity，选项 3 可以参考 3GPP R12 的 LTE 双连接架构，在 LTE 双连接架构中，UE 在连接态下可同时使用至少两个不同基站的无线资源（分为主站 MN 和从站 SN）；双连接引入了 "Split Bearer" 的概念，即在 PDCP 层将数据分流到两个基站，主站用户面的 PDCP 层负责 PDU 编号、主从站之间的数据分流和聚合等功能。

LTE 双连接不同于载波聚合，载波聚合一般发生于共站部署的场景，而 LTE 双连接可以非共站部署，数据分流和聚合所在的层也不一样，双连接工作在 PDCP 层，载波聚合工作在 MAC 层。

选项 3 指的是 LTE 与 5G NR 的双连接（LTE-NR DC），4G 基站（eNB）为主站，5G 基站（gNB）为从站。我们也通常称为 EN-DC。

选项 3 的双连接有一个处理瓶颈——由于 4G 和 5G 用户面数据都有穿越 LTE PDCP，所以 LTE PDCP 层自然就成为处理瓶颈和短板。LTE PDCP 层原本不是为 5G 高速率而设计的，因此在选项 3 中，除了软件升级支持双连接外，为了避免 4G 基站处理能力遭遇瓶颈，根据流量模型可能需要对原有部分 4G 基站，也就是参与双连接的主站，进行硬件升级。但有的运营商由于种种原因不计划对原有的 4G 基站升级，于是 3GPP 就推出了选项 3 的两个"变种"选项——选项 3a 和 3x。

6.2.1.2 选项 3a

选项 3a 和选项 3 的差别在于选项 3 中，4G/5G 的用户面在 4G 基站的 PDCP 层分流和聚合；而在选项 3a 中，4G 和 5G 的用户面各自直通核心网（注意这里的核心网仍然是 4G 核心网），仅在控制面锚定于 4G 基站。这样就把 5G 用户面从 LTE 基站移到 5G 这边，LTE 和 5G 各自处理自己的用户面，使 LTE PDCP 不再成为处理瓶颈，也就不必因此升级 4G 基站硬件了。

6.2.1.3 选项 3x

选项 3x 是在选项 3a 的基础上，为了避免选项 3 中的 LTE PDCP 层遭遇处理瓶颈，其将数据分流和聚合功能迁移到 5G 基站的 PDCP 层，即 NR PDCP 层，充分发挥 5G 基站超强处理能力，也减轻了 4G 基站的负载，就更不用担心 4G PDCP 处理瓶颈的问题了。

从目前形势来看，全球很多领先运营商都宣布支持选项 3 系列，以实现最初的 5G NR 部署。

（1）选项 3 系列能够充分利用 4G 网络，利于快速部署、抢占市场，而且成本还不高。

（2）目前，5G 三大场景 URLLC/eMBB/mMTC 中，eMBB 是最易实现的，选项 3 系列可谓是 LTE MBB 场景量身定做的升级版。

运营商对选项 3 家族的青睐程度可表示为：选项 3x ＞ 选项 3a ＞ 选项 3。选项 3x 面向未来，无须对原有的 LTE 基站升级投资；选项 3a 简单朴素；至于选项 3，由于要对 LTE 网络再投资，有的运营商可能不会选择它。

6.2.1.4　选项 4/4a

选项 4 系列包括 4 和 4a 两个子选项。在选项 4 系列下，4G 基站和 5G 基站共用 5G 核心网，5G 基站为主站，4G 基站为从站。

选项 4 系列要求一个全覆盖的 5G 网络，因而采用低于 1GHz 频段来部署 5G 的运营商比较青睐这种部署方式，或者在 5G 网络形成规模后使用 LTE 网络覆盖提供补充。

6.2.1.5　选项 7/7a/7x

选项 7 系列包括了 7、7a 和 7x 3 个子选项，选项 3 非常相似，可以把它看成是选项 3 系列的升级版，选项 3 系列中所有 RAN 部分都连接到 LTE 核心网（EPC），而选项 7 系列则都连接 5G 核心网，即 "LTE Assisted, 5G CN Connected" 的方案，NR 和 LTE 均迁移到新的 5G 核心网。用户面的处理也相应迁移，各个子选项的优缺点也和选项 3 系列的各个子选项对应。

综上看来，在上面重点介绍的网络部署选项中，除了选项 2 为 SA 方案外，其他的选项 3 系列、7 系列和 4 系列都是 NSA 方案，可见 NSA 家族还是比较强大的。

6.2.2　5G 独立组网下的架构选择

独立组网时，核心网采用 5G NGC，无线系统可以是 5G gNB，也可以是 LTE eNB 升级后的 eLTE eNB，它们分别对应选项 2 和选项 5。采用 gNB 与 NGC 组网时，对应架构选项 2。将 LTE eNB 升级到 eLTE eNB 后连接到 5G 核心网，对应架构选项 5，如图 6-14 所示。

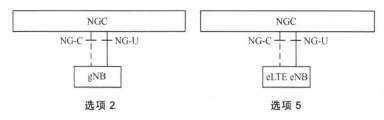

图 6-14　5G 架构示意

选项 2

选项 2 就是 5G 独立组网，一次性将 5G 核心网和接入网一起"打包"整个系统进行部署，这种方式的优点和缺点都很明显。一方面，它直接迈向 5G，在与前 4G 关联比较少，从而减少了 4G 与 5G 之间的接口，降低了复杂性。另一方面，与选项 3 系列依托于现有的 4G 系统用 5G NR 来补盲补热点的方式不同，选择选项 2 的运营商一旦宣布建设 5G 网络，就意味着大规模投资，建成一个从接入网到核心网完整独立的 5G 网络。

从频带的角度来说，选择选项 2 作为初期组网的方案也取决于运营商所获得的频段，因为要实现全面的单 5G 系统覆盖需要较低的频段以及顾及所有的覆盖场景。

6.2.3　5G 网络部署演进方案举例

如图 6-15 所示，网络从当前的 LTE 网络开始演进，首先部署的是选项 3 系列的方案，选项 3 系列的方案是在成熟的 5GC 产品推出之前最稳定可靠的方案。当 UE 处于较好的 NR 覆盖区域时候可以优化 NR 并增强性能，同时能够通过和低频带的 LTE 上行相配合提升整体系统性能。这个方案的局限性在于控制面在 LTE 一端，而当 UE 从 Idle 状态或者 Inactivity 状态进入 Connected 态时仍然需要通过 LTE 系统传递和控制相应流程，这样就不如 SA 选项的方案的延迟低。在 NR 中已经引入了 RRC 的 Inactivity 状态的相关流程来改善这个局限性，另外综合考虑各方因素推荐使用单一厂商的 LTE 和 NR 来部署 EN-DC 这类 NSA 的方案。选项 3 系列的方案将是较长时间内的主要的 5G 部署解决方案。

下一步演进就是选项 2，也就是 NR 独立组网方案了，但是部署 SA，也就是选项 2 的条件还是比较苛刻的。

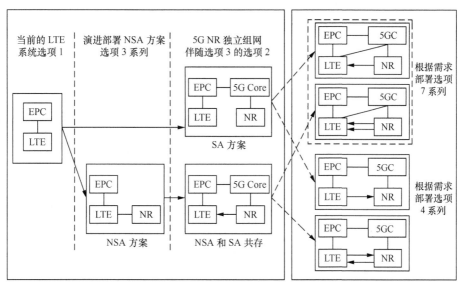

图 6-15　部署与演进选项举例

（1）需要 NR 具备连续的上下行覆盖，这也就意味着 5G 运营商必须拥有足够低的频段频谱来部署 5G，否则的话，LTE 低频覆盖"海洋"中过多的 5G "岛屿"就意味着频繁的 NR 和 LTE 之间互操作的移动性事件，这些事件会大大增加业务中断和延迟甚至增加掉话风险。只有足够的低频带宽才能改善覆盖，减少这些 NR 覆盖岛屿。

（2）在 5G 初期的语音业务中，语音需要回落到 LTE/EPC 来进行，这也需要 LTE 的帮助，只有部署了成熟的 VoNR 系统后才能完全"丢开"LTE 系统和 2G、3G 系统独立承载所有业务。

（3）从上述来看网络方案选项 2 和 3 系列相配合是比较好的解决方案。

如果上述条件具备了，运营商就可以部署 SA，也就是选项 2 的网络了，当然可以使独立 SA 组网，也可以 SA 和选项 3 配合组网。当选项 2 和 3 配合组网时，这时的 NR 同时服务于选项 2 和选项 3，也就是既只提供 NR 用户面，也可以同时提供 NR 控制面和用户面。在选项 2 和选项 3 各个方案配合组网的情况下，为了实现优异的性能，还需要大规模网络部署后的实际现网验证。

那么之后的演进可以使选项 4 系列或者选项 7 系列的方案。对于选项 4 系列，也就是所谓的"NR/5GC-anchored DC"，即控制面锚定在 NR、NR 是主站，LTE eNB 是从站，部署选项 4 的目的是为驻留在较窄的 NR 带宽的 UE 或者是

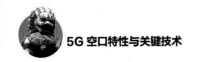

位于 NR 覆盖边缘的 UE 聚合更多的 LTE 带宽资源。而对于已经部署了选项 3 的运营商，在继续演进的过程中可能会选择"LTE/5GC-anchored DC"，也就是选项 7 系列的方案。

而从 3GPP 和实际 5G 市场的发展演进角度来说，部署的步骤也是比较明确的。

第一步：在 LTE 现网升级（软件升级支持 NSA/EN-DC 相关协议流程，硬件根据性能需要确定是否更新）基础上引入 NR，从而按照选项 3 系列的方案组网。

第二步：引入 5GC，也就是引入 5G 核心网，从而按照选项 2 方案组网，这个时候需要 2G、3G、4G 能够退出优质的低频频带资源以满足 NR 广覆盖的需求。

第三步：各运营商根据本地市场需求和现有网络状态可以选择采用选项 4 系列方案或者选项 7 系列方案。

在以上部署步骤中需要整个产业链的同步推进，如终端、芯片、服务等。

如图 6-16 所示，处在不同覆盖场景中的 UE 可能使用的网络资源选项为以下几个。

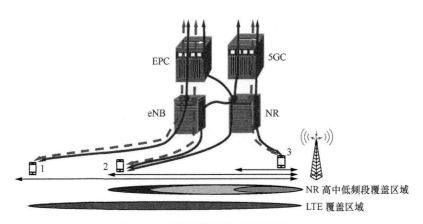

图 6-16　不同场景下的架构选择示意

场景 1：由于此场景只有 LTE 信号覆盖，UE 使用的就是传统的 LTE 业务。UE 用户面和控制面都处于 LTE 系统中，是选项 1 的场景。

场景 2：UE 处于 LTE 和 NR 的双层覆盖之下，只不过此时 NR 信号还没有足够强大，但是有双连接 DC 能力的 UE 会上报 NR 的测量而通知具备 NSA 能力的网络将 NR 加入 UE。此时可使用的选项是 3 系列，包括前面介绍的 3/3a/3x

选项。根据 eNB 和 NR 设备的设置和功能实现而定。如前所述，此时控制面和锚点在 LTE 端，用户面分别在 LTE 和 NR。

场景 3：NR 的信号和 LTE 的信号都比较强，NR 的信号覆盖甚至好过 LTE，在这个场景中，根据 LTE eNB 和 NR 连接的核心网的不同，也就是锚点的不同，可以选择选项 2，也就是 UE 只是用 5G 覆盖，或者选项 3/3a/3x/4/4a/7/7a/7x，这根据 eNB 和 NR 设备的设置和功能实现而定。这个场景采用的方案最多，锚点和控制面可以在 LTE 或者 NR，两个系统的用户面也可以在各自的一侧。

6.3　双连接方案及协议

6.3.1　双连接基本概念

前面所描述的选项中的 NSA 方案都是采用双连接技术。双连接（Dual Connectivity）的概念最早在 R12 的 TS36.300 中提出的。最初是定义的 LTE 内部的双连接，也就是处于连接状态的 UE 使用多个 TX/RX 链路和两个调度器分配的资源通过 X2 保持连接。每个 UE 配置两个 CG（Cell Group），每个 CG 可以只包含同一 eNB 的小区，并且这些小区可以是在 eNB 级别上保持同步的。DC 也分为同步 DC 和异步 DC。对于同步 DC，UE 能够处理 CG 间的最大接收定时差异为 33μs，最大发送定时差异为 35.21μs。而异步 DC 时，UE 在 CG 之间处理的最大接收和发送定时差异为 500μs，也就是异步 DC 模式下要求宽松多了。这些节点分成两类：主站（MN，Master Node），从站（SN，Secondary Node），而在 LTE 系统内部的角色名称为 MeNB 和 SeNB。

从某个角度来说，DC 和载波聚合 CA 是非常相似的，但是它们最根本的区别在于 DC 是在空中接口的 PDCP 层进行分流和聚合操作，而 CA 则是工作在 MAC 层，图 6-17 和图 6-18 比较清晰地展示了 DC 和 CA 的位置。

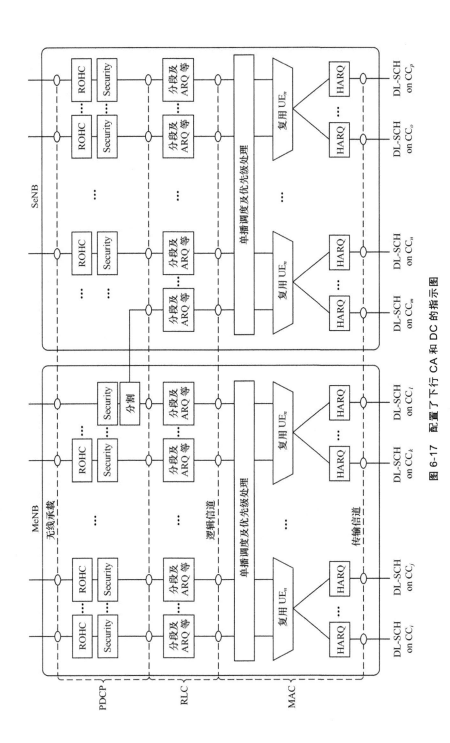

图 6-17 配置了下行 CA 和 DC 的指示图

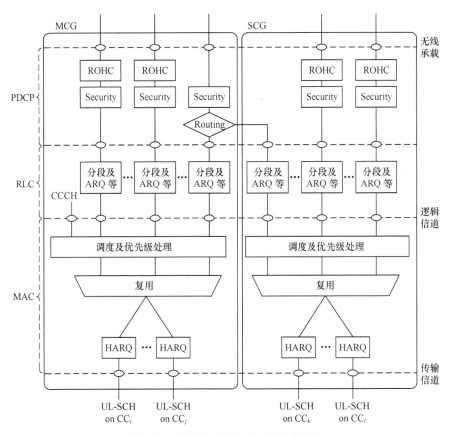

图 6-18　配置了上行 CA 和 DC 的指示图

6.3.2　多系统双连接

多系统双连接（MR-DC，Multi-RAT Dual Connectivity），可以说是前面
TS36.300 所定义的 LTE 系统内 DC 的全集，UE 可以使用多对 TX/RX 同时
连接到 E-UTRA 和 NR。这里根据 NR 和 EUTRA 连接到核心网的不同分为
两大类。

第一类是连接到 EPC 的 MR-DC，E-UTRA-NR 双连接又称为 EN-DC，这
也是当前 5G 部署初期最常用的 DC 模式，前面所述的选项 3 系列都是属于这
个类型的，如图 6-19 所示。

第二类是连接到 5GC 的 MR-DC，又分成两小类，由于在 TS38.300 中将连
接到 5GC 的接入网称为 NG-RAN，所以一类是 NG-RAN 下的 E-UTRA-NR DC，

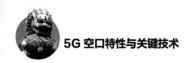

简称为 NGEN-DC；另一类是 NG-RAN 下的 NR-E-UTRA，简称为 NE-DC，如图 6-20 所示。

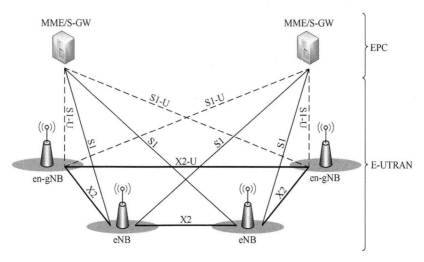

图 6-19　EN-DC 网络结构

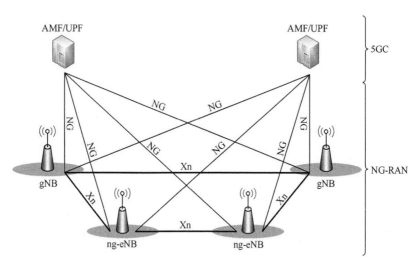

图 6-20　MR-DC 网络结构

6.3.3　空中接口控制面处理

处于 MR-DC 的 UE 基于主站和核心网的连接状态而使用单一的 RRC 状

态。图 6-21 所示描述了 MR-DC 的控制面结构，每个无线节点都有自己的 RRC 实体。

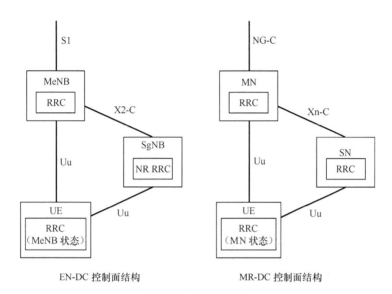

EN-DC 控制面结构   MR-DC 控制面结构

图 6-21 控制面结构

辅节点生成的 RRC PDU 可以通过主站发给 UE，主站使用 MCG SRB 发送从站 RRC 配置，之后的配置信息就可以通过主站或者辅节点发送了。主站并不会改变来自辅节点的 UE 配置消息。

在 EN-DC 配置中，使用 E-UTRA PDCP 建立初始连接（SRB1），初始连接建立成功后，MCG 的 SRB 就可以通过 E-UTRA 或者 NR_PDCP 来执行了。对于具备 EN-DC 能力的 UE，在 EN-DC 配置之前就可以为 DRB 和 SRB 配置 NR PDCP 了。

所有的 MR-DC 选项都支持分割 SRB（Split SRB），允许主站通过直连的路径或者通过辅节点复制 RRC PDU，分割 SRB 使用 NR PDCP。

EN-DC 中，在 UE 处于挂起状态时，SCG 配置将存储在 UE 中，UE 会在恢复过程中释放 SCG 配置。

6.3.4 空中接口用户面的处理

空中接口用户面的处理方法如下。

从 UE 角度，在 MR-DC 配置中存在 3 类承载类型：MCG Bearer、SCG Bearer 和 Split Bearer。这 3 个承载类型展示在图 6-22（EN-DC）和图 6-23（NGEN-DC、

5G 空口特性与关键技术

NE-DC）中。

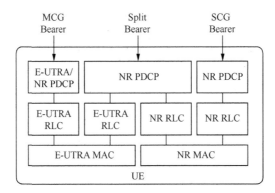

图 6-22　UE 视角的 MCG/SCG/Split Bearer 无线协议结构
（EN-DC）

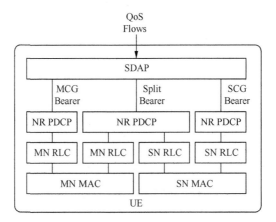

图 6-23　UE 视角的 MCG/SCG/Split Bearer 无线协议结构
（NGEN-DC、NE-DC）

　　对于 EN-DC，网络可以为终结在主站的 MCG Bearer 配置 E-UTRA PDCP 或者 NR PDCP，而为其他的 Bearer 配置 NR PDCP。

　　在连接到 5GC 的 MR-DC 配置中，所有的承载都使用 NR_PDCP。在 NGEN-DC 配置中，主站使用 E-UTRA RLC/MAC，辅节点使用 NR RLC/MAC。在 NE-DC 方案中，主站使用 NR RLC/MAC，辅节点使用 E-UTRA RLC/MAC。

　　从网络的角度来看，每个 Bearer（MCG，SCG and Split Bearer）都可以在主站或者辅节点终结。网络侧协议终结的选项方案如图 6-24（EN-DC）和图 6-25（NGEN-DC、NE-DC）所示。

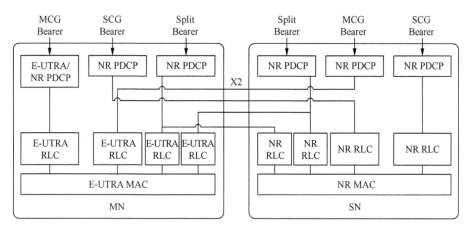

图 6-24　网络视角的 MCG/SCG/Split Bearer 无线协议结构　（EN-DC）

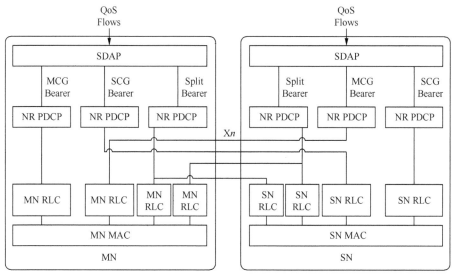

图 6-25　网络视角的 MCG/SCG/Split Bearer 无线协议结构（NGEN-DC、NE-DC）

| 6.4　NSA 主要流程 |

　　初期部署的 5G NSA 网络大多采用的是 EN-DC 模式，所以本书在流程部分就以 EN-DC 为主轴进行描述。

6.4.1　EN-DC 网络结构和协议

　　EN-DC 的整体网络结构如图 6-26 所示，UE 需要通过空中接口分别和 LTE eNB 与 NR gNB 同时通信，所有的通信链路包括信令和数据都连接到 LTE 的核心网 EPC。但是 LTE eNB 和 NR gNB 均使用它们各自的 PHY/MAC 层功能。

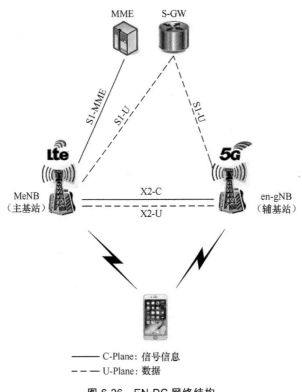

图 6-26　EN-DC 网络结构

　　同时也可看到作为主站的 LTE eNB 和辅节点的 NR gNB 都和 SGW 连接，只有主站 eNB 上的控制面逻辑链路会和 MME 直连。这就展示了 EN-DC 的主要特点：LTE 作为主站提供控制面和用户面链路，而作为辅节点的 NR gNB 只提供用户面，但是 NR 的用户面可以提供更宽的数据管道。

　　从图 6-26 中可以看到：

（1）对于控制面（C-Plane）

① 双连接主站（MeNB）和辅节点（en-gNB）通过 X2-C 接口连接。

② 主站和核心网（EN-DC 中为 MME）之间通过 S1-MME 连接。

③ 控制面上辅节点和 CN 之间没有直接连接。

（2）对于用户面（U-Plane）

① 双连接主站（MeNB）和辅节点（en-gNB）通过 X2-U 接口连接。

② 主站和核心网（SGW）通过 S1-U 接口连接。

③ 辅节点和核心网（SGW）通过 S1-U 接口连接。

基于前述 UE 端和网络侧的协议框图，对于 EN-DC，也就是 LTE 作为主站，NR 作为辅节点的方案应该是 5G 早期部署的第一选择，图 6-27 所示综合了 UE 和网络侧空中接口二层协议的信息。

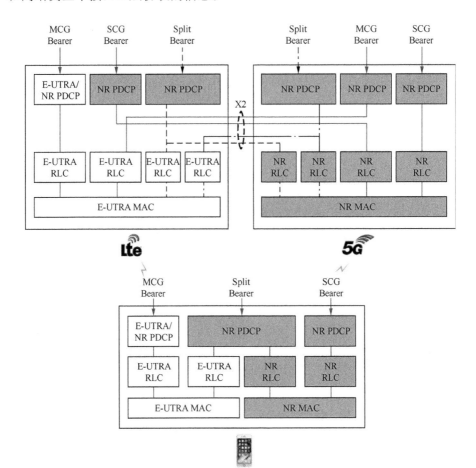

图 6-27　EN-DC 空中接口第二层协议结构

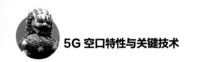

从物理层来看，EN-DC 使用 NSA 模式这个唯一的方案，因为 LTE 会一直作为锚点存在，但从上层来看就会有多种可能的方案并行完成。

承载用户数据的 DRB 可以通过 MCG、NR SCG 或者同时使用 MCG 和 NR SCG 进行数据传送。而对于承载 RRC 消息的 SRB 可以通过 MCG 或者 MCG 和 NR SCG 一起完成发送，如图 6-28 所示。

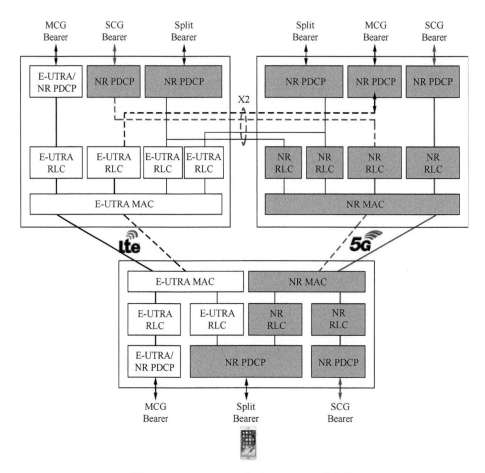

图 6-28　MCG Bearer 和 SCG Bearer 的使用

Split Bearer 的使用（或者 Split DRB）如图 6-29 所示。

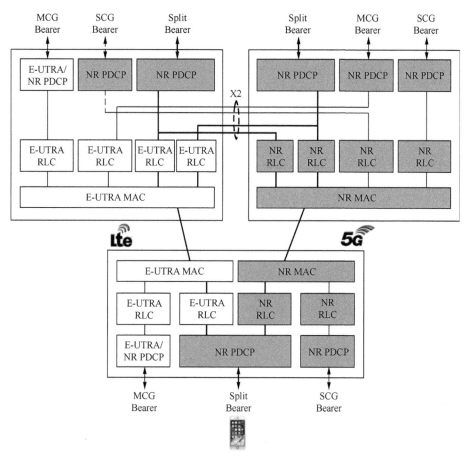

图 6-29 Split Bearer 的使用

6.4.2 EN-DC 主要流程

6.4.2.1 从站附加过程

在 EN-DC 模式中，LTE 小区为 MCG，NR 小区为 SCG。MCG 是锚点，UE 在锚点 CG 上发起初始随机接入并向网络注册，同时要将若干 SCG 加入锚点。

这类从站附加过程由主站发起，也就是由 LTE eNB 发起，目的就是在从站建立 UE 上下文以为 UE 提供无线资源。对于需要 SCG 无线资源的 Bearer，这个过程用于增加至少一个 SCG 的 Cell，所以在 EN-DC 的 LTE Attach 过程中常附加这个功能以附加 NR 的 Leg。所以需要 UE 具备 EN-DC 的能力。另外，这

个过程也可用于配置终结于从站的 MCG Bearer，如图 6-30 所示。

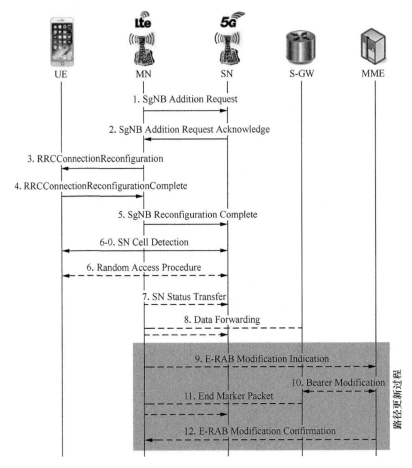

图 6-30　从站附加流程

（1）主站向从站发请求为特定的 E-RAB 分配无线资源，包括：

① E-RAB 特性（E-RAB 参数，TNL 地址信息）；

② 请求的 SCG 配置信息，包含 UE 能力及 UE 能力协调结果信息；

③ 最新测量结果用于从站选择参考来配置 SCG 小区；

④ SRB3 使用的 Security 信息；

⑤ 主站向从站请求分配无线资源用于分割 SRB；

⑥ 在主站和从站之间需要 X2-U 的承载选项的情况下，主站提供各类 X2-U TNL 地址信息；

⑦ 对于终结于从站的 Split Bearer，主站提供它所能支持的最高的 QoS 水

平。从站也可能会拒绝。

（2）如果从站接受资源请求则将执行如下操作并回应 SgNB Addition Request Acknowledge 消息：

① 分配无线资源和传输物理资源；

② 对于需要 SCG 无线资源的承载，从站的消息会触发 Random Access 以便和从站的无线资源同步；

③ 从站决定 Pscell 和其他 SCG Scell 并提供新的 SCG 无线资源配置给主站（RRC Configuration 内容，包含在 SgNB Addition Request Acknowledge 中）；

④ 主站和从站之间需要 X2-U 资源的情况，从站会提供 X2-U TNL 地址信息；

⑤ 对于终结于从站的承载，从站提供 S1-U TNL 地址及 Security 算法信息；

⑥ 对于请求的 SCG 无线资源，需要在回应消息中提供相应的 SCG 无线资源配置。

（3）主站将 RRCConnectionReconfiguration 消息发送给 UE，这条消息中包含了 NR RRC Configuration 消息，只是透明传输这条 NR 消息，不做任何改变。

（4）UE 收到 RRCConnectionReconfiguration 应用生效后回应主站 RRCConnectionReconfigurationComplete 消息，这条消息包含了 NR RRC Response 消息，如果 UE 不能使用 RRCConnectionReconfiguration 消息中的某些配置则会回应 RRCReconfiguration Failure 过程。

（5）主站通过 SgNB Reconfiguration Complete 消息告知从站 UE 已经完成了 RRC 重配置流程（包含经过编码了的 NR RRC Response 消息）。

（6）如果配置的 Bearer 需要 SCG 无线资源，则 UE 会向从站的 PSCell 发起同步过程。UE 向 SCG 发起 RA 和 RRCConnectionReconfigurationComplete 的顺序并没有明确定义。成功的 RRC Connection Reconfigration 的过程并不必须需要一个伴随的 RA 过程。

（7）在使用 RLC AM 模式且终结于从站的承载的情况下，主站会发送 SN Status Transfer。

（8）对于使用 RLC AM，依赖于各个 E-RAB 特性的 Bearer 的情况，主站将尽量缩短由于激活 EN-DC 而造成的业务中断时延。

（9～12）对于终结于从站的承载，执行面向 EPC 的用户面路径 UP Path 的更新。

这里对 RRCConnectionReconfiguration 的内容做描述：这条信令在 EN-DC 中的主要功能之一就是对从站 NR 进行各种操作，如增加、删除等，其中的主

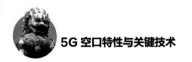

要参数如下：

①Nr-Config；

②Nr-SecondaryCellGroupConfig；

③Nr-RadioBearerConfig1。

摘取 TS38.331 2018 年 6 月的 V15.2.0 版本内容。

```
RRCConnectionReconfiguration-v1510-IEs ::= SEQUENCE {
    nr-Config-r15                       CHOICE {
        release                         NULL,
        setup                           SEQUENCE {
            endc-ReleaseAndAdd-r15      BOOLEAN,
        nr-SecondaryCellGroupConfig-r15 OCTET STRING   OPTIONAL,-- Need ON
        p-MaxEUTRA-r15                      P-Max       OPTIONAL-- Need ON
        }
    }                                               OPTIONAL,-- Need ON
    sk-Counter-r15                      INTEGER（0.. 65535）OPTIONAL,-- Need ON
    nr-RadioBearerConfig1-r15           OCTET STRING   OPTIONAL,-- Need ON
    nr-RadioBearerConfig2-r15           OCTET STRING   OPTIONAL,-- Need ON
    tdm-PatternConfig-r15               CHOICE {
        release                         NULL,
        setup                           SEQUENCE {
            subframeAssignment-r15      SubframeAssignment-r15,
            harq-Offset-r15             INTEGER（0.. 9）
        }
    }                                               OPTIONAL,--Cond FDD-PCell
    nonCriticalExtension                SEQUENCE {}    OPTIONAL
}
SL-SyncTxControl-r12 ::=                SEQUENCE {
    networkControlledSyncTx-r12         ENUMERATED {on, off}   OPTIONAL-- Need OP
}
```

其中，一些和 5G NR 相关的重要参数的解释如下。

（1）endc-ReleaseAndAdd

IE 用来指示 UE 是否在 nr-Config 内同时释放和增加 NR SCG 相关的配置。这些配置可以包括 secondaryCellGroup、SRB3 和 measConfig 等。

（2）nr-Config

此参数包含了 NR 相关的配置信息，主要用于配置 EN-DC 的相关配置。

（3）nr-RadioBearerConfig1, nr-RadioBearerConfig2

此参数包含 NR RadioBearerConfig，主要包含和 NR PDCP 配置的 RB 相关配置。

（4）nr-SecondaryCellGroupConfig

此参数包含 NR RRCReconfiguration 消息。在 TS36.331 V15.2.0 版本中 NR

RRC 消息只包含 secondaryCellGroup 和/或 measConfig。如果配置了 nr-Secondary CellGroup Config，则网络在切换过程中发起 NR SCG Reconfiguration（同步和密钥交换）时会一直包含这条消息。

6.4.2.2　从站修改过程　（由主站/从站分别发起）

从站修改过程可以由主站发起，也可以由从站发起，主要用于修改，建立或者释放 Bearer 上下文，向从站发送或者由从站获取 Bearer 上下文以及修改从站中的 UE 上下文的其他属性。也可以用于由从站经由主站向 UE 发送 RRC 消息，然后将 UE 的回应信息经由从站反馈给主站。（不使用 SRB3 的场景）。从站修改流程—主站发起如图 6-31 所示。

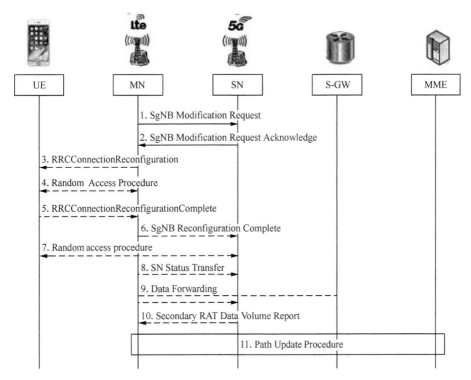

图 6-31　从站修改流程—主站发起

1. 主站发起的 SN Modification

（1）主站向从站发起 SgNB Modification Request 消息，这条消息中可以包含：

① Bearer 上下文相关或者其他的 UE 上下行相关信息；

② Data Forwarding Address 信息；

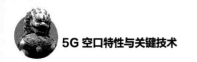

③ 请求的 SCG 配置信息，包括 UE 能力协商结果；

④ 在从站中需要安全密钥更新时，就需要包含新的 SgNB Security Key；

⑤ 对于 Bearer Type 没有变化的终结在主站上的 SCG Bearer 所配置的 E-RAB，针对其相关的 SCG RLC 重建流程，主站应该为从站提供新的 UL GTP TEID。从站应该使用之前的 UL GTP TEID 继续发送 UL PDCP PDU 直到使用新的 UL GTP TEID 的 RLC 重建完成。针对 PDCP 重建流程，主站应该为从站提供新的 DL GTP TEID。从站应该使用之前的 DL GTP TEID 继续发送 DL PDCP PDU 直到使用新的 DL GTP TEID 的 PDCP 重建完成。

（2）从站回应 SgNB Modification Request Acknowledge 消息，这条消息中可能包含以下内容。

① NR RRC Configuration 消息中的 SCG 无线资源配置。

② 数据转发地址信息（如果配置）。

③ 在伴随安全密钥更新的 PSCell 变更情况下，对于终结于主站的 E-RAB，如果需要主站和从站之间的 X2-U 资源（Bearer Type 不变），则从站会给主站提供新的 DL GTP TEID。而主站会使用之前的 DL GTP TEID 继续发送 DL PDCP PDU 给从站直到 PDCP 重建完成或者 PDCP 数据恢复。在 PDCP 重建完成或者数据 PDCP 恢复之后将使用新的 DL GTP TEID 发送数据。

④ 在伴随安全密钥更新的 PSCell 变更情况下，对于终结于主站的 E-RAB，如果需要主站和从站之间的 X2-U 资源（Bearer Type 不变），则从站会给主站提供新的 UL GTP TEID。而主站会使用之前的 UL GTP TEID 继续发送 UL PDCP PDU 给从站直到 PDCP 重建完成或者 PDCP 数据恢复。在 PDCP 重建完成或者数据 PDCP 恢复之后将使用新的 UL GTP TEID 发送数据。

（3~5）主站发起 RRCConnectionReconfiguration 流程发给 UE，这条消息包括 NR RRC Configuration 消息，之后 UE 收到并应用这些新的配置信息并回应 RRCConnectionReconfigurationComplete 消息（包含 NR RRC Response 消息）。如果 UE 对收到的 RRCConnectionReconfiguration 消息的中的某些参数不兼容则会执行 RRC Reconfiguration Failure 流程。

（6）完成 Reconfiguration 流程之后，流程成功的信息包含在 SgNB Reconfiguration Complete 消息中。

（7）如果接到指示，UE 可以选择只是和从站的 PSCell 进行同步，否则也可以使用新的配置执行上行数据传送。

（8）如果变化的 Bearer 使用 RLC AM 模式，则需要主站发送从站 SN Status Transfer 消息。

（9）如果需要，主站和从站之间进行数据转发。

（10）从站发送 Secondary RAT Data Volume Report 消息给主站以便告诉主站通过 NR 控制接口发送到 UE 的数据量。

（11）执行路径更新。

2. 从站发起的从站修改（主站参与）流程

从站修改流程—从站发起的从站修改（主站参与）流程如图 6-32 所示。

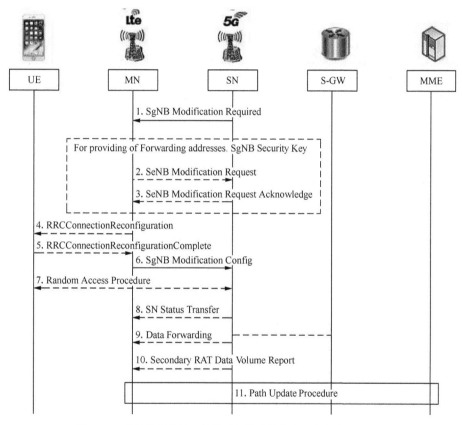

图 6-32　从站修改流程—从站发起的从站修改（主站参与）流程

（1）从站发送 SgNB Modification Required 消息给主站，包含 NR RRC Configuration 消息，这条消息中可能包含的信息：

① Bearer 上下文相关信息。

② 其他 UE 上下文相关信息。

③ 新的 SCG 资源配置，如果是 Bearer 释放或者变更情况，则 SgNB Modification 包含 E-RAB list；

④ 如果安全密钥变更了，则 PDCP Change Indication 就能指示需要 S-K$_{gNN}$

的更新；

⑤ 主站如果需要 PDCP 数据恢复。则 PDCP Change Indication 就会指示需要 PDCP 恢复。

从站来决定密钥是否需要变更。

（2～3）如果需要数据转发以及/或者从站安全密钥变更，主站触发主站发起的 SN Modification 过程的准备流程并继而提供转发地址及新的从站安全密钥信息。

（4）主站发送 RRCConnectionReconfiguration 消息（包含 NR RRC Configuration 消息）给 UE，消息包含新的 SCG 无线资源配置。

（5）UE 收到 RRCConnectionReconfiguration 消息后并应用生效，然后回应包含了编码了的 NR RRC Response 的 RRCConnectionReconfigurationComplete 消息，如果 UE 对 RRCConnectionReconfiguration 中的某些参数不兼容则会执行 RRC Reconfiguration Failure 的流程。

（6）Reconfiguration 流程完成之后，主站将发送包含了这些成功信息的 SgNB Modification Confirm 消息（包含 NR RRC Response 消息）给从站。

（7）根据收到的配置，UE 可以选择执行到从站的 PSCell 的同步过程，或者使用新的配置发起上行传输。

（8）如果使用 RLC AM 的 Bearer 的 PDCP 终结点变更了且 RRC Full Configuration 没有使用则从站会给主站发送 SN Status Transfer 消息。

（9）主站和从站之间数据转发。

（10）从站给主站发送包含了已经通过 NR 发送给 UE 的数据量的 Secondary RAT Data Volume Report 消息。

（11）执行路径更新。

3. 从站发起的从站修改（主站不参与）流程

从站修改流程—从站发起的从站修改（主站不参与）流程如图 6-33 所示。

（1）从站不通知主站任何信息而通过 SRB3 发送 RRCConnectionReconfiguration 消息给 UE。如果 UE 对 RRCConnectionReconfiguration 中的参数不兼容则会执行 RRC Reconfiguration Failure 流程。

（2）根据收到的配置信息，UE 向从站的 PSCell 发起同步过程。

（3）UE 回应消息 RRCConnectionReconfigurationComplete。

4. 不使用 SRB3 的时候发送 NR RRC 消息

主站处理 NR RRC 消息如图 6-34 所示。

（1）从站向主站发起 SgNB Modification Required 流程。

（2）主站将 NR RRC 消息通过 RRCConnectionReconfiguration 转发给 UE。

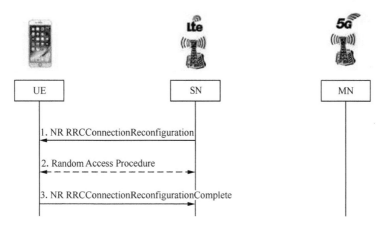

图 6-33　从站修改流程—从站发起的从站修改（主站不参与）流程

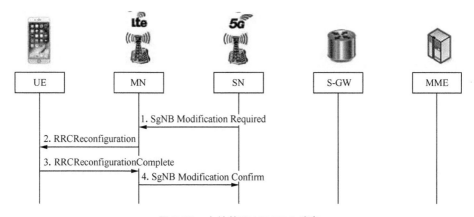

图 6-34　主站处理 NR RRC 消息

（3）UE 回应 RRCConnectionReconfigurationComplete 消息给主站。

（4）主站将 NR RRC Response 消息包含 SgNB Modification Confirm 中转发给从站。

6.4.2.3　从站释放过程（主站/从站分别发起）

1.　**主站发起的** SN Release

主站发起的从站释放流程如图 6-35 所示。

（1）主站向从站发送 SgNB Release Request 消息，如果要求数据转发，则主站会在这条消息中提供数据转发地址信息给从站。

（2）从站发送 SgNB Release Request Acknowledge 消息以确认 SN Release。

（3～4）主站发送 RRCConnectionReconfiguration 消息给 UE 通知 UE 释放

全部的 SCG 配置。如果 UE 对这条消息中的参数不兼容则会执行 RRC Reconfiguration Failure 流程。

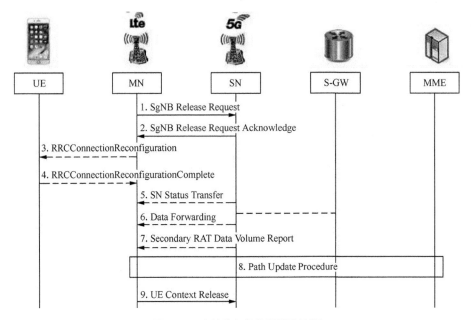

图 6-35　主站发起的从站释放流程

（5）如果释放的 Bearer 使用的是 RLC AM 模式，则从站会发送 SN Status Transfer 给主站。

（6）从站到主站的 Data Forwarding。

（7）从站发送 Secondary RAT Data Volume Report 消息给主站通知在 NR 空中接口上已经发送给 UE 的数据流量。

（8）执行数据路径更新。

（9）从站在收到 UE Context Release 消息后释放和该 UE 上下文相关联的无线和控制面资源，所有的数据转发仍然继续。

2．从站发起的从站释放过程

从站发起的从站释放流程如图 6-36 所示。

（1）从站发送不包含站间信息的 SgNB Release Required 消息给主站以启动从站释放流程。

（2）主站收到 SgNB Release Required 消息后回应 SgNB Release Confirm 消息，根据要求在该消息中提供数据转发地址信息给从站，然后从站可以启动数据转发并停止发送数据给 UE。

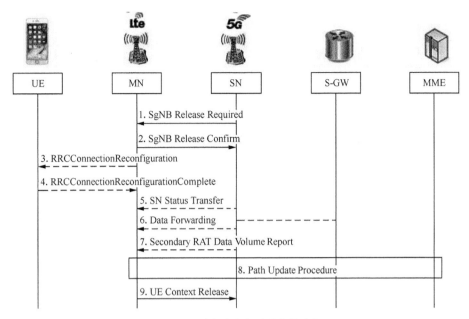

图 6-36　从站发起的从站释放流程

（3～4）主站发送 RRCConnectionReconfiguration 告知 UE 释放所有的 SCG 配置。如果 UE 对消息中的某些参数不兼容则会执行 RRC Reconfiguration Failure 流程。

（5）如果释放的 Bearer 使用 RLC AM 则从站会发送 SN Status Transfer 给主站。

（6）从站到主站的数据转发。

（7）从站发送 Secondary RAT Data Volume Report 消息给主站，通知已经在 NR 发送给 UE 的数据流量。

（8）执行数据路径更新。

（9）从站在收到 UE Context Release 消息后释放该 UE 上下文相关联的无线和控制面相关资源，其他的数据转发仍然会继续进行。

6.4.2.4　从站变更过程（主站/从站分别发起）

1.　主站发起从站变更

主站发起的从站变更如图 6-37 所示。

（1～2）主站通过发起 SgNB Addition 流程来向目标从站请求为 UE 分配资源。在 SgNB Addition Request 消息中可能会包含测量结果以及转发地址信息。从站在 SgNB Addition Request Ackownledge 消息中会包含全部的或者 Delta 部分的 RRC 配置信息。

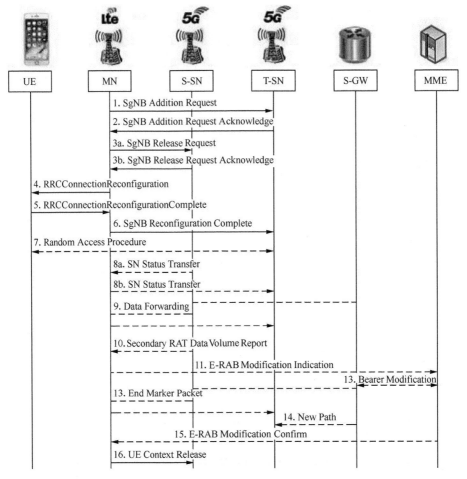

UE	MN	S-SN	T-SN	S-GW	MME

1. SgNB Addition Request

2. SgNB Addition Request Acknowledge

3a. SgNB Release Request

3b. SgNB Release Request Acknowledge

4. RRCConnectionReconfiguration

5. RRCConnectionReconfigurationComplete

6. SgNB Reconfiguration Complete

7. Random Access Procedure

8a. SN Status Transfer

8b. SN Status Transfer

9. Data Forwarding

10. Secondary RAT Data Volume Report

11. E-RAB Modification Indication

13. Bearer Modification

13. End Marker Packet

14. New Path

15. E-RAB Modification Confirm

16. UE Context Release

图 6-37　主站发起的从站变更

（3）如果目标从站资源分配，主站会发起释放流程来释放源从站的资源，这些资源包括用来指示 SCG mobility 的原因值，源从站也可以拒绝这个释放指令。主站也会根据情况提供数据转发地址信息给源从站，源从站在收到 SgNB Release Request 消息后会停止发送数据给 UE，但可以视情况开始数据转发。

（4~5）主站向 UE 发送 RRCConnectionReconfiguration 通知新的配置，消息中包含了目标从站生成的 NR RRC Configuration 消息。UE 收到后应用这些配置并回应 RRCConnectionReconfigurationComplete 消息，该消息包含了为目标从站生成的 NR RRC Response 消息。

（6）在 RRC Connection Reconfiguration 流程完成后，主站会通过 SgNB ReconfigurationComplete 消息通知目标从站。

（7）如果配置的 Bearer 需要 SCG 的无线资源，则 UE 会同目标从站进行同步。

（8）对于使用 RLC AM 模式的终结于从站的承载，源从站将发送 SN Status Transfer 给主站，之后主站将之发送到目标从站。

（9）主站和源从站之间数据转发。

（10）源从站发送 Secondary RAT Data Volume Report 消息给主站来告知已经在 NR 上发送给 UE 的数据量。

（11～15）只要有一个 Bearer 终结在源从站上，则数据路径更新启动。

（16）源从站在收到 UE Context Release 消息后将释放该 UE 上下文相关的无线资源及控制面资源。数据转发仍继续进行。

2. 从站发起从站变更

从站发起的从站变更如图 6-38 所示。

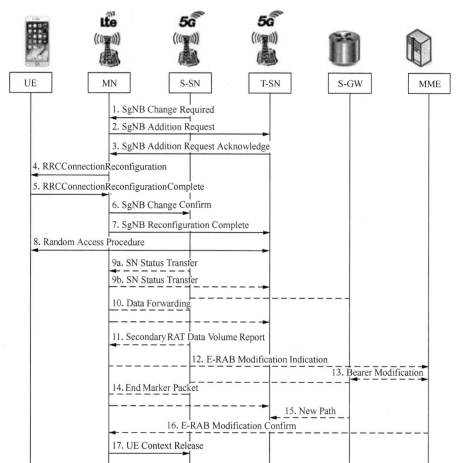

图 6-38 从站发起的从站变更

（1）源从站发送 SgNB Change Required 消息给主站而启动从站变更流程，该消息中包含相关 SCG 的测量信息和 SCG 配置。

（2～3）主站收到 SgNB Change Required 消息后启动 SgNB Addition 流程请求目标从站为该 UE 分配资源。SgNB Addition 消息包含了由源从站收到的关于和目标从站关联的测量信息。如果有数据转发需求，目标从站也会提供转发地址信息。目标从站会在回应消息中包含所有的 RRC 配置消息或者 Delta RRC 配置消息。

（4～5）主站使用新的配置生成 RRCConnectionReconfiguration（包含由目标从站生成的 NR RRC Configuration 消息）并发送给 UE，然后 UE 应用这些配置并回应 RRCConnectionReconfigurationComplete 给主站，该消息中包含了回应目标从站的 NR RRC Response 消息。如果 UE 对 RRCConnectionReconfiguration 中的某些参数不兼容则会执行 RRC Reconfiguration Failure 信息。

（6）主站通过 SgNB Change Confirm 信息向源从站确认并触发停止源从站数据传送，并继而启动数据转发。

（7）如果主站成功收到 RRC Connection Reconfiguration，则会使用 SgNB Reconfiguration Complete 消息通知目标从站（包含 NR RRC Response）。

（8）UE 和目标从站进行同步。

（9）对于使用 RLC AM 的终结于从站的承载，源从站会发送 SN Status Transfer 给主站，然后主站会将之发送给目标从站。

（10）在源从站从主站收到 SgNB Change Confirm 后尽早启动数据转发。

（11）源从站发送 Secondary RAT Data Volume Report 消息给主站来告知已经在 NR 上发送给 UE 的数据量。

（12～16）只要有一个 Bearer 终结在源从站，主站就会启动数据路径更新流程。

（17）源从站在收到 UE Context Release 消息后将释放和该 UE 上下文关联的无线资源和其他控制面资源，而数据转发仍可进行。

6.4.2.5 主站间切换过程（伴随或者不伴随从站变更过程）

主站间切换过程如图 6-39 所示。

（1）源主站通过在 X2 上发送 Handover Request 而触发切换准备流程，Handover Request 消息中包含源从站中的 UE X2AP ID，SN ID 和 UE context。

（2）如果目标主站决定保持从站，则会发送 SN Addition Request 给源从站，消息中包含 SN UE X2AP ID 作为已经在源从站中建立的 UE 上下文的参考点。如果目标主站决定变更从站，则会发送 SgNB Addition Request 给目标从站，包含源从站中通过 NN 已经建立的 UE 上下文。

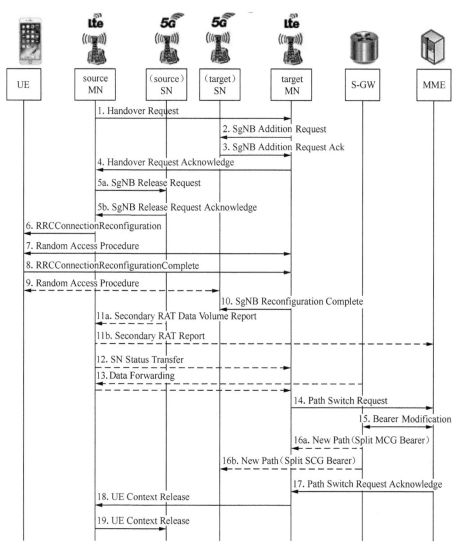

图 6-39　主站间切换过程（伴随或者不伴随从站变更过程）

（3）目标从站回应主站 SN Addition Request Acknowledge 消息。

（4）目标主站将发给 UE 的 RRC 消息打包在一个转换器中，并包含在 Handover Request Acknowledge 消息发送源主站。消息中可能会包含转发地址信息，另外目标主站会在消息中告知从站中的 UE 上下文会被保持（如果目标主站和从站在第二步和第三步决定保持从站中的 UE 上下文）。

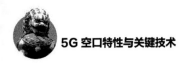

（5）源主站发送 SN Release Request 消息给源从站，消息中包含了指示 MCG Mobility 的原因值，源从站回应该释放请求。

（6）源主站发送 RRCConnectionReconfiguration 给 UE。

（7~8）UE 和目标主站进行同步继而回应 RRCConnectionReconfiguration Complete 消息。

（9）如果配置中要求了 SCG 无线资源，则 UE 会与目标从站进行同步。

（10）目标主站通过 SgNB Reconfiguration Complete 消息通知目标从站空口 RRC Reconfiguration 过程完成。

（11a）源从站通过消息 Secondary RAT Data Volume Report 通知源主站已经在 NR 发送给 UE 的数据流量。

（11b）源主站向 MME 发送 Secondary RAT Report 消息，提供已经使用的 NR 资源。

（12）在使用 RLC AM 模式 Bearer 的时候，源主站会像目标主站发送 SN Status Transfer 消息。

（13）从源主站的数据转发启动，如果源从站被保持，则为 SCG Bearer 和 SCG Split Bearer 的数据转发就不需要了。

（14~17）目标主站触发数据路径更新流程。

（18）目标主站向源主站发起 UE Context Release 流程。

（19）在收到 UE Context Release 消息后，源从站将释放和该 UE 上下文关联面向源主站的无线资源和其他控制面资源。任何正在继续进行的数据转发将继续进行。如果源从站将不释放和目标主站关联的 UE 上下文，从站将不释放和目标主站相关的 UE 上下文（如果步骤 5 中的 SN Release Request 没有包含相关指示）。

6.4.2.6 主站到 eNB 的变更

主站变更到 eNB 的流程用来将上下文数据从源主站/从站发送到目标 eNB，如图 6-40 所示。

（1）源主站通过在 X2 上发起 X2 Handover Preparation 流程从而启动主站到 eNB 变更流程，信令消息是 Handover Request，包含了 MCG 和 SCG 的配置信息。

（2）目标 eNB 回应 Handover Request Ackknowledge 消息给主站，包含了用于释放 SCG 配置的 HO Command 消息，也可能会视情况提供转发地址信息。

（3）源主站通过 SgNB Release Request 消息通知释放源从站的资源，并在消息中给出 MCG Mobility 的原因值。源从站收到请求后通过 SgNB Release Request Acknowledge 回应请求。源主站可能为源从站根据要求提供数据转发地址，并视情况开始数据转发。

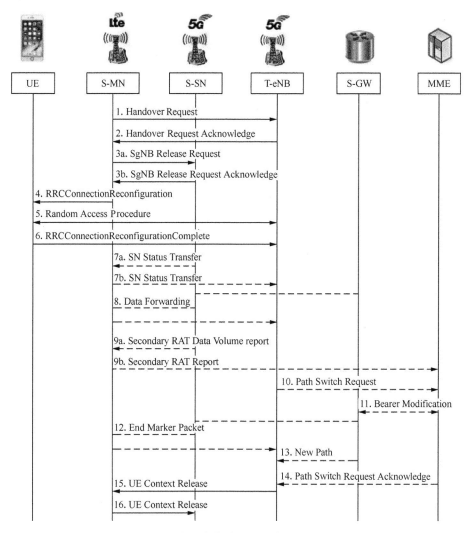

图 6-40　主站到 eNB 的变更流程

（4）源主站发送 RRCConnectionReconfiguration 给 UE。UE 在收到该消息后释放所有的 SCG 配置。

（5~6）UE 和目标 eNB 进行同步。

411

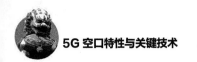

（7）对于使用 RLC AM 模式终结于从站的承载，源从站会发送 SN Status Transfer 给源主站，之后主站会转发给目标 eNB。

（8）从源从站到源主站的数据转发开始。

（9a）源从站发送 Secondary RAT Data Volume Report 消息给源主站用于报告已经在 NR 发送给 UE 的数据量。

（9b）源主站发送 Secondary RAT Report 给 MME。

（10～14）目标 eNB 发起 S1 Path Switch 流程，也就是数据路径更新。

（15）目标 eNB 发送 UE Context Release 给源主站。

（16）在收到 UE Context Release 消息后，源从站将释放和该 UE 上下文关联的无线资源和控制面相关资源，其他的数据转发进程将继续进行。

6.4.2.7　eNB 到主站的变更

eNB 到主站变更流程用于从源 eNB 中的上下文数据发送给目标主站，以及在切换过程中加上从站，如图 6-41 所示。

（1）源 eNB 通过 Handover Request 消息向目标主站在 X2 上发起切换准备流程。

（2）目标主站向目标从站发送 SgNB Addition Request 从而启动从站附加流程。

（3）目标从站回应 SgNB Addition Request Acknowledge 消息，消息中可能会包目标从站提供的转发地址信息给目标主站。

（4）目标主站会将 NR RRC 内容消息作为一个透明的容器包含在 Handover Request Acknowledge 消息中发送给源 eNB，转发地址信息也可能包含在消息中。

（5）源 eNB 发送 RRCConnectionReconfiguration 给 UE。

（6～7）UE 同目标主站同步并回应 RRCConnectionReconfigurationComplete 消息。

（8）UE 同目标从站同步。

（9）目标主站通知目标从站 RRCConnectionReconfiguration 流程完成。

（10）对于使用 RLC AM 模式的 Bearer，源 eNB 发送 SN Status Transfer 消息给目标主站。

（11）从源 eNB 的数据转发开始。

（12～15）目标主站发起 S1 路径转换流程。

（16）目标主站向源 eNB 发起 UE Context Release 流程。

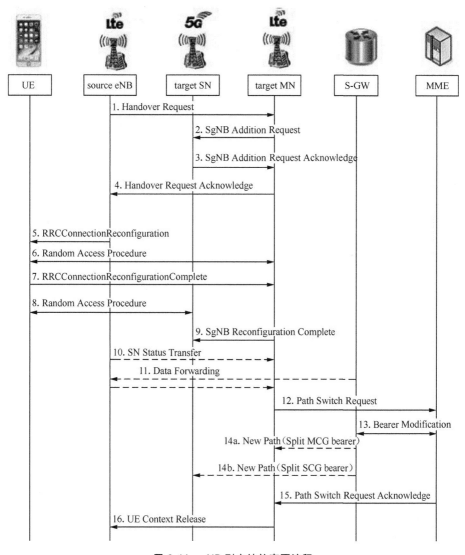

图 6-41　eNB 到主站的变更流程

6.4.2.8　RRC Transfer

RRC Transfer 流程用于在主站和 UE 之间通过从站（Split SRB）交换 RRC 消息，UE 也通过这个流程向从站提供 NR 测量报，如图 6-42 和图 6-43 所示。

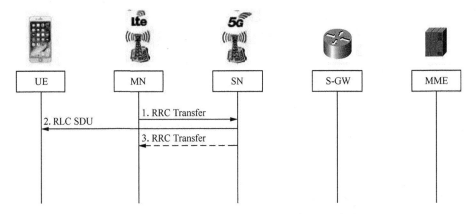

图 6-42　Split SRB 情况的 RRC Transfer 流程（下行处理）

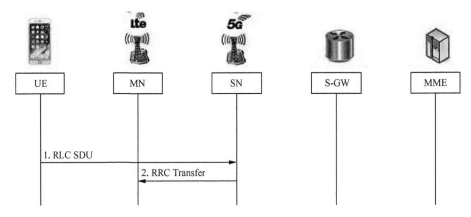

图 6-43　Split SRB 情况下的 RRC Transfer 流程（上行处理）

1. Split SRB 情况

（1）主站需要使用 Split SRB 时就通过发起 RRC Transfer 流程。主站将 RRC 消息打包封装在 PDCP-C PDU 中并使用自己的密钥来加密。

（2）从站将 RRC 消息转发给 UE。

（3）从站也可能会发送 RRC 消息的 PDCP 送达应答信息（步骤 2 中转发的）。

① UE 提供针对 RRC 消息的应答发送给从站。

② 从站发起 RRC Transfer 流程，用于 RRC 封装的 PDCP-C PDU。

2. NR 测量报告

图 6-44 所示展示了一个用于传送 NR 测量报告的 RRC Transfer 信令流

程示例。

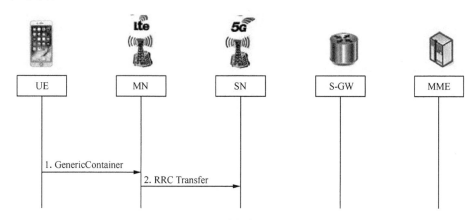

图 6-44　用于 NR 测量报告的 RRC Transfer 流程

（1）UE 使用 GenericContainer 发送测量报告给主站。

（2）NN 给从站发起 RRC Transfer 流程，将 NR 测量报告以 8 位字符串形式发送给从站。

6.4.2.9　Secondary RAT data volume reporting 消息

Secondary RAT Data Volume Reporting 消息主要用于报告 Secondary RAT 和 CN 之间发生的数据流量信息。在 EN-DC 中，主站可以根据配置将从站的上行和下行的数据量信息通过每 EPS Bearer 为单位发送给 EPC。从站也可以通过周期性报告的方式发送 Secondary RAT Data Volume Report 消息给主站，然后主站会转发给 MME，如图 6-45 所示。

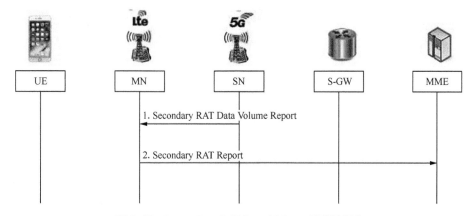

图 6-45　Secondary RAT Data Volume 周期性报告

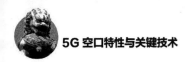

（1）根据配置，从站可以周期性地发送 Secondary RAT Data Volume Report 消息给主站，这条消息中包含了通过 NR 发送给 UE 的数据量。

（2）主站发送 Secondary RAT Report 消息给 MME 为使用的 NR 资源提供相关信息。

6.4.2.10　Activity Notification 消息

Activity Notification 消息用于报告从站资源的用户面的激活信息。可以报告 Inactivity 或者 Inactivity 之后的恢复信息。在 EN-DC 中，激活报告仅由从站提供，之后主站来进一步执行，如图 6-46 所示。

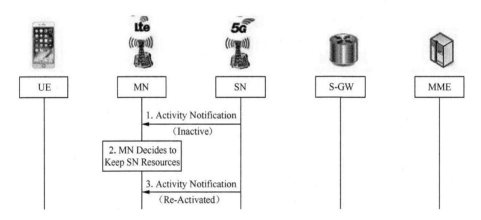

图 6-46　EN-DC 模式中的 Activity Notification

EN-DC 使用 Activity Notification 来保留主站告知的有关从站资源的用户流量信息，主站再收到这类通知时也会执行相关处理。

（1）从站将从站资源上的用户数据 Inactivity 信息告知主站。

（2）主站决定保留这些从站资源。

（3）过一定时间后，从站向主站报告用户面活动信息。

6.4.3　EN-DC 几个主要处理流程分析（当前主要是 3X 场景）

6.4.3.1　3X 场景下的 SgNB Addition 相关流程

SgNB Addition 总体流程分为两个阶段，第一阶段是 UE 在 LTE 网络建立端到端连接，并将 EN-DC 的能力报告给网络，如图 6-47 所示。

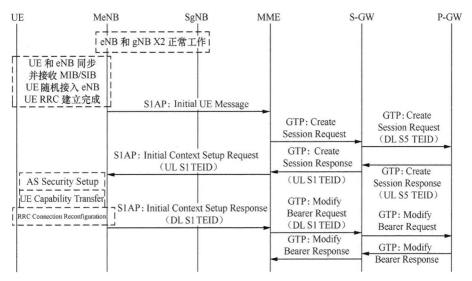

图 6-47　SgNB Addition 总体流程第一阶段

在第一阶段中,我们主要关注 UE 上报的能力是否包含了 EN-DC 相关能力,关于 UE 能力中 EN-DC 部分的协议规定及实际信令 log 关键部分对照如图 6-48 所示。

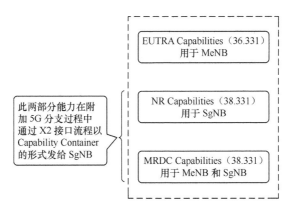

图 6-48　EU-DC UE 能力传递

只有 UE 具备 EN-DC 的能力,后续的第二阶段才会顺利进行,如图 6-49 所示。

第二阶段是根据 UE 上报的 5G 测量结果或者系统的设定进行判决,决定

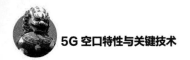

在 UE 连接中加入 5G Leg 的流程。

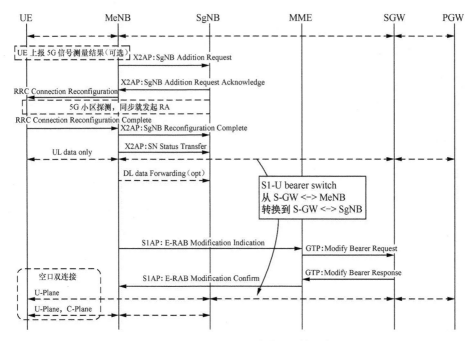

图 6-49　SgNB Addition 总体流程第二阶段

这里重点讨论其中最重要的部分——SgNB Addition 相关的流程，如图 6-50 所示。

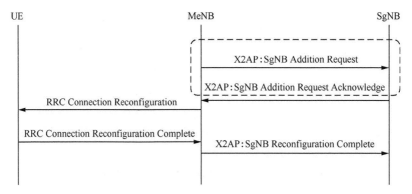

图 6-50　SgNB Addition 请求确认过程

① MeNB 在 X2AP 上发送 SGNB Addition Request 消息给 SgNB，SgNB 在收到该消息后会尝试为 UE 准备 5G 无线资源 。

② SgNB 回应（X2AP）SGNB Addition Request Acknowledge 消息给 MeNB。SgNB Addition Request 的消息中主要参数如下。

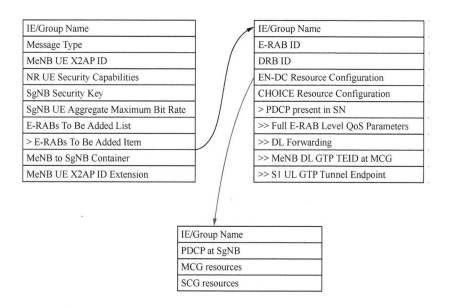

SgNB Addition Request Acknowledge 消息中主要参数如下。

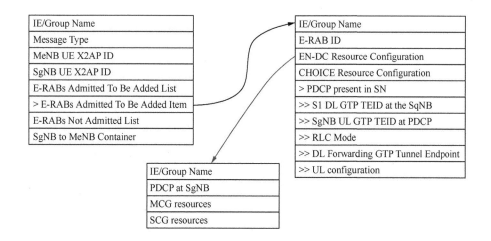

SgNB Reconfiguration Complete 从 MeNB 发向 SgNB，SgNB 使用这个消息确认相应的配置已经应用到 UE 上，主要的参数如下。

IE/Group Name
Message Type
MeNB UE X2AP ID
SgNB UE X2AP ID
Response Information
> CHOICE Response Type
>> Configuration successfully applied
>>> MeNB to SgNB Container
>> Configuration rejected by the MeNB
>>> Cause
MeNB UE-X2AP ID Extension

X2AP: SN STATUS TRANSFER 流程和之前通用的切换执行过程中的同名流程作用类似，用于 SgNB 获取 PDCP SN 和 HFN status。

IE/Group Name
Message Type
Old eNB UE X2AP ID
E-RABs Subject To Status Transfer List
> E-RABs Subject To Status Transfer Item
>> E-RAB ID
>> UL CCUNT Value for PDCP SN Length 18
>> DL CCUNT Value for PDCP SN Length 18
SgNB UE X2AP ID

更多的参数的详细信息请参阅 TS36.423 R15 中的内容。

6.4.3.2　3X 场景下的加密处理过程

根据 3GPP TS33.401，NR 对数据进行加密的输入项包括：
① KEY；
② COUNT；
③ BEARER；
④ DIRECTION；

⑤ LENGTH；

⑥ EEA 加密算法选择。

EEA 功能块的输出为 KEYSTREAM BLOCK、KEYSTREAM BLOCK 和 PLAINTEXT BLOCK 相乘后得到 CIPHERTEXT BLOCK，如图 6-51 所示。

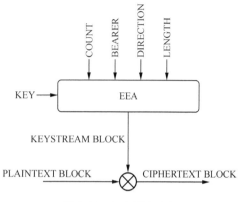

图 6-51　加密算法示意

3X 架构的分割/聚合点在 SgNB 的 PDCP 层，所以 Split Bearer 的加密功能在 SgNB 的 PDCP 执行（见图 6-52）。同时由于在 LTE 和 5G NR 上发送的数据的加密都在 UE 上执行，因此在 UE 上针对加密/解密需要使用相同的输入。

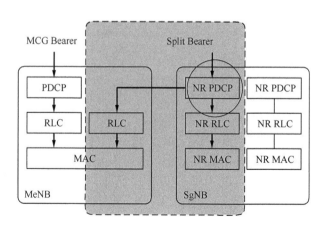

图 6-52　3X 架构下加密功能示意

第 7 章
5G 频谱和射频特性

本 章简单介绍了 5G 的频谱特性(如频谱范围、带宽配置、信道栅格),以及射频部分发射机和接收机的一些主要规范和基本原理。

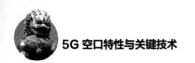

| 7.1 5G 频谱和射频概述 |

和前几代移动通信系统相比,5G NR 在频谱和射频特性上呈现出灵活性和多样性的特点。

例如，LTE 所使用的频率资源基本上低于 3GHz，到了 NR，频率资源的要求从小于 1GHz 一直延伸到了大于 50GHz。此外，LTE 中信道的带宽从 1.4MHz 到 20MHz 不等，到了 NR，信道的带宽可以从 5MHz 一直达到 400MHz。

由于 NR 基站和终端设备必须工作在极宽的频率范围内，其射频特性和测试要求也会和以前很不一样。在高频段（如高于 30GHz 的毫米波波段），测试仪器会变得十分复杂和昂贵。

因此，在 Release 15 中，3GPP 把整个 NR 的频谱资源分为两个频率范围，频率范围 1（FR1，Frequency Range 1）为 450MHz ~ 6GHz；频率范围 2（FR2，Frequency Range 2）为 24.25 ~ 52.6GHz，对这两个不同频率范围分开研究和制定射频规范。在 FR1 和 FR2 内的频率，其射频要求具有共同性。而在 FR1 和 FR2 之间，其射频要求有相当的不同。FR1 基本上是在 LTE 频率范围上做了扩展，向上一直到了 6GHz，其射频特性相对比较接近。

在 FR2 频率范围内，射频的传输特性就不太一样，无线电波在这个频率范围具有如下特点：

（1）高路径损耗；

（2）对传播环境的敏感性；

（3）具有较差的衍射特性，从而导致高阻塞概率；

（4）时间和空间的不平衡。

总体而言，FR2 的路径损耗会大很多，也更不稳定和易于变化。在这个频率范围，无线通信通常要通过在发射侧和接收侧使用更多的天线单元实现波束赋形来弥补路径损耗。

此外，FR2 和 FR1 这两个频率范围对于射频器件的性能要求以及对于射频测试的要求也不同，需要做不同考虑。

在 R15 中，还考虑了采用不同的测试方法来验证不同频率范围下的射频需求，即传统的传导（Conducted）测试和空中传输（OTA-Over The Air）测试。

7.2 频谱分配和带宽配置

根据 3GPP R15 的规划，5G NR 的工作频谱有高低频两段频率范围，分别以 FR1 和 FR2 表示，其中，FR1 可以使用的工作频段有 30 段，FR2 可以使用的工作频段有 4 段，其具体涵盖范围为，FR1 对应 450～6000MHz，FR2 对应 24 250～52 600MHz。表 7-1 和表 7-2 列出了这些频段的详细频率规划，各频段以 n 加上阿拉伯数字表示。

5G NR 支持 FDD 和 TDD 两种不同的双工方式。SDL 和 SUL 分别为下行补充频段和上行补充频段。

表 7-1 NR 在 FR1 的工作频段表

NR 工作频段	上行（UL）工作频段 基站接收/终端发射 $F_{UL\_low}\sim F_{UL\_high}$（MHz）	下行（DL）工作频段 终端接收/基站发射 $F_{DL\_low}\sim F_{DL\_high}$（MHz）	双工方式
n1	1920～1980	2110～2170	FDD
n2	1850～1910	1930～1990	FDD
n3	1710～1785	1805～1880	FDD
n5	824～849	869～894	FDD

续表

NR 工作频段	上行（UL）工作频段 基站接收/终端发射 $F_{UL\_low} \sim F_{UL\_high}$（MHz）	下行（DL）工作频段 终端接收/基站发射 $F_{DL\_low} \sim F_{DL\_high}$（MHz）	双工方式
n7	2500～2570	2620～2690	FDD
n8	880～915	925～960	FDD
n12	699～716	729～746	FDD
n20	832～862	791～821	FDD
n25	1850～1915	1930～1995	FDD
n28	703～748	758～803	FDD
n34	2010～2025	2010～2025	TDD
n38	2570～2620	2570～2620	TDD
n39	1880～1920	1880～1920	TDD
n40	2300～2400	2300～2400	TDD
n41	2496～2690	2496～2690	TDD
n51	1427～1432	1427～1432	TDD
n66	1710～1780	2110～2200	FDD
n70	1695～1710	1995～2020	FDD
n71	663～698	617～652	FDD
n75	N/A	1432～1517	SDL
n76	N/A	1427～1432	SDL
n77	3300～4200	3300～4200	TDD
n78	3300～3800	3300～3800	TDD
n79	4400～5000	4400～5000	TDD
n80	1710～1785	N/A	SUL
n81	880～915	N/A	SUL
n82	832～862	N/A	SUL
n83	703～748	N/A	SUL
n84	1920～1980	N/A	SUL
n86	1710～1780	N/A	SUL

表 7-2　NR 在 FR2 的工作频段表

NR 工作频段	上行（UL）和下行（DL）工作频段基站发射/接收终端发射/接收 $F_{UL\_low} \sim F_{UL\_high}$　$F_{DL\_low} \sim F_{DL\_high}$（MHz）	双工方式
n257	26 500～29 500	TDD
n258	24 250～27 500	TDD
n260	37 000～40 000	TDD
n261	27 500～28 350	TDD

R15 中这些所列出的频段中有不少目前还被别的系统所占据使用。因此，新部署的 5G 系统在有些地区有可能会对部署的基站系统产生额外的共存（Coexistence）和共站（Colocation）的额外要求。

NR 支持非常灵活的信道带宽和不同的子载波间隔 SCS 配置。在 FR1，信道带宽可以从 5MHz 一直扩展到 100MHz；在 FR2，信道带宽则可以从 50MHz 一直扩展到 400MHz。FR1 和 FR2 中的信道带宽所对应的资源块配置可以参考本书 3.1.3 节的内容。信道带宽、保护带和传输带宽配置间的关系可见第 3 章中图 3-3。

和 LTE 一样，NR 也支持带内载波聚合（Intra-Band Carrier Aggregation）和带间载波聚合（Inter-Band Carrier Aggregation）。NR 允许 FR1 和 FR2 之间的载波聚合，其特性和要求在 38.101-3 中做了规范。

7.3 频率点和信道栅格

为了协调同一频段内的不同运营商对频率的使用，3GPP 对于 NR 载波可以出现在哪些频率点上做了一些规定。在 LTE 中，信道栅格（Channel Raster）被定义为 100kHz。在 5G NR 中，栅格的颗粒度更加精细。按照 3GPP 的规定，对于小于 3GHz 的频率范围，栅格大小为 5kHz；对于 3～24.25GHz 的频率范围，栅格大小为 15kHz；对于大于 24.25GHz 的频率范围，栅格大小为 60kHz。

具体来讲，在 0～100GHz 总的频率范围上，RF 参考频率 F_{REF} 用于在信令中标定 RF 信道、SSB 和其他单元的位置，它的值可以由 NR 绝对无线频率信道号（NR-ARFCN）来确定。

此外，在每个具体的工作频段上，实际采用的频率点只是总频率范围栅格频率点的一个子集，并由这个子集构成了信道栅格，其颗粒度（ΔF_{Raster}）为一个大于或等于总体频率栅格颗粒度（ΔF_{Global}）的数值。

在 LTE 中，栅格决定了 UE 开机时需要搜索的 SSB 频率点位置。在 NR 中，由于频率的范围和信道的带宽大大增加了，就有必要减少 UE 所需要搜索的频率点位置。因此，3GPP 定义了一组较为稀疏的同步栅格（Synchronization Raster），SSB 只能出现在这个稀疏的同步栅格上，其目的在于减少 UE 开机初次接入时所需要的搜索时间。SSB 同步块的参考频率点 SS_{REF} 由总体同步信道

号（GSCN，Global Synchronization Channel Number）的值决定。它们在不同频率范围内的对应关系可以参考本书 3.1.4 节的内容。

|7.4   射频规范概述|

3GPP R15 通过 38.101-1/2/3/4 和 38.104 对终端和基站的射频特性都制定了明确的规范和要求。不满足这些基本规范的设备无法获得入网许可，也就无法进入运营商的网络。这些要求集和 LTE 系统中的射频要求集在概念上有相似之处。

这些规范要求大体上可分为发射机要求和接收机要求两部分。对于基站和终端，这些要求有些是共同的，有些则不同，这些不同部分是由于上下行信道本身的不同特点和差异，部分也是由于市场对于基站和终端的不同要求造成的。

对于终端侧，在 FR1 内的射频要求一般都以传统的传导要求的方式规定，其测试通常通过单独设计的天线测试端口进行。而在 FR2 内的射频要求则以通过空中发射的辐射要求（OTA，Over The Air）的方式规定，这是由于在 FR2 内通常需要较多的天线单元来弥补 FR2 内无线电波较大的路径损耗。与此同时，UE 电路的集成度也非常高，很难通过单独设计外接测试端口来进行测试认证。因此，3GPP 对 NR UE 的射频特性进行规范时，FR1、FR2 是分开定义的。3GPP 针对 NR UE 用了 38.101-1、38.101-2 等两部分来分别规范 FR1 和 FR2 的射频要求（除此之外，还有 38.101-3/4 用于规范 UE 互操作和性能指标）。

对于基站侧，3GPP 在 38.104 规范中对于基站的要求覆盖了 FR1 和 FR2 两个频率范围。即使是在 FR1 的频率范围，也同时存在传导和 OTA 辐射要求。

3GPP 所定义的 OTA 辐射要求和其所对应的传导要求很相似，通常可以通过传导要求考虑天线的增益转换获得，最终表达为 EIRP（Effective Isotropic Radiated Power）或 TRP（Total Radiated Power）的形式。

本节对 R15 中发射机和接收机的一些主要指标要求和基本概念进行简单介绍。

7.4.1   发射机特性

发射机特性部分规定了对于基站和终端的发射信号以及传输带宽外的杂

散的要求。具体规范的是输出功率、传输信号质量，以及杂散辐射。

7.4.2　接收机特性

接收机特性部分规定了对于基站和终端的接收能力的要求。这部分大体上规范了接收灵敏度和动态范围、接收机抗干扰能力，以及杂散辐射。

7.4.3　基站传导要求和 OTA 参考点

在以往的移动通信技术中，设备的射频需求和测试的参考点基本上是以传导（Conducted）参考点为主。在向 5G 演进的过程中，有两大推动力使得基于 OTA 的参考点成为必然。首先，NR 被测设备（DUT）的集成度大幅提升，许多情况下，无法使用电缆在被测设备和测试设备之间建立有效的物理连接，因此必须通过 OTA 来测试。其次，在高频段（如毫米波频率下）的信号传输损耗很高，因此需要通过波束聚焦或波束成形来提高增益。进行波束特征测试以及检查波束采集和波束跟踪性能时，只有 OTA 测试才具备此功能。

3GPP R15 针对 5G NR 定义了 4 种不同的射频需求参考点，对应于基站的传导和辐射要求所对应的射频测试点。

基站类型 1-C 特指非有源阵列天线类型的基站，其所对应的是单个发射或接收端的射频天线端口，对应的端口位置如图 7-1 所示。

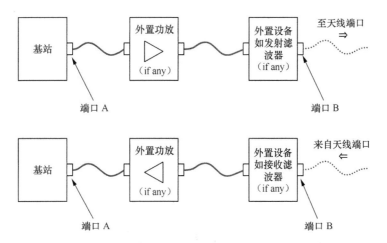

图 7-1　非有源阵列天线基站传导射频测试参考点示意（基站类型 1-C）

基站类型 1-H 特指有源阵列天线类型的基站，且具有收发器阵列边界（TAB，Transceiver Array Boundary）测试参考点的。其中，辐射特性对应于通过空中发射（OTA）所对应辐射界面边界（RIB，Radiated Interface Boundary）端口，传导特性对应于收发器单元阵列（TUA，Transceiver Unit Array）和射频分配网络（RDN，Radio Distribution Network）之间的 TAB 端口，其具体对应的端口位置如图 7-2 所示。

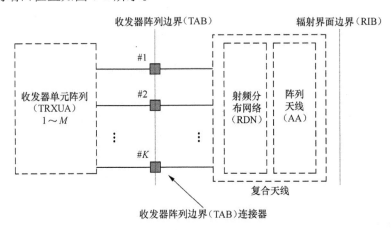

图 7-2 有源阵列天线基站测试参考点示意（基站类型 1-H）

基站类型 1-O 和基站类型 2-O 特指有源阵列天线类型的基站，不具有 TAB 测试参考点的。其所对应的是辐射界面边界（RIB）端口，其中，阿拉伯数字 1 和 2 分别代表频谱范围 FR1 和 FR2，其具体对应得端口位置如图 7-3 所示。

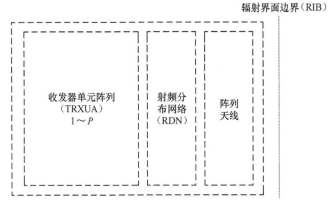

图 7-3 有源阵列天线基站 OTA 射频测试参考点示意（基站类型 1-O 和 2-O）

在 3GPP R15 中，对于 FR1 的射频设备既有基于传导的也有基于 OTA 的辐射射频指标，对于频率范围 FR2 的射频设备则只有基于 OTA 的辐射射频指标。

7.4.4　基站类型

由于基站的发射功率和覆盖范围的不同会导致其射频指标要求的差异，为了后续规范指标的方便，3GPP R15 根据发射功率和覆盖范围定义了以下 3 种不同的基站类型。

（1）广域型基站（Wide Area Base Stations）——这类基站对应于宏小区的应用场景，其特点是基站和终端的最小水平距离为 35m（对于基站类型 1-O 和 2-O），或基站和终端间的最小耦合损耗为 70dB（对于基站类型 1-C 和 1-H）。

（2）中等距离基站（Medium Range Base Stations）——这类基站对应于小小区的应用场景，其特点是基站和终端的最小水平距离为 5m（对于基站类型 1-O 和 2-O），或基站和终端间的最小耦合损耗为 53dB（对于基站类型 1-C 和 1-H）。

（3）局域型基站（Local Area Base Stations）——这类基站对应于微型小区应用场景，其特点是基站和终端的最小水平距离为 2m（对于基站类型 1-O 和 2-O），或基站和终端间的最小耦合损耗为 45dB（对于基站类型 1-C 和 1-H）。

| 7.5　发射功率要求 |

7.5.1　基站发射功率

3GPP R15 对于广域型基站的最大发射功率未做规定和限制，对于中等距离和局域型基站则有最大发射功率限制。如相对于基站类型 1-C 和 1-H（TAB 端口），分别规定了 38dBm 和 24dBm 的最大发射功率的限制。除此以外，3GPP 对于发射功率容差也做了规定，即允许的实际最大发射功率相对于厂商标称的发射功率之间的偏差不能超过一定的精度范围。

7.5.2　基站发射功率动态范围

3GPP 在基站侧还规定了针对资源粒子（RE）的功率控制动态范围，也即

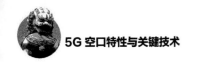

基站在最大输出功率时单个 RE 的功率和 RE 平均功率之差的允许范围。基站的总功率动态范围则规定了单个 OFDM 符号的最大和最小功率之差。

在 TDD 模式下，5G NR 基站的发射功率还必须满足一个开关时间模板的限制，该模板定义了在发射机关闭阶段（如 TDD 上行子帧内）的最大输出功率值，以及发射机在发射和关闭两种状态间切换所需要的最大时间值（通常为 10μs），详细可参见图 7-4。

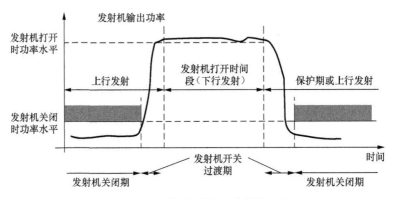

图 7-4　NR 基站发射机开关模板示意

7.5.3　终端发射功率

针对用户终端的发射功率主要有以下 3 个指标要求：

（1）终端功率等级（Power Class）——这一指标规定了 UE 在调制信号为 QPSK 时的最大发射功率。目前多数终端功率等级的最大发射功率是 23dBm。

（2）最大功率回退（MPR，Maximum Power Reduction）——UE 在高阶调制和不同的传输带宽配置下允许减小最大发射功率，这一指标规定了所允许的最大功率减少值。

（3）额外最大功率回退（AMPR，Additional Maximum Power Reduction）——这一指标通常适用于某些对于发射机杂散辐射指标有特殊要求的区域，此时 AMPR 的值可以通过网络信令获知 additionalSpectrumEmission 并进而确定。正常情况下，AMPR 设定为 0。

7.5.4　终端发射功率动态范围

3GPP 对于终端部分还规定了最小发射功率，发射机关断输出功率，通用关断/发射状态转换的时域模板（主要针对 DTX 的起始、测量间隔、连续非连续的发射等情况），以及专用发射/关断状态转换时域模板（专门针对 PRACH、PUCCH、SRS，以及 PUSCH-PUCCH 和 PUSCH-SRS 转换）。

此外，3GPP 还规定了终端的功率控制指标，主要为绝对功率容差（Absolute Power Tolerance）针对初始功率设定的精确度，相对功率容差（Relative Power Tolerance）针对相邻子帧间，以及聚合功率容差（Aggregated Power Tolerance）针对一系列功率控制指令情形下的功率控制精度。

| 7.6　发射信号质量 |

发射信号质量指标主要衡量的是基站或用户终端的发射信号与"理想"的调制信号之间的偏差。这种偏差可以由发射机的各个组成部分造成，如信号产生的量化误差、振荡器的频率偏差和相位噪声、电路内部的噪声、功放的非线性等因素。

信号质量的衡量指标主要为频率误差（Frequency Error），误差矢量幅度（EVM，Error Vector Magnitude），终端侧的带内辐射，载波泄漏和基站的端口时间对齐特性等指标要求。

7.6.1　频率误差

频率误差（Frequency Error）衡量的是基站和终端的实际发射频率和分配的频率之间的误差。其衡量单位为 ppm。除了广域基站的频率误差要求为小于±0.05ppm 外，其他类型基站和用户终端都要求小于±0.1ppm。

7.6.2　误差矢量幅度（EVM）

误差矢量幅度（EVM，Error Vector Magnitude）是从信号星座图的角度来衡量实际发射信号和理想信号之间的偏差，它被定义为在所有工作子载波上两者（实际发射信号和理想信号）星座符号之间的误差矢量（Error Vector）的平方根均值（Root Mean Square）。该值在数学上最后表示为相对于理想信号功率的百分比。

由于接收机通常可以恢复某些射频部分的失真，对于 EVM 的测量通常是在去除其他失真（时间偏差，频率误差等）因素以及接收机信道均衡之后再进

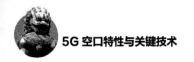

行。EVM 的概念原理可见图 7-5 和图 7-6。

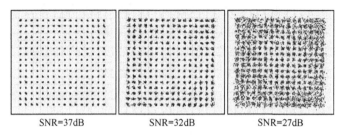

| SNR=37dB | SNR=32dB | SNR=27dB |

图 7-5　256QAM 调制在不同 SNR 时的星座示意

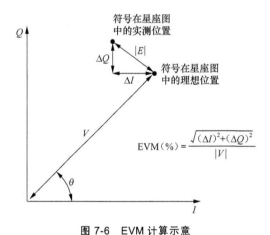

图 7-6　EVM 计算示意

　　发射机 EVM 的指标和调制的阶数相关，越高阶的调制由于其星座分布更密集，其能容忍的 EVM 值也就越小。在 R15 中，基站或终端发射信号的调制方式为最高阶 256QAM 时，EVM 的要求是小于 3.5%。

7.6.3　终端带内辐射和载波泄漏

　　带内辐射（In-band Emission）和载波泄漏（Carrier Leakage）适用于终端侧，带内辐射规定了终端发射机在信道带宽内，非分配资源块上的辐射能量，这一指标反映了终端在基站接收侧对信道带宽内别的用户所产生的干扰。

　　载波泄漏则是一个出现在调制载波信号范围内的正弦信号。

7.6.4　基站端口时间对齐误差

　　在许多情况下，5G NR 的基站会从多个不同的天线发射信号，这类场景如分集发射、多输入多输出（MIMO）、载波聚合（Carrier Aggregation）等。为了使终端能顺利接收目标信号，经过不同发射通道的发射信号必须在时间上保持一致，因此就有必要规范通过不同发射路径的时间差异容许范围。

基站端口时间对齐误差指标（Time Alignment Error）规定了基站发射机在不同的天线端或 TAB 端射频信号的最大时间差异。

| 7.7　非期望辐射 |

非期望辐射（Unwanted Emission）主要可以分为带外辐射（Out of Band Emission）和杂散辐射（Spurious Emission）两个指标。

带外辐射原理上是由调制过程和发射机的非线性特性造成，它非常靠近载波信号。对带外辐射的要求通常由频谱发射模块（Spectrum Emission Mask）和邻信道泄漏比（Adjacent Channel Leakage Ratio）构成。

杂散辐射原理上是由谐波、寄生发射、交调、频率转换等其他发射机非理想特性造成的，它的频谱范围相对来讲十分广泛，主要衡量的是发射机在工作频段外的频谱泄漏。

除此之外，规范对于发射信号占用带宽也有要求。

7.7.1　占用带宽

占用带宽（Occupied Bandwidth）要求规定，NR 设备只允许有总能量的 1%（两侧各占 0.5%）的发射能量出现在信号带宽外面。此要求旨在确保基站的发射不会占用过多的带宽。

7.7.2　邻信道泄漏比

邻信道泄漏比（ACLR，Adjacent Channel Leakage Ratio）是用来衡量发射机的带外辐射特性，它定义为邻信道功率与主信道功率之比，通常用 dBc 表示。它所表征的是在基站或终端在所分配的信道内的发射功率和在相邻信道非期望发射功率间的比例。这一指标对于蜂窝网中处于相邻频率的不同系统的共存能力极其重要。

ACLR 和 SEM 有一定关系，但是又不相同。ACLR 规范的是泄漏到邻近信道的

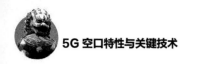

平均功率，所以它通常以信道带宽为测量带宽，体现的是在邻近信道的噪声底。SEM 是以较小的测量带宽捕捉邻近信道的超标点，体现的是以噪声底为基础的杂散辐射。

7.7.3 频谱发射模板

频谱发射模板（Spectrum Emission Mask）是一个"频域的模板"，它规定了发射机在所分配的带宽外发射的能量大小，在测量发射机带外频谱泄漏的时候，看有没有超过模板限值的点。基站侧和终端侧对于界定带外辐射和杂散辐射的频率边界时又有所区别。

7.7.3.1 基站工作频段非期望辐射

在基站方面，定义的是一个工作频段非期望辐射限制（OBUE，Operating Band Unwanted Emission），这一限制适用于基站的工作频段外加上下边缘外的 Δf_{OBUE} 范围。其中，Δf_{OBUE} 的值为 10MHz 或 40MHz（取决于工作频段带宽），其详细定义可参见 TS38.104。在此范围外的干扰要求则由杂散辐射来规范。基站工作频段无用辐射的频率适用范围如图 7-7 所示。

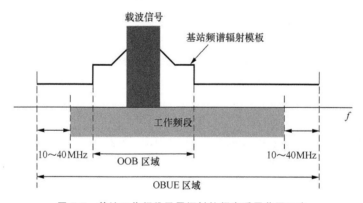

图 7-7 基站工作频段无用辐射的频率适用范围示意

7.7.3.2 终端频谱发射模板

终端的频谱发射模板（SEM，Spectrum Emission Mask）的范围不像基站侧那样有一个统一固定的数值，而是从分配信道的上下边缘向外扩展 Δf_{OOB}，是和分配信道带宽相关联的一个变量，具体 Δf_{OOB} 的定义可参见 TS38.101。在此范围外的干扰要求则由杂散辐射（Spurious Emission）来规范。终端 SEM 的频率适用范围如图 7-8 所示。

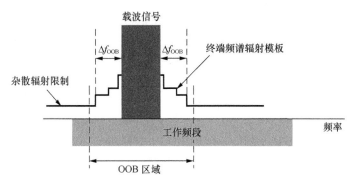

图 7-8 终端 SEM 的频率适用范围示意

7.7.4 发射机杂散辐射

杂散辐射（Spurious Emission）是指基站或终端发射机在频谱发射模板所规定的频率范围之外的发射信号之外的其他能量，它包括谐波分量、寄生辐射、交调产物、发射机互调产物、频率变换的副产品等。这些杂散辐射会对邻近的其他无线通信系统造成干扰，对该指标的规定是为了提高系统的电磁兼容性能，以便更好地与其他系统共存，同时也保障了系统自身的正常运行。

据 ITU-R SM.329 的规定，对于基站，发射机杂散辐射指标规定了除了操作频段无用发射 OBUE 所界定的频段外（发射机工作频段向外扩展 10 ～ 40MHz）的整个频谱的无线泄漏。具体频率范围和数值限制可以参考标准规定。

对于终端，杂散辐射指标规范了除 SEM 所界定的频段外的整个频谱的无线泄漏。

除此以外，不同的国家和地区为了与当地的其他无线系统共存甚至共站的要求而对于杂散发射指标有一些额外的要求，这些额外的要求对于要进入该市场的通信设备也是必须满足的。

| 7.8 发射机互调 |

发射机互调（Transmitter Intermodulation）指标衡量的是发射机抑制由天线部分引入的外来的干扰信号和待发送信号由发射机内的非线性器件所产生额外互调信号的能力。适用的场景如基站与另一台基站共存，或者终端与另一个终

端靠得很近等情况。此时，外来的干扰信号和本机待发射信号经由发射机内非线性器件产生的互调产品必须低于一定数值。

7.9 接收机参考灵敏度

接收机参考灵敏度（Reference Sensitivity）指标表征的是接收机为了达到某个接收指标所需要的最小信号强度。根据 3GPP，5G NR 的接收机参考灵敏度电平 $P_{REFSENS}$ 的定义为：在接收输入端为规范所定义的参考测量信道（其详细定义可参见 TS38.104 Annex A）时，接收端口上要确保接收数据吞吐量达到最大吞吐量的 95% 这一指标所需要的最小平均输入功率电平。

如果基站或终端的接收灵敏度差（数值太大），将会降低基站的有效覆盖范围。

7.10 接收机动态范围

接收机动态范围（Dynamic Range）指标是为了确保接收机在输入信号水平很高的时候也能够正常工作。在基站侧，3GPP 要求接收机能在某较高的参考信号和干扰情况下能正常工作（提供最大吞吐量的 95%）。

在终端侧，动态范围的指标体现为最大输入电平，也即能保证数据吞吐量要求（提供最大吞吐量的 95%）的最大输入信号电平。

7.11 接收机抗干扰性

接收机抗干扰性主要考查基站和终端在有干扰信号情况下的接收性能，这些干扰信号可以是单音、双音或者调制信号。它主要包括邻信道选择性、阻塞特性、杂散响应、互调特性等指标。如果终端抗干扰能力过差，将会在实际使用中降低接收机的性能。3GPP 定义了一系列的干扰信号场景来模仿实际应用中可能出现的不同的干扰类型。

7.11.1　信道内选择性

信道内选择性（In-Channel Selectivity）指标适用于基站侧。考查的是基站侧在接收信道内存在其他接收信号时接收最弱的上行信号的性能。

7.11.2　邻信道选择性

邻信道选择性（ACS，Adjacent Channel Slectivity）指标考查的是接收机在相邻信道存在一个强干扰信号时的性能。干扰信号假定为出现在相邻信道上的另一个 5G NR 信号。

7.11.3　阻塞

阻塞（Blocking）指标主要考查接收机存在工作频段外或者工作频段内（但非紧挨着目标信号）的较强干扰时的性能。带外干扰假定为一个 CW 连续波信号，带内干扰假定为另一个 5G NR 信号。

窄带阻塞（Narrowband Blocking）指标主要考查接收机在一个紧挨着的强窄带干扰时的性能。对于基站，干扰假定为占据一个资源块（RB）的另一个 NR 信号；对于终端，干扰假定为一个 CW 信号。

7.11.4　接收机互调响应抑制

接收机互调响应抑制（Receiver Intermodulation Response Rejection）指标考查的是接收机存在两个或多个干扰信号产生互调干扰时对目标信号的接收能力。场景假定为在所要接收的信号附近有一个 CW 和一个 5G NR 信号。这两个干扰源的频率被设定为其主交调副产品正好落在所要解调的信号的频率范围内，从而对目标信号产生干扰。指标要求接收机的数据吞吐量达到最大吞吐量的 95%。

|7.12　接收机杂散辐射|

接收机杂散辐射（Receiver Spurious Emission）指标旨在考查接收机抑制接收机中产生或放大的杂散信号的能力。

参考文献

[1]   3GPP, TS 38.101-1 NR. User Equipment (UE) radio transmission and reception. Part 1: Range 1 Standalone.

[2]   3GPP, TS 38.101-2 NR. User Equipment (UE) radio transmission and reception. Part 2: Range 2 Standalone.

[3]   3GPP, TS 38.101-3 NR. User Equipment (UE) radio transmission and reception. Part 3: Range 1 and Range 2 Interworking operation with other radios.

[4]   3GPP, TS 38.101-4 NR. User Equipment (UE) radio transmission and reception. Part 4: Performance requirements.

[5]   3GPP, TS 38.104 NR. Base Station (BS) radio transmission and reception.

[6]   3GPP, TS 38.201 NR. Physical layer. General description.

[7]   3GPP, TS 38.202 NR. Services provided by the physical layer.

[8]   3GPP, TS 38.211 NR. Physical channels and modulation.

[9]   3GPP, TS 38.212 NR. Multiplexing and channel coding.

[10]   3GPP, TS 38.213 NR. Physical layer procedures for control.

[11]   3GPP, TS 38.214 NR. Physical layer procedures for data.

[12]   3GPP, TS 38.300 NR. Overall description. Stage-2.

[13]   3GPP, TS 38.304 NR. User Equipment(UE) procedures in idle mode and in RRC Inactive state.

[14]   3GPP, TS 38.331 NR. Radio Resource Control (RRC). Protocol specification.

[15]   TS37.340 NR; Multi-connectivity; Overall description; stage-2.

[16] TS 36.423.Evolved Universal Terrestrial Radio Access Network (E-UTRAN)；X2 Application Protocol (X2AP).

[17] ITU-R recommendation SM.329.

[18] Andrea Goldsmith. Wireless Communications. Cambridge University Press, 2005.

[19] 5G 概念白皮书. IMT-2020(5G)推进组. 2015.

[20] 未来移动通信论坛. 面向 5G 时代的移动通信再思考[M]. 北京：人民邮电出版社，2017.

[21] Proakis J. G. Digital Communications. New York: McGraw-Hill, 2001.

[22] R. Pickholtz, D. Schilling, L. Milstein, Theory of Spread Spectrum Communicatons-A Tutorial. IEEE TRANSACTIONS ON COMMUNICATIONS, VOL. COM-30, NO. 5, MAY 1982.

[23] Viterbi A.J. CDMA: Principles of Spread Spectrum Communication. Redwood City: Addison Wesley Longman, 1995.

[24] Gilhousen, Klein, Irwin M. Jacobs, Roberto Radovani, Andrew J. Viterbi. Lindsey A Weaver, Jr., and Charles E. Wheatley Ⅲ, On the capacity of a cellular CDMA system, IEEE Trans. Vehicular Technology, vol. 40, no. 2 May 1991．

[25] S. B. Weinstein. The history of orthogonal frequency-division multiplexing. IEEE Communications Mag, 47(11),26-35, Nov. 2009.

[26] A. Osseiran, J Monserrat, P Marsch. 5G Mobile and Wireless Communications Technology. Cambridge University Press, 2016.

[27] Chang, R. W.(1996). Synthesis of band-limited orthogonal signals for multi-channel data transmission. Bell System Technical Journal. 45(10): 1775-1796.

[28] S. Sesia, I. Toufik, M Baker. LTE The UMTS Long Term Evolution From Theory to Practice, Wiley 2011.

[29] H Holma, A Toskala. HSDPA/HSUPA for UMTS. Chichester: John Wiley, 2007.

[30] Dahlman E, Parkvall S, Skold J. 5G NR: The Next Generation Wireless Access Technology, Elsevier, 2018.

[31] 陈书贞，张旋，王玉镇，等. LTE 关键技术和无线性能[M]. 北京：机械工业出版社，2012.

[32] G Wunder, T. Wild, I. Gaspar, N. Cassiau, M. Dryjanski, B Eged, et al. 5G NOW

Non-orthogonal asynchronous waveforms for future mobile applications. IEEE Communications Magazine, vol. 52, no 2, 97-105, February 2014.

[33] P. Siohan, C. Siclet, and N. Lacaille. Analysis and design of OFDM/OQAM systems based on filter bank theory. IEEE Trans on Signal Processing, vol 50, 1170-1183,May 2002.

[34] J.Nadal, C.A. Nour, A.Baghdadi, and H Lin. Hardware prototyping of FBMC/ OQAM baseband for 5G mobile communication. in IEEE International Symposium on Rapid System Prototyping, Uttar Pradesh, October 2014.

[35] M. Bellanger, et al.. FBMC physical layer: A Primer. June 2010.

[36] D. Pinchon and P. Siohan. Derivation of analytical expression for low complexity FBMC systems. in European Signal Processing Conference, Marrakech, September 2013.

[37] ICT-318555 5GNOW project. 5G waveform candidate selection Deliverable D3.2013.

[38] T Wild and F. Schaich. A reduced complexity transmitter for UF-OFDM. IEEE VTC Glasgow, May 2015.

[39] V. Vakilian, T. Wild, F. Schaich. S.t. Brink, and J.-F. Frigon. Universal-filtered multi-carrier technique for wireless systems beyond LTE. IEEE Global Communication Conference Workshops, Atlanta, December 2013, 223-228.

[40] T. Wild, F Schaich, and Y Chen. 5G air interface design based on universal filtered OFDM. Intl. Conference on Digital Signal Processing, Hong Kong, August 2014.

[41] F. Schaich, T. Wild, and Y. Chen. Waveform contenders for 5G: Suitability for packet and low latency transmissions. IEEE Vehicular Technology Conference,May2014.

[42] 李宁，周围. 面向 5G 的新型多载波技术比较. 通信技术. 2016 年 5 月, Vol.49.

[43] 康绍莉，戴晓明，任斌. 面向 5G 的图样分割多址接入技术. 电信网技术. 2015，（5）

[44] K. Higuchi and A. Benjebbour. Non-orthogonal multiple access (NOMA) with successive interference cancellation for future radio access. IEICE Transactions Communications, vol. E98-B, no. 3, 403-414, March 2015.

[45] A. Benjebbour, A. Li, Y. Saito, Y. Kishiyama, A. Harada, and T. Nakamura. System level performance of downlink NOMA for future LTE enhancements. In

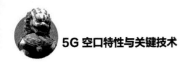

IEEE Global Communications Conference, Atlanta, December 2013.

[46] Nikopour and H Baligh, Sparse code multiple access, in IEEE Intl. Symposium on Personal, Indoor and Mobile Radio Communications, London, September 2013.

[47] M. Taherzadeh, H. Nikopour, A. Bayesteh, and H Baligh. SCMA codebook design. in IEEE Vehicular Technology Conference, Vancouver, September 2014.

[48] L. Ping, L Liu, K. Wu, and W.K. Leung. Interleave-division multiple-access. IEEE Trans. Wireless Commun., vol. 5, no. 4, 938-947, April 2006.

[49] K. Kusume, G. Bauch, and W. Utschick. IDMA VS CDMA: Analysis and comparison of two multiple access schemes. IEEE Trans. Wireless Commun., vol. Il, no. 1, 78-87, January 2012.

[50] Y Chen, F. Schaich, and T Wild. Multiple access and waveforms for 5G: IDMA and universal filtered multi-carrier. in IEEE Vehicular Technology Conference, Seoul, May 2014.

[51] 袁志锋，郁光辉，李卫敏. 面向 5G 的 MUSA 多用户共享接入. 电信网络技术，2015（5）: 28-30.

[52] Dai L, et al. A Survey of Non-orthogonal Multiple Access for 5G, IEEE Communications Surveys & Tutorials, Vol. 20, No. 3, 2018.

[53] Claude E. Shannon: A Mathematical Theory of Communication, Bell System Technical Journal, Vol. 27, 379–423, 623–656, 1948.

[54] Berrou Claude, Glavieux Alain, Thitimajshima Punya. Near Shannon Limit Error Correcting. retrieved 11 February 2010.

[55] Matthew Valenti, Rohit lyer Seshadri. Turbo and LDPC Codes:Simulation, Implementation and Standardization. June 2006.

[56] Robert Gallager (1963). Low Density Parity Check Codes (PDF). Monograph, M.I.T. Press. Retrieved August 7, 2013.

[57] R. Gallager. Low-densitiy parity-check codes. IRE Transactions on Information Theory 8(1) (1962, Jan.) 21-28.

[58] David J.C. MacKay and Radford M. Neal. Near Shannon Limit Performance of Low Density Parity Check Codes. Electronics Letters, July 1996.

[59] M.C. Davey, D. MacKay. Low density parity-check codes over GF(q). IEEE Communications Letters 2(6) (1998, Jun.) 165-167.

[60] 徐俊，袁戈非. 5G-NR 信道编码[M]. 北京：人民邮电出版社，2018.

[61] Arikan, E. (July 2009). Channel Polarization: A Method for Constructing Capacity-Achieving Codes for Symmetric Binary-Input Memoryless Channels. IEEE Transactions on Information Theory. 55 (7): 3051–73.

[62] D.C. Chu. Polyphase codes with good periodic correlation properties. IEEE Trans. Inform. Theory 18(4) (July 1972) 531-532.

[63] R. Frank, S. Zadoff and R. Heimiller. Phase Shift Pulse Codes With Good Periodic Correlation Properties. IEEE Trans. on Information Theory, Vol. 8, 381-382, October 1962.

[64] Qualcomm white paper. 5G Waveforms and Multiple Access techniques. Nov 2015.

[65] T.S, Rappaport, et al. (2015) Millimeter Wave Wireless Communications, Pearson/Prentice Hall.

[66] Harish Koorapate. 3GPP NR Physical Layer Structure, Numerologies, and Frame Structure. Workshop on submission to IMT-2020, Brusells, Oct 24-25 2018.

[67] Ali Zaidi, et al. 5G Physical Layer-Principles,Models and Technology Components, Elsevier, 2018.

[68] G. Fettweis, M. Krondorf, and S. Bittner. GFDM-generalized frequency division multiplexing. In Proc. IEEE 69th Vehicular Technology Conference. (VTC), pages 1-4, April 2009.

[69] GSMA, The Mobile Economy, 2018.

[70] Robin Gerzaguet, et al. The 5G candidate waveform race: a comparison of complexity and performance, EURASIP Journal on Wireless Communications and Networking (2017) 2017:13.

[71] 罗发龙. 5G 权威指南-信号处理算法及实现[M]. 北京：机械工业出版社.

缩略语

缩写	英文全称	中文全称
1G	First Generation	第一代移动通信系统
2G	Second Generation	第二代移动通信系统
3G	Third Generation	第三代移动通信系统
3GPP	Third Generation Partnership Project	第三代合作伙伴计划
4G	Fourth Generation	第四代移动通信系统
5G	Fifth Generation	第五代移动通信系统
5GC	5G Core Network	5G 核心网
AAU	Active Antenna Unit	有源天线单元
ACLR	Adjacent Channel Leakage Ratio	邻信道泄漏比
AMPS	Advanced Mobile Phone System	先进移动电话系统
APP	A Posteriori Probability	后验概率
AWGN	Additive White Gaussian Noise	加性高斯白噪声
BER	Bit Error Rate	误比特率
BLER	Block Error Rate	误块率
BS	Base Station	基站
BWP	Band Width Part	带宽部分
CDMA	Code Division Multiple Access	码分多址
CORESET	Control Resource SET	控制资源集合
CP	Cyclic Prefix	循环前缀
CQI	Channel Quality Indicator	信道质量指示
C-RAN	Centralized-Radio Access Network	中心化无线接入网络
CRC	Cyclic Redundancy Check	循环冗余校验

续表

缩写	英文全称	中文全称
CRS	Cell-specific Reference Signal	小区公共参考信号
CSI	Channel State Information	信道状态信息
CSI-RS	Channel State Information-Reference Signal	信道状态信息参考信号
DCI	Downlink Control Information	下行控制信息
DFT	Discrete Fourier Transform	离散傅里叶变换
DFT-S-OFDM	Discrete Fourier Transform-Spread OFDM	离散傅里叶变换扩展OFDM
DM-RS	DeModulation-Reference Signal	解调参考信号
EDGE	Enhanced Data rates for GSM Evolution	GSM 演进的数据速率增强服务
EIRP	Effective Isotropic Radiated Power	等效全向发射功率
eMBB	enhanced Mobile BroadBand	增强移动宽带
EN-DC	E-UTRA-NR Dual Connectivity	E-UTRA-NR 双连接
EVM	Error Vector Magnitude	误差矢量幅度
FBMC	Filter Bank Multi-Carrier	基于滤波器组多载波
FDD	Frequency Division Duplex	频分双工
FDMA	Frequency Division Multiple Access	频分多址
FEC	Forward Error Correction	前向纠错
FER	Frame Error Rate	误帧率
FFT	Fast Fourier Transform	快速傅里叶变换
F-OFDM	Filtered OFDM	滤波 OFDM
FR	Frequency Range	频率范围
HSPA	High Speed Packet Access	高速分组接入
GFDM	Generalized Frequency Division Multiplex	广义频分复用
GMSK	Gaussian Minimum Shift Keying	高斯滤波最小频移键控
gNB	next Generation NodeB	下一代 NodeB 节点
GPRS	General Packet Radio Service	通用分组无线业务
GPS	Global Positioning System	全球定位系统
GSM	Global System for Mobile communications	全球移动通信系统
HARQ	Hybrid Automatic Repeat reQuest	混合式自动重传请求
ICI	Inter-Carrier Interference	载波间干扰
ID	Identity	识别号
IDMA	Interleaved Division Multiple Access	交织多址接入
IFFT	Inverse Fast Fourier Transform	快速傅里叶逆变换
IMT-2020	International Mobile Telecommunication-2020	国际移动通信-2020
ITU	International Telecommunication Union	国际电信联盟
ITU-R	ITU-Radio Communications Sector	国际电信联盟无线电通信部门
LDPC	Low Density Parity Check Code	低密度校验码

续表

缩写	英文全称	中文全称
LNA	Low Noise Amplifier	低噪声放大器
LS	Least Squares	最小二乘方
LTE	Long-Term Evolution	长期演进
LTE-A	LTE-Advanced	先进 LTE
MAC	Media Access Control	媒体接入控制层
MCS	Modulation & Coding Scheme	调制与编码方案
MIB	Master Information Block	主信息块
MIMO	Multiple Input Multiple Output	多输入多输出
ML	Maximum Likelihood	最大似然
MN	Master Node	主节点
mMTC	massive Machine Type Communication	海量物联网通信
MRC	Maximum Ratio Combining	最大比合并
MR-DC	Multi RAT-Dual Connectivity	多 RAT 双连接
MU-MIMO	Multi-User MIMO	多用户 MIMO
NACK	Negative ACKnowledgement	否定性应答
NE-DC	NR E-UTRA-Dual Connectivity	NR-E-UTRA 双连接
NG-RAN	Next Generation- Radio Access Nework	下一代无线接入网络
NR	New Radio	新空口
OFDM	Orthogonal Frequency Division Multiplexing	正交频分复用
OFDMA	Orthogonal Frequency Division Multiple Access	正交频分多址接入
OOB	Out-Of-Band	带外
OTA	Over The Air	通过空中发射的
PA	Power Amplifier	功率放大器
PAPR	Peak-to-Average Power Ratio	峰值平均功率比
PBCH	Physical Broadcast Channel	物理广播信道
PCID	Physical Cell ID	物理小区 ID
PDCCH	Physical Downlink Control Channel	物理下行控制信道
PDCP	Packet Data Convergence Protocol	分组数据汇聚协议
PDSCH	Physical Downlink Shared Channel	物理下行共享信道
PN	Pseudo-random Number	伪随机数
PRACH	Physical Random Access Channel	物理随机接入信道
PRB	Physical RB	物理资源块
ppm	part per million	百万分之一
PSS	Primary Synchronisation Signal	主同步信号
PT-RS	Phase Tracking Reference Signal	相位跟踪参考信号
PUSCH	Physical Uplink Shared Channel	物理上行共享信道
QAM	Quadrature Amplitude Modulation	正交幅度调制

续表

缩写	英文全称	中文全称
RAPID	Random Access Preamble Identity	随机接入前导 ID
RB	Resource Block	资源块
RE	Resource Element	资源粒子
RF	Radio Frequency	射频
RLC	Radio Link Control	无线链路管理
RMSI	ReMaining System Information	剩余系统信息
RRC	Radio Resource Control	无线资源控制
RRM	Radio Resource Management	无线资源管理
RSRP	Reference Signal Received Power	参考信号接收功率
RSRQ	Reference Signal Received Quality	参考信号接收质量
SC-FDMA	Single Carrier–Frequency Division Multiple Access	单载波频分多址接入
SDMA	Space Division Multiple Access	空分多址
SIC	Successive Interference Cancellation	串行干扰消除
SINR	Signal-to-Interference plus Noise Ratio	信号和干扰噪声比
SN	Secondary Node	辅节点
SNR	Signal-to-Noise Ratio	信噪比
SRS	Sounding Reference Signal	探测参考信号
SS	Synchronization Signal	同步信号
SSB	Synchronization Signal Block	同步信号块
SSS	Secondary Synchronization Signal	辅同步信号
SU-MIMO	Single-User MIMO	单用户 MIMO
TB	Transport Block	传输块
TBS	Transport Block Size	传输块大小
TDD	Time Division Duplex	时分双工
TDMA	Time Division Multiple Access	时分多址
TD-SCDMA	Time Division Synchronous Code Division Multiple Access	时分同步码分多址
TRX	Transceiver	收发信机
TTI	Transmission Time Interval	传输时间间隔
UCI	Uplink Control Information	上行控制信息
UE	User Equipment	用户设备
UFMC	Universally Filtered Multi- Carrier	通用滤波多载波
UMTS	Universal Mobile Telecommunications System	通用移动通信系统
URLLC	Ultra-Reliable & Low Latency Communications	超高可靠低时延通信
WCDMA	Wideband CDMA	宽带码分多址
WiMax	Worldwide Interoperability for Microwave Access	全球微波接入互联
W-OFDM	Windowed-OFDM	加窗 OFDM
WRC	World Radiocommunications Conference	全球无线电通信会议